SELBSTSTERILITAT
UND
KREUZUNGSSTERILITÄT
IM PFLANZENREICH UND TIERREICH

VON

Dr. FRIEDRICH BRIEGER
PRIVATDOZENT AN DER UNIVERSITÄT BERLIN

MIT 118 ABBILDUNGEN

SPRINGER-VERLAG BERLIN HEIDELBERG GMBH
1930

ISBN 978-3-642-47136-0   ISBN 978-3-642-47414-9 (eBook)
DOI 10.1007/978-3-642-47414-9

ALLE RECHTE, INSBESONDERE DAS DER ÜBERSETZUNG
IN FREMDE SPRACHEN, VORBEHALTEN.
COPYRIGHT 1930 BY SPRINGER-VERLAG BERLIN HEIDELBERG
URSPRÜNGLICH ERSCHIENEN BEI JULIUS SPRINGER IN BERLIN 1930
SOFTCOVER REPRINT OF THE HARDCOVER 1ST EDITION 1930

MONOGRAPHIEN AUS DEM GESAMTGEBIET DER PHYSIOLOGIE DER PFLANZEN UND DER TIERE

HERAUSGEGEBEN VON

M. GILDEMEISTER-LEIPZIG · R. GOLDSCHMIDT-BERLIN
C. NEUBERG-BERLIN · J. PARNAS-LEMBERG · W. RUHLAND-LEIPZIG

EINUNDZWANZIGSTER BAND

SELBSTSTERILITÄT UND KREUZUNGSSTERILITÄT

VON

FRIEDRICH BRIEGER

SPRINGER-VERLAG BERLIN HEIDELBERG GMBH
1930

HERRN GEHEIMRAT

CARL CORRENS

IN DANKBARER VEREHRUNG

Vorwort.

Aus der großen Zahl verschiedenartiger Sterilitätserscheinungen sind in der vorliegenden Monographie diejenigen herausgegriffen und zusammenfassend dargestellt worden, die dadurch charakterisiert sind, daß an sich voll funktionsfähige Geschlechtszellen nur in bestimmten Verbindungen, Selbstungen oder auch Kreuzungen, an der Durchführung ihrer Funktion gehindert sind. Die Bedeutung dieser Art von Sterilität, die als Parasterilität bezeichnet werden soll, für das Gesamtgebiet der Biologie liegt darin, daß sie uns einen Einblick in die Entwicklungsphysiologie des Befruchtungsvorganges im weitesten Sinne eröffnet. Es ist beabsichtigt, später die übrigen Sterilitätserscheinungen zusammenfassend darzustellen. Ich habe mich bemüht, soweit es möglich war, die bis zum Herbst 1929 erschienene botanische und zoologische Spezialliteratur vollständig und kritisch zu verarbeiten. Über diesen Zeitpunkt hinaus konnten nur einige wenige Arbeiten berücksichtigt werden. Bei der Besprechung der Parasterilität der höheren Pflanzen habe ich auch eigene noch nicht veröffentlichte Befunde herangezogen.

Die Vorarbeiten und die Fertigstellung des Manuskriptes wurden durch Forschungsstipendien des Internationalen Education Board, New York, und der Notgemeinschaft der Deutschen Wissenschaften, Berlin, erleichtert. Für viele Anregungen und Hinweise bin ich vor allem den Herren Geheimrat C. CORRENS und Professor E. M. EAST zu besonderem Danke verpflichtet. Für Kritik bei der Durchsicht des Manuskriptes danke ich Herrn Professor R. GOLDSCHMIDT und Herrn Professor M. HARTMANN, sowie meinen Dahlemer Kollegen, den Herren L. GEITLER, J. HÄMMERLING, E. KUHN und C. STERN. Für Hilfe bei der Fertigstellung des Manuskriptes und bei der Korrektur bin ich meinem Schwiegervater und meiner Frau dankbar. Schließlich danke ich auch ganz besonders der Verlagsbuchhandlung für ihr außerordentliches Entgegenkommen in allen drucktechnischen Fragen.

Berlin-Dahlem, im April 1930.
Kaiser Wilhelm-Institut für Biologie.

FRIEDRICH BRIEGER.

Inhaltsverzeichnis.

Seite

Einleitung 1
1. Sterilität und Ontogenie. 1
2. Erblichkeit der Sterilität 3
3. Parasterilität 4

Spezieller Teil

A. Parasterilität der höheren Pflanzen 6
   I. Parasterilität, bedingt durch Besonderheiten des Blütenbaues 7
      1. Historischer Rückblick. 7
      2. Dichogamie. 8
      3. Herkogamie. 13
      4. Diskussion 18
   II. Parasterilität, bedingt durch Besonderheiten der Pollenphysiologie 19
      1. Grundlagen der Pollenphysiologie. 19
         a) Allgemeines 19
         b) Anatomische Grundlagen 21
         c) Die Keimung der Pollenkörner 31
         d) Das Wachstum der Pollenschläuche 35
         e) Das Auffinden der Eier 46
         f) Die Befruchtung 54
      2. Selbst-Parasterilität verbunden mit Kreuzungsfertilität . 56
         a) Historischer Überblick 56
         b) Verbreitung der Selbst-Parasterilität 59
         c) Phänotypisch determinierte Selbst-Parasterilität . . . 60
         d) Genotypisch determinierte Selbst-Parasterilität 61
           Cruciferentypus 61. — Personatentypus 64. — Vererbung der Parasterilität bei *Verbascum phoenicum* 84. — Vererbung der Parasterilität bei *Linaria vulgaris* 90. — Vererbung der Parasterilität bei *Hemerocallis*-Arten 91. — Parasterilität in den Gattungen *Prunus* und *Pirus* 92. — — Schlußbemerkungen über die Vererbung der Selbst-Parasterilität 98.
         e) Pseudofertilität 100
           Nicotiana Sanderae 101. — *Petunia violacea* 117. — *Cardamine pratensis* 117. — *Brassica pekinensis* 117. — *Secale* 118. — Untersuchungen an *Linaria, Cichorium* u. a. 121
         f) Die dominanten Fertilitätsfaktoren 122
      3. Kreuzungs-Parasterilität verbunden mit Selbstfertilität . 125

Inhaltsverzeichnis. IX

Seite

4. Unvollkommene Parasterilität.............. 131
   a) Vorbemerkungen.................. 131
   b) Unvollkommene Parasterilität, bedingt durch herabgesetzte Keimfähigkeit des Pollens......... 133
   c) Unvollkommene Parasterilität, bedingt durch eine Hemmung des Wachstums der Pollenschläuche 135
      Allgemeines 135. — Nachweismethoden 137. — Zusammenfassung 159.
   d) Prohibition..................... 160
   e) Phänotypische Modifizierbarkeit........... 160
      Allgemeines 160. — Knospenfertilität 161. — Altersfertilität 163.
   f) Koppelung zwischen den Parasterilitätsfaktoren und anderen Genen.................... 163
      Allgemeines 163. — Qualitativer Nachweis 163. — Quantitativer Nachweis 166. — Einzelfälle 169.
   g) Besprechung der Einzelfälle............. 170
      Zea Mays 171. — *Oryza sativa* 173. — *Rumex* und *Melandrium* 173. — *Oenothera* 175. — *Pisum sativum* 175. — *Datura stramonium* 175. — *Gossypium* 175.
   h) Schlußbemerkung.................. 176

5. Parasterilität der Heterostylen............. 176
   a) Allgemeines 176
   b) Historischer Rückblick 178
   c) Verbreitung der Heterostylie............. 179
   d) Vererbung der Heterostylie 180
      Dimorphismus 180. — Trimorphismus 181. — Modifikativ oder polymer bedingte Variabilität der Heteromorphie 184. — Modifikativ oder polymer bedingte Homomorphie 189. — Monofaktoriell bedingte Abwandlung der Heteromorphie 193. — Theorie der Homomorphie nach Ernst 197. — Zusammenfassung 203.
   e) Morphologisch-histologische Grundlagen der Heterostylie 203
      Primäre Heterostyliemerkmale 204. — Sekundäre Heterostyliemerkmale 205. — Zusammenfassung 209.
   f) Fertilität und Parasterilität bei den Heterostylen . . 209
      Legitime und illegitime Bestäubungen der Normalformen 209. — Fertilität der homomorphen Formen 216. — Verschiedene Langgriffeltypen bei *Linum austriacum* 220.
   g) Physiologie der Parasterilität der Heterostylen . . . 221
      Art und Wirkung der Hemmungsstoffe 221. — Niveautheorie 224.
   h) Phänotypische Bedingtheit der Parasterilität 226

6. Parasterilität bei Artkreuzungen............ 227
   a) Historischer Rückblick 227
   b) Grad der Parasterilität 228
   c) Anatomisch-physiologische Grundlagen 229
      Allgemeine Vorbemerkungen 229. — Parasterilität, bedingt durch Störungen der Beziehungen zwischen Narbe und Pollen 230. — Hemmung des Wachstums

der Pollenschläuche im Leitgewebe des Griffels 232. — Unfähigkeit der Pollenschläuche, die Samenanlagen aufzusuchen 233. — Störungen des Befruchtungsvorganges 234. — Zusammenfassung 238.
    d) Erblichkeit der Parasterilität 238
        Fertilität der F_1-Bastarde 238. — Parasterilität polyploider Formen 240. — Schlußbemerkung 250.
  III. Rückblick auf die Parasterilität der Blütenpflanzen 250
    1. Die Art der Entwicklungsstörungen 250
    2. Parasterilität und Sexualität 250
    3. Intraspezieskreuzungen und Artkreuzungen 251
    4. Phylogenese der Parasterilitätserscheinungen 252
    5. Entwicklungsphysiologische Folgerungen 252

B. Parasterilität der Metazoen 253
  I. Selbst-Parasterilität von Hermaphroditen 253
    1. Allgemeine Vorbemerkungen 253
    2. Herkogamie und Dichogamie bei den Tieren 253
    3. Verhinderung der Befruchtung 254
  II. Parasterilität intraspezifischer Kreuzungen. . . . 258
    1. Insekten 258
    2. Wirbeltiere 261
  III. Parasterilität extraspezifischer Kreuzungen. . . . 264
    1. Allgemeine Vorbemerkungen über den Befruchtungsvorgang 264
        a) Aktivierung des Eies und Koordination der elterlichen Kerne 264
        b) Der Ablauf des Befruchtungsvorganges bei den Metazoen 269
        c) Auffinden der Eier durch das Sperma 273
    2. Besprechung der Einzelfälle 274
        a) Bastardierungsversuche mit Schnecken 274
        b) Bastardierungsversuche mit Echinodermeneiern . . . 276
            Vorbemerkungen 276. — Parasterilität, bedingt durch Störungen der Beziehungen zwischen Sperma und Ei 277. — Parasterilität, bedingt durch eine Spezifität der Aktivierung der Eier 281. — Störung der Kernkoordination nach Besamung von Echinideneiern durch Echinidensperma 282. — Störung der Kernkoordination nach Besamung von Echinideneiern mit Nicht-Echinidensperma 287.
        c) Bastardierungsversuche mit Teleostiern 291
        d) Bastardierungsversuche mit Amphibien 294
    3. Zusammenfassung 295

C. Parasterilität der Thallophyten und Protisten 297
  1. Allgemeine Vorbemerkungen 297
  2. Selbst-Parasterilität 297
    a) Vorbemerkungen 297
    b) Desmidiaceen 299
    c) Diatomeen 299
        Isogame Arten 299. — Anisogame Arten 301.

Inhaltsverzeichnis.

	Seite
d) Ciliaten	302

Allgemeines 302. — Anisogamie der Konjuganten 303. — Anisogamie der Geschlechtskerne 306.

e) Zusammenfassung	308
3. Selbstparasterilität verbunden mit intraspezifischer Kreuzungsparasterilität	308
a) Vorbemerkungen	308
b) Fehlen jeder Kreuzungsparasterilität	311
c) Bipolare und multipolare Parasterilität	311
d) Kreuzungsparasterilität geographischer Rassen	315
e) Abgeschwächte Parasterilität (Pseudofertilität)	315

Algen 316. — Phykomyzeten 320. — Basidiomyzeten. 320. — Ustilagineen 323. — Experimentelle Abschwächung oder Änderung der Parasterilität 324.

4. Parasterilität von Artkreuzungen	326
a) Algen	326
b) Phykomyzeten	328
c) Basidiomyzeten	330
5. Rückblick auf die Parasterilitätserscheinungen bei den Thallophyten und Protisten	331

Allgemeine Schlußkapitel.

I. Die Zweckmäßigkeitsfrage	332
1. Allgemeines	332
2. Die Uneinheitlichkeit der Parasterilitätserscheinungen	333
3. Selbst-Parasterilität und Inzuchtsdegeneration	333
a) Allgemeines	333
b) Theorie der Inzuchtsdegeneration	333

Homozygosis-Heterozygosis-Theorie 334. — Dominanztheorie 338. — Selbst-Parasterilität und Heterozygotie 345.

II. Sexualität und Parasterilität	349
Literaturverzeichnis	353
Namen- und Sachverzeichnis	386

Berichtigung.

Auf S. 75, 2. und 3. Zeile der Unterschrift der Abb. 35 muß es heißen: $S_1 S_3$ anstatt $S_2 S_3$.

Einleitung.

Um aus der großen Masse der Sterilitätsphänomene die Erscheinungen, mit denen wir uns im folgenden eingehend befassen wollen, herauszusondern, müssen wir erst einige vorwiegend terminologische Fragen besprechen.

Wir wollen zunächst zwischen den Fällen unterscheiden, in denen ein Individuum steril, d. h. unfähig ist, auf geschlechtlichem Wege Nachkommen zu erzeugen, und anderen Fällen, in denen bestimmte Kreuzungen oder auch Selbstungen von Individuen, deren Geschlechtszellen an sich vollkommen funktionsfähig sind, steril sind, d. h. nicht zu der Entstehung von Zygoten führen. Im ersteren Falle werden wir im folgenden von einer echten Sterilität, im zweiten Falle von einer Parasterilität sprechen.

Bei der Parasterilität handelt es sich um eine Wechselwirkung zwischen den männlichen Geschlechtszellen, Pollenschläuchen o. ä., und den in der betreffenden Kreuzung als Weibchen verwandten diploiden Sporophyten oder den weiblichen Geschlechtszellen. Diese Wechselwirkung führt zu einer vollkommenen Verhinderung gewisser Befruchtungen, *vollkommene Parasterilität*, oder nur zu einer Erschwerung ihrer Durchführung, *unvollkommene Sterilität*.

1. Sterilität und Ontogenie.

Die Entwicklungsstörungen, die zu einer Sterilität führen, können in den verschiedensten orthogenetischen Stadien, während der Diplophase oder der Haplophase, auftreten. Von den Einteilungsversuchen, die hier gemacht wurden, beansprucht wohl nur die Unterscheidung zwischen Sterilität und Letalität eine Berücksichtigung.

MOHR (1926), dem wir ein sehr wichtiges Sammelreferat über Letalfaktoren verdanken, weist darauf hin, daß „man jezt immer wieder in der Literatur auf eine Vermischung der Begriffe Letalfaktor und Sterilitätsfaktor trifft. Ja, man hat sogar die Worte ‚letaltragend' und steril als Synonyme hingestellt, was selbstverständlich auf einem Mißverständnis beruht. Nach meiner (d. h. MOHRs) Auffassung sind die Begriffe Letalfaktor und Sterilitätsfaktor streng auseinander zu halten ... Die typischen Sterilitätsfaktoren bewirken völlige Sterilität in einem oder den beiden Geschlechtern. Die typischen Letalfaktoren bedingen nicht Sterilität, wohl aber erniedrigte Produktivität infolge Elimination bestimmter Nachkommenklassen" (a. a. O. S. 65/66). Oder mit anderen Worten: Sterilität liegt vor, wenn die Störung in der Haplophase eintritt und die Gameten untauglich sind, die Letalität äußert sich dagegen nur in Form von Entwicklungsstörungen in der Diplophase.

Diese Unterscheidung zwischen haplophasischer Sterilität und diplophasicher Letalität hat ihre Berechtigung bei den Metazoen, bei denen zwischen Haplophase und Diplophase ein prinzipieller phänogenetischer Unterschied besteht. Nach den bisher vorliegenden Untersuchungen scheint es, als ob die Entwicklung in der Haplophase nicht selbständig unter dem Einfluß des Genotypus der Haplonten verläuft, sondern als ob die Gene des Haplonten inaktiv sind und der Genotypus der Diplonten auch maßgebend für die Entwicklung der auf ihm gebildeten Haplonten ist. Bei den Protozoen und den Pflanzen besitzen die Haplonten vollkommene Selbständigkeit. Die Gene sind in der Haplophase ebenso aktiv wie in der Diplophase.

OEHLKERS (1927) diskutiert ebenfalls die Unterschiede zwischen Sterilität und Letalität. Er definiert zunächst die Begriffe ähnlich wie MOHR. Im Laufe der Diskussion kommt er dann zu dem Schlusse, daß „sich Sterilität und Letalität weder in ihrem phänotypischen Erfolg noch in ihrer genotypischen Grundlage zu unterscheiden scheinen. Wenn nun trotzdem bestimmte Phänomene oder Faktoren als ‚letale‘, andere als sterile bezeichnet werden, so kann eine solche Unterscheidung eine bloße äußerliche Gepflogenheit sein, sie kann aber auch einen inneren Grund haben. Beides ist der Fall. In der Literatur ist es vielfach üblich, die phänotypische Hemmungserscheinung als ‚Sterilität‘ (z. B. Pollensterilität), den genotypischen Faktor der gleichen Entwicklungsphase als ‚Letalfaktor‘ (z. B. Androletalfaktor) zu bezeichnen, eine durchaus willkürliche terminologische Festsetzung. Dagegen scheint es uns sinnvoll, von der ‚Sterilität‘ als einer Hemmungserscheinung zu sprechen, wo ihre — negative — Wirkung auf die

Produktion von Nachkommenschaften gemeint ist, von der ‚Letalität' der gleichen Erscheinung, wo es auf den tödlichen Effekt für den laufenden Entwicklungszyklus ankommt. Das Phänomen der Entwicklungshemmung wird dann nicht aus den größeren Zusammenhängen, in denen es sich uns natürlicherweise zunächst darbietet, herausgerissen, isoliert betrachtet und allgemein begrifflich zu fassen gesucht, sondern diese Zusammenhänge — der Vererbung und des Individualzyklus — werden für die Interpretation des Phänomens fruchtbar gemacht, indem ihnen die Begriffe der Sterilität bzw. Letalität in spezieller Bedeutung entnommen werden: Jedes Hemmungsphänomen kann prinzipiell sowohl als Sterilitäts- wie als Letalitätserscheinung interpretiert werden. Stimmen wir dieser Sonderung zu, so ist damit eo ipso die Unterscheidung MOHRS abgelehnt" (S. 108/109).

In der Ablehnung der Definition MOHRS sowie auch in der vorgeschlagenen Gebrauchsweise der Termini Sterilität und Letalität können wir uns OEHLKERS vollkommen anschließen. Wir werden daher auf eine prinzipielle Unterscheidung verschiedener Typen der Sterilität je nach dem Entwicklungsstadium, auf dem sich die Entwicklungsstörung bemerkbar macht, verzichten und nur die Art der Sterilität als haplophasische oder diplophasische Sterilität usw. näher bezeichnen.

2. Erblichkeit der Sterilität.

Man könnte auch den Versuch unternehmen, die verschiedenen Formen der Sterilität je nach ihrer Erblichkeit als phänotypische und genotypische und weiterhin als genisch bedingte und plasmatisch (plasmonisch) bedingte Sterilität zu unterscheiden. Ein solcher Versuch wäre aber im Augenblick sicher noch verfrüht. Nur eine Unterscheidung zwischen erblicher und nicht-erblicher Sterilität läßt sich in den allermeisten Fällen durchführen. Dagegen wissen wir in zahlreichen Fällen, so z. B. bei der Parasterilität von Artkreuzungen, auf die wir unten genauer zu sprechen kommen, noch nicht, durch welche Komponente der erblichen Konstitutionselemente, Gene oder Plasma, die Entwicklungsstörungen bedingt werden.

Wir beschränken uns im folgenden auf die Fälle, in denen eine Parasterilität unter den für den betreffenden Entwicklungsablauf normalen Außenbedingungen sich einstellt. Diejenigen Fälle dagegen, in denen eine Parasterilität erst durch die Einwirkung extremer Außenbedingungen hervorgerufen wird, werden höchstens kurz erwähnt, können aber nicht im einzelnen diskutiert werden.

3. Parasterilität.

Die einzige Unterscheidung, die uns zur Zeit berechtigt und durchführbar erscheint, ist die zwischen echter Sterilität und Parasterilität.

Auf diesen Unterschied hat bereits eine Reihe von Autoren aufmerksam gemacht. Sie haben auch verschiedene neue Fachausdrücke eingeführt, die sich jedoch bisher nicht eingebürgert haben.

STOUT (1916) unterscheidet drei Haupttypen der Sterilität, und zwar: 1. infolge von Impotenz; 2. infolge von Unverträglichkeit (incompatibility); und 3. infolge von Zugrundegehen der Embryonen. Die erste und dritte seiner Kategorien fassen wir hier unter der Bezeichnung „echte Sterilität" zusammen. Es erscheint mir unwesentlich, ob sich die Entwicklungsstörungen, die letzten Endes die Sterilität bedingen, schon frühzeitig bei der Entwicklung der Embryonen äußern oder erst später bei der Entwicklung der Blüten oder der Geschlechtszellen. Wir finden hier alle Übergänge. STOUTS „sterility from incompatibility" entspricht unserer Parasterilität. Es erschien mir aber ratsamer, einen ganz neuen Fachausdruck zu wählen, um Mißverständnisse zu vermeiden. Bei den unter Parasterilität zusammengefaßten Erscheinungen handelt es sich um eine „Unverträglichkeit" der männlichen Geschlechtszellen oder der ganzen männlichen Geschlechtsgeneration mit dem Gewebe der weiblichen Diplonten oder der weiblichen Geschlechtszellen. Andererseits wird aber die Sterilität bei Artbastarden meist durch die „Unverträglichkeit" der elterlichen Genome bedingt. Solche Mißverständnisse werden bei der Verwendung des neuen Terminus Parasterilität, mit dem sich zunächst noch keine besonderen Vorstellungen verknüpfen, vermieden.

SIRKS (1917) will den Ausdruck „Sterilität" auf die Fälle beschränken, in denen ein Organismus zu geschlechtlicher Fortpflanzung ganz oder teilweise unfähig ist, d. h. die Fälle, die wir unter dem Terminus „echte Sterilität" zusammenfassen. Die Para-Selbststerilität bezeichnet er dagegen als „auto-inconceptibility", „selfimpotence" oder „Selbstunempfänglichkeit". Mir erscheint die Beschränkung des Ausdrucks „steril" auf die Fälle, in denen ein Organismus selbst, ganz oder teilweise, steril ist, unter

Spezieller Teil.
A. Die Parasterilität der höheren Pflanzen.

Der normale Entwicklungsgang bei der Befruchtung einer Blütenpflanze ist der, daß der Blütenstaub durch irgendwelche Transportmittel (Insekten, Vögel, Wind, Schleudermechanismen o. ä.) auf den empfängnisfähigen Teil des Fruchtknotens, die Narbe, gebracht wird. Dort keimt das Pollenkorn zu einem mehr oder weniger langen Schlauch aus, der durch die Gewebe der Narbe

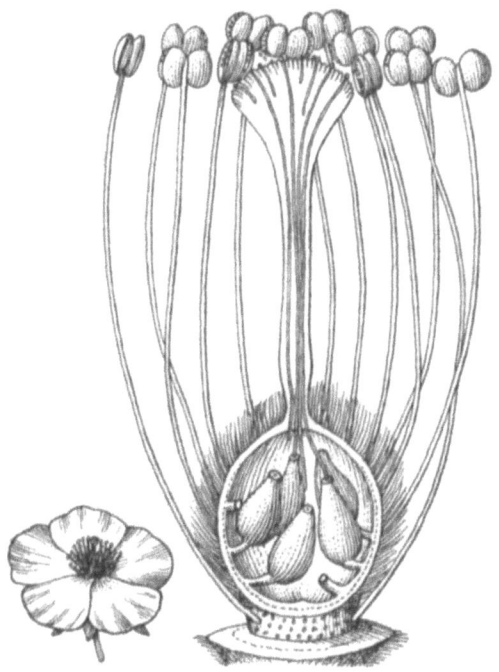

Abb. 1. Blüte von *Helianthemum marifolium*, links in natürlicher Größe, rechts vergrößert ohne Blütenblätter; Fruchtknoten aufgeschnitten. (Nach KERNER-HANSEN 1913.)

und des Griffels in den Fruchtknoten bis zu den befruchtungsfähigen Eiern in den Samenanlagen wächst, wie dies in Abb. 1 schematisch dargestellt ist.

Ausschluß der Fälle, in denen die Kreuzung zweier an sich zu geschlechtlicher Fortpflanzung befähigter Organismen resultatlos, d. h. eben parasteril ist, unberechtigt und auch unzweckmäßig.

PRELL (1921a) will zwischen echter Sterilität oder gametischer Unfruchtbarkeit auf der einen Seite und zygotischer und aposylleptischer Unfruchtbarkeit auf der anderen unterscheiden. Zygotische Unfruchtbarkeit liegt dann vor, wenn bei einer Kreuzung zwar eine Zygote gebildet wird, aber diese Zygote nicht entwicklungsfähig ist. Wir wiesen schon kurz darauf hin, daß zwischen einer zygotischen und gametischen Sterilität oder Unfruchtbarkeit kein prinzipieller, sondern nur ein gradueller Unterschied besteht. Beide Erscheinungen werden hier unter der Bezeichnung „echte Sterilität" zusammengefaßt. Aposylleptische Unfruchtbarkeit liegt dann vor, wenn schon die Empfängnis (Syllepsis nach PRELL) unterbleibt. Danach deckt sich wohl diese Bezeichnung zum mindesten teilweise mit dem hier vorgeschlagenen Terminus „Parasterilität". Als Beispiele einer aposylleptischen Unfruchtbarkeit erwähnt PRELL die Erscheinungen, die bei der Kopulation der Basidiomyzeten beobachtet werden, wie auch die Selbststerilität der höheren Pflanzen.

Fälle, die durch ein „Nichtzusammenpassen" der Gameten charakterisiert sind, bezeichnet derselbe Autor in einer anderen Arbeit (1921b) als „Äthogamie". Aber nur bei der Parasterilität der Pilze handelt es sich um das Verhältnis der Gameten zueinander, nicht aber bei den parasterilen höheren Pflanzen, bei denen Wechselwirkungen des männlichen Gametophyten, des Pollenschlauches, und des weiblichen Sporophyten vorliegen.

Wenn sich auch die Einteilungen dieser drei Autoren mit der hier vertretenen, zum mindesten teilweise, decken, so erschien es mir doch zweckmäßig, um Mißverständnisse zu vermeiden, einen neuen Terminus, nämlich eben „Parasterilität", vorzuschlagen. Dazu fühlte ich mich um so mehr berechtigt, als keiner der bisher von STOUT, SIRKS und PRELL vorgeschlagenen Fachausdrücke sich allgemein eingebürgert hat.

Eine weitere Unterteilung der zahlreichen Fälle von Parasterilität wird sich im folgenden zwanglos aus den Besonderheiten des Materials ergeben. Eine Einteilung dieser Fälle nach allgemeinen, prinzipiell wichtigen Gesichtspunkten erscheint dagegen nicht möglich.

Die bisher beobachteten Erscheinungen der Parasterilität der Blütenpflanzen können nun in zwei große Hauptgruppen geteilt werden. Es können sich bereits dem Transport der Pollenkörner Hindernisse entgegenstellen, oder zweitens die Keimung und das Wachstum der Pollenschläuche im Fruchtknoten wird gehindert. Im ersten Falle handelt es sich um Besonderheiten der Organisation der Blüten im ganzen, also um Fragen der Blütenbiologie, im zweiten dagegen um Besonderheiten der Physiologie des Pollens und der Pollenschläuche.

I. Parasterilität, bedingt durch Besonderheiten des Blütenbaues.

1. Historischer Rückblick.

Seitdem CHRISTIAN KONRAD SPRENGEL (1793) das „Geheimnis der Natur im Bau und der Befruchtung der Blumen" entdeckt hat, spielen in der Blütenbiologie diejenigen Einrichtungen, die eine Fremdbefruchtung befördern, eine Selbstbefruchtung erschweren, eine besondere Rolle. Der Grundsatz, den CH. DARWIN (1876) folgendermaßen formuliert hat: „Nature tells us in the most emphatic manner that she abhorrs perpetual selffertilization", hat selbst bis in die neueste Zeit hinein in der Literatur seine Bedeutung noch nicht verloren. Er wird auch häufig nach den bekanntesten Verteidigern als das „DARWIN-KNIGHTsche Naturgesetz" bezeichnet.

Der am einfachsten erscheinende Weg, eine Selbstbefruchtung zu verhindern, ist die Verteilung der beiderlei Geschlechtsorgane auf verschiedene Individuen. Wenn dagegen die männlichen und weiblichen Organe zusammen auf einem Individuum vorkommen, in der gleichen (Zwitter-) Blüte oder in verschiedenen Blüten, dann sind besondere Einrichtungen notwendig, um eine Selbst-Parasterilität zu bewirken. Die Hindernisse, die dem Transport des Pollens auf die Narbe entgegengestellt werden, können zweierlei Natur sein: zeitlicher oder räumlicher. Im Gegensatz zur „Homogamie" (SPRENGEL 1793) wird die erste Erscheinung nach dem Vorschlag von SPRENGEL (1793) als *Dichogamie* bezeichnet, die zweite nach AXEL (1869) als *Herkogamie*.

Ehe wir jedoch zu der Beschreibung einiger Beispiele übergehen können, müssen wir einen Punkt noch besonders erwähnen. Nach der heute allgemein angenommenen Auffassung ist es gleichgültig, ob die Bestäubung einer Blüte mit Pollen aus dieser Blüte selbst oder aus irgendeiner anderen Blüte desselben Individuums vorgenommen wird. Sowohl die erstere, also eine strenge *Autogamie* (DELPINO 1869/74), wie auch die Bestäubung von Nachbarblüten desselben Stockes, d. h. eine *Geitonogamie* (KERNER 1890) fassen wir heute als ganz gleichwertig unter der Bezeichnung Selbstbestäubung oder Autogamie zusammen und stellen sie einer Fremdbestäubung oder *Xenogamie* (KERNER 1890) gegenüber. Wir werden später noch einmal kurz auf die Frage zurückkommen, ob diese Gleichstellung von strenger Autogamie im Sinne DELPINOS und Geitonogamie wirklich berechtigt ist.

2. Dichogamie.

Die Dichogamie wurde zuerst von KÖLREUTER (1761), dem eigentlichen Begründer der Blütenbiologie und Bastardierungsforschung, bei *Oenothera, Polemonium, Epilobium* u. a. beschrieben. „Die Blumen des Weiderichs (*Epilobium* LINN. Sp. Pl. p. 347, n. 1 et 2) öffnen sich, ehe noch ein Kölbchen (d. h. in heutiger Terminologie: Staubbeutel) seinen Staub von sich giebt, ehe das unter die Blume hinabwärts gekrümmte Pistill sich zu erheben anfängt, und die vier fest auf einander liegenden Stigmate sich auswärts krümmend von einander begeben, und ihre innere mit Wärzchen besetzte Fläche entblößen. Geschieht dieses, so trifft es sich zwar manchmal, daß sich etwas von dem an einem Kölbchen hängenden Saamenstaub an irgend einer Stelle der mit Wärzchen bedeckten Fläche abstreift: Es kömmt aber dieses in keine Vergleichung mit dem, was die Insekten dabey tun ... Bei den späteren Blumen dieser Pflanze geschieht das Bestäuben ohnedem ganz allein durch Insekten; denn es öffnen sich bey ihnen die Kölbchen lange vorher, ehe das Stigma sich aufrichtet und gehörig ausbreitet". Zur Illustration ist in Abb. 2 ein Blütenstand von *Epilobium angustifolium* wiedergegeben. Von den sechs bereits geöffneten Blüten sind die jüngeren (oberen) drei noch im rein männlichen Stadium, die drei älteren (unteren) schon im weiblichen Stadium. Man erkennt bei diesen deutlich die gespreizten, empfängnisfähigen Narbenlappen (bei n_2), während die Staubgefäße zurückgekrümmt sind und welken.

SPRENGEL (1793) wies als erster darauf hin, daß die Dichogamie den „Zweck" habe, die Fremdbefruchtung zu befördern. Diese

Annahme ist zwar in der darauffolgenden Zeit zunächst nicht weiter beachtet worden. In der Glanzzeit der Blütenbiologie im 19. Jahrhundert wurde die außerordentliche Verbreitung der Dichogamie bekannt, und die Fülle der Tatsachen führte zu der Unterscheidung verschiedener Formen der Dichogamie.

Abb. 2. Protandrische Blüten von *Epilobium angustifolium*. Bei *A* Blüten im männlichen Stadium, die Narben zusammengebogen (n_1). Bei *B* Blüten im weiblichen Stadium mit gespreizten Narben (n_2). (Nach KERNER-HANSEN 1913.)

In dem oben geschilderten Falle von *Epilobium angustifolium* eilten die männlichen Organe, die Staubgefäße, in der Entwicklung voraus. SPRENGEL (1793) bezeichnete diese Form der Dichogamie als „männlich-weiblich". HILDEBRAND (1867) führte hierfür die Bezeichnung *protandrische Dichogamie* ein, die sich seitdem allgemein eingebürgert hat. Das Gegenstück hierzu bildet die weiblich-männliche (SPRENGEL 1793) oder *protogynische Dichogamie* (HILDEBRAND 1867), bei der die Narbe vor dem Öffnen der Staubbeutel empfängnisfähig wird. Als Beispiel einer protogynischen Pflanze sei hier auf den in Abb. 3 wiedergegebenen *Eremurus caucasicus* verwiesen. Die beiden obersten Blüten (A) sind im rein weiblichen Stadium: die Staubbeutel sind noch geschlossen, die aufgerichtete Narbe aber bereits empfängnisfähig. Ältere, weiter unten stehende Blüten (C) befinden sich bereits in dem rein männlichen Stadium: die Staubbeutel sind geöffnet, die schon bestäubten Griffel beginnen zu welken und haben sich nach unten gebogen. Die Protogynie kann im Extrem so weit gehen, daß sich die schon empfängnisfähige Narbe noch bei nicht geöffneten Knospen zwischen den zusammengefalteten Blütenblättern hervordrängt (z. B. bei *Potamogeton crispus, Asphodelus albus, Luzula nivea, Ulmus campestris, Plantago media* u. v. a. nach KERNER [1890]). Umgekehrt öffnen sich auch bei manchen protandrischen Arten die Staubbeutel bereits in den Blütenknospen.

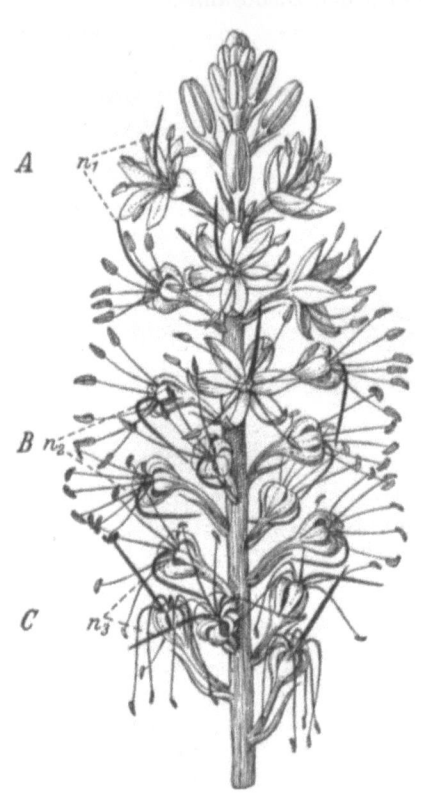

Abb. 3. Protogynie bei *Eremurus caucasicus*. *A* Blüten im weiblichen Stadium, *B* im männlichen Stadium, *C* Beginn der Fruchtbildung. (n_1 empfängnisfähige Narben; n_2 befruchtete Narben; n_3 wieder aufgerichtete Narben.) (Nach KERNER-HANSEN 1913.)

Bezüglich der Verteilung der Dichogamie auf bestimmte Verwandtschaftsgruppen lassen sich keine allgemeinen Feststellungen machen. KERNER (1890), der sich besonders eingehend mit der

Dichogamie befaßt hat, weist ausdrücklich darauf hin, daß innerhalb mancher Gattung die einen Arten protandrisch, andere protogynisch sind. Eine Reihe von Familien scheint entweder nur protandrische Arten (Compositen, Campanulaceen, Labiaten, Malvaceen, Caryophyllaceen, Papilionaceen) oder protogynische Arten (Aristolochiaceen, Juncaceen, Caprifoliaceen u. a. m.) zu enthalten. Außerdem finden sich auch in den meisten Verwandtschaftskreisen neben dichogamen Arten solche, bei denen sich Staubbeutel und Narbe gleichzeitig entwickeln und die mit SPRENGEL (1793) als *homogam* bezeichnet werden.

Der Grad der Dichogamie, d. h. der Zeitunterschied zwischen der Entwicklung der beiderlei Geschlechtsorgane, kann ferner verschieden lang sein. ,,Unvollkommen ist die Dichogamie dann, wenn die Reife der zweierlei Geschlechtsorgane zwar nicht gleichzeitig eintritt, aber doch die Paarungsfähigkeit des einen Geschlechtes noch nicht erloschen ist, sobald jene des anderen Geschlechtes in den Blüten der betreffenden Art beginnt... Vollkommen ist sie, wenn die Reife der Narben erst beginnt, nachdem der Pollen aus den zuständigen Antheren bereits durch den Wind oder durch blütenbesuchende Tiere entfernt wurde, so daß er in der gleichen Blüte nicht mehr befruchtend wirken kann, oder wenn die Narbe bereits welk, abgedorrt oder gar abgefallen ist, sobald die Antheren der gleichen Blüte, beziehentlich der gleichen Art sich öffnen" (KERNER, 1890, S. 2).

KERNER (1890) bringt auch genauere Daten über Dauer der eingeschlechtlichen Periode bei verschiedenen Dichogamen. Es seien hier einige Beispiele davon angeführt: Sie beträgt bei *Mirabilis Jalapa* 10—15 Minuten, bei *Lepidum Draba, Sisymbrium Sophia* 2—15 Stunden, bei *Rumex alpinus* 2—3 Tage, bei verschiedenen *Valeriana*-Arten 3—5 Tage, bei *Typha minima* sogar 9 Tage.

Die Mehrzahl der Fälle, in denen Dichogamie beobachtet worden ist, beruht auf Beobachtungen in der freien Natur, nicht auf Experimenten. Daher sind die Fehlerquellen sehr groß. Die Beobachtungen über den Bau und die Entwicklung der Blüten sind zwar sicherlich richtig, aber ihre Auswertung erfolgte doch nach subjektivem Ermessen. Ein Beispiel soll diese Ansicht illustrieren. Verschiedene *Aquilegia*-Arten erwecken den Anschein einer deutlichen Protandrie. Nachdem der Blütenstaub bereits entleert ist, strecken sich die Narben und spreizen auseinander. Äußerlich wird dadurch wohl der Anschein erweckt, als ob die Blüten jetzt im „weiblichen Stadium" wären. Wenn man aber nachprüft, ob die Narben tatsächlich erst im letzten Stadium empfängnisfähig sind, dann findet man, daß dies nicht der Fall ist: Schon in der nicht geöffneten Knospe und vor allem auch in der Blüte im „männlichen" Stadium sind die Narben voll empfängnisfähig. Akeleipflanzen, die isoliert und vor Wind und Insekten geschützt im Gewächshaus gehalten werden, setzen in jeder Blüte infolge strenger Autogamie gut Samen an.

Für die Beurteilung der Dichogamie bedeutet es eine große Schwierigkeit, daß man durchaus nicht aus dem äußeren Eindruck, den die Narbe macht, auf ihre Empfängnisfähigkeit schließen darf. Wir sahen eben, daß bei der Akelei bereits Knospen mit Erfolg bestäubt werden können. Das gleiche gilt aber auch für andere Arten, z. B. die meisten *Nicotiana-* und manche *Antirrhinum-* Arten, bei denen man gewöhnlich annimmt, daß die Narbe erst mit dem Auftreten des sogenannten „Narbensekretes" in der geöffneten Blüte empfängnisfähig wird.

Die Unmöglichkeit des Beweises dafür, daß die Dichogamie einen ganz bestimmten Zweck, die Verhinderung der Selbstbefruchtung, erfüllt, ersieht man auch daraus, daß sich eine Dichogamie nicht nur bei monözischen, sondern auch bei diözischen Pflanzen findet. Nach KERNER (1890) sind bei verschiedenen zweihäusigen Weidenarten die Narben der weiblichen Individuen 1 Tag (*Salix herbacea, S. retusa, S. reticulata*) oder auch 2—3 Tage (*S. amygdalina*) vor dem Stäuben der männlichen Individuen des gleichen Standortes befruchtungsfähig. Die eingeschlechtliche Periode beträgt innerhalb eines Bestandes von *Mercurialis ovata* oder *M. perennis* mindestens 2 Tage, bei Pflanzen von *Cannabis sativa*, die unter gleichen Bedingungen nebeneinander aufgewachsen sind, gar 4—5 Tage. Da nun aber diese Pflanzen zweihäusig sind, kann ja eine Selbstbefruchtung niemals stattfinden. Um aber auch hier die Dichogamie als eine „*zweckmäßige Einrichtung*" deuten zu können, sieht sich KERNER (1890) gezwungen, das Gesetz der Fremdbefruchtung noch zu erweitern. Durch die Dichogamie soll die Bestäubung von Pflanzen der gleichen Art erschwert und die Bastardierung verschiedener Arten gefördert werden. Es ist um so auffallender, daß KERNER diese Annahme macht, als ja KERNER

Parasterilität, bedingt durch Besonderheiten des Blütenbaues. 13

ein ausgezeichneter Beobachter war und wußte, wie selten Bastarde bei den meisten Arten im Freien gefunden werden.

Das Vorkommen von Dichogamie ließe sich aber vielleicht in ganz anderer Weise, nämlich entwicklungsphysiologisch deuten. Bei der ganz verschiedenartigen Ausbildung der Staub- und Fruchtblätter wäre es denkbar, daß die Dichogamie ein Ausdruck eines verschiedenen Reagierens der beiderlei Organe auf die Außenbedingungen ist. Einen Hinweis in dieser Richtung geben die gelegentlichen Beobachtungen, daß der Grad der Dichogamie bei der gleichen Art, aber in Gegenden mit verschiedenem Klima auch verschieden ist. Man kann annehmen, daß die Entwicklung der Sporophylle auf die Veränderung der Außenbedingungen reagiert, und daß unter Umständen dabei die Differenz in der Entwicklungsgeschwindigkeit, die die Dichogamie bedingt, verschwindet oder auch verstärkt wird. Aus der Dichogamie ist dann eine Homogamie geworden. *Alsine verna* ist in Mitteleuropa protandrisch, in Grönland dagegen vollkommen homogam, *Azalea (Loiseleuria) procumbens* ist in den Alpen protogyn, in Schweden homogam.

Mit diesen kurzen, mehr allgemeinen Bemerkungen soll die Diskussion über die Dichogamie zunächst abgeschlossen werden. Es kam mir hier nur darauf an, die wichtigsten Feststellungen allgemeiner Art zu referieren. Auf die Fülle der Einzeltatsachen, die in der blütenbiologischen Literatur zusammengebracht wird, kann hier nicht genauer eingegangen werden. Am Ende dieses Kapitels werden wir Gelegenheit finden, die Frage nach der allgemeinen Bedeutung der Dichogamie noch einmal zu streifen.

3. Herkogamie.

Bei der Besprechung der Herkogamie wollen wir uns auch kurz fassen. Wie wir oben betonten, werden unter dieser Bezeichnung diejenigen Fälle zusammengefaßt, bei denen durch die Anordnung der Geschlechtsorgane eine Selbstbefruchtung innerhalb einer Blüte unmöglich gemacht oder wenigstens erschwert wird. Meistens ist die Herkogamie auch mit einer mehr oder weniger ausgeprägten Dichogamie kombiniert.

Als typisch herkogame Blüten seien hier zunächst die Blüten vieler Orchideen genannt (Abb. 5). Hierher werden auch die in Abb. 6 gezeichneten Blüten von *Vinca major* gerechnet, bei der der Narbenkopf unterhalb der Staubgefäße (*S*) eine scheibenförmige Verbreiterung besitzt, auf deren Unterseite sich erst das empfängnisfähige Gewebe der eigentlichen Narbe befindet. Ganz allgemein kann man wohl sagen, daß zu den als hergogam bezeichneten Blütenformen ganz besonders merkwürdig ausgebildete Blüten gehören.

Bei anderen vermutlich herkogamen Formen finden wir keine so auffallende Ausbildungsweise der Geschlechtsorgane, wie bei den Orchideen oder den Apocynaceen, zu denen *Vinca* gehört. Es sind Blüten bereits als herkogam beschrieben worden, bei denen die Staubbeutel so orientiert sind, daß die Risse, durch die der Pollen austritt, von der Narbe weggekehrt sind und der „pollenlose Rücken" der Narbe zugekehrt ist. HILDEBRAND (1867) sieht in dieser Stellung „einen merkwürdigen Ausdruck des Widerwillens gegen die Selbstbestäubung"

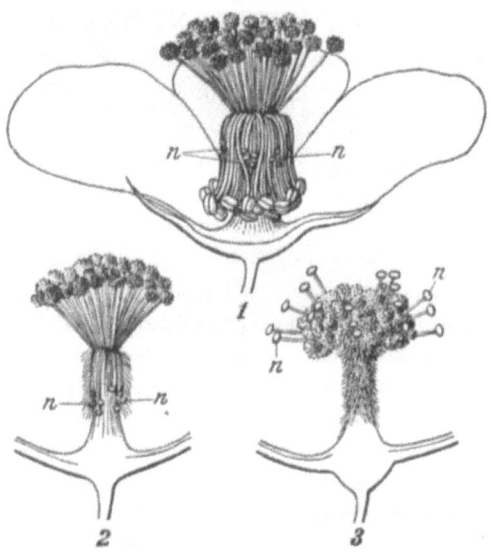

Abb. 4. Blüten von *Anoda hastata*. *1* Blüte im männlichen Stadium, die Griffel mit den Narben herabgekrümmt (*n*). *2* Blüte am Ende des männlichen Stadiums, alle Staubgefäße aufgerichtet. *3* Blüte im weiblichen Stadium. Griffel mit Narben (*n*) aufgerichtet. Staubgefäße verwelkt. (Nach HILDEBRAND 1867.)

In wieder anderen Fällen soll eine räumliche Trennung der beiderlei Geschlechtsorgane durch Bewegungen der Staubbeutel erreicht werden, so z. B. bei *Anoda hastata* (Abb. 4), bei der außerdem eine Selbstbestäubung der Blüte durch eine ausgesprochene Protandrie verhindert wird. Im männlichen Stadium der Blüte sind die Staubgefäße nach oben gestreckt, während die noch unreifen Griffel scharf nach unten gebogen sind. Später, nachdem die Antheren bereits entleert und verwelkt sind, richten sich die Griffel auf und die Narben werden empfängnisfähig.

Parasterilität, bedingt durch Besonderheiten des Blütenbaues. 15

Wenn man sich nun aber die verschiedenen herkogamen Einrichtungen der Blüten weniger voreingenommen als die meisten Blütenbiologen ansieht, dann kommt man zu einer sehr skeptischen Beurteilung der Deutungen. Denn um solche handelt es sich fast ausschließlich, nicht um wohl fundierte Beweise. Wir wollen unseren Standpunkt an der Hand von zwei Beispielen genauer erläutern.

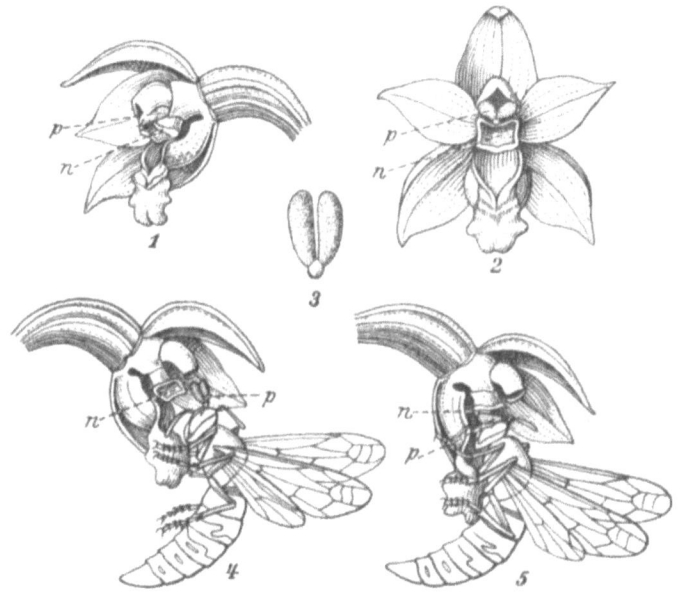

Abb. 5. Blüten der Orchidee *Epipactis latifolia*. *1* Seitenansicht, ein Teil des Perigons entfernt. *2* Vorderansicht. *3* Pollinien. *4* Blüte mit eben abfliegender Wespe, an deren Kopf die Pollinien hängen bleiben. *5* Blüte mit anfliegender Wespe, die die Pollinien überträgt (*n* Narbe, *p* Pollinien). (Nach KERNER-HANSEN 1913.)

Als typische herkogame Pflanzen nannten wir bereits die Orchideen. Der Bau ihrer Blüten ist wohl aus Abb. 5 ersichtlich. Sie sind durch zwei Eigentümlichkeiten charakterisiert. Zunächst kleben alle Pollenkörner jedes der beiden Fächer des einzigen Staubblattes zu einer eiförmigen Masse, den Pollinien zusammen, anstatt daß sie einzeln entleert werden. An jedes Pollinin setzt ein kleines Stielchen, die Caudicula, an, so daß das ganze Gebilde Keulenform besitzt. Das Stielchen endet schließlich in eine klebrige Masse, die der Narbe unmittelbar ansitzt und bei Insektenbesuch dem betreffenden Insekt an dem Kopf anhaftet (Abb. 5, 4 u. 5). Ferner ist die dreiteilige Narbe umgebildet, indem ein Lappen steril geworden ist und sich zwischen die Pollinien und den funktionsfähigen, d. h. empfängnisfähigen Teil der Narbe einschiebt. Dadurch soll nun jede Selbstbestäubung verhindert sein und eine Kreuzbestäubung erzwungen werden.

Es ist aber schon seit DARWIN (1862b) bekannt, daß Autogamie bei Orchideen nicht fehlt, und wir wissen heute, daß sie nicht einmal selten ist. KIRCHNER (1922) hat vor kurzem seine eigenen Beobachtungen sowie die älteren Angaben ausführlich besprochen. Er unterscheidet zehn verschiedene Weisen, auf die eine Selbstbestäubung innerhalb einer Blüte dieser Orchideen erfolgen kann und auch erfolgt, ohne daß der scheinbar herkogame Bauplan wesentlich abgewandelt wäre. Wir können diese Typen folgendermaßen kurz zusammenfassen:

1. Teile der Pollinien, ganze Pollinien oder auch die ganzen Antheren fallen auf die tiefer gelegene Narbe (Typ 1, 2 und 5 von KIRCHNER).

2. Durch aktive Krümmungen der Pollinien, ihres Stielchens oder dessen Basis, durch die postfloralen Krümmungen anderer Blütenteile werden die Pollenmassen in Kontakt mit den empfängnisfähigen Narbenlappen gebracht (Typ 3, 7 und 10).

3. Durch Auflösung des trennenden Gewebes kommen die Pollinien auf die Narbe zu liegen (Typ 8).

4. Die Pollinien wachsen an Ort und Stelle zu Pollenschläuchen aus, die die Narbe erreichen. Dies kann besonders erleichtert sein, wenn auch der trennende Narbenlappen empfängnisfähig bleibt. Das Austreiben der Pollenschläuche wird manchmal dadurch hervorgerufen, daß die Narbe soviel Narbensekret abscheidet, daß auch die Pollinien befeuchtet werden (Typ 4, 6 und 9).

Wie vorsichtig man bei der Ausdeutung besonderer Struktureigentümlichkeiten der Blüten sein muß, lehrt der Vergleich zweier nahe verwandter *Vinca*-Arten. In Abb. 6 ist neben der als herkogam beschriebenen *Vinca major* die autogame *V. rosea* abgebildet. Abgesehen von einem ganz geringfügigen Unterschied ist der Bau der beiden Blüten der gleiche. Die Narbe ist tischähnlich ausgebildet, und ihr empfängnisfähiger Teil befindet sich auf der Unterseite der „Tischplatte" (bei *e*). Das Filament der Antheren ist scharf knieförmig gebogen (bei *k*). Nur die Höhe

Parasterilität, bedingt durch Besonderheiten des Blütenbaues. 17

der Insertion der Filamente an der Kronenröhre ist verschieden. Bei *Vinca rosea* sitzen die Antheren so tief, daß die Staubbeutel (*b*) der empfängnisfähigen Unterseite der Narben anliegen und dadurch eine Autogamie garantiert wird. Bei *V. major* sind die Filamente dagegen höher inseriert. Die Verbreiterung der Narben schiebt sich zwischen Filamentknie (*k*) und Staubbeutel (*b*), so daß diese der Oberseite der Narbe anliegen, die ja nicht empfängnisfähig ist. Dadurch soll nun die strenge Herkogamie bedingt sein. Durch eine außerordentlich geringfügige Verschiebung der Staub-

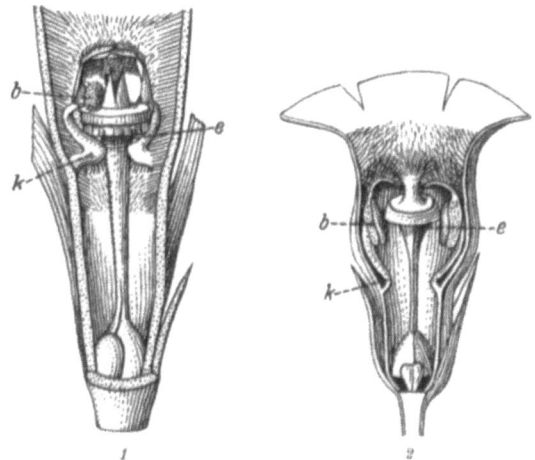

Abb. 6. *1* Blüte von *Vinca major*. Oberer Teil der Blütenröhre entfernt. *2* Blüte von *Vinca rosea*. *k* Knie der Filamente, *b* Staubbeutel, *e* empfängnisfähiger Teil der Narbe. (*1* nach KERNER-HANSEN 1913, *2* nach KIRCHNER 1912.)

beutel ohne eine sonstige Änderung des Bauplanes ist also aus der autogamen eine herkogame Blüte geworden. Und nur bei der letzteren hat die auffallende Form der Filamente mit ihrem scharfen Knick einen „biologischen Sinn"[1].

Der Vergleich der beiden *Vinca*-Arten legt die Frage nahe, *ob es nicht überhaupt allgemein richtiger wäre, in der Herkogamie nur eine Nebenauswirkung des Organisationsplanes mancher Blüten zu sehen, nicht aber eine besondere „zum Zweck der Verhinderung der Selbstbestäubung erworbene Anpassung".*

---

[1] Auf das Auftreten von Haaren auf der Oberseite der Narbe und der Staubbeutel, durch die „ungebetene Gäste fern gehalten werden sollen", sei hier nur kurz hingewiesen.

4. Diskussion.

Im vorhergehenden wurde versucht, die Hauptzüge der Dichogamie und Herkogamie an der Hand einiger Beispiele zu erläutern und dabei gleich die allgemeine Bedeutung dieser Erscheinungen kritisch zu besprechen. Es muß aber nochmals eindringlich darauf hingewiesen werden, daß fast das ganze Tatsachenmaterial, das von den Blütenbiologen der letzten 100 Jahre zusammengebracht worden ist, einer scharfen Kritik nicht standhalten kann. Wir erwähnten bereits, daß die alten Blütenbiologen fest davon überzeugt waren, daß die Natur einen ausgesprochenen „Widerwillen" (HILDEBRAND) oder „horror" (DARWIN) vor jeder Selbstbestäubung hätte. Es scheint, als ob die meisten Blütenbiologen infolge ihrer Voreingenommenheit ihre gründlichen Beobachtungen in einer sehr übertriebenen Weise ausdeuteten. Nur so ist es zu verstehen, daß aus der Beobachtung SPRENGELS (1793), daß „es so scheine, als ob die Natur es nicht haben wolle, daß irgendeine Blume durch ihren eigenen Staub befruchtet werde", schließlich ein Naturgesetz, das „Gesetz von der notwendigen Fremdbefruchtung", „la lege di dichogamia" (DELPINO) wurde.

Ferner muß noch einmal darauf hingewiesen werden, daß die älteren Autoren einen Unterschied zwischen strenger Autogamie und Geitonogamie (s. oben S. 8) machten. Es sind jedoch keine experimentellen Tatsachen bekannt, die diese Unterscheidung rechtfertigen. Eine Geitonogamie wird nun aber durch herkogame Einrichtungen der Einzelblüten in keiner Weise erschwert. Die Dichogamie ist bei Pflanzen mit mehreren Blüten kaum je so ausgesprochen, daß nicht Bestäubungen der Blüten des gleichen Individuums untereinander möglich wären.

Jedenfalls scheint mir, daß sich die teleologische Deutung der Dichogamie und Herkogamie nicht aufrecht halten läßt. Was übrig bleibt, ist die Tatsache der „morphologischen Mannigfaltigkeit" und das „Prinzip der Ausnützung" (GOEBEL 1920). Hierauf weist auch KNOLL (1921) ausdrücklich hin (S. 4/5). Es wäre sehr wünschenswert, wenn das ganze ungeheure Tatsachenmaterial der „Blütenbiologie" einmal in unvoreingenommener Weise und nicht auf Grund einer teleologisch-anthropomorphen Grundeinstellung durchgearbeitet würde. Wieviel wichtige neue Tatsachen dabei noch entdeckt werden können, haben ja bereits die experimentellen

Arbeiten von KNOLL (1921—1926) über die Beziehungen verschiedener Blüten und Insekten gezeigt. Bei diesen Untersuchungen stand die Physiologie der Insekten im Vordergrund. Aber auch von der rein botanischen Seite der Blütenbiologie sind noch viele Fragen zu klären.

II. Parasterilität, bedingt durch Besonderheiten der Pollenphysiologie.

1. Grundlagen der Physiologie des Pollens[1].

a) Allgemeines.

Im vorigen Kapitel haben wir kurz den Bau einer Angiospermenblüte geschildert und im Anschluß daran diejenigen Einrichtungen besprochen, die den Transport des Pollens auf die Narbe verhindern können. In den folgenden Kapiteln haben wir uns mit den Entwicklungsstörungen zu befassen, durch die der Transport der männlichen Geschlechtskerne, die durch den Pollen auf die Narbe einer Blüte gebracht worden sind, zu den Eiern im Fruchtknoten erschwert oder ganz unterbunden wird. Da bei diesem Transport das Gewebe des Fruchtknotens zwischen Narbe und Samenanlage durchquert werden muß, sei zunächst kurz der Bau des Fruchtknotens besprochen.

Der Stempel (vgl. Abb. 1 und Abb. 7) entsteht durch die Verwachsung einiger oder mehrerer Sporophylle, der Fruchtblätter oder Karpelle. Dabei kommt es in dem unteren Teile zur Bildung einer oder mehrerer im allgemeinen allseits geschlossenen Höhlungen, in die die Samenanlagen, die sich an bestimmten Stellen der Fruchtblätter, den Plazenten, entwickeln, hineinhängen. Nach oben kann sich daran ein zylindrischer, mehr oder minder kräftig entwickelter Teil, der Griffel, anschließen, der

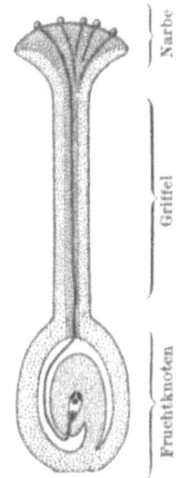

Abb. 7. Schema eines Stempels mit nur einer Samenanlage. Längsschnitt. (Nach BRIEGER 1929.)

---

[1] Bei der außerordentlichen Fülle von Arbeiten, die sich mit Einzelheiten der Physiologie des Pollens befassen, kann die vorliegende Behandlung keinen Anspruch auf Vollständigkeit machen. Es sei daher ausdrücklich zur Ergänzung auf andere Darstellungen, z. B. auf BRINK (1924) und die entsprechenden Abschnitte bei SCHNARF (1929) hingewiesen.

keine Samenanlagen enthält. Die Spitze des Fruchtblattes ist in der Regel in die Narbe umgewandelt, d. h. in denjenigen Teil, auf dem die Pollenkörner auskeimen können. Das ganze Gebilde wird meist als „Stempel" oder „Pistill" bezeichnet.

Von diesem Grundtypus finden sich die verschiedensten Abwandlungen, die hier im einzelnen nicht beschrieben werden können. Der Griffel setzt z. B. nicht terminal, sondern seitlich oder gar scheinbar basal an dem eigentlichen Fruchtknoten an. Auch die Narbe muß nicht terminal am Griffel stehen u. a. m.

Wichtig für uns ist der histologische Bau der drei Teile und seine Beziehungen zu dem Transport der männlichen Geschlechtskerne von der Narbe bis zu den Samenanlagen.

Auf der Oberfläche der Narbe findet die Keimung der Pollenkörner statt (Abb. 8). Hierbei tritt aus dem Pollenkorn ein Schlauch — sehr selten mehrere — aus, in welchen der Inhalt des Korns einschließlich der Zellkerne übertritt (Abbild. 3). Der vegetative sogenannte Pollenschlauchkern und hinter ihm die beiden männlichen Geschlechtskerne oder generativen Kerne verbleiben dann ständig während des Wachstums durch das Leitgewebe von Narbe und Griffel an der Spitze des Pollenschlauches (Abb. 4.). An der Griffelbasis tritt der Schlauch in die Fruchtknotenhöhle über und wächst dort zu den Samenanlagen hin.

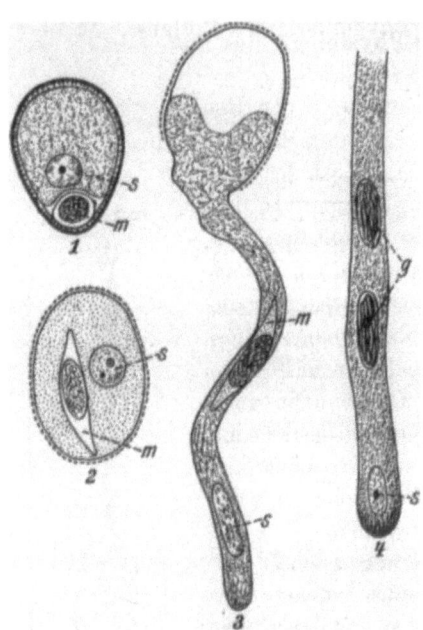

Abb. 8. Pollenkorn und Pollenkeimung von *Lilium martagon*. *s* Schlauchkern, *m* Mutterzelle, *g* generative oder Spermakerne. (Nach STRASBURGER.)

Die Rolle, die dem Pollen als der männlichen Komponente im Bestäubungs- und Befruchtungsprozeß der Blütenpflanzen zu kommt, hat wohl zuerst CAMERARIUS (1694) klar erkannt. Aber trotz der wichtigen Arbeiten KOELREUTERs und SPRENGELS in der zweiten Hälfte des 18. Jahrhunderts ist diese Erkenntnis erst im Anfang des 19. Jahrhunderts eine allgemein anerkannte Grundtatsache der Botanik geworden. Auch über die Frage, wie das „männliche Prinzip" aus dem Pollenkorn, das auf der Narbe liegt, hinunter zu den „Eichen" oder Samenanlagen gelangt, bestanden lange Zeit recht mystische Vorstellungen. MIRBEL (1807) und C. F. GÄRTNER (1844) sprechen noch von einer „aura seminalis". AMICI war der erste, der zunächst auf Grund eines Zufallsbefundes (1824) und später an Hand eines ausgedehnten Untersuchungsmaterials (1830) das Auskeimen der Pollenkörner zu Pollenschläuchen, die zu den Samenanlagen hinwachsen, beschrieben hat. HOFMEISTER (1847) wies dann nach, daß sich die Embryonen aus den Eiern entwickeln, wenn diese durch einen Pollenschlauch zur Weiterentwicklung angeregt waren. STRASBURGER (1884) beschrieb schließlich den eigentlichen Befruchtungsvorgang bei den Blütenpflanzen, die Verschmelzung des Eikerns mit einem der beiden Spermakerne, die in der Spitze des Pollenschlauches zu dem Ei hintransportiert worden waren. Gleichzeitig und unabhängig voneinander fanden dann NAWASCHIN (1899) und GUIGNARD (1899), daß bei den Blütenpflanzen eine doppelte Befruchtung stattfindet, daß der eine der beiden Spermakerne des Pollenschlauches mit dem Eikern verschmilzt, der andere mit dem Embryosackkern. Aus dem befruchteten Ei entwickelt sich der Embryo, aus dem „befruchteten" Embryosack ein mehr oder minder stark entwickeltes Nährgewebe, das Endosperm.[1]

b) Anatomische Grundlagen.

Im Vergleich zu anderen Organen ist die Untersuchung des Baues von Narbe und Griffel etwas stiefmütterlich behandelt worden. GLEICHEN (1764), HEDWIG (1793), vor allem BRONGNIART (1827) haben zuerst festgestellt, daß in der Narbe und im Griffel ein besonderes Gewebe vorhanden ist, in dem die Pollenschläuche wachsen. Der genaue Bau dieses Leitgewebes, der „tela conductrix" oder des „conductor fructificationis", wie es zuerst genannt wurde, ist jedoch erst viel später eingehend untersucht worden. REINKE (1874) beschrieb den Bau der Narbe etwas genauer, und sein Schüler BEHRENS (1875) baute diese Untersuchungen weiter aus. Es schlossen sich dann die Arbeiten von CAPUS (1878), DALMER (1880) und GUÉGUEN

---
[1] Vgl. die ausführliche Darstellung bei SACHS (1870).

(1900, 1901—2) an, die die Verhältnisse im wesentlichen klarstellten. In neuerer Zeit wurden dann nur gelegentlich weitere Einzelheiten beschrieben.

Wir wollen zunächst kurz den Bau der Narbe beschreiben. Ihre Oberfläche ist meist von einer dünnen Kutikula überzogen. Die Epidermiszellen sind oft papillös vorgewölbt. Häufig besteht das Eintreten der Empfängnisfähigkeit in einem Absterben und Verquellen der Narbenzellen, das sich von selbst oder unter Einwirkung von außen, etwa von Insekten, einstellen kann. Dabei wird dann auch meist die Kutikula zerstört. In anderen Fällen durchbrechen die Pollenschläuche dagegen die noch intakte Kutikula. Das Gewebe unterhalb der Narbenepidermis besteht meist aus langgestreckten Zellen, die sich nach unten in das Leitgewebe des Griffels fortsetzen. In einigen Fällen bildet die Narbe auch eine nach außen offene Röhre.

Das Leitgewebe des Griffels kann in zweierlei Weise ausgebildet sein. Entweder wird der Griffel von einem Strang langgestreckter Zellen, deren Wände stark verquollen sind, durchzogen (Abb. 9, *1*), oder er enthält an Stelle dieses eigentlichen „Leitgewebes" einen langen Hohlraum, den Griffelkanal, der wohl von Schleim, d. h. stark quellbaren Membransubstanzen, erfüllt wird (Abb. 9, *4*). Beide Typen können auch kombiniert auftreten, wenn ein charakteristisches Leitgewebe einen Griffelkanal umgibt (Abb. 2 u. 3).

Die Zellschicht, die den Griffelkanal auskleidet, entspricht entwicklungsgeschichtlich der Epidermis der Oberseite der Fruchtblätter. Sie ist dementsprechend zunächst von einer Kutikula bedeckt, die jedoch früher oder später infolge der Verquellung der Membranen der Epidermiszellen abgehoben und zerrissen wird. Ihre Reste sind in manchen Fällen noch lange nachweisbar (JOST 1907, SCHNARF 1922, LEITMEIER-BENNESCH 1923). Die Epidermiszellen besitzen oft reichlich Reservestoffe wie Stärke und verschiedene Zucker, die wohl der Ernährung der Pollenschläuche dienen. In manchen Fällen erweckt die Epidermis auch den Eindruck eines sezernierenden Epithels (Abb. 4). Als Charakteristikum eines solchen Drüsenepithels deutet z. B. SCHÜRHOFF (1916, 1919) die gelegentlich beobachtete Zweikernigkeit der Epidermiszellen. Ob der Griffelkanal selbst vollkommen mit Schleim (Pektinverbindungen) oder teilweise auch mit Wasserdampf gesättigter Luft erfüllt ist, ist nicht sicher gestellt.

Grundlagen der Pollenphysiologie. 23

In den Leitgewebssträngen fällt vor allem die mächtige Verquellung der Membranen auf, neben der die Zellumina manchmal fast verschwinden. Die Zellen sind meist in der Längsrichtung voneinander getrennt, in einigen Fällen verquellen aber auch die Querwände (z. B. *Oenothera* nach RENNER 1919). Wohl immer enthalten die Zellen der Leitgewebe reichlich Reservestoffe, die den Pollenschläuchen zugute kommen.

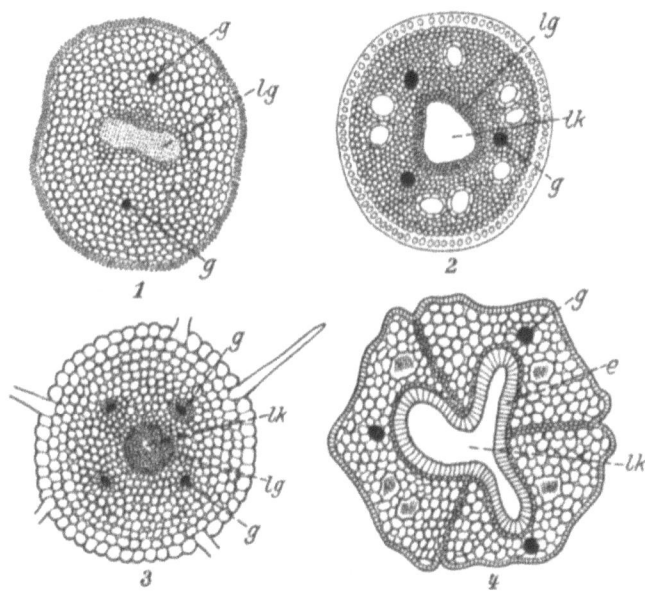

Abb. 9. Querschnitte durch Griffel mit verschiedenen Leitsystemen. *1* Griffel von *Atropa Belladonna* mit einem geschlossenen Leitgewebsstrang (*lg*). *2* Griffel von *Dichorisandra ovalifolia* mit einem Leitkanal (*lk*), umgeben von einem dünnen Mantel von Leitgewebe (*lg*). *3* Griffel von *Phyteuma spiratum* mit einem dichten Leitgewebsstrang (*lg*) und einem engen zentralen Leitkanal (*lk*). *4* Griffel von *Aechmea discolor* mit einem weiten Leitkanal (*lk*), der von einem Reizepithel (*e*) ausgekleidet ist. *g* Gefäßbündel. (Nach BEHRENS 1875.)

In dem Leitsystem kann nach den älteren Anschauungen das Wachstum der Pollenschläuche *ektotrop* oder *endotrop* (PIROTTA und LONGO 1900) erfolgen, je nachdem, ob es auf der Oberfläche der Leitgewebszellen und ihrer verquollenen Wände oder in den Wänden erfolgt. Dementsprechend könnte man ektotrophe und endotrophe Leitgewebssysteme unterscheiden (JUEL 1907). Es erscheint aber doch zweifelhaft, ob die Pollenschläuche nicht immer endotrop wachsen (TSCHIRCH 1919). Die Entscheidung dieser

Frage hängt davon ab, ob sich nachweisen lassen wird, daß die Griffelkanäle ganz mit Schleim erfüllt sind oder nicht.

An den Griffel schließt sich dann der eigentliche Fruchtknoten, in dem die Samenanlagen in der Ein- oder Vielzahl enthalten sind.

Zur Orientierung seien hier erst ein paar Bemerkungen über den Bau der Samenanlagen eingeschaltet, der am besten an Hand der Schilderung seiner Entwicklungsgeschichte verstanden wird (Abb. 10). Diese beginnt damit, daß sich ein Gewebehöcker, der gerade oder häufig auch etwas gekrümmt ist, aus den oberfläch-

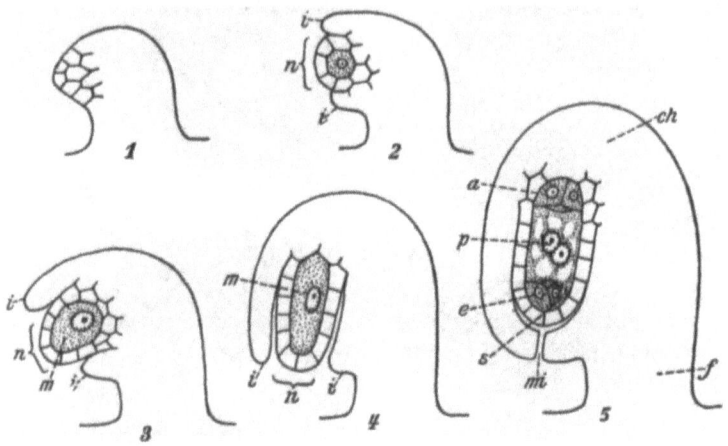

Abb. 10. Entwicklung der Samenanlagen. *1* Undifferenter Höcker. *2* Das Integument (*i*) erscheint als ringförmiger Wulst rings um den Nucellus (*n*). *3* Im Nucellus tritt die Makroporenmutterzelle (*m*) deutlich hervor. *4* Starkes Wachstum im Nucellus und Integument. *5* Fast fertige Samenanlage mit Embryosack (*mi* Mikropyle, *e* Eizelle).

lichen Zellschichten der Plazenta hervorwölbt. Am Grunde dieses Höckers treten frühzeitig ein oder zwei ringförmige Wülste hervor, die allmählich den ganzen oberen Teil des Höckers einhüllen. Der Stiel der Samenanlage wird als Funiculus, die aus den ringförmigen Wülsten entstandenen Hüllen als Integument bezeichnet, während der innere Kern Nucellus genannt wird. Der an den Funiculus anschließende Teil des Nucellus ist die Chalaza: Die Integumente schließen über dem Nucellus mehr oder weniger dicht zusammen. Sie lassen nur einen kleinen Kanal an der Spitze frei, die Mikropyle, der jedoch oft nur die Dimensionen eines engen Interzellularraumes besitzt.

Die Samenanlagen können in der Ein- oder Mehrzahl in den

Fruchtknoten vorhanden sein und sind in der verschiedensten Weise angeordnet. Abb. 7 zeigt einen Fruchtknoten mit nur einer Samenanlage. Abb. 1 und 11 Fruchtknoten mit mehreren Anlagen. Die Plazenten, wie das Gewebe, an dem die Anlagen stehen, genannt werden, können grundständig (Abb. 7), wandständig (Abb. 1; 11, *2*) oder zentral (Abb. 11, *4*) angeordnet sein.

Meistens setzt sich nur das Leitgewebe der Griffel nicht in den Fruchtknoten fort. Die Pollenschläuche wachsen auf der Wand der Fruchtknotenhöhle, besonders auf den Plazenten entlang zu den Samenanlagen.

Gelegentlich finden wir auch im Fruchtknoten ein richtiges „endotrophes" Leitgewebe. Bei den Nyctaginaceen und Valerianaceen zieht sich ein solches Leitgewebe bis in die Basis des Fruchtknotens hin. Bei der zuerst genannten Familie wächst der Pollenschlauch zuletzt nur noch ein kurzes Stück ektotrop auf der Plazenta lang (HEIMERL 1887), bei der zweiten tritt der Schlauch unmittelbar aus dem Leitgewebe in die Basis der Samenanlage über (ASPLUND 1920).

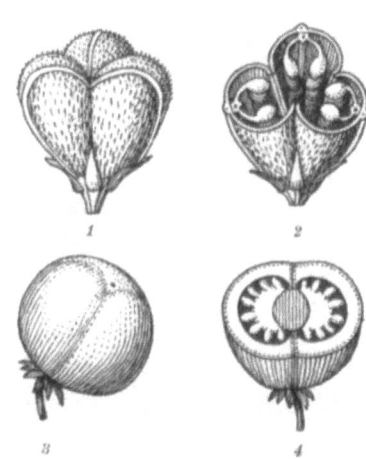

Abb. 11. Anordnung der Samenanlagen im Fruchtknoten. *1* und *2* Fruchtknoten von *Viola odorata*. *3* u. *4* Fruchtknoten von *Solanum tuberosum*. (Nach KERNER-HANSEN 1923.)

Sehr häufig wird das Leitgewebe im Fruchtknoten von Haaren oder Haarbüscheln gebildet, die an den verschiedensten Stellen entspringen können: in der Basis des Narbenkanals (Thymelaeaceen nach GUÉRIN 1915, STRASBURGER 1909; *Arisaema triphyllum* nach ROWLE 1896), auf der Plazenta (*Scilla* nach HUIE 1895), am Funiculus (sehr häufig z. B. bei Umbelliferen nach CAMMERLOHER 1910, HÅKANSON 1923), auf der Nucellusspitze (*Polygonum*-Arten nach HOFMEISTER 1849, SOUÈGES 1919/20, LONAY 1922). Hierher gehören auch die sogenannten „Obturatoren" der Euphorbiaceen (BAILLON 1882, SCHWEIGER 1905), Rosaceen (PÉCHOUTRE 1902, JUEL 1918, RUEHLE 1924) und Plumbaginaceen (DAHLGREN 1916). (Vgl. auch Abb. 12).

In fast allen diesen Leitgewebssystemen erfolgt das Wachstum „ektotrop", d. h. also in verschleimten Zellwänden der Haare, in einigen dagegen auch deutlich „endotrop", wie etwa in den sehr kräftig entwickelten Obturatoren der Euphorbiaceen (Abb. 12).

Durch diese Einrichtungen werden die Pollenschläuche zu den Spitzen der Samenanlagen hingeleitet. Sie treten dann durch die dort befindliche kleine Öffnung, die Mikropyle, in die Samenanlagen hinein. Man bezeichnet diese Art des Eindringens als *Porogamie* (Abb. 13,*1*). Gelegentlich scheint der Pollenschlauch jedoch die Mikropyle nicht zu „finden". Dann dringt er quer durch die Gewebe der Integumente und auch des Nucellus bis zu den Eiern vor (Abb. 13, *2*). Bei einer Reihe von Arten tritt schließlich der Pollenschlauch immer von der Basis her in die Samenanlagen. Man spricht dann von einer Chalazogamie. (Abb. 13, *3*). Sie wurde zuerst von TREUB entdeckt und dann vor allem von S. NAWASCHIN in einer Reihe von Arbeiten genauer untersucht. Sie beansprucht ein besonderes Interesse von phylogenetischen Gesichtspunkten aus. Ihre physiologische Seite ist dagegen nicht genauer untersucht. Bei ihrer geringen Verbreitung können wir auch im folgenden davon absehen, sie genauer zu berücksichtigen. (Vgl. NAWASCHIN und FINN 1913.)

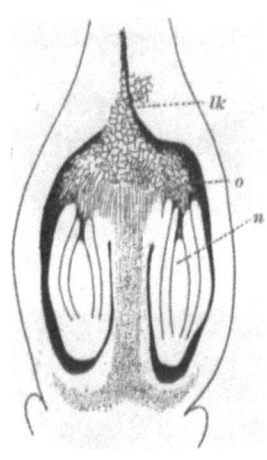

Abb. 12. Längsschnitt durch den Fruchtknoten von *Euphorbia myrsinites*. *lk* Leitkanal im Griffel. *o* Obturator. *n* Nucellus. (Nach CAPUS 1878.)

Rückblickend können wir also feststellen, daß in den Fruchtknoten vieler Pflanzen von der Narbe bis zu den Eiern in den Samenanlagen ein ununterbrochenes Leitgewebssystem vorhanden ist, in dessen verschleimten Zellwänden die Pollenschläuche wachsen. Inwieweit die Pollenschläuche manchmal genötigt sind, durch wasserdampfgesättigte Hohlräume zu wachsen und ob sie dazu überhaupt imstande sind, läßt sich zur Zeit nicht mit Sicherheit feststellen.

Schließlich erreicht der Pollenschlauch die Eier in den Samenanlagen und befruchtet sie.

In unserer bisherigen Darstellung spielte das Gewebe des

Fruchtknotens lediglich als das Substrat der Entwicklung der Pollenschläuche eine Rolle. In manchen Fällen wirkt der Pollenschlauch aber entwicklungsanregend auf die Fruchtknoten. Wenn wir von den nicht ganz klar liegenden Fällen einer durch die Pollenschläuche induzierten Parthenogenese absehen, so kommen zwei Entwicklungsprozesse hier in Betracht.

Während bei der Mehrzahl der Angiospermen die Fruchtknoten und Samenanlagen zur Zeit der Blüte fertig ausgebildet sind, ist dies bei den Orchideen nicht der Fall. Bei diesen ist vielmehr

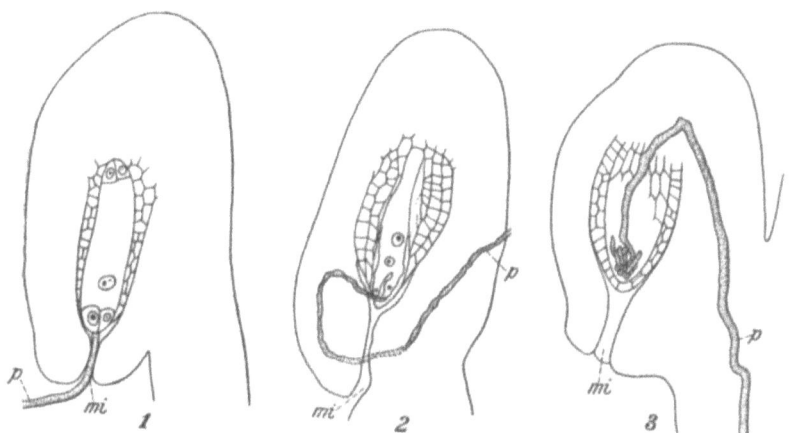

Abb. 13. Eindringen des Pollenschlauchs in die Samenanlage: *1* Porogamie; der Pollenschlauch tritt durch die Mikropyle ein. *2* Der Pollenschlauch tritt seitlich in die Samenanlage ein und umgeht die Mikropyle. *3* Chalazogamie; der Pollenschlauch tritt in die Basis der Samenanlage ein (*p* Pollenschlauch, *mi* Mikropyle). (*2 Populus tremula* nach GRAF 1921; *3 Betula alba* nach S. NAWASCHIN.)

zu diesem Zeitpunkt der Fruchtknoten noch sehr klein und die Samenanlagen noch gar nicht gebildet. Erst nach der Bestäubung setzt eine Weiterentwicklung des Fruchtknotens und eine Ausbildung der Samenanlagen ein. Dieser Sachverhalt wurde zuerst von R. BROWN (1833) erwähnt, aber nur für eine seltene Ausnahme gehalten. HILDEBRAND (1863) untersuchte dann eine große Anzahl einheimischer Arten genauer und stellte bei ihnen sämtlichst das gleiche auffallende Verhalten fest. Durch Untersuchungen von HILDEBRAND (1865), SCOTT (1865b), TREUB (1879, 1883), GUIGNARD (1886a und b) und STRASBURGER (1886) wurden die Verhältnisse weitgehend geklärt. Es ist sehr auffallend, daß sich die Entwicklung nach der Bestäubung sehr langsam abwickelt, was auch aus den der Abb. 14 beigegebenen Zeitangaben hervorgeht. Es bedarf bei vielen Arten mehrerer Monate bis zu einem halben Jahre, ehe der Eiapparat in den Samenanlagen fertig ausgebildet ist und damit die Befruchtung stattfinden kann.

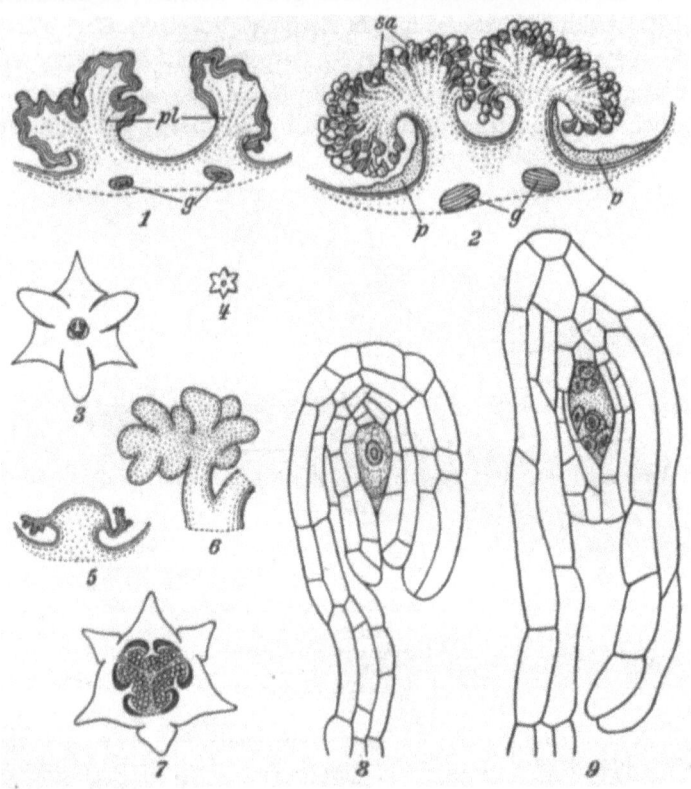

Abb. 14. Entwicklung der Samenanlagen von Orchideen. *1* und *2* Querschnitte durch die Plazenten von Blüten von *Vanilla aromatica*, *1* unbestäubt, *2* einige Zeit nach der Bestäubung; *pl*: Plazenta; *sa*: Samenanlagen; *p*: Pollenschläuche; *g*: Gefäßbündel. — *3—9* Fruchtknoten und Samenanlagen von *Vanda tricolor*. *3* und *4* Querschnitt durch einen unbestäubten Fruchtknoten, *4* nat. Gr., *3* fünf ×. — *5* Plazentalappen aus dem unbestäubten Fruchtknoten. — *6* Plazentalappen 3 Monate nach der Bestäubung. — *7* Fruchtknoten 4 Monate nach der Bestäubung. — *8* Samenanlage 4½ Monate nach der Bestäubung. — *9* Fertige Samenanlage 5½ Monate nach der Bestäubung. (Nach GUIGNARD 1886.)

Die Weiterbildung des Fruchtknotens bei den Orchideen entspricht wohl auch den sonst üblichen zur Fruchtbildung führenden Postflorationsvorgängen. GUIGNARD (1886b) weist ausdrücklich darauf hin, daß sich bei ihnen der Fruchtknoten nach der Befruchtung nicht weiter vergrößert. Daß sich auch die Samenanlagen nach der Befruchtung kaum vergrößern, ist eine weitere Spezialität der Orchideen, bei denen ja auch die Embryonen auf einem sehr jungen Stadium stehen bleiben.

Auf welche Weise die Pollenschläuche bei den Orchideen die Entwicklung des Fruchtknotens in Gang bringen, ist noch vollkommen unbekannt. Der von ihnen ausgehende Reiz ist auch weder streng art- oder gattungsspezifisch (HILDEBRAND 1865, STRASBURGER 1886).

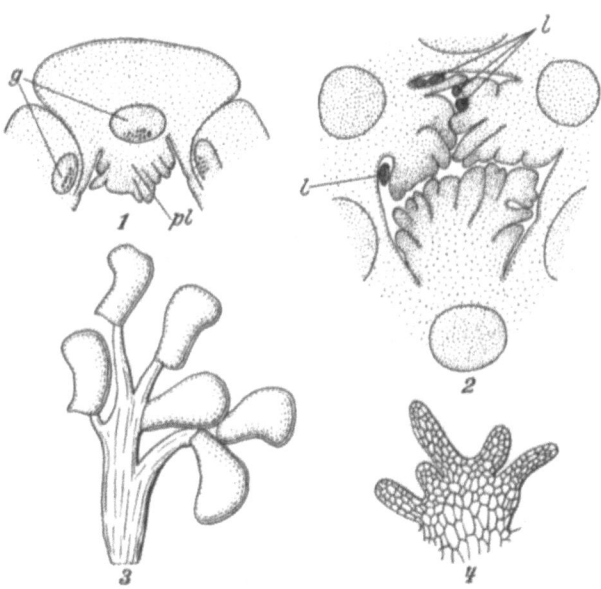

Abb. 15. Entwicklung der Samenanlagen von *Liparis latifolia* unter dem Einfluß von Insektenlarven (*l*). *1* Teil eines Querschnitts durch den Fruchtknoten einer geöffneten Blüte. *2* Teil des Querschnittes durch einen Fruchtknoten mit Insektenlarven (*l*); die Plazenta (*pl*) in der Weiterentwicklung begriffen. *3* Plazentalappen mit 6 normalen Samenanlagen aus einem unbestäubten Fruchtknoten mit Insektenlarven. *4* Abortierter Plazentalappen. (Nach TREUB 1883.)

STRASBURGER (1886) stellte fest, daß sogar Pollenschläuche von *Fritillaria persica* die Entstehung von Samenanlagen von *Orchis mascula* und *O. morio* auslösen können. Eine gewisse Spezifität kommt aber in der Stärke der Reaktion zum Ausdruck. Besonders interessant sind aber die Beobachtungen von TREUB (1883), der feststellte, daß bei *Liparis latifolia* die Ausbildung der Samenanlagen auch bei Ausbleiben der Bestäubung durch Insektenlarven ausgelöst wird, die sich in der Fruchtknotenhöhle entwickeln (Abb. 15).

Wenn auch der Reiz nicht streng auf die Umgebung der Pollenschläuche beschränkt zu sein braucht, so scheint doch, besonders bei schwächerer Reizung, wie etwa nach Artkreuzungen, die nähere Umgebung bevorzugt zu sein. GUIGNARD (1886 b, S. 230, 231) fand in einem Fruchtknoten der Vanille, daß sich nicht sechs, sondern nur zwei Stränge von Pollenschläuchen entwickelt hatten. Hier hatte sich dann die Seite des Fruchtknotens, auf der die Stränge innen entlang liefen, besonders stark entwickelt und die Frucht wies eine starke Krümmung auf. STRASBURGER (1886) fand bei seinen Artkreuzungen, „daß von den Stellen, die sich in Kontakt mit den Pollenschläuchen befanden, die Anregung zur Ausbildung der Samenanlagen ausging" (S. 53).

Da die Samenanlagen ja erst mit der Ausbildung des Eiapparates befruchtungsreif werden, bedarf es keiner weiteren Auseinandersetzung, daß eine Parasterilität bei den Orchideen dadurch ausgelöst werden kann, daß von den Pollenschläuchen keine Entwicklungsanregung ausgeht.

Der entwicklungsfördernde Einfluß, den auch bei anderen Familien die Pollenschläuche auf die Fruchtknoten bei der Fruchtbildung und überhaupt der Gesamtheit der Postflorationsvorgänge ausüben, zu denen wir auch die Weiterentwicklung des Fruchtknotens der Orchideen — abgesehen von der Bildung der Samenanlagen — rechnen können, braucht uns hier nicht weiter zu beschäftigen, da kein Zusammenhang mit Parasterilitätserscheinungen besteht.

Wenn wir uns nun nach diesen kurzen allgemeinen anatomischen Angaben der Physiologie der Keimung und dem Wachstum der Pollenschläuche zuwenden, so können wir vier verschiedene Phasen unterscheiden:

1. die Keimung des Pollenkorns auf der Narbe;
2. das Eindringen des Pollenschlauches in das Leitgewebe und das Wachstum bis in die Fruchtknotenhöhle;
3. das Auffinden der Eier und
4. die eigentliche Befruchtung.

Wir wollen die physiologischen Verhältnisse der Entwicklung in diesen vier Phasen im folgenden nun nur so weit besprechen, als es für das Verständnis der Parasterilitätserscheinungen notwendig erscheint. Eine ausführliche Besprechung der Literatur kann aber bei dieser Gelegenheit nicht erfolgen.

c) Die Keimung der Pollenkörner.

Schon bald nach der Entdeckung der Pollenschläuche durch AMICI (1824) fand MOHL (1834), daß die Pollenkörner nicht nur auf der Narbe, sondern auch auf künstlichen Substraten keimen können. Seitdem ist die künstliche Kultur von Pollenschläuchen eines der wichtigsten Hilfsmittel der Pollenphysiologie geworden.

Bezüglich der für die Keimung notwendigen Bedingungen unterschied JOST (1905) drei Kategorien:

1. Es ist nur die Anwesenheit von Wasser notwendig.
2. Die Pollenkörner bedürfen außer einer genügenden Feuchtigkeit auch noch einer bestimmten, im Einzelfalle besonderen Substanz, die von der Narbe sezerniert wird. In vielen Fällen ist die Natur dieser Verbindungen unbekannt, in anderen handelt es sich um chemisch bekannte Stoffe, wie etwa Lävulose (BURCK 1900), organische Säuren (MOLISCH 1893) usw. Diese Stoffe brauchen nur in ganz geringer Menge anwesend zu sein.
3. Die Pollenkörner keimen nur in Zuckerlösungen bestimmter Konzentration (vgl. besonders MOLISCH 1893). ,,Ob hier der Zucker ernährend oder durch seine osmotischen Eigenschaften wirkt, also eine zu lebhafte Wasseraufnahme verhindert, ist noch unbekannt" (JOST 1905, S. 514).

Was die Rolle des Wassers bei der Pollenkeimung anbelangt, so kann man sicher sagen, daß sowohl ein Zuwenig wie ein Zuviel schädlich ist. Im ersteren Falle tritt oft keine Keimung ein. Im zweiten nimmt der Pollen auf Grund seines verhältnismäßig hohen Saugdruckes und der leichten Permeabilität seiner Wände für Wasser dieses so schnell auf, daß die Wand des Pollenkornes mit ihrem Wachstum und dem Vorwölben des Schlauches nicht Schritt halten kann. Ihre Elastizitätsgrenze wird überschritten, und das Pollenkorn ,,platzt". Auffallenderweise wird aber auch in manchen Fällen von WALDERDORF (1924) angegeben, daß die Pollenkörner bei Anwesenheit einer nur geringen und für die Keimung nicht ausreichenden Wassermenge platzen.

Die Bedeutung, die dem Narbensekret bei der Pollenkeimung zukommt, ist noch nicht klar gestellt. In neuerer Zeit hat sich KATZ (1926) ausdrücklich dafür ausgesprochen, daß seine Anwesenheit unbedingt erforderlich ist. Dagegen sprechen aber erstens die erfolgreichen Keimungsversuche auf künstlichen Nährböden oder Lösungen. Bei manchen Arten können die Pollenkörner aber auch auf Narben auskeimen, die noch vollkommen trocken sind, z. B. bei Knospenbestäubung der meisten *Nicotiana*-Arten.

Eine Parasterilität, die darauf beruht, daß der Pollen auf gewissen Narben nicht auskeimen kann, kann danach auf zweierlei Weise begründet sein: Es fehlt entweder die notwendige Feuchtigkeit, oder für die Keimung unbedingt notwendige Substanzen sind nicht anwesend.

Am klarsten liegen die Gründe für das Ausbleiben der Keimung bei einigen para-selbststerilen Schmetterlingsblütlern und Fumariaceen.

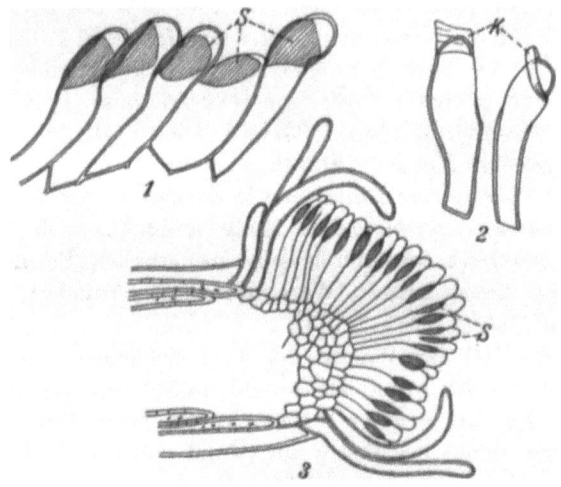

Abb. 16. *1 Lupinus albus*, Narbenpapillen aus einer jungen Blüte. Das Sekret (*S*) noch zwischen Zellwand und Kutikula. *2 Lupinus albus*, Narbenpapillen aus einer älteren Blüte. Kutikula (*K*) abgehoben und das Sekret nicht mehr vorhanden. *3 Cytisus Laburnum*, Längsschnitt durch den Narbenkopf. Das Sekret (*S*) noch vorhanden.
(Nach JOST 1907.)

Bereits H. MÜLLER (1873) gibt an, daß bei verschiedenen Papilionaceen die Narbe zerrieben werden müßte, wenn der Pollen auf ihnen keimen soll. BURKILL (1894) und vor allem JOST (1907) untersuchte den Sachverhalt genauer. JOST verglich den anatomischen Bau der Narbe selbstfertiler und selbst-parasteriler Arten. Bei den ersteren tritt, wie bei vielen Blütenpflanzen, zur Zeit der Empfängnisfähigkeit der Narbe eine Zersetzung des Narbengewebes ein. Während bisher die Narben mit einer Kutikula überzogen waren und eine trockene Oberfläche besaßen (Abb. 16, *1*), ist die Kutikula jetzt gesprengt (Abb. 16, 2) und die Narben sind mit dem „Narbensekret" bedeckt, das zum Teil aus gequollenen Zellwänden und mehr oder minder desorganisierten Zellen besteht. Bei dem selbst-parasterilen Goldregen (*Laburnum vulgare*) (Abb. 16, 3) unterbleibt aber diese Veränderung der Narbe, wenn sie nicht bei einer natürlichen Bestäubung der Blüte durch ein Insekt oder bei künstlicher Bestäubung durch ein Instrument verletzt wird. Erst nach einem solchen Eingriff finden die Pollenkörner die für die Keimung notwendigen Bedingungen. Daß nach einer künstlichen Bestäubung, durch die die Narbenoberfläche zerstört wird, die Ursache der Selbst-Parasterilität beseitigt wird und Samenbildung, nach Selbstbestäubung wie Fremdbestäubung, eintritt, zeigen die nachfolgenden Zahlen von JOST (1907, S. 98):

a) 29 Blüten, sich selbst überlassen: kein Ansatz,
b) 15 Blüten, künstlich selbstbestäubt: 10 Früchte,
c) 10 Blüten, künstlich fremdbestäubt: 7 Früchte.

Bei den beiden Arten *Corydalis lutea* und *C. cava*, deren Selbststerilität bereits von HILDEBRAND (1866a, 1869) festgestellt wurde, liegen die Verhältnisse auf den ersten Blick ebenso wie bei dem Goldregen. Auch hier unterbleibt nach den Untersuchungen JOSTS (1907) in geschlossenen Blüten die Keimung des Pollens auf der Narbe. Diese kann erst eintreten, wenn die Narbenoberfläche verletzt wird. Dies tritt bei dem Öffnen der Blüten infolge ihres besonderen Baues (Abb. 17) dadurch ein, daß der Griffel aus seiner bisherigen Lage herausschnellt und die Narbe infolge einer dabei eintretenden Krümmung gegen das gespornte Blumenblatt schlägt. So weit entsprechen die Verhältnisse also dem, was oben über den Goldregen gesagt wurde. *C. lutea* ist denn auch nach Beseitigung der Keimungshemmung selbstfertil. Dagegen kommt bei *C. cava* noch eine Hemmung des Pollenschlauchwachstums hinzu, auf die wir später zu sprechen kommen.

Bei einigen anderen Arten, z. B. dem selbststerilen *Linum angustifolium* nach den Untersuchungen von DARWIN (1877), unterbleibt die Keimung des Pollens nach Selbstbestäubung. Die Ursache hierfür ist jedoch nicht genauer bekannt. Eine höchstens schwache Keimung stellte SCOTT (1865c) bei selbst-parasterilen *Passiflora*-Arten nach Selbstbestäubung fest.

In den oben geschilderten Fällen können wir nur ganz allgemein sagen, wodurch die Keimung gehindert bzw. ermöglicht wird. Ob es sich bei den notwendigen Veränderungen der Oberfläche der Narbe um die Entstehung notwendiger osmotischer Bedingungen oder um die Bildung besonderer Reizstoffe, die für die Keimung erforderlich sind, handelt, können wir nicht sagen.

Bei manchen Artbastardierungen unterbleibt die Pollenkeimung auf der an sich empfängnisfähigen Narbe. Hier müssen wir wohl annehmen daß spezifische die Keimung fördernde Stoffe fehlen oder die Keimung hemmende Substanzen anwesend sind.

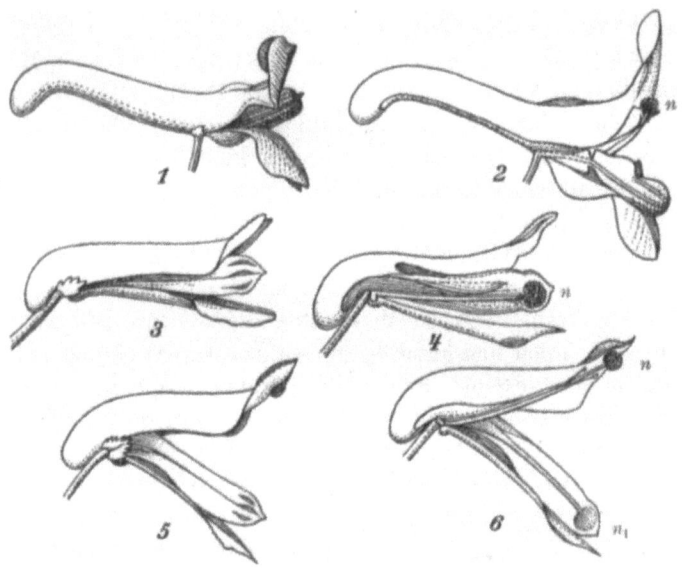

Abb. 17. *1* und *2* Blüten von *Corydalis cava*, in *1* geschlossen, in *2* nach Herabdrücken der Kapuze; *3—6* Blüte von *C. ochrolenca*, *3* und *4* geschlossen, *5* und *6* nach einem Insektenbesuch; in *4* und *6* die vorderen Teile der Blütenblätter entfernt. (Nach HILDEBRAND 1869.)

Sehr auffallend sind die Vergiftungserscheinungen, die F. MÜLLER (1866/68), HURST (1898) und KIRCHNER (1922) an selbstbestäubten Orchideen beobachtet haben. Sie fanden, daß bei einigen Arten nach einer Selbstbestäubung die Keimung des Pollens unterbleibt, und daß nach wenigen Tagen die Pollenkörner wie auch die Narbengewebe als Zeichen einer beginnenden Zersetzung tot und geschwärzt sind. Bei anderen Arten erfolgt vor dem Absterben noch eine schwache Pollenkeimung (z. B. bei *Maxillaria lepidota, Coelogyne cristata* nach KIRCHNER). Eine gute Keimung aber ohne Eindringen der kurzen Pollenschläuche in die Narbe beobachtete KIRCHNER bei *Coelogyne fimbriata* und *Maxillaria luteoalba*. Bei *Notylia*-Arten (MÜLLER) und bei *Oncidium microchilum* (KIRCHNER) dringen zahlreiche Pollenschläuche in die Narbe ein, ehe die Zersetzung beginnt.

JOST (1905) vermutet, daß wir es hier mit einem recht auffallenden Sonderfalle zu tun haben, und auch FITTING (1909) betont, daß die Postflorationsvorgänge, die er bei verschiedenen Orchideen beschrieb, nichts mit den von MÜLLER und HURST beschriebenen Verhältnissen gemein haben. Ob dies auch für die Wachstumsvorgänge, die KIRCHNER beschreibt, gilt, läßt sich nicht entscheiden. EAST und PARK (1917) und EAST (1929), wie auch früher DARWIN nahmen an, daß die Zersetzungsvorgänge auf der Tätigkeit von Bakterien oder Pilzen beruhen. Dagegen sprechen aber die Versuche mit Doppelbestäubungen, bei denen F. MÜLLER (1867) die gleiche Narbe mit fertilen und parasterilen Pollinien bestäubte und nur bei diesen die Bräunung beobachtete.

d) Das Wachstum der Pollenschläuche.

Die Pollenschläuche, die bei der Keimung der Pollenkörner aus diesen hervorwachsen, wenden sich, gleichgültig auf welcher Seite des Pollenkorns sie hervorgetreten sind, sofort der Oberfläche der Narbe zu und dringen in diese ein. Die Kutikula, die diese meist überzieht, bildet hierbei kein Hindernis, da, wie STRASBURGER (1884, 1886) und RITTINGHAUS (1886) gezeigt haben, die Spitze der Pollenschläuche imstande ist, die Kutikularsubstanz zu zersetzen. In der Regel wachsen die Pollenschläuche zwischen den Zellen des Leitgewebes in den mit Schleim erfüllten Interzellularräumen oder im Griffelkanal vorwärts; niemals dringen sie in die Zellen selbst ein (RITTINGHAUS 1886, TSCHIRCH 1919).

Es schließt sich dann das für die Entstehung der Parasterilität wichtigste Stadium der Pollenphysiologie an: das Wachstum des Pollenschlauches von der Narbe bis zu den Samenanlagen. Die Entfernung, die hierbei überwunden werden muß, ist oft recht beträchtlich. Oft messen die Griffel ja nach Dezimetern. Aber selbst eine Entfernung von einigen Zentimetern ist für den Pollenschlauch immerhin eine recht beträchtliche Distanz.

Man muß allerdings berücksichtigen, daß der Pollenschlauch nicht in seiner ganzen Länge ein einheitliches Gebilde darstellt, worauf schon HOFMEISTER (1861) hinwies. Er ist kein langer

Schlauch mit lebendem Inhalt, der von dem Pollenkorn, das auf der Narbe gekeimt ist, bis zu den Samenanlagen reicht. Er wächst mit einem ausgesprochenen Spitzenwachstum, und dabei werden die älteren Teile durch unregelmäßige Membranpfropfen abgetrennt. Nur ein im Verhältnis zu der Gesamtlänge oft kurzes Stück ist tatsächlich lebend. Die Querwände entstehen als ein ringförmiger Wulst oder auch eine einseitige Verdickung der Längswände, die allmählich das Lumen der Schläuche ganz verschließt (Abb. 18) (vgl. GUÉGUEN 1901, BOBILOFF - PREISSER 1917, OLIVER 1891, KIRKWOOD 1906).

Die Membranpfropfen, die eine unregelmäßige Form besitzen, bestehen nach den Untersuchungen von MANGIN (1889, 1890) aus Kallose, einer chemisch nicht genauer bekannten Substanz, die auch in den Siebröhren auftritt. Die Längswände der Pollenschläuche enthalten ebenfalls Kallose. Es muß aber darauf hingewiesen werden, daß der Nachweis der Kallose nur mit Hilfe von Färbereaktionen erfolgt, und daß keinerlei mikrochemische Reaktionen dieser Substanz bekannt sind. Es ist mithin zweifelhaft, ob die „Kallose" in den Pollenschläuchen und den Siebröhren die gleiche Substanz ist.

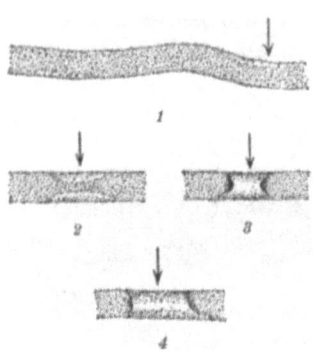

Abb. 18. Stück eines Pollenschlauchs, in dem sich Membranpfropfen (↓) bilden. (Nach BRINK 1924.)

Wenn nun auch nur ein kurzes Stück des Schlauches lebend ist, so ist die Gesamtsubstanz, die den Pollenschlauch in seiner ganzen Länge bildet, doch im Vergleich zu der Größe des Pollenkorns und der in ihm enthaltenen Menge von Reservesubstanzen recht beträchtlich. Die Frage, woher der Pollenschlauch seine Nahrung bezieht, vor allem das Wasser, ist auch schon seit langem Gegenstand der wissenschaftlichen Diskussion. Es muß jedoch zugegeben werden, daß wir von einer auch nur annähernd exakt begründeten Vorstellung weit entfernt sind.

Auf den verschiedensten Wegen hat man versucht, sich von den Stoffwechselvorgängen im wachsenden Pollenschlauch eine genaue Vorstellung zu machen.

Das Naheliegendste war der Versuch, die Pollenschläuche auf

künstlichen Nährböden zum Wachsen zu bringen und durch entsprechende Zusammensetzung des Substrates genaue Aufschlüsse über die erforderlichen Substanzen zu erlangen. Dieses Verfahren ist ja auch, seitdem v. MOHL es (1834) entdeckt hat, oft angewandt worden, ohne daß ein großer Erfolg zu verzeichnen wäre. In der Regel gelang es nicht, die Schläuche zu einem ebenso starken Wachstum wie im Griffel anzuregen. Nur in einigen wenigen Fällen erreichten die Pollenschläuche zwar eine Länge, die genügt hätte, um die Geschlechtskerne von der Narbe bis zu den Samenanlagen zu bringen. So erhielt BOBILOFF-PREISSER (1917) bei *Vinca minor*, deren Griffel 0,5—0,8 mm lang sind, auf Rohrzucker-Agar Pollenschläuche von einer Länge von etwa 1,0 cm. KNIGHT (1917) stellte fest, daß ein geringer Prozentsatz der Pollenschläuche vom Apfel bei Kultur in einer Lösung von Fruktose mit einem geringen Zusatz von Asparagin eine Länge von 1 cm erreicht, während der Abstand der Samenanlagen von der Narbe geringer ist. Ähnliche Ergebnisse erhielt auch BRINK (1924) bei den folgenden Arten: *Muscari botryoides*, Griffellänge 1,25 cm, längste Pollenschläuche auf Agar 2,3 cm; *Puschkinia* Griffellänge 1,5 cm, längster Pollenschlauch 1,63 cm; *Chionodoxa* Griffellänge 2 mm, längster Pollenschlauch 2,18 mm; *Scilla* Griffellänge 4,5—6,0 mm, längster Pollenschlauch 6,12 mm (vgl. auch TOKUGAWA 1914).

Aber man darf bei diesen Versuchsergebnissen zweierlei nicht vergessen: Erstens stehen diesen wenigen positiven Ergebnissen eine größere Anzahl negativer gegenüber, bei denen der Pollenschlauch auf den künstlichen Substraten nur kümmerlich wuchs. Und zweitens stellen diese Werte den Maximalwert dar, der bei künstlicher Kultur erreicht wurde, während die Angabe der Griffellänge nur ein Maß für die in der Natur im Mindestfall zu erreichende Pollenschlauchlänge darstellt.

Die Aufnahme von Stoffen aus den künstlichen Nährböden kann man daraus ersehen, daß in den Pollenschläuchen unter Umständen eine reichliche Stärkebildung auftritt (MANGIN 1886; GREEN 1894; TISCHLER 1917).

Für eine Wanderung von Stoffen aus dem Leitgewebe in die Pollenschläuche spricht auch das Vorkommen von Tüpfeln in den Schlauchwänden.

Einen anderen Weg stellt die chemische Untersuchung des Pollens und der Nachweis des Vorhandenseins einer großen Anzahl verschiedener Enzyme dar. Die Anwesenheit von Diastase ist schon seit langer Zeit bekannt (ERLENMEYER 1874, VAN TIEGHEM 1886, GREEN 1891). Durch die Arbeiten von KAMMAN (1904), SANDSTEN (1909) und PATON (1921) wurde die Anwesenheit folgender Enzyme wahrscheinlich gemacht: Katalase, Diastase, Invertase, Reduktase, Pektinase usw. Manche *Cassia*-Arten besitzen nach H. MÜLLER (1873) zweierlei Pollenkörner, normal funktionsfähige und den sogenannten Beköstigungspollen, der zur „Beköstigung" der Blütenbesucher dienen soll. Wie TISCHLER (1910) zeigte, kann dieser durch den Zusatz von Diastase zum Keimen gebracht werden, woraus TISCHLER schließt, daß seine Keimungsunfähigkeit auf dem Fehlen der Diastase beruht.

Die chemische Untersuchung des Leitgewebes des Griffels hat keine weiteren Aufschlüsse über die Ernährung der Pollenschläuche gebracht.

Trotz des Fehlens eines direkten Beweises müssen wir aber annehmen, daß die Pollenschläuche aus dem Leitgewebe Stoffe aufnehmen und wohl vor allem darunter Kohlehydrate, die sie zu der Bildung von Membransubstanz brauchen. Aus dem Verhalten der Pollenschläuche der selbst-parasterilen Pflanzen können wir außerdem mit Sicherheit den Schluß ableiten, daß ein recht komplizierter Stoffaustausch zwischen Leitgewebe und Pollenschlauch bestehen muß.

Bei einer sehr großen Anzahl parasteriler Pflanzen wird die Sterilität nämlich dadurch bedingt, daß die normal gebildeten Pollenschläuche in ihrem Wachstum sehr stark gehemmt werden, und zwar durch Stoffe, die im Griffel enthalten sind. Daß bei diesen Pflanzen Pollenschläuche gebildet werden, zeigten bereits SCOTT (1865c) und F. MÜLLER (1868). Ebenso ist auch schon die Wachstumshemmung lange bekannt. In neuerer Zeit versuchten EAST und seine Mitarbeiter PARK (1918), BRIEGER (1927b) und KOSTOFF (1927), die Art der Wachstumshemmung durch den Vergleich der Wachstumskurven normaler und gehemmter Pollenschläuche zu analysieren.

Hierzu ist aber zunächst die Kenntnis der normalen Wachstumskurve notwendig. BRINK (1924) versuchte, sich durch die Kultur auf künstlichen Nährböden ein genaues Bild zu machen. Wie Abb. 19 zeigt, fand er die für die meisten Wachstumsvorgänge charakteristische S-Kurve. Die Form dieser Kurve ist wohl dadurch bedingt, daß im Anfang der Pollenschlauch noch nicht in der Lage ist, die zur Verfügung stehenden Nährstoffe voll auszunutzen. In dem Maße, wie dies allmählich der Fall ist, steigt auch die Wachstumsgeschwindigkeit. Die Kurve steigt daher steil. Infolge des starken Wachstums werden dann aber die Reserven aufgebraucht, oder es häufen sich schädliche Stoffwechselprodukte an, wodurch zuerst langsam, dann immer stärker, das Wachstum gehemmt wird.

Verschiedene Autoren haben die Frage, ob die Wachstumskurve in dem Leitgewebe die gleiche ist wie in diesen Kulturversuchen, durch entsprechende Messungen des Pollenschlauchwachstums zu entscheiden versucht. Während EAST und PARK (1918) und BRIEGER (1927) diese Frage bejahen, ergaben die Versuche von BUCHHOLZ und BLAKESLEE (1927b) ein auf den ersten Blick entgegengesetztes Resultat. Dieser Widerspruch ist aber wohl nur ein scheinbarer.

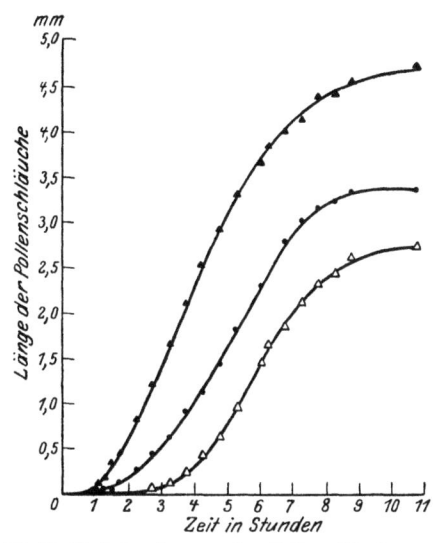

Abb. 19. Wachstumskurven der Pollenschläuche von *Vinca minor* auf künstlichem Nährboden. (Nach BRINK 1924.)

Ehe wir jedoch auf die Besprechung der Versuchsergebnisse eingehen, müssen wir einige Bemerkungen über die angewandte Versuchsmethodik machen. Es wurden mehrere Bestäubungen der gleichen Art an Griffeln derselben Pflanzen vorgenommen und diese Griffel dann zu verschiedenen Zeitpunkten abgeschnitten und in Quetschpräparaten oder Mikrotomschnitten untersucht. Die individuellen Unterschiede der einzelnen Blüten darf man dabei nicht vernachlässigen. Eine weitere Fehlerquelle besteht darin, daß in der Regel in diesen Versuchen die Außenbedingungen nicht konstant gehalten wurden. Auch dadurch können Unregelmäßigkeiten des Kurvenverlaufes bedingt werden. Wir wissen, daß die

Wachstumsgeschwindigkeit der Pollenschläuche sehr stark von der Temperatur abhängig ist (vgl. HERIBERT-NILSSON 1911, BUCHHOLZ und BLAKESLEE 1927a).

Die Wachstumskurven fertiler Pollenschläuche von *Nicotiana Sanderae* sind in Abb. 20 nach den Messungen von EAST und PARK (1918) wiedergegeben. Das gleiche Bild erhielt auch BRIEGER (1927) (Abb. 42, S. 103). Das Wachstum ist zuerst recht langsam. Wenn nach etwa einem Tage die Narbe durchwachsen ist, dann steigt die Geschwindigkeit sehr schnell an. Nach durchschnittlich 3 bis 4 Tagen haben die Pollenschläuche die Fruchtknotenhöhle erreicht, noch ehe die Wachstumsgeschwindigkeit wieder abnimmt.

Die Wachstumskurven fertiler Pollenschläuche von *Petunia violacea* haben nach YASUDA (1929) denselben Verlauf wie die Kurven von *N. Sanderae*.

Über die Wachstumskurven von *N. angustifolia*, die nach EAST und PARK (1918) in Abb. 22 (S. 44) wiedergegeben sind, läßt sich nichts Sicheres aussagen, da die den „fertilen" Kurven zugrunde liegende Anzahl von Messungen zu gering ist, als daß man den Kurvenverlauf mit Sicherheit wiedergeben kann.

Dem anscheinend recht komplizierten Kurvenverlauf, den KOSTOFF (1927) bei *Lythrum salicaria* fand, kommt keine Bedeutung zu, wenn man die Größe der Streuung der einzelnen Werte, die auf der Ungenauigkeit der Messungen und der verschiedenen Geschwindigkeit der einzelnen Pollenschläuche beruht, berücksichtigt (vgl. Tab. 1 und Abb. 23, S. 45). Das einzige, was sich mit Sicherheit sagen läßt, ist, daß die Wachstumsgeschwindigkeit im Verlaufe des Wachstums zunimmt.

Tabelle 1. **Wachstum fertiler und parasteriler Pollenschläuche bei *Lythrum salicaria*.** (Nach KOSTOFF 1927, S. 255.)

Stunden nach der Bestäubung	Legitim			Illegitim		
	Durchschnittl. Länge	Streuung	Variationsbreite	Durchschnittl. Länge	Streuung	Variationsbreite
3	0,45	0,35	0,1—1,5	0,23	0,07	0,1—0,4
6	0,81	0,45	0,1—1,9	0,34	0,15	0,1—0,7
12	1,19	0,60	0,1—3,2	0,41	0,28	0,1—1,5
24	1,62	0,70	0,1—3,3	0,46	0,35	0,1—2,8
36	2,19	0,95	0,1—3,9	0,48	0,42	0,1—2,9
48	3,38	2,20	0,1—7,2	0,59	0,70	0,1—3,3
60	Die Griffel beginnen abzufallen.					

Grundlagen der Pollenphysiologie.

Nach den Messungen von BUCHHOLZ und BLAKESLEE (1927b) bleibt die Wachstumsgeschwindigkeit der Pollenschläuche von *Da-*

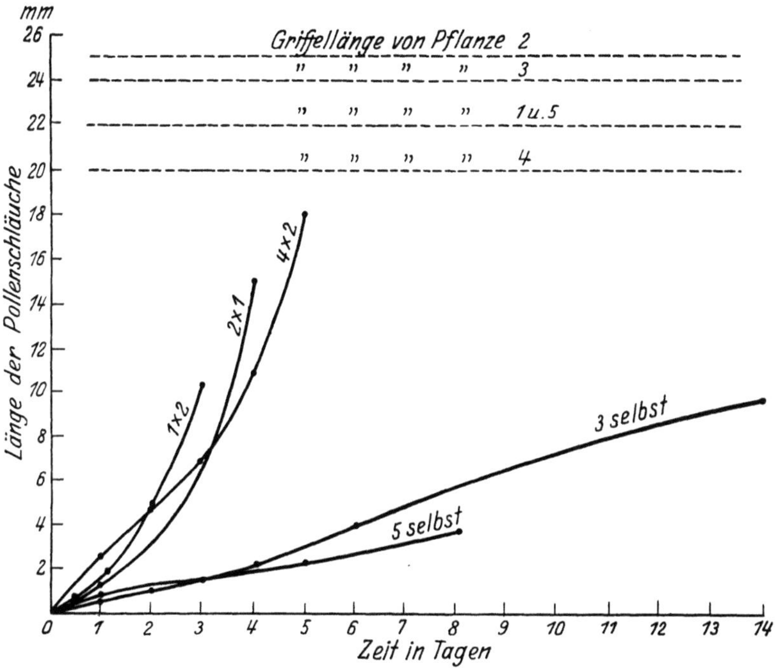

Abb. 20. Wachstumskurven der Pollenschläuche in fertilen Kreuzungen (1×2; 2×1; 4×2) und Selbstungen (3 und 5 selbst) bei *Nicotiana Sanderae*. (Nach EAST u. PARK 1918.)

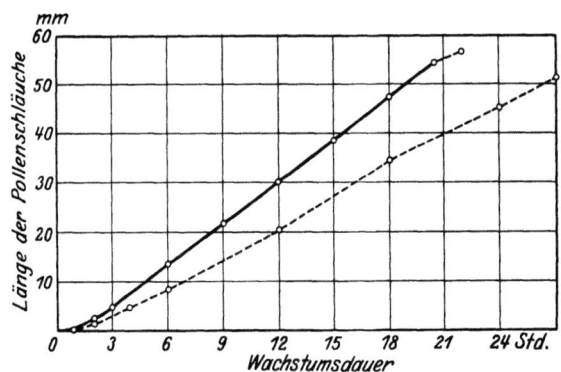

Abb. 21. Durchschnittliche Wachstumskurven fertiler Pollenschläuche (—— *Datura Stramonium* $\times$ *D Stramonium*; - - - *D. Stramonium* $\times$ *D. meteloides*). (Nach BUCHHOLZ und BLAKESLEE 1927b.)

tura dagegen dauernd gleich. Nur in den allerersten Stadien ist sie zuerst langsam und steigt allmählich an (Abb. 21).

Der Unterschied in den Kurven von *Nicotiana Sanderae* und *Datura* beruht wohl nur darauf, daß der erste Anstieg der Wachstumskurve verschieden schnell erfolgt. Dieses Ansteigen der Wachstumsgeschwindigkeit ist wohl der äußere Ausdruck dafür, daß der Pollenschlauch diejenigen Stoffe mobilisiert, die für das Wachstum notwendig sind, d. h. wohl in erster Linie die verschiedenen Enzyme, mit deren Hilfe er sich die notwendige Nahrung aus dem Leitgewebe beschaffen kann.

Bei einigen Cucurbitaceen glaubt KIRKWOOD (1907a) sogar eine Abnahme der Wachstumsgeschwindigkeit gefunden zu haben.

Bei der idealen S-Kurve, wie sie BRINK (1924) auch für das Wachstum der Pollenschläuche auf künstlichem Nährboden fand, folgt auf diese erste Kurvenhälfte eine zweite, in der die Zuwachsgeschwindigkeit wieder abnimmt. Dagegen liegen die Verhältnisse bei dem natürlichen Wachstum im Griffel offenbar anders. Auf den ersten Anstieg der Kurve folgt bei *Nicotiana* vielleicht, bei *Datura* sicher eine Periode, in der das Wachstum stetig ist und zum mindesten nicht langsamer wird. Dies kann sehr wohl darauf beruhen, daß keine das Wachstum hemmenden Bedingungen sich bei dem Wachstum im Griffel ergeben. Lebend ist ja doch nur die Spitze der Pollenschläuche, und es ist an sich denkbar, daß schädliche Stoffwechselprodukte in den älteren Schlauchteilen, die durch die Membranpfropfen abgetrennt werden, unschädlich gemacht werden. Vor allem aber tritt keine Erschöpfung der Nahrungsstoffe des Pollenschlauches ein, wenn wir annehmen, daß die Stoffe des Leitgewebes die Hauptnahrungsquelle darstellen. Die wachsende Pollenschlauchspitze dringt ja im Leitgewebe immer weiter vor und kommt in neues, noch nicht ausgenutztes Gewebe.

Es muß jedoch betont werden, daß wir hierüber noch zu wenig genaue Kenntnisse haben, und es wäre besonders wünschenswert, wenn genaue Messungen der Wachstumsgeschwindigkeit bei Pflanzen mit besonders langen Narben und Griffeln angestellt würden. Die Versuchsergebnisse von DEMEREC (1929) und BRINK (1925), über die weiter unten genauer berichtet wird, machen es wahrscheinlich, daß es bei dem Mais, dessen Narben bis zu 50 cm lang werden, eine Maximallänge gibt, die die Pollenschläuche erreichen können. Eine Wiederholung und Erweiterung der bekannten Versuche JOSTS (1907) wäre auch sehr wünschenswert. JOST befestigte zwei lange Griffel von *Lilium martagon* aufeinander und erreichte dadurch, daß die Pollenschläuche nach Durchwachsen des einen Griffels in dem zweiten weiterwuchsen. Damit ist zunächst nur demonstriert, daß die Pollenschläuche länger werden können, als zur Befruchtung unter normalen Bedingungen notwendig ist. Vielleicht läßt sich auf einem solchen Wege aber auch entscheiden, ob die Pollenschläuche unbegrenzt weiterwachsen können.

Das Wachstum der Pollenschläuche bei sehr vielen parasterilen Verbindungen unterscheidet sich nun von dem eben geschilderten dadurch, daß die Zuwachsgeschwindigkeit, verglichen mit der in entsprechenden fertilen Verbindungen, geringer ist. Daß diese Hemmung des Wachstums eine Folge der Wechselwirkung von Stoffen des Leitgewebes und der Pollenschläuche ist, setzte EAST (1926) besonders klar auseinander. EAST geht von folgender Beobachtung aus: Wenn eine Narbe gleichzeitig sowohl mit fertilem als auch mit parasterilem Pollen bestäubt worden ist — ein Versuch, den DARWIN (1877) bereits angestellt hat —, so haben die zwei verschiedenen Pollenschläuche keinerlei Einfluß aufeinander. Die fertilen Schläuche wachsen mit der normalen Geschwindigkeit und gelangen rechtzeitig bis zu den Eiern. Die parasterilen Schläuche dagegen sind in ihrem Wachstum gehemmt. Wir müssen annehmen, daß im Leitgewebe und in den Pollenschläuchen spezifische, aufeinander abgestimmte Stoffe vorhanden sind. Diese Stoffe werden also nicht etwa unter der Einwirkung der Pollenschläuche im Leitgewebe gebildet, sonst müßte ja doch das Wachstum der parasterilen durch die Anwesenheit der fertilen beeinflußt werden und umgekehrt. Aus dem gleichen Grunde können wir weiter annehmen, daß die beiden vom Leitgewebe und dem Pollenschlauch produzierten Stoffe in dem Pollenschlauch miteinander reagieren und dort über das Wachstum der Schläuche bestimmen.

Daß es sich hierbei um eine stoffliche Wechselwirkung handelt, hat neuerdings YASUDA (1929) auf experimentellem Wege gezeigt. Er untersuchte Keimung und Wachstum der Pollenschläuche der selbstparasterilen *Petunia violacea* auf künstlichen Nährböden mit und ohne Zusatz von Extrakt aus Griffeln derselben Blüten, von denen der Pollen genommen war. Nur im letzteren Falle trat eine gute Weiterentwicklung ein. Bei Zusatz von Griffelextrakt war die Entwicklung deutlich gehemmt.

Nur in einem Falle, bei Mischbestäubung zweier Baumwollarten, beruht die dabei auftretende Parasterilität auf einer Wechselwirkung der beiden Pollensorten.

Bei *Nicotiana Sanderae* ist in manchen Sippen die Hemmung nur gering, in anderen dagegen so stark, daß das Wachstum sogar sistiert wird.

Das Ausmaß und die Art der Hemmung des Wachstums geht aus den Abb. 20 und 42 hervor.

Bei den von EAST und PARK (1918) untersuchten Wachstumskurven von *N. angustifolia* (Abb. 22) ist die Hemmung immer sehr stark.

Das gleiche gilt auch für die Wachstumskurven parasteriler Selbstungen bei *Petunia violacea* nach YASUDA (1929).

Auch bei *Lythrum salicaria* fand KOSTOFF (1927) eine vollkommene Sistierung des Wachstums (Abb. 23).

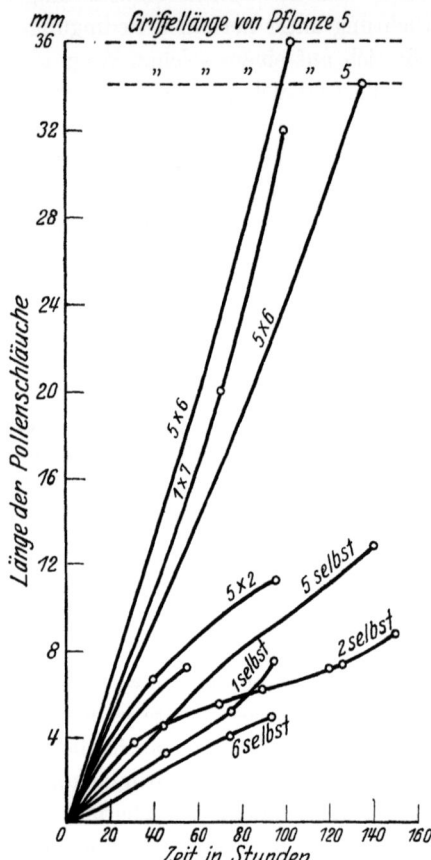

Abb. 22. Wachstumskurven der Pollenschläuche in fertilen Kreuzungen (5×6; 1×7) und parasterilen Kreuzungen (5×2) oder Selbstungen (1, 2, 5, 6 selbst) bei *Nicotiana angustifolia*. (Nach EAST und PARK 1918.)

TOKUGAWA (1914) untersuchte die durchschnittliche Zuwachsgeschwindigkeit von Pollenschläuchen nach Selbstung und Kreuzung von *Lilium auratum* mit anderen *Lilium*-Arten und fand bei den Kreuzungen deutlich niedrigere Werte:

Lilium auratum selbst 2,125
,, ,, × *L. Hausoni* 1,000 mm in der Stunde
,, ,, × *L. speciosum* (H) 1,000 ,, ,, ,, ,,
,, ,, × *L. speciosum* (S) 0,833 ,, ,, ,, ,,

Hand in Hand mit der Hemmung des Wachstums der Pollenschläuche gehen auch Veränderungen in ihrem Bau. Wir können hier zwei Typen unterscheiden: In manchen Fällen wird der Inhalt homogen und bekommt den gleichen Brechungsindex wie

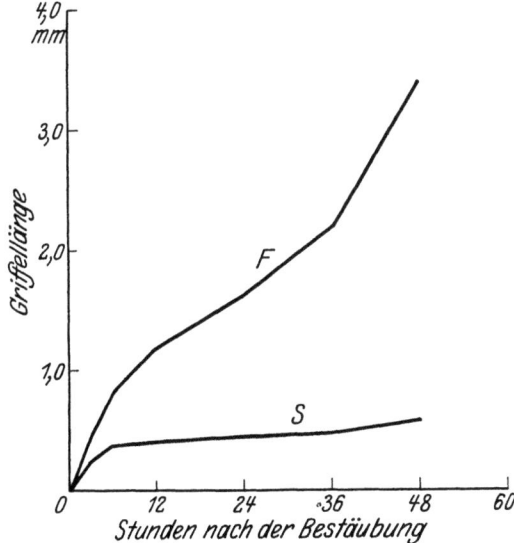

Abb. 23. Wachstumskurve der Pollenschläuche nach Bestäubung eines Mittelgriffels mit dem Pollen eines Langgriffels, und zwar *F*: dem Pollen aus mittellangen und *S*: dem Pollen aus kurzen Staubbeuteln. (Nach KOSTOFF 1927.)

die Membran. Eine solche Veränderung beobachtete STRASBURGER (1886) bei verschiedenen Artkreuzungen (vgl. S. 232). Man kann sie auch bei den Pollenschläuchen der selbststerilen *Nicotiana Sanderae* feststellen. In anderen Fällen schwillt das Ende des Pollenschlauches keulig an und platzt sogar, ähnlich wie es häufig in Kulturen vorkommt. Ein solches Platzen beobachtete JOST (1907) in parasterilen Verbindungen heterostyler Primeln und BUCHHOLZ und BLAKESLEE (1927 b) bei *Datura*-Artkreuzungen. Bei *N. Sanderae*, bei *Petunia* (YASUDA 1929) und verschiedenen Apfelsorten (OSTERWALDER 1910, NAMIKAWA 1923) ist bisher nur das keulige Anschwellen der Schlauchenden beobachtet worden, das meist mit Degenerationserscheinungen in dem angrenzenden Leitgewebe verbunden ist.

Bisher haben wir nur auf die Unterschiede der durchschnittlichen Wachstumskurven fertiler und parasteriler Verbindungen

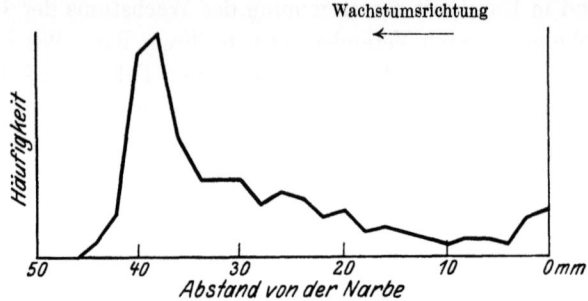

Abb. 24. Verteilung der Spitzen der wachsenden Pollenschläuche im Leitgewebe der Griffel bei Rassenkreuzungen von *Datura Stramonium*. (Nach BUCHHOLZ und BLAKESLEE 1927.)

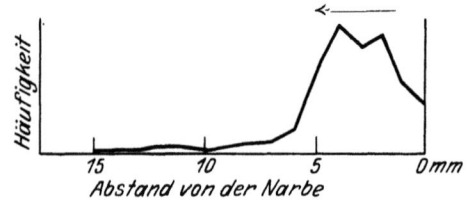

Abb. 25. Verteilung der Spitzen der Pollenschläuche im Leitgewebe der Griffel von *Datura meteloides* nach Bestäubung mit *D. Stramonium*. (Nach BUCHHOLZ und BLAKESLEE 1927.)

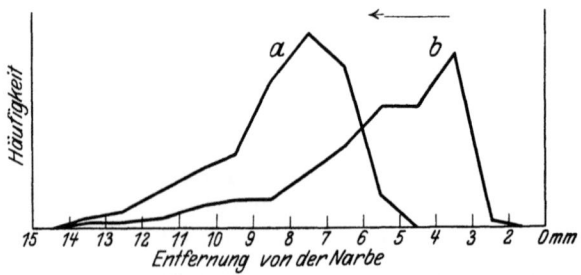

Abb. 26. Verteilung der Spitzen der Pollenschläuche im Leitgewebe der Griffel von *Nicotiana Sanderae* 6 Tage (*b*) und 7 Tage (*a*) nach einer parasterilen Selbstung. (Gezeichnet nach Zahlenangaben von EAST und PARK 1918.)

hingewiesen. Es bestehen aber auch deutliche Verschiedenheiten in der Verteilung der Pollenschläuche im Leitgewebe. Diese entspricht auch bei fertilen Verbindungen nach BUCHHOLZ und BLAKESLEE (1927b, 1929) nicht einer Zufallskurve. An der Spitze wachsen nur einige wenige Schläuche, dann folgt bald das Gros.

Die Kurve ist ausgesprochen schiefgipfelig, und der Gipfel der Kurve liegt nahe dem der Griffelbasis genäherten Kurvenende (Abb. 24). Das Kurvenbild parasteriler Verbindung scheint dagegen ausgesprochen spiegelbildlich zu sein, wie die Bilder parasteriler Artkreuzungen von *Datura* (Abb. 25) und von Selbstungen bei *Nicotiana Sanderae* (Abb. 26) zeigen.

Das gleiche schiefgipfelige Verteilungsschema fanden BUCHHOLZ und BLAKESLEE (1929) auch für andere fertile Kreuzungen von *Datura* Formen. Aber es bedarf doch noch ausgedehnterer Untersuchungen, um seine Allgemeingültigkeit zu beweisen. Da es aber zur Zeit das einzige Kurvenschema ist, das überhaupt eine objektive experimentelle Grundlage besitzt, ist es unseren verschiedenen Schemen im folgenden zugrunde gelegt.

Ob die Verteilungsform parasteriler Pollenschläuche immer den unten besprochenen Kurven (Abb. 25 und 26) entspricht, ist noch fraglicher.

Vor allem muß aber in beiden Fällen die Änderung der Verteilung von Beginn bis zum Ende des Wachstums der Pollenschläuche im Leitgewebe der Griffel genau untersucht werden. Wir wissen bisher noch gar nichts darüber, wie sich dabei die Form der Verteilungskurve ändert.

e) Das Auffinden der Eier.

Anscheinend folgen die Pollenschläuche während ihres Wachstums durch das Leitgewebe lediglich dadurch dem Verlaufe der Zellzüge, daß sie in der Richtung des geringsten Widerstandes vorwärts wachsen. Eine chemotropische Orientierung infolge von „negativem Aerotropismus" nach MOLISCH (1889) scheint nur in den allerersten Stadien vorzuliegen, wenn die Pollenschläuche eben aus den Pollenkörnern hervorgetreten sind und sich dann sofort in das Gewebe der Narbe einbohren.

Die Verhältnisse ändern sich aber, sobald die Schläuche in die Fruchtknotenhöhle gelangt sind. Sie wachsen dort zunächst längs der Leitungsbahnen, besonders an den Plazenten, entlang. Das Auffinden der Mikropyle und der an ihrem Ende in der Samenanlage gelegenen Eier erfolgt jedoch durch den Einfluß chemotropisch wirksamer Substanzen, die von Zellen der Samenanlagen ausgeschieden werden.

Im Inneren des Nucellus haben sich im Laufe der Entwicklung

wichtige Änderungen abgespielt, indem sich hier aus einer Zelle, die an der Spitze des Nucellus in der subepidermalen Zellschicht gelegen ist, der Embryosack gebildet hat (vgl. Abb. 10, S. 24 und Abb. 27). Dieser besteht aus einer großen, in der Längsrichtung gestreckten Zelle mit einer von Plasmasträngen durchzogenen, großen zentralen Vakuole und einem dichten plasmatischen Wandbelag. Die beiden Embryosackkerne oder der durch ihre Verschmelzung entstandene sekundäre Embryosackkern liegen meist etwa in der mittleren Region des Embryosackes in peripherer oder zentraler Lage. An der Spitze dieser großen Zelle liegt der Eiapparat, der sich mehr oder weniger weit in ihr Inneres vorwölbt, bestehend aus dem eigentlichen Ei und den beiden sogenannten Synergiden, an der Basis die Antipoden und dazwischen die beiden sog. Polkerne. Die weiteren Differenzierungen des Embryosackes bzw. der Samenanlage sind hier von keinem besonderen Interesse.

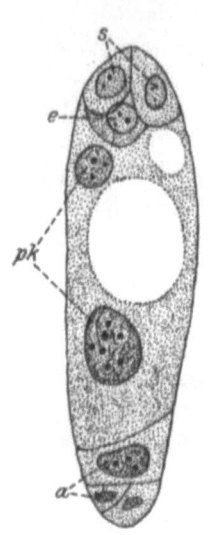

Abb. 27. Reifer Embryosack von *Lilium martagon* (*e* Eizelle, *s* Synergiden, *pk* Polkerne, *a* Antipodenzellen). (Nach GUIGNARD.)

Wie wir bereits erwähnten, wachsen die Pollenschläuche in der Regel auf die Samenanlage zu und dringen durch die Mikropyle zu den Eiern. Es muß aber besonders erklärt werden, welcher Einfluß die Pollenschläuche von dem Gewebe der Fruchtknotenwandung hinweg in die Mikropyle hinein- und durch diese hindurch zu den Eiern lockt.

Daß die Pollenschläuche auf chemotropische Reize im weitesten Sinne des Wortes reagieren, ist schon sehr lange bekannt. VAN TIEGHEM (1869) faßte ja bereits das Eindringen der Pollenschläuche in das Gewebe der Narbe als eine hydrotropische Reaktion auf. Trotz der großen Anzahl der seither angestellten Untersuchungen (MOLISCH 1889, 1893; KNY 1881; LIDFORS 1896, 1899a und 1899b, 1909; MIYOSHI 1894; TOKUGAWA 1914; BRINCK 1924 u. a. m.) wissen wir aber auch heute nur ganz allgemein über die chemotropischen Reaktionen Bescheid. Welche Stoffe und welche Gewebe es sind, die den orientierenden Einfluß auf die Schlauchspitze ausüben, ist noch ganz unsicher.

Wir können zunächst feststellen, daß nicht nur die Samenanlagen, sondern auch andere Gewebe des Fruchtknotens die Pollenschläuche chemotropisch anlocken. Abb. 28 zeigt die Anlockung der Pollenschläuche der weißen Narzisse durch ganze Samenanlagen (Fig. 1), durch Plazentagewebe (Fig. 2) und durch Gewebe der Innenwand des Fruchtknotens (Fig. 3). Ein Unter-

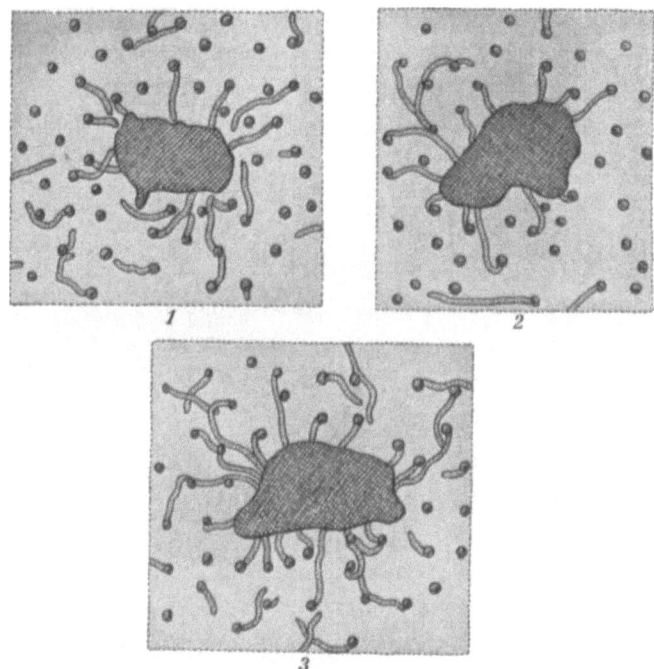

Abb. 28. Chemotropismus der Pollenschläuche von *Narcissus*. *1* Anlockung durch eine ganze Samenanlage; *2* durch Plazentagewebe; *3* durch Gewebe aus der Innenwand des Fruchtknotens. (Nach Photographien von BRINK 1924.)

schied der Stärke der Anlockung läßt sich aus den Bildern nicht herauslesen.

Jedenfalls ist damit gezeigt, daß Samenanlagen als Ganzes Pollenschläuche anlocken. STRASBURGER (1884, 1886) hat als erster die Ansicht geäußert, daß die chemotropisch wirksamen Stoffe in den Synergiden abgeschieden würden. Diese Annahme hat sich aber nicht als zutreffend erwiesen, da in mehreren Fällen festgestellt wurde, daß auch Embryosäcke, die keine Energiden enthielten, von den Pollenschläuchen aufgefunden wurden (MODILEWSKI 1909, NAWASHIN u. FINN 1913, DAHLGREN 1916b, HABERLANDT 1927). In Abb. 29 sind einige solche Fälle nach den Untersuchungen HABERLANDTs an den Samenanlagen von Oenotheren, die einen abnormen Embryosackapparat enthalten, wiedergegeben. In Fig. 2 und 3 fehlt der Eiapparat vollkommen. Trotzdem haben die Pollenschläuche den Embryosack aufgefunden und sind in ihn tief eingedrungen. In Abb. 2 hat sich die Schlauchspitze an eine Zelle angelegt, die frei im Embryosack liegt. HABERLANDT (1927) nimmt auf Grund seiner Befunde an, daß die Bedeutung der Synergiden nur darin bestehen kann, daß sie ein zur Auflösung der Pollenschlauchwand notwendiges Enzym liefern. In Abb. 29, Fig. 1 ist ein Schnitt durch einen annähernd normalen Embryosack nach HABERLANDT wiedergegeben. Der Pollenschlauch (p) hat sich der einen Synergide (s) angelegt. Seine Wand ist an der Spitze aufgelöst.

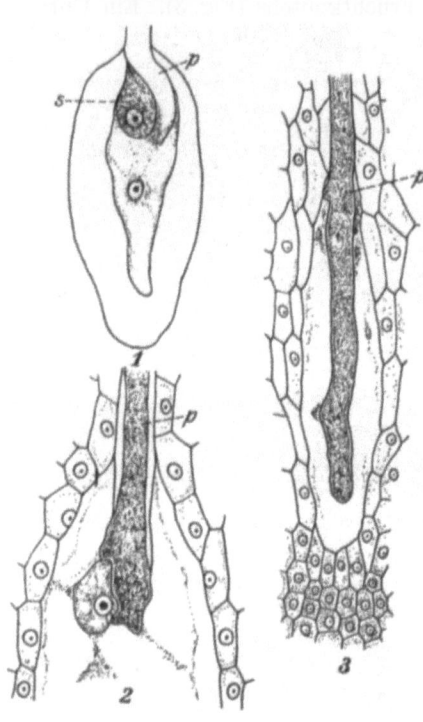

Abb. 29. Embryosäcke von *Oenothera Lamarckiana*. *1* Schnitt durch einen normalen Embryosack; der Pollenschlauch liegt der Synergide an. Die übrigen Teile des Embryosackes auf benachbarten Schnitten. — *2* und *3* abnorme Embryosäcke ohne Eizelle und Synergiden. (Nach HABERLANDT 1927.)

Aus den Beobachtungen, daß Samenanlagen, die überhaupt keinen Embryosack enthalten, die Pollenschläuche nicht anlocken (GEERTS 1909, LONGO 1914), ist der Schluß gezogen worden, z. B. von SCHNARF (1929), daß die Anlockung von den Embryosäcken ausgeht. Diese Annahme scheint mir nicht berechtigt. Man kann doch bei allen diesen Störungen nicht entscheiden, wie weit sie auch in allgemein physiologischer Beziehung gehen.

Zum Schluß seien noch die Vermutungen von MATHEWSON (1906) und KIRKWOOD (1906) erwähnt, daß die Eizellen selbst bzw. die Embryosackkerne für die Anlockung verantwortlich sind. Wir müssen uns also zur Zeit leider mit einem vollkommen negativen Ergebnis begnügen: *wir wissen nichts Genaues darüber, wo die chemotropisch wirksamen Stoffe produziert und ausgeschieden werden.*

Die chemotropische Dirigierung der Pollenschläuche ist offenbar nicht sehr stark. Man müßte sonst erwarten, daß in Fruchtknoten mit zahlreichen Samenanlagen immer die dem Griffelende näher stehenden Samenanlagen zuerst aufgefunden und befruchtet werden, die entfernter stehenden dagegen später.

Um diese Frage zu entscheiden, führte CORRENS (1918, 1921b) einen sehr einfachen Versuch mit *Melandrium* durch. Bei dieser Art enthalten die Fruchtknoten eine große Zahl von Samenanlagen, die in der in Abb. 30 wiedergegebenen Weise auf den Plazenten angeordnet sind. Wenn nun zweierlei Pollensorten, die sich in der Wachstumsgeschwindigkeit unterscheiden, zur Bestäubung verwandt werden, und wenn die Anzahl der Pollenkörner ebenso groß oder zum mindesten nicht wesentlich größer ist, als die der Samenanlagen, dann sollten die zuerst in dem Fruchtknoten ankommenden Pollenschläuche die oberen Samenanlagen, die zuletzt ankommenden die unteren Samenanlagen befruchten.

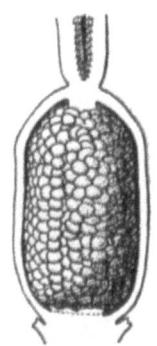

Abb. 30. Fruchtknoten von *Melandrium*. Die Vorderwand ist entfernt, um die Samenanlagen sehen zu lassen. (Nach CORRENS 1921 b.)

CORRENS bestäubte ein rein weiß blühendes Weibchen von *Melandrium album* zunächst mit sehr wenig Pollen von einem rein rot blühenden Männchen von *M. rubrum*. Nach etwa 24 Stunden wurde auch noch eine größere Menge von Pollen eines rein weiß blühenden Männchens auf die Narben gebracht. Die Richtigkeit unserer Annahme vorausgesetzt, müßten die rot blühenden Pflanzen der Nachkommenschaft ausschließlich aus Samen der oberen Hälfte der Fruchtknoten stammen. Die Versuchsergebnisse sind in der folgenden Tabelle zusammengestellt.

CORRENS zieht aus seinen Versuchsergebnissen folgende Schlüsse: „Zunächst interessiert es uns, wo in den Kapseln die rot blühenden

Tabelle 2. (Erklärung im Text S. 51/52.)

	Anzahl rot	Anzahl weiß	Gesamtzahl	rot %
Oberer Kapselteil	358	509	867	41,4
Unterer Kapselteil	152	1749	1901	8,0

Pflanzen entstanden sind. Insgesamt sind es (358 + 152 =) 510. Davon stammen 358 = 70,2% aus dem obersten Viertel und 152 oder 29,8% aus den übrigen drei Vierteln der Kapsel. Es sind also auffallend viel *rubrum*-Pollenschläuche über die Grenze des obersten Viertels vorgedrungen. Die Zahlen für das oberste Viertel schwanken bei den einzelnen Kapseln zwischen 39 und 100%. Außer den 358 rot blühenden Bastarden gaben die obersten Viertel noch 509 weiß blühende Pflanzen. Es waren dort also nur 41,3% Bastarde entstanden, je nach der verwendeten Menge *rubrum*-Pollen mehr oder weniger, zwischen 5 und 72%. Die 152 Pollenschläuche des *M. rubrum*, die in den mittleren und unteren Vierteln den Fruchtknoten befruchteten, hätten demnach in den obersten Vierteln noch genug freie Samenanlagen finden können. *Die Befruchtung ging eben nicht so einfach der Reihenfolge der Samenanlagen nach von oben nach unten vor sich"* (1921, S. 339/340).

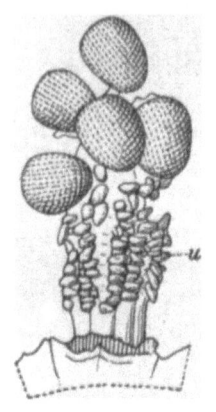

Abb. 31. Plazenta von *Melandrium* mit 5 jungen Früchten, die nach Bestäubung mit wenig Pollen entstanden sind. Die übrigen Samenanlagen (*u*) unbefruchtet und getrocknet. (Nach CORRENS 1918.)

Dieser Befund wurde noch auf eine andere Weise bestätigt. Bei spärlicher Bestäubung der Kapseln werden oft nicht alle Samenanlagen befruchtet, in extremen Fällen nur zehn oder weniger Samenanlagen. In solchen Früchten fand CORRENS (1918, S. 1195) die wenigen weiter entwickelten Samenanlagen zwar fast immer nur in dem oberen Drittel der Kapseln, aber es waren nicht ausschließlich die obersten Samenanlagen befruchtet. Diese Verhältnisse illustriert Abb. 31.

Aus diesen Versuchen können wir schließen, daß die Befruchtung der Samenanlagen *zwar nicht streng, aber innerhalb gewisser Grenzen doch in der Reihenfolge von oben nach unten erfolgt.* Die

Grundlagen der Pollenphysiologie. 53

chemotropische Anlockung durch die Samenanlagen ist nicht sehr stark.

Ein Fehlen der Anlockung oder ein Versagen der chemotropischen Reaktion könnte nur eine Parasterilität bedingen können.

CORRENS (1889) untersuchte die Unterschiede der chemotropischen Reizbarkeit der Pollenschläuche der zweierlei Formen von *Primula acaulis*, um vielleicht auf diesem Wege die Parasterilität dieser heterostylen Form zu erklären. Er konnte jedoch überhaupt keine chemotropischen Krümmungen erzielen.

Ein Versagen der chemotropischen Anlockung der Pollenschläuche ist bisher nur bei Artkreuzungen beobachtet worden (STRASBURGER 1886, vgl. unten S. 233ff.), wohl nur mit einer Ausnahme.

SCOTT (1865b) untersuchte Kreuzungen innerhalb der selbstparasterilen Orchidee *Oncidium microchilum*. Er belegte dabei nicht die Narben mit den Pollinien, sondern brachte diese durch einen seitlichen Einschnitt direkt in die Fruchtknotenhöhle. Sowohl bei Selbstbestäubung der beiden untersuchten Individuen (1 und 2) als auch bei der Kreuzung (2) × (1), die an 18 Blüten durchgeführt wurde, keimten die Pollenschläuche zwar aus, aber es unterblieb jede Weiterentwicklung des Fruchtknotens und der Samenanlagen (vgl. oben S. 27ff.) und damit auch die Befruchtung. Die reziproke Verbindung, (1) × (2), war dagegen fertil (5 gute Kapseln aus 6 bestäubten Blüten).

Besonders interessant sind die Verhältnisse bei manchen Orchideen-Artkreuzungen, bei denen der Pollenschlauch nach STRASBURGER (1886) in die Mikropyle eindringt, aber nicht bis zum Ei gelangt. Er bleibt vielmehr in der Mikropyle stecken oder dreht sich sogar um und wächst wieder heraus. Eine ähnliche Störung der Beziehungen zwischen Pollenschlauch und Samenanlagen scheint sich auch manchmal bei dem Bastard *Aquilegia vulgaris* × *A. chrysantha* nach SKALINSKA (1928) einzustellen. Normalerweise wächst der Pollenschlauch geradlinig durch die Mikropyle in den Eiapparat hinein (Abb. 32). ,,Cependant parfois on distingue très nettement des tubes polliniques ,errants', c'est à dire des tubes qui ne se dirigent pas directement vers le canal micropylaire du tegument interne, comme s'ils ne pouvaient trouver leur route" (S. 1365). Es finden sich dann auch abnormalerweise zwei Pollenschläuche innerhalb der Mikropyle, die beide hin und her gewunden sind, und von denen einer schließlich den Weg zu den Eiern gefunden hat (Abb. 32).

Diese beiden zuletzt erwähnten Fälle lassen es durchaus möglich erscheinen, daß es sich bei der chemotropischen Anlockung der Pollenschläuche, die schließlich zur Befruchtung der Eier führt, nicht um einen einheitlichen Vorgang handelt, sondern um eine

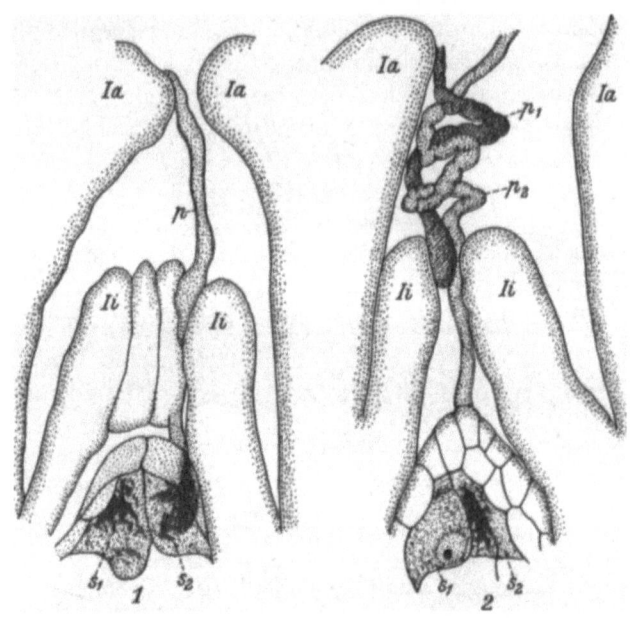

Abb. 32. Längsschnitt durch den mikropylaren Teil der Samenanlage der Bastarde (*Aquilegia vulgaris* × *chrysantha*). *1* Normales Eindringen eines Pollenschlauches. *2* Zwei Pollenschläuche, die erst unregelmäßig sich winden, ehe sie die Mikropyle finden. (*p* Pollenschlauch, *Ia* äußeres, *Ii* inneres Integument, s_1, s_2 die beiden Synergiden.)
(Nach SKALINSKA 1928.)

Kette verschiedener Einzelprozesse. Das Wachstum der Pollenschläuche zu der Mikropyle, das Eindringen in diese und das Vordringen bis zu den Eiapparaten sind wohl alles besondere Prozesse.

f) Die Befruchtung.

Sobald der Pollenschlauch den Eiapparat an der Spitze des Embryosacks erreicht hat und die Schlauchspitze aufgelöst ist, ergießt sich sein Inhalt in die Synergiden. Dabei treten die beiden

Spermakerne aus dem Pollenschlauch heraus. Der eine von ihnen (g_1 in Abb. 33) dringt in das Ei ein und verschmilzt mit dem Eikern, womit die Befruchtung durchgeführt ist. Der andere (g_2) verschmilzt mit den beiden Polkernen (pk), wodurch der triploide Endospermkern gebildet ist. Welche Kräfte es sind, die den Eikern zum Spermakern hinlenken, wissen wir nicht.

Eine Störung in dieser letzten Phase des Sexualaktes bedingt in einigen wenigen Fällen eine Parasterilität. Und zwar kann es sich hierbei sowohl um eine Parasterilität des Eikerns als auch des Spermakerns handeln. Je nachdem, welcher der beiden Kerne funktionstüchtig bleibt, unterscheiden wir zwischen einer *induzierten Gynogenese* des Eies oder einer *Androgenese* infolge Weiterentwicklung des Eies mit dem Spermakern.

Wir dürfen aber durchaus nicht bei jeder induzierten Parthenogenese annehmen, daß der Spermakern wirklich bis in die Eizelle vorgedrungen und dann die Karyogamie ausgeblieben ist. Die Entwicklungsstörung, die die Parthenogenese auslöst, könnte ja schon in einem früheren Stadium der Pollenschlauchentwicklung eingetreten sein. Nur in einem Falle, der Verbindung der beiden Arten *Solanum nigrum* und *S. luteum*, liegen Angaben von JÖRGENSEN (1928) vor, die sich als eine Parasterilität des Spermakerns nach seinem Eindringen in das Ei deuten lassen (vgl. S. 234ff.).

Eine Androgenese ist bei einigen *Nicotiana*-Kreuzungen neuerdings beschrieben

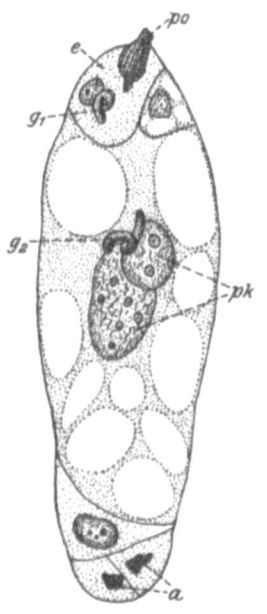

Abb. 33. Befruchtung des Embryosackes von *Lilium martagon*. (*po* Pollenschlauch, *e* Eizelle, g_1 und g_2 die beiden generativen oder Spermakerne, *pk* Polkerne, *a* Andipodenzellen.) (Nach GUIGNARD.)

worden (CLAUSEN u. LAMMERTS 1929, KOSTOFF 1929). Wenn auch hier die entsprechenden histologischen Untersuchungen fehlen, so müssen wir doch zur Erklärung der beiden Fälle eine Parasterilität der Eikerne annehmen.

2. Selbst-Parasterilität verbunden mit Kreuzungsfertilität.

a) Historischer Überblick.

Seitdem KOELREUTER (1764) bei *Verbascum phoeniceum* zum ersten Male die Beobachtung machte, daß sich Kapseln nicht nach Selbstbestäubung, sondern nur nach Kreuzungsbestäubung bilden, ist das Interesse an der Erscheinung der Selbst-Parasterilität nicht mehr erloschen. Die zahlreichen Arbeiten, die in den seitdem verflossenen 150 Jahren veröffentlicht worden sind, sollen hier nicht in historischer Reihe aufgezählt und besprochen werden. Ich will vielmehr versuchen, kurz den Wandel in den Anschauungen über einige Hauptfragen, der in dieser Zeit eingetreten ist, zu schildern. (Vgl. die ausführliche Besprechung bei EAST und PARK [1917] bei LEHMANN [1927] und bei EAST [1929]).

Eine der wichtigsten Fragen, die erst in den letzten Jahren eine gewisse Klärung erhalten hat, ist die, ob alle Individuen einer selbst-parasterilen Art miteinander fertil sind. DARWIN (1876) kommt in seiner allgemeinen Zusammenfassung zu folgender Schlußfolgerung: ,,We may therefore confidently assert that a selfsterile plant can be fertilised by the pollen of any one out of a thousand or ten thousands individuals of the same species, but not by its own" (S. 346). EAST und PARK (1917) betonen demgegenüber mit vollem Recht, daß ,,these inductions are cleverly drawn and clearly expressed, but they are not at all justified by the data in DARWIN's possession" (S. 517). Vor allem hat DARWIN die wichtigen Versuchsergebnisse von SCOTT (1865c) und MUNRO (1868) außer acht gelassen. Diese beiden Autoren untersuchten die Selbst-Parasterilität verschiedener *Passiflora*-Arten und fanden bei der Kreuzung selbststeriler Individuen von *P. alata* nicht nur Kreuzungsfertilität, wie von DARWIN verlangt, sondern auch Kreuzungssterilität.

Die Ansicht DARWINs hat sich jedoch sehr lange halten können. Zuletzt ist sie von JOST (1907) noch einmal in moderner physiologischer Form vertreten worden. JOST geht von der Beobachtung aus, daß bei parasterilen Bestäubungen das Wachstum der Pollenschläuche durch gelöste, vom Leitgewebe des Griffels abgeschiedene Stoffe gehindert wird, und kommt zu der Annahme, daß diese Stoffe für jedes Individuum spezifisch sind (S. 114). Wir können diese Anschauung als die „Individualstoffhypothese" der Selbst-Parasterilität kennzeichnen.

Gegen die Vorstellung von der Existenz besonderer Individualstoffe wendet sich CORRENS (1912) sehr entschieden. Bei der Untersuchung der Sterilitätsbeziehungen der Nachkommen zweier gekreuzter Individuen von *Cardamine pratensis*, die alle wieder selbst-parasteril waren, kommt er zu der Feststellung, daß sich diese Nachkommen in vier Gruppen einteilen lassen. Die Vertreter der verschiedenen Gruppen zeigen mit den Eltern nur in bestimmten Verbindungen Fertilität; in anderen sind sie kreuzungssteril. Damit kommt CORRENS zu der folgenden Schlußfolgerung: „Im vorstehenden glaube ich den Nachweis geliefert zu haben, daß die Hemmungsstoffe, auf denen die Selbststerilität der *Cardamine pratensis* beruht, keine richtigen *Individual*stoffe sind, d. h. keine chemischen Verbindungen, die für das einzelne Individuum charakteristisch wären, die bei seiner Entfaltung neu entständen und mit seinem Untergang spurlos vergingen. Wir müssen vielmehr in den Hemmungsstoffen *Linienstoffe* sehen, deren Ausbildung auf der Anwesenheit einer Anlage beruht, die vererbt wird, die sogar wahrscheinlich dem MENDELschen Spaltungsgesetz folgt."

Über die Anzahl verschiedener solcher Linienstoffe sagt CORRENS (1912) in der gleichen Arbeit, daß „wir die Existenz der vielen Linien mit verschiedenen Hemmungsstoffen als gegeben hinnehmen müssen, wie die vielen Linien einer Bohnenrasse JOHANNSENS, nur daß eben bei *Cardamine* die Linien nicht rein vorkommen wie bei den Bohnen, sondern durcheinander gemischt, infolge der Selbststerilität und der dadurch bedingten fortwährenden Bastardierung der Linien untereinander" (S. 31 des S.A.).

CORRENS (1912) zögerte nicht, „die bei *Cardamine pratensis* gewonnenen Erfahrungen zu verallgemeinern und ... auf die Hemmungsstoffe anderer selbststeriler Pflanzen und Tiere auszudehnen" (S. 32 des S.A.). Durch die Untersuchungen der letzten Jahre ist die Berechtigung dieser Verallgemeinerung in vollem Maße bewiesen worden. Vor allem sind hier die Untersuchungen von EAST und LEHMANN und ihren Schülern (PARK, ANDERSON, MANGELSDORF, BRIEGER, YARNELL, FILZER) an *Nicotiana Sanderae* und *Veronica syriaca* zu nennen. Bei diesen Arten wurde das Vorkommen von Linien- oder Gruppenstoffen bewiesen, die in bestimmter Weise vererbt werden, wenn auch der Erbgang selbst zwar von dem für *Cardamine* angegebenen verschieden ist. Wir können daher nach CORRENS (1928a) bisher zwei Typen der Vererbung der Selbst-Parasterilität unterscheiden, und zwar: den *Cruciferentypus*, der bei *Cardamine* genauer analysiert ist, und den *Personatentypus*, der sich bei *Nicotiana Sanderae, Veronica syriaca* und *Antirrhinum spec.* findet.

Durch diese Untersuchungen schien zunächst die Individualstoffhypothese vollkommen widerlegt zu sein. Bei der Saxifragacee *Tolmiea Menziesii* stellte CORRENS (1928a) aber fest, daß Geschwisterindividuen einer Kreuzung untereinander und mit den Eltern vollkommen kreuzungsfertil sind. „So sieht es einstweilen ganz so aus," schreibt hierzu CORRENS (1928a, S.768), „als ob hier (und wohl noch in anderen nicht weit genug untersuchten Fällen) die Vererbung gar keine Rolle bei dem Zustandekommen der Selbststerilität spielte, und wir die Individualstoffe JOSTS als Hemmungsstoffe vor uns hätten, also Stoffe, die nicht *Linien*, sondern wirklich *Individuen* eigen wären. Die Schwierigkeiten, die dieser Annahme entgegenstehen, sind aber so groß, daß ich die Überzeugung behalte, daß weitere Untersuchungen über kurz oder lang auch bei *Tolmiea* die Rolle der Vererbung beim Zustandekommen ihrer Selbststerilität nachweisen." Bis diese Untersuchungen vorliegen, wird es sich empfehlen, unter Vorbehalt einen *Tolmiea*-Typus der Selbst-Parasterilität aufzustellen, der dadurch charakterisiert ist, daß hier die Determinierung der Hemmungsstoffe nicht genotypisch, sondern phänotypisch erfolgt.

Eine andere Frage, die seit KOELREUTERS Zeiten diskutiert wird, ist die *Konstanz der Selbststerilität*. KOELREUTER selbst (1764) beobachtete Schwankungen des Grades der Selbst-Parasterilität bei *Verbascum phoeniceum*. Besonders eindeutig waren die Beobachtungen von FRITZ MÜLLER (1868, 1869), DARWIN (1876) und HILDEBRAND (1905) an *Eschscholtzia californica*. F. MÜLLER (1869) verfolgte in Brasilien die Selbst-Parasterilität durch sechs Generationen hindurch und fand dabei keine Veränderungen. DARWIN (1876) und HILDEBRAND (1905) konstatierten dagegen bei Pflanzen, die in Deutschland und England aufgezogen waren, das Vorkommen einer unvollkommenen Sterilität. Um die Frage genauer zu entscheiden, ließ sich DARWIN dann Samen von selbststerilen Individuen aus Brasilien kommen und zog sie in England auf. Dabei stellte er fest, daß die in England aufgezogenen Pflanzen mehr oder weniger selbstfertil waren. MUNRO (1868) berichtete über eine Zunahme der Fertilität in Selbstungen und Kreuzungen einer ursprünglich selbst-parasterilen Pflanze von *Passiflora alata*, die auf eine andere, unbekannte *Passiflora*-Art gepfropft worden war.

Es sind seither immer wieder Beobachtungen über Schwankungen des Grades der Selbststerilität beschrieben worden, und es gibt nur wenige Arten, bei denen sie ganz fehlen. STOUT (1917) wurde dadurch zu der Schlußfolgerung gedrängt, daß die Selbststerilität eine höchst variable Erscheinung sei, und daß sich dabei keine Gesetzmäßigkeiten feststellen lassen. EAST und PARK (1917) wiesen diese Folgerungen zurück. Besonders EAST und seine Mitarbeiter trugen auch zur Erklärung der Beziehung zwischen der Selbst-Parasterilität und der gelegentlich beobachteten ,,Pseudofertilität" (vgl. S. 100 ff.) wesentlich bei. Wir werden auf diese Verhältnisse in einem besonderen Kapitel eingehen.

Schließlich befassen sich noch eine Reihe von Arbeiten mit den Beziehungen zwischen selbstfertilen und selbst-parasterilen Arten oder Sippen. Wir kommen darauf weiter unten zurück.

b) **Verbreitung der Selbst-Parasterilität.**

Die Selbst-Parasterilität ist unter den Phanerogamen außerordentlich weit verbreitet. In der Literatur sind nicht nur in Spezialarbeiten über unser Thema, sondern auch in Arbeiten mit ganz anderer Fragestellung sehr oft Angaben über das Vorkommen von Selbst-Parasterilität enthalten. Es ist dann oft schwer, sich ein deutliches Bild von der Zuverlässigkeit der Beobachtung zu machen. Oft ist auch nicht genügend zwischen echter und Parasterilität sowie zwischen den verschiedenen Formen der Parasterilität unterschieden. Ich verzichte daher hier darauf, eine genaue Liste aller als ,,selbststeril" bisher beschriebenen Arten zu geben. Soweit es sich um genauer analysierte Fälle von Selbststerilität handelt, wird sie in den folgenden Kapiteln genauer besprochen. Der Wert, den eine genaue Liste besäße, scheint mir nicht in dem rechten Verhältnis zu der ungeheuren, zu ihrer Fertigstellung notwendigen bibliographischen Arbeit zu stehen.

Ein ungefähres Bild von der Verbreitung der Selbst-Parasterilität im System gibt die Zusammenstellung von KNUTH (1898), die aber weder ganz vollständig, noch vor allem unbedingt zuverlässig ist.

Zwei wichtige allgemeine Feststellungen über die Art der Verbreitung der Selbst-Parasterilität lassen sich machen:

1. findet sie sich in den verschiedensten Familien. Es braucht ja nur auf die folgenden Kapitel verwiesen zu werden, in denen Cruciferen, Saxifragaceen, Rosaceen, Solanaceen, Scrophulariaceen, Compositen, Liliaceen und andere mehr behandelt werden.

2. finden sich innerhalb derselben Gattung nebeneinander selbstfertile und selbst-parasterile Arten und sogar innerhalb der gleichen Art verschiedener Sippen. Als Beispiel für die erste Feststellung sei die Gattung *Nicotiana* genannt. Von den etwa 30 Arten, die in Kultur sind, sind nur drei Arten: *N. alata, N. Forgetiana* sowie ihre unter dem Namen *N. Sanderae* zusammengefaßten Bastarde und *N. angustifolia* selbst-parasteril. Alle übrigen sind nicht nur selbstfertil, sondern in vielen Fällen sind die Blüten so gebaut, daß automatisch Selbstbestäubung und damit auch Selbstbefruchtung eintritt. In der Gattung *Veronica* ist nach den bisher vorliegenden Untersuchungen nur *V. syriaca* selbst-parasteril. In den Gattungen *Antirrhinum, Reseda, Lilium, Hemerocallis, Brassica* usw. kennen wir selbstfertile und selbst-parasterile Arten.

Wir müssen daraus schließen, daß die Selbst-Parasterilität polyphyletischen Ursprungs ist. Auf diese Frage wollen wir jedoch hier nicht weiter eingehen.

c) **Phänotypisch determinierte Selbst-Parasterilität.**

Wie wir bereits erwähnten, ist die einzige Art, bei der eine phänotypische Determinierung der Selbst-Parasterilität mit einiger Sicherheit festgestellt wurde, die Saxifragacee *Tolmiea Menziesii*, deren Selbst-Parasterilität von HILDEBRAND (1905) entdeckt wurde und die CORRENS (1928a) genau untersuchte. Aber wie aus dem oben zitierten (S. 58) Satze hervorgeht, ist CORRENS (1928a) auch in diesem Falle noch zweifelhaft, ob sich nicht doch noch eine genotypische Bedingtheit wird nachweisen lassen.

CORRENS ging von 7 Individuen aus, die alle streng selbstparasteril und gut kreuzungsfertil waren. Die Selbststerilität ist sehr ausgesprochen. Nach HILDEBRAND (1905) ist sie sogar absolut. CORRENS fand eine schwache Fertilität. Von 262 selbstbestäubten Blüten setzten 4 oder 1,5% an. Diese enthielten im ganzen 8 Samen. Da die normalen vollen Kapseln etwa 1000 Samen liefern, kam auf etwa 3000 Samenanlagen nur 1 Same. Ob es sich hierbei um eine schwache Pseudofertilität oder eine unbeabsichtigte Fremdbestäubung handelt, ist nicht ganz sicher.

In fünf Kreuzungen, von denen zwei reziprok zueinander waren, wurden die Beziehungen zwischen Eltern und Kindern geprüft. Es wurden im ganzen 173 Individuen (50, 29, 19, 40, 35) untersucht. Dabei ergaben sich die folgenden Ergebnisse:
1. Alle Individuen sind selbst-parasteril.
2. Sie sind ferner fertil mit dem Pollen der Eltern und
3. sind sie reziprok miteinander fertil.

Um die dritte Feststellung zu beweisen, mußte CORRENS (1928a) mehr als 1000 Kreuzungskombinationen, jede an drei Blüten, durchführen. Diese Kreuzungen waren zwar nicht immer gleich fertil. In der größten Versuchsserie fielen 9,2% der Kombinationen reziprok verschieden aus. Aber CORRENS glaubt, „daß der Zufall dabei eine Rolle gespielt hatte" (1928a, S. 766).

d) Genotypisch determinierte Selbst-Parasterilität.

α) **Cruciferentypus.** HILDEBRAND (1896) stellte bei dem Wiesenschaumkraut, *Cardamine pratensis*, als erster das Vorhandensein von Selbststerilität fest. JOST (1907) konnte diese Angabe nicht bestätigen, indem sein Versuchsmaterial, das aus dem botanischen Garten in Straßburg stammte, sich als vollkommen steril, nicht nur als selbststeril herausstellte. CORRENS (1912) hält es für nicht unwahrscheinlich, daß diese scheinbar vollkommene Sterilität darauf beruht, daß die von JOST untersuchten Individuen sämtlich auf vegetativem Wege aus einem selbststerilen Individuum entstanden und daher auch untereinander steril gewesen sind. CORRENS selbst (1912), konnte auch die Richtigkeit der Angabe HILDEBRANDS zeigen. Eine Erschwerung lag bei seinen Versuchen darin, daß die Individuen teilweise nicht vollkommen selbst-parasteril waren, sondern gelegentlich auch eine gewisse Pseudofertilität zeigten. Wieweit diese Pseudofertilität gehen kann, hat neuerdings BEATUS (1929) untersucht.

Nach CORRENS (1912) beruht die Selbst-Parasterilität von *Cardamine* darauf, daß die Pollenkörner in parasterilen Verbindungen zwar auf den Narben noch keimen, aber nicht in die Narbe eindringen können.

Correns (1912) untersuchte planmäßig das Verhalten der Nachkommen zweier Pflanzen, bezeichnet als B und G, untereinander und mit den Eltern. Die beiden Elternpflanzen, die sich auch in äußeren Charakteren, z. B. der Blütenfarbe, unterschieden, waren vollkommen fertil miteinander. Wenn wir von den wohl durch die Pseudofertilität bedingten Komplikationen, die das Bild etwas verschleiern, absehen, so ergab sich folgendes: Die untersuchten 60 Nachkommen ließen sich in vier Gruppen einteilen, die zu den Eltern bestimmte Fertilitätsbeziehungen aufwiesen. Die Hälfte aller Nachkommen war mit dem einen, die andere mit dem anderen Elter steril. Ferner ist das Verhalten eines Kindes zu dem einen Elter vollkommen unabhängig von dem zu dem anderen Elter.

Tabelle 3.

Gruppe	Fertilität und Sterilität	Anzahl	Konstitution
1.	Fertil mit B und G	16	bg
2.	Fertil mit B und steril mit G	16	bG
3.	Fertil mit G und steril mit B	14	Bg
4.	Steril mit B und G	14	BG

Hierbei war es mit wenigen Ausnahmen gleichgültig, in welcher Weise die Fertilitätsprobe durchgeführt war. Abgesehen von einigen wenigen Ausnahmen ergaben reziproke Verbindungen das gleiche Resultat.

Correns erklärt diese Verhältnisse durch ein einfaches faktorielles Schema: Er nimmt an, daß „jedes der Eltern mindestens einen aktiven Hemmungsstoff ausbildet, in unserem Falle das eine B den Stoff B und das andere G den Stoff G. Außerdem ist bei jedem noch mindestens eine Anlage für einen anderen Hemmungsstoff im inaktiven Zustand vorhanden (als nicht entfaltete Anlage); wir wollen den des einen Elters b, den des anderen g nennen. Die „Erbformeln" wären dann Bb für das eine und Gg für das andere Elter". Bei der Reduktionsteilung findet normale Mendelspaltung statt. Das Wichtigste ist dabei, daß sich die viererlei Anlagen in den Nachkommen beliebig kombinieren, d. h. also, daß sie multiple Allele zueinander sind.

Weiterhin nimmt Correns an, daß das Verhalten der Pollenkörner ausschließlich von der Konstitution der Pflanze abhängt, auf der sie gebildet wurden. Individuen, die den gleichen aktiven Hemmungsstoff besitzen, sind miteinander reziprok steril. Da die

Hälfte der Nachkommen den Faktor B, die andere den Faktor G erhalten haben, muß auch die Hälfte der Nachkommen steril mit $\mathfrak{B}$, die andere fertil mit $\mathfrak{B}$ sein, und ebenso die eine Hälfte steril mit $\mathfrak{G}$, die andere fertil mit $\mathfrak{G}$ sein. Da ferner die multiplen Allele B, b, G und g nach dem Zufalle in den Nachkommen kombiniert werden und vollkommen unabhängig voneinander sind, ist auch die Sterilität bzw. Fertilität eines Kindes mit dem einen Elter unabhängig von seinen Beziehungen zu dem anderen.

Wenn auch soweit die Versuchsergebnisse von CORRENS zu der von ihm vorgeschlagenen Interpretation stimmen, so sind doch gewisse Schwierigkeiten nicht außer acht zu lassen. EAST und PARK (1917) weisen darauf hin, daß man doch annehmen müßte, daß Pflanzen von der Konstitution bg, die also keine aktiven Hemmungsstoffe enthalten, selbstfertil sein sollten. Auch CORRENS (1912) weist darauf hin, ,,daß von den Hemmungsstoffen, die sowohl das eine wie das andere Elter (P_1) von seinen beiden Eltern (P_2) (den Großeltern von BG, Bg usw.) überkommen haben, der eine entfaltet, der andere inaktiv geblieben ist. Sonst hätten wir das Ansetzen von bg mit beiden Eltern nicht erklären können" (S. 20 des S.A.). Die Hemmungsstoffe b oder g waren dann in den bg-Pflanzen offenbar aktiviert. ,,Hier müssen", schließt CORRENS, ,,weitere Untersuchungen, besonders über das Verhalten der Kinder untereinander und der Enkel gegen ihre Eltern und Großeltern, Klarheit bringen, Untersuchungen, die wohl Komplikationen ergeben, aber den Grundgedanken der Vererbung der Hemmungsstoffe nach dem Spaltungsgesetz bestehen lassen dürfen" (S. 20).

Die bisher vorliegenden Untersuchungen über das Verhalten der Kinder untereinander zeigen zwar gewisse Regelmäßigkeiten, aber die Versuche konnten noch nicht bis zu einer völligen Klärung weitergeführt werden. ,,Zweifellos sind die Klassen Bg, bG und vor allem bg hinsichtlich ihrer Hemmungsstoffe nicht einheitlich, und es liegen ihrem Verhalten noch besondere Gesetzmäßigkeiten zugrunde" (CORRENS 1912, S. 29).

In neuerer Zeit hat sich PRELL (1921a und b) mit der theoretischen Ausdeutung der eben beschriebenen Versuche von CORRENS befaßt. Ausgehend von den Untersuchungen von KNIEP an Basidiomyceten, auf die wir noch später genauer eingehen werden, nimmt PRELL auch für die selbst-parasterilen höheren Pflanzen die Existenz von ,,Oppositionsfaktoren" an, die multiple Allele sind. Wenn Pollenkörner mit einem bestimmten Oppositionsfaktor auf eine Narbe gebracht werden, die den gleichen Faktor enthält, dann „ist die Bedingung zur Auswirkung der Opposition gegeben, welche sich in einer Hemmung des Pollenschlauchwachstums äußert". Da aber bei *Cardamine* das Verhalten des Pollens bereits sporophytisch determiniert ist, so ist PRELL zu einer Hilfshypothese gezwungen: „Außerdem ist das Pollenkorn durch seine Entstehung aus dem Diplonten so stark von dem anderen Oppositionsfaktor (jeder Diplont enthält ja zwei allele Faktoren) imprägniert worden, daß es auch hierdurch in eine gewisse Opposition mit dem Diplonten gerät" (S. 480/481). Der Versuch, diese Theorie der Oppositionsfaktoren auf den *Cardamine*-Fall anzuwenden, zwingt PRELL selbst noch zu weiteren Hilfsannahmen, ohne daß er sichere Beweisgründe für die Theorie selbst anführen kann.

Es ist jedoch von Interesse, daß die Theorie der Oppositionsfaktoren von PRELL, die letzten Endes nichts weiter als eine Übertragung der KNIEPschen Feststellungen auf die Blütenpflanzen darstellt, weitgehende Übereinstimmungen mit der Erklärung hat, die EAST und LEHMANN mit ihren Mitarbeitern für die Vererbung der Selbststerilität bei *Nicotiana Sanderae* bzw. *Veronica syriaca* gefunden und vor allem zwingend bewiesen haben. Es liegt hier wieder einmal einer der Fälle vor, in denen eine Theorie zwar das ursprüngliche Ausgangsmaterial, auf das sie sich stützte, nicht erklärt, aber in späteren Untersuchungen an anderem Material sich doch als richtig erweist.

β) **Personatentypus.** Angeregt durch die eben geschilderten Untersuchungen von CORRENS (1912) haben EAST und LEHMANN in einer größeren Reihe von Arbeiten zusammen mit ihren Schülern die Analyse des Erbgangs der Selbst-Parasterilität bei zwei weiteren Arten durchzuführen versucht. Die Bostoner Schule arbeitete mit verschiedenen Sippen der Formengruppe *Nicotiana Sanderae* (= *N. alata* LINK und OTTO × *N. Forgetiana hort.*), die Tübinger Schule mit *Veronica syriaca*. Nachdem schon vorher das Auftreten von Sterilitätsgruppen festgestellt worden war, fanden unabhängig voneinander sowohl EAST und MANGELSDORF (1925, 1927) und LEHMANNs Schüler FILZER (1926) die Lösung des Grundproblems. Ihre Theorien decken sich in allen Einzelheiten, so daß wir hier von einer getrennten Darstellung absehen können. Bei der Durchsicht der Literatur fanden sowohl EAST (1926) wie auch FILZER (1926), daß die von BAUR (1921) beschriebenen Verhältnisse bei dem selbst-parasterilen *Antirrhinum Segovia* den Anforderungen der neuen Theorie vollkommen entsprechen.

Die Methodik der genannten Autoren war im Grunde die gleiche, die CORRENS (1912) bei seinen *Cardamine*-Versuchen anwandte: Es wurden zwei Individuen miteinander gekreuzt, und dann die Sterilitätsbeziehungen der Nachkommen untereinander und zu den Eltern untersucht.

Bei *N. Sanderae* beruht nach den Untersuchungen von EAST und PARK (1918) und auch BRIEGER (1927b) die Parasterilität darauf, daß in den parasterilen Verbindungen die Pollenkörner zwar normal auf der Narbe auskeimen und in diese eindringen, daß aber bei dem weiteren Wachstum der Pollenschläuche in dem Leitgewebe des Griffels die Zuwachsgeschwindigkeit zu gering ist, als daß eine Befruchtung der Eier vor dem Welken der Blüte eintreten kann (vgl. S. 43ff). Worauf die Parasterilität bei *Veronica syriaca* und bei *Antirrhinum Segovia* beruht, ist noch nicht untersucht. Es ist möglich, daß hier die Pollenkeimung bereits unterbleibt wie bei *Linum*, oder daß die Pollenschläuche nicht in die Narbe einzudringen vermögen wie bei *Cardamine*, oder daß schließlich das Pollenschlauchwachstum zu gering ist wie bei *Nicotiana Sanderae*.

Bei den drei erwähnten Arten wird die Parasterilität dadurch determiniert, daß unter dem Einfluß bestimmter Erbfaktoren Stoffe produziert werden, die auf die Entwicklung der Pollenschläuche einen Einfluß haben. Enthält der Pollen, sowie das Gewebe der Narbe und des Griffels, in dem sich der Pollenschlauch entwickeln soll, den gleichen Parasterilitätsfaktor, so wird infolge der Anwesenheit der gleichen Anlagen die Entwicklung der Pollenschläuche durch die gebildeten Hemmungsstoffe gehindert. Nur wenn Pollen und Narben- bzw. Griffelgewebe verschiedene Hemmungsfaktoren enthalten, verläuft die Entwicklung der Pollenschläuche in normaler Weise, und eine Befruchtung der Samenanlagen tritt ein. Hierbei ist also im weiblichen Geschlecht die Konstitution der diploiden Pflanze maßgebend, im männlichen Geschlecht dagegen die des haploiden Pollenschlauches. *Die Parasterilität wird also teils sporophytisch, teils gonisch determiniert.*

Diese Hemmungsfaktoren bilden eine Serie von multiplen Allelen, die durch das Symbol S bezeichnet werden sollen. Von diesen Genen S_1, S_2 ... enthält jede diploide Pflanze immer zwei, die bei der Reduktionsteilung zu gleichen Teilen auf den Pollen und auf die Embryosäcke verteilt werden. In einer Pflanze von der Konstitution S_1S_2 enthält also die Hälfte der Pollenkörner den Faktor S_1 und die andere den Faktor S_2.

Wird nun eine Pflanze von der Konstitution S_1S_2 durch eine größere Menge von Pollen einer anderen Pflanze, die die Konstitution S_3S_4 habe, bestäubt, so sind alle Pollenkörner befähigt, sich normal zu entwickeln (Abbild. 34, Mitte). Die eine Hälfte der Pollenkörner enthält den Faktor S_3 und die andere den Faktor S_4. Beide Faktoren sind in dem Gewebe der S_1S_2-Pflanzen nicht enthalten.

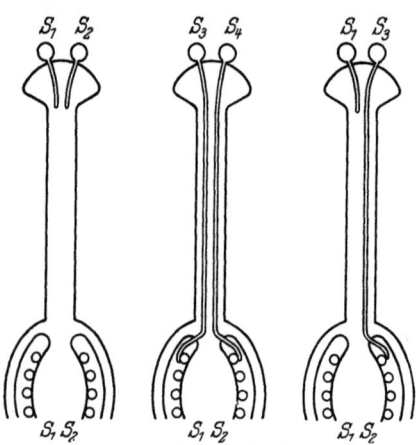

Abb. 34. Schema des Pollenschlauchwachstums beim Personatenchema.

Wird dagegen eine S_1S_2-Pflanze geselbstet oder mit Pollen einer anderen Pflanze der gleichen Konstitution bestäubt, dann ist kein Pollenschlauch befähigt, sich normal zu entwickeln (Abb. 34, links). Die von der S_1S_2-Pflanze gebildeten Hemmungsstoffe reagieren mit den in den S_1- und S_2-Pollenschläuchen bereits vorhandenen oder produzierten Stoffen in einer Weise, die die weitere Entwicklung hemmt.

Wird schließlich die S_1S_2-Pflanze mit Pollen einer S_1S_3-Pflanze, der also zur Hälfte den Faktor S_1 und zur anderen den Faktor S_3 enthält, bestäubt, dann tritt das folgende Ergebnis ein (Abb. 34, links): Der S_1-Pollen ist infolge der Anwesenheit des Faktors S_1 in dem Gewebe der S_1S_2-Pflanze an seiner normalen Entwicklung gehindert und ist parasteril. Der Pollen mit dem Faktor S_3 dagegen kann sich infolge der Abwesenheit des ihm koordinierten Hemmungsstoffes in der S_1S_2-Pflanze normal entwickeln. Falls die Bestäubung mit einer genügend großen Menge Pollens durchgeführt worden war, sind genügend S_3-Pollenschläuche vorhanden, um alle Eier zu befruchten. Trotz der Parasterilität der Hälfte des Pollens erscheint bei oberflächlicher Untersuchung die Kreuzung vollkommen fertil!

Wie man aus diesen Darstellungen ersieht, ist also die Konstitution der Eier bei dem Zustandekommen oder Nichtzustandekommen der Befruchtung vollkommen nebensächlich. Ausschlaggebend ist die Konstitution des als Weibchen verwandten diploiden Sporophyten und des zur Bestäubung benutzten haploiden Pollens. Hierin liegt ein ganz wesentlicher Unterschied des Verhaltens der hier besprochenen drei Versuchspflanzen im Vergleich zu *Cardamine*. Dort stellte ja CORRENS (1912) fest, daß für die Fruchtbarkeit einer Verbindung nicht die Konstitution des haploiden Pollens und der diploiden, als Weibchen benutzten Pflanze ist, sondern die Konstitution der *beiden diploiden* Pflanzen, sowohl der weiblichen als auch des Pollenlieferanten.

Daraus folgt, daß beim Personatenschema die Kreuzung zweier Pflanzen sowohl fertil ist, wenn diese sich in allen Sterilitätsfaktoren unterscheiden, als auch, wenn einer gemeinsam ist und die beiden anderen verschieden sind. (In unserem Beispiel $S_1S_2 \times S_3S_4$ oder $S_1S_2 \times S_1S_3$.) Die Auswirkung der Parasterilität äußert sich in dem zweiten Falle nur in dem Ausfallen bestimmter Nachkommen.

Wir wollen die Verhältnisse in den Nachkommenschaften selbststeriler Pflanzen im einzelnen besprechen und dabei gleichzeitig das Beweismaterial, auf Grund dessen das Personatenschema aufgestellt wurde, mitteilen. Hierbei werden wir uns in der Hauptsache auf die neueren Arbeiten stützen. Die älteren Arbeiten der EASTschen Schule und von LEHMANN sind durch diese teilweise überholt worden. Entsprechend dem Vorschlag der betreffenden Autoren werden die Sterilitätsfaktoren bei *Nicotiana* mit den Symbolen $S_1, S_2 \ldots$ und die bei *Veronica* mit $\alpha, \beta \ldots$ bezeichnet.

Wir wollen mit der Besprechung einer **Kreuzung zweier Individuen anfangen, die sich in allen Sterilitätsfaktoren unterscheiden**, also z. B. zweier Pflanzen der Konstitution S_1S_2 und S_3S_4:

$$\left.\begin{array}{l} S_1S_2 \times S_3S_4 \\ S_3S_4 \times S_1S_2 \end{array}\right\} = S_1S_3 + S_1S_4 + S_2S_3 + S_2S_4.$$

Tabelle 4.

♀ \ ♂	Nachkommen				Eltern	
	$S_1 S_3$	$S_1 S_4$	$S_2 S_3$	$S_2 S_4$	$S_1 S_2$	$S_3 S_4$
$S_1 S_3$	−	+	+	+	+	+
$S_1 S_4$	+	−	+	+	+	+
$S_2 S_3$	+	+	−	+	+	+
$S_2 S_4$	+	+	+	−	+	+
$S_1 S_2$	+	+	+	+	−	+
$S_3 S_4$	+	+	+	+	+	−

+ fertile Kombinationen; − parasterile Kombinationen.

Wir können aus diesem Schema folgende Regeln ableiten: Bei der Kreuzung zweier Individuen, die keinen Sterilitätsfaktor gemeinsam haben, ist

1. das Ergebnis reziproker Kreuzungen gleich und,
2. lassen sich die Nachkommen in vier Sterilitätsgruppen zusammenfassen. Die Mitglieder jeder Gruppe sind untereinander steril, da sie die gleichen Sterilitätsfaktoren enthalten, mit den Vertretern aller anderen Gruppen und den beiden Eltern reziprok fertil, da sie sich von diesen mindestens durch einen Sterilitätsfaktor unterscheiden.
3. Die Individuenzahl ist in den vier Gruppen abgesehen von zufälligen Schwankungen die gleiche.

Tabelle 5.

Nicotiana nach ANDERSON (1924)					
AB	*Forgetiana* (offen bestäubt)	7	4	2	1
AC	*alata* (offen bestäubt)	6	6	5	0
AY	$M\,21 \times W\,5$	2	3	6	1
Veronica syriaca nach LEHMANN (1919)					
−	−	35	27	37	31
Veronica syriaca nach FILZER (1926)					
$S\,2401$	$2301{,}2 \times 2301{,}12$	4	4	5	0
$S\,2406$	$2301{,}7 \times 2301{,}1$	3	3	3	0
$S\,2407$	$2301{,}7 \times 2301{,}6$	3	3	2	0
$S\,2425$	$2301{,}1 \times 2301{,}4$	16	16	16	13
$S\,2426$	$2301{,}3 \times 2301{,}2$	6	4	13	3
$S\,2427$	$2301{,}3 \times 2301{,}1$	5	3	2	1
$S\,2442$	$2301{,}2 \times 2301{,}1$	5	1	3	3
$S\,2425\,AD$	$A \times D$	5	9	5	7
$S\,2425\,BC$	$B \times C$	2	3	6	5

Selbst-Parasterilität verbunden mit Kreuzungsherbilität.

Die wichtigsten Versuche, die diese Feststellungen beweisen, sind in Tabelle 5 zusammengestellt. Die Mehrzahl der Kreuzungen zeigt allerdings nur das Auftreten von höchstens vier gleich großen Sterilitätsgruppen in der Nachkommenschaft einer Kreuzung. Nur die vier zuletzt angeführten Kreuzungen von FILZER sind in jeder Beziehung durchgearbeitet. Hier ist durch Kontrollbestäubungen sowohl die Konstitution der Eltern wie der Nachkommen sichergestellt. Das in Tabelle 5 aufgeführte Beweismaterial mag allerdings, was die Zahl der untersuchten Pflanzen anbelangt, etwas dürftig erscheinen.

Viel eingehender ist dagegen die zweite Art von Kreuzungen untersucht worden, die dadurch charakterisiert ist, daß sich die beiden gekreuzten Individuen nur in einem Sterilitätsfaktor unterscheiden, während der andere gemeinsam ist:
1. $S_1S_2 \times (S_1)S_3 = S_1S_3 + S_2S_3$,
2. $S_1S_3 \times (S_1)S_2 = S_1S_2 + S_2S_3$.

Tabelle 6.

♀\♂		Kreuzung 1		Eltern		Kreuzung 2			
		S_1S_3	S_2S_3	S_1S_2	S_1S_3				
Kreuzung 1	♀S_1S_3	−	+	+	−	+	+		Kreuzung 1
	S_2S_3	+	−	+	+	+	−		
Eltern	S_1S_2	+	+			−	+	S_1S_2	Eltern
	S_1S_3	−	+			+	+	S_1S_3	
Kreuzung 2		+	+	−	+	−	+	S_1S_2	Kreuzung 2
		+	−	+	+	+	−	S_2S_3	
				♂S_1S_2	S_1S_3	S_1S_2	S_2S_3		
				Eltern		Kreuzung 2			♀\♂

Aus diesem Schema lassen sich die folgenden Regeln ableiten:
1. Reziproke Kreuzungen haben ein verschiedenes Ergebnis. Diese Verschiedenheit beruht darauf, daß eine Elimination ja nur unter den Pollenschläuchen, nicht aber unter den Eiern wirksam ist. In der einen Kreuzung werden also die S_1-Pollenschläuche

der S_1S_3-Pflanze, in der reziproken die S_1-Pollenschläuche der S_1S_2-Pflanzen eliminiert.

2. Die Nachkommen jeder reziproken Kreuzung lassen sich in zwei intrasterile, interfertile Gruppen zusammenfassen.

3. Von diesen Gruppen ist immer eine mit beiden Eltern reziprok fertil, die andere mit dem einen Elter, und zwar dem Vater, reziprok steril. Es tritt also jeweils die Gruppe des Vaters wieder in Erscheinung (Gruppe S_1S_3, bzw. S_1S_2).

4. Von den beiden Gruppen der beiden reziproken Verbindungen sind zwei miteinander reziprok fertil, die anderen reziprok steril und haben daher die gleiche Konstitution. Diejenige Sterilitätsgruppe, die von der Gruppe des Vaters verschieden ist, ist den beiden Kreuzungen gemeinsam (Gruppe S_2S_3).

Die Feststellungen 3 und 4 lassen sich folgendermaßen zusammenfassen: *In den reziproken Kreuzungen zweier Individuen, die einen Sterilitätsfaktor gemeinsam haben, d. h. also in Kreuzungen, in die drei verschiedene Sterilitätsfaktoren eingehen, treten die beiden elterlichen Sterilitätsgruppen unter den Nachkommen auf (S_1S_2 und S_1S_3 in unserem Beispiel) und außerdem eine neue Gruppe (S_2S_3), die die dritte mögliche Kombination der drei Sterilitätsfaktoren darstellt.*

Die Richtigkeit dieser Feststellungen ist durch ein reiches Tatsachenmaterial bewiesen. Wir wollen uns hier mit der Wiedergabe derjenigen Kreuzungen begnügen, in denen nicht nur das Auftreten zweier Sterilitätsgruppen, sondern außerdem auch die Konstitution der Eltern und Nachkommen durch Kontrollbestäubungen ganz sicher gestellt ist.

Tabelle 7. *Nicotiana Sanderae* (nach EAST und MANGELSDORF, 1926).

Eltern ♀ × ♂	Nachkommen		Abweichung von der Erwartung (1:1)	Wahrscheinlicher Fehler	Abweichung : Fehler W
	Väterliche Kombination	Neue Kombination			
$S_1S_2 \times S_1S_3$	189 S_1S_3	+ 207 S_2S_3	9	± 6,7	< 2
$S_1S_3 \times S_1S_2$	169 S_1S_2	+ 148 S_2S_3	10,5	± 6,0	< 2
$S_1S_2 \times S_2S_3$	263 S_2S_3	+ 312 S_1S_3	24,5	± 8,1	3
$S_2S_3 \times S_1S_2$	248 S_1S_2	+ 245 S_1S_3	1,5	± 7,5	< 1
$S_1S_3 \times S_2S_3$	205 S_2S_3	+ 233 S_1S_2	14,0	± 7,1	< 2
$S_2S_3 \times S_1S_3$	204 S_1S_3	+ 201 S_1S_2	1,5	± 6,8	< 1

Tabelle 7 (Fortsetzung). *Veronica syriaca* nach FILZER (1926).

Nr. der Familie	Eltern	Nachkommen	
S 2424	2301,2 $\delta\varepsilon$ × 2301,10 $\beta\varepsilon$	9 $\beta\varepsilon$	11 $\beta\delta$
S 2425 AB	2301,2 $\alpha\gamma$ × 2301,10 $\alpha\delta$	7 $\alpha\delta$	9 $\gamma\delta$
S 2425 AC	2301,2 $\alpha\gamma$ × 2301,10 $\gamma\beta$	6 $\alpha\beta$	8 $\gamma\beta$
S 2425 BD	2301,2 $\alpha\delta$ × 2301,10 $\beta\delta$	6 $\alpha\beta$	8 $\delta\beta$
S 2425 CD	2301,2 $\gamma\beta$ × 2301,10 $\beta\delta$	9 $\gamma\beta$	6 $\beta\delta$

Antirrhinum Segovia nach BAUR (1919).

Eltern	Nachkommen	
$F\mathrm{II} \times EV$ $S_1S_2 \times S_1S_3$	14 S_1S_3	15 S_2S_3

Es liegt nahe, noch an dritter Stelle das Ergebnis von Kreuzungen zweier Individuen, die sich in keinem Sterilitätsfaktor unterscheiden, oder von Selbstbestäubungen zu besprechen. An sich sollten diese Verbindungen parasteril sein. Dies ist auch bei *Veronica syriaca* immer der Fall. Dagegen findet sich bei *Nicotiana Sanderae* eine mehr oder weniger deutliche Pseudofertilität. Verbindungen, die an sich steril sein sollten, sind unter Umständen mehr oder minder fertil. Über diese Pseudofertilität werden wir in einem besonderen Kapitel berichten. Hier genügt die Feststellung, daß sie auftritt. EAST und MANGELSDORF (1926, 1927) haben nun von dieser Pseudofertilität bei der genetischen Analyse der Selbst-Parasterilitätsfaktoren Gebrauch gemacht und auch hier wieder die Theorie glänzend bestätigt gefunden.

Wenn beispielsweise eine S_1S_2-Pflanze geselbstet oder mit einer Pflanze der gleichen Konstitution gekreuzt wird, dann müßten sich bei Pseudofertilität, d. h. bei Beseitigung der Hemmungen des Pollenschlauchwachstums, die folgenden Verhältnisse ergeben:

$$S_1S_2 \times S_1S_2 = 1\ S_1S_1 : 2\ S_1S_2 : 1\ S_2S_2.$$

Bei pseudofertilen Verbindungen zweier Pflanzen, die sich in keinem Sterilitätsfaktor unterscheiden, treten also in der Nachkommenschaft drei Gruppen auf: die der Eltern und außerdem die beiden neuen homozygoten Kombinationen der Sterilitätsfaktoren.

Solche pseudofertile Selbstbestäubungen wurden von EAST und MANGELSDORF (1925, 1927) mit Erfolg durchgeführt, und seither gehört die Herstellung homozygoter Formen zu den wichtigsten Hilfsmitteln bei der weiteren Analyse der Selbst-Parasterilität.

Tabelle 8. Selbstbestäubungen bei *Nicotiana Sanderae* (nach EAST u. MANGELSDORF, 1926).

Eltern		Nachkommen		
Nummer	Konstitution	S_1S_1	S_1S_2	S_2S_2
$R\,1$ selbst	S_1S_2	6	19	7
$R\,2$ selbst	S_1S_2	1	24	14
$E\,2 \times R\,1$	$S_1S_2 \times S_1S_2$	1	17	5
$R\,1 \times E\,2$	$S_1S_2 \times S_1S_2$	6	21	12
	im Ganzen	14	81	38

Die Anzahl der durchgeführten Selbstbestäubungen ist bei *N. Sanderae* noch gering. Wie die in Tabelle 8 zusammengestellten Zahlen zeigen, beweisen sie die Art der Spaltung, das Auftreten der elterlichen Sterilitätsklasse und der beiden homozygoten Klassen. Das Zahlenverhältnis 1:2:1 ist dagegen noch nicht sichergestellt. Es kommt nämlich als erschwerendes Moment hinzu, daß die Lebensfähigkeit nach Selbstbestäubung an sich schon abnimmt, daß aber vor allem die der homozygoten Klassen gering ist. Dies ist besonders deutlich für den mit S_3 bezeichneten Sterilitätsfaktor. In ihrer ersten Mitteilung fanden EAST und MANGELSDORF (1925) diese Formen überhaupt nicht. Bei einer Wiederholung dieser Versuche (1926) stellte sich jedoch heraus, daß die S_3S_3-Form semiletal ist und daher bei nicht besonders sorgfältiger Aufzucht sehr leicht zugrunde geht. Seitdem ist sie jedoch in großer Zahl aufgezogen worden. Wir werden weiter unten noch einmal auf diese auffällige Form zurückkommen und wollen zunächst erst die Besprechung der genetischen Verhältnisse bei den pseudofertilen Verbindungen von *Nicotiana Sanderae* fortsetzen.

Nachdem EAST und MANGELSDORF (1925/26) die homozygoten Formen S_1S_1, S_2S_2 und S_3S_3 gefunden hatten, benutzten sie sie, um die Theorie der Sterilitätsfaktoren weiter zu prüfen. Wir wollen uns hier auf die Erwähnung zweier prinzipiell wichtiger Beispiele solcher Kreuzungen mit Benutzung homozygoter Formen beschränken. (Im übrigen vgl. EAST 1927.)

Zunächst sei die Kreuzung zweier Individuen, die keinen Sterilitätsfaktor gemeinsam haben, und von denen das eine homozygot, das andere heterozygot ist, besprochen. Es werden also z. B. die folgenden Kreuzungen reziprok ausgeführt:

$$\left.\begin{array}{l} S_1S_1 \times S_2S_3 \\ S_2S_3 \times S_1S_1 \end{array}\right\} = S_1S_2 + S_1S_3.$$

Die reziproken Kreuzungen sind gleich, sowohl was die Fertilität, als auch was das genetische Resultat anbelangt. Es findet ja auch keine Elimination von Pollenkörnern statt. Die Nachkommen bilden zwei Gruppen, die miteinander fertil sind. Da aber beide den Faktor S_1 in heterozygotem Zustand enthalten, müssen sie als Weibchen mit dem homozygoten S_1S_1-Elter steril, als Männchen fertil sein. In beiden Fällen sind die S_1-Pollenschläuche im Wachstum gehemmt, aber bei der Verwendung der heterozygoten Nachkommen als Pollenlieferant funktioniert die Hälfte des Pollens, die den S_1-Faktor nicht enthält.

Wenn das homozygote und das heterozygote Individuum einen Faktor gemeinsam haben, ergeben sich die gleichen Verhältnisse, wie sie eben für die Beziehungen zwischen Nachkommen und homozygotem Elter beschrieben wurden:

$$\left.\begin{array}{l} S_1S_1 \times S_1S_2 \text{ fertil} \\ S_1S_2 \times S_1S_1 \text{ steril} \end{array}\right\} = S_1S_2.$$

Wenn die homozygote Form als Pollenlieferant benutzt wird, ist die Kreuzung vollkommen parasteril, da auf der S_1S_2-Pflanze alle S_1-Pollenschläuche des homozygoten Elters gehemmt sind. In der reziproken Verbindung sind zwar wieder die S_1-Pollenschläuche gehemmt, aber die andere Hälfte des Pollens des heterozygoten Elters mit dem Faktor S_2 funktioniert. Die Nachkommen gehören alle einer Sterilitätsgruppe an, die dieselbe ist wie die des heterozygoten Elters.

Die Kreuzungen der verschiedenen homozygoten Formen miteinander waren erwartungsgemäß immer reziprok fertil. Ihre Nachkommenschaft bestand aus nur einer Gruppe, die die betreffenden beiden Sterilitätsallele enthielt; also z. B.

$$\left.\begin{array}{l} S_1S_1 \times S_2S_2 \\ S_2S_2 \times S_1S_1 \end{array}\right\} = S_1S_2.$$

Für diese und ähnliche Fälle finden wir Belegmaterial in den Arbeiten von EAST und MANGELSDORF (1925, 1926). Sie beweisen die Richtigkeit der Ableitungen eindeutig, wenn auch das Material zahlenmäßig nicht sehr groß ist.

Diese Kreuzungen, in denen entweder nur heterozygote oder auch homozygote Individuen benutzt wurden, beweisen bereits restlos die Richtigkeit des Personatschemas. Es wurden hierbei immer die Beziehungen zwischen den Nachkommen zueinander und zu den Eltern geprüft. Zum Abschluß sei noch ein Fall kurz nach FILZER (1926) erwähnt, in dem die **Analyse der Vererbung der Parasterilität durch drei Generationen** durchgeführt wurde. Die folgende Tabelle 9 ist wohl ohne weitere Erklärung verständlich:

Tabelle 9.
Vererbung der Parasterilität bei *Veronica* (zusammengest. nach FILZER 1926).

Eltern	F_1-Generation			F_2-Generation				
	Familie	Anzahl	Konstitution	Eltern	Nachkommen			
2301,1 × 2301,43 $\alpha\beta \times \gamma\delta$	A	16	$\alpha\gamma$	$AB\ \alpha\gamma \times \alpha\delta$	$7\alpha\delta$	$9\gamma\delta$	—	—
	B	16	$\alpha\delta$	$AC\ \alpha\gamma \times \beta\gamma$	$6\alpha\beta$	$8\gamma\beta$	—	—
	C	16	$\beta\gamma$	$BD\ \alpha\delta \times \beta\delta$	$6\alpha\beta$	$8\delta\beta$	—	—
	D	13	$\beta\delta$	$CD\ \beta\gamma \times \beta\delta$	$6\beta\delta$	$9\gamma\delta$	—	—
				$AD\ \alpha\gamma \times \beta\delta$	$5\alpha\beta$	$9\alpha\delta$	$5\gamma\beta$	$7\gamma\delta$
				$BC\ \alpha\delta \times \beta\gamma$	$2\alpha\beta$	$3\alpha\gamma$	$6\delta\beta$	$5\delta\gamma$

Am Ende der Besprechung der experimentellen Befunde ist es wohl von Interesse, kurz die Frage der experimentellen Zuverlässigkeit der Bestäubungsmethode zu streifen. Die wichtigste Fehlerquelle besteht darin, daß pseudofertile und echt fertile Verbindungen miteinander verwechselt werden. Bei *Veronica syriaca*, bei der jede Pseudofertilität fehlt, spielt diese Fehlerquelle zwar keine Rolle. Anders aber bei *Nicotiana Sanderae*. Hier kann man aber jeden Irrtum vermeiden, indem man nur Pflanzen, die auf der Höhe ihrer Entwicklung stehen, zu den Bestäubungen benutzt und weiterhin nur Blüten bestäubt, die vor mindestens 2 Tagen sich geöffnet haben. Unter Beachtung dieser Vorsichtsmaßnahmen geben die Bestäubungen ganz eindeutige Resultate. Um ein konkretes Beispiel zu geben, sei auf Abb. 35 hingewiesen.

Zum Schluß müssen wir noch *die Frage nach der vermutlichen Anzahl der Parasterilitätsallele* bei den drei Arten besprechen. Dabei müssen wir aber berücksichtigen, daß eine ganz wesentliche Fehlerquelle bei *Nicotiana Sanderae* und *Veronica syriaca*, die von EAST und YARNELL (1929) und FILZER (1926) besonders in dieser Beziehung studiert wurden, darin besteht, daß die Autoren sich auf das im Handel befindliche Saatgut beschränken mußten. Dieses geht aber in der Regel auf eine beschränkte Anzahl aus der Natur stammender Individuen zurück und kann daher nur ein bedingt richtiges Bild von den Verhältnissen in der Natur geben. Bei einigen *Antirrhinum*-Formen konnte BAURS Schüler GRUBER (1930, noch nicht veröffentlicht) Material untersuchen, das von BAUR in Spanien gesammelt worden war.

EAST und seine Mitarbeiter A. J. MANGELSDORF und YARNELL (vgl. EAST 1929, EAST u. YARNELL 1929) untersuchten Saatgut, das

Abb. 35. Sicherheit der Bestäubungsversuche bei *Nicotiana Sanderae*. Eine Pflanze der Konstitution $S_2 S_3$ ($2 N 347$) bestäubt mit Pollen von Pflanzen der Konstitution: $S_1 S_2$ (A: $10 N 376$, B: $11 N 376$, C: $9 N 376$) — $S_2 S_3$ (D: $11 N 375$, E: $17 N 375$) — $S_2 S_2$ (F: $5 N 344$).

sie von verschiedenen amerikanischen Samenhandlungen erhalten hatten. In dem ersten Material hatten sie nur drei Allele gefunden (EAST u. A. J. MANGELSDORF 1925). Die Zahl erhöhte sich dann auf 15, ohne daß irgendeines dieser Allele besonders häufig aufgetreten wäre. Die einzelnen Allele sind auch ganz regellos über das Saatgut verschiedener Herkunft verteilt (vgl. Tabelle 10).

Tabelle 10.

Sorte	Herkunft	Konstitution
Sanderae	Farquhar	S_1S_4, S_1S_5, S_2S_3
alata	„	S_2S_6, S_2S_7
Sanderae	Dreer	S_7S_8, S_9S_{10}
alata	„	S_2S_9, S_3S_6, S_8S_{15}
alata	Mitchell	S_5S_6
Sanderac	Ferry	S_7S_{10}
Sanderac	Vaughn	S_4S_{13}, S_5S_{14}, S_8S_{11}
alata	„	$S_{11}S_{12}$

Bei *Veronica syriaca* fand FILZER (1926) in dem beschränkten, von HAAGE und SCHMIDT erhaltenen Material sieben Parasterilitätsallele.

Die Untersuchungen von GRUBER (1930) lassen noch keine genaue Zahlenangabe zu.

Bei *Antirrhinum glutinosum*, Sippe *Orgira*, wurde eine Gruppe von 15 Pflanzen untersucht, die auf ein Mutterindividuum zurückgingen, und 14 weitere Pflanzen, die von verschiedenen Müttern abstammten. Über die Väter der Versuchspflanzen ist nichts bekannt. Unter den zuerst genannten 15 Pflanzen waren zwei miteinander reziprok steril und enthielten daher die gleichen Parasterilitätsallele. Alle übrigen und ebenso die restlichen 14 Pflanzen erweisen sich in den möglichen 810 Verbindungen als miteinander reziprok fertil und unterscheiden sich daher in mindestens einem Parasterilitätsallel. Wir müssen daher die Existenz von mindestens 28 *S*-Allelen in diesem Material annehmen.

Von der Sippe *Chorro* wurden je zwei Gruppen zu je 14 Pflanzen, die von je einer Mutter stammten, und später noch vier weitere Individuen verschiedener Herkunft miteinander geprüft. Über die Väter der Versuchspflanzen ist auch hier nichts bekannt. Von den 992 möglichen Verbindungen konnten nur 487 ausgeführt werden. Darunter fanden sich 4 reziprok parasterile Verbindungen und 5 weitere parasterile Verbindungen, die aber nur in der einen Richtung versucht werden konnten. Alle übrigen 474 Verbindungen waren fertil. Unter der Annahme, daß kreuzungsparasterile Pflanzen durch gleiche Parasterilitätsallele charakterisiert sind, erweisen sich von der einen Mutterpflanze vier Paare von

Nachkommen als von gleicher Konstitution, von der anderen Mutterpflanze zwei Paare und eine Gruppe von drei Individuen und schließlich zwei Pflanzen von verschiedenen Müttern als von gleicher Konstitution. Von den 32 wenigstens teilweise untersuchten Pflanzen sind daher (höchstens) 25 kreuzungsfertil und unterscheiden sich in mindestens einem Parasterilitätsfaktor.

Bei der Sippe *Baryacas* wurden schließlich zwischen 19 Pflanzen nur 178 von 352 möglichen Kreuzungen versucht, die an Zahl zu gering sind, um ein klares Bild zu geben.

Aus diesen Versuchsergebnissen GRUBERs (1930) lassen sich zwei Schlüsse ziehen:

1. Die Anzahl der Parasterilitätsallele muß in der Natur sicherlich sehr groß und die Häufigkeit von Pflanzen gleicher Konstitution sehr gering sein.

2. Es muß in der Natur eine intensive Fremdbestäubung durchgeführt werden. Von den 15 untersuchten Pflanzen der Sippe *Orgivra*, die auf die gleiche Mutter zurückgehen, sind 14 sicher in mindestens einem Allel verschieden. Sie repräsentieren also 14 Sterilitätsklassen. Da aus der Kreuzung zweier Pflanzen nach dem Personatenschema höchstens vier Sterilitätsgruppen auftreten können, muß das betreffende Mutterindividuum mit mindestens vier anderen Pflanzen gekreuzt worden sein, um fast $4 \times 4 = 16$ Sterilitätsgruppen in der Nachkommenschaft zu geben.

Allerdings haben wir bei unseren Betrachtungen eine mögliche Komplikation unberücksichtigt gelassen, auf die in der Literatur bereits mehrfach hingewiesen worden ist: das Vorkommen von mehr als einer Serie von Parasterilitätsallelen. Bisher fehlen aber die experimentellen Grundlagen für eine solche Annahme vollkommen.

Wenn auch die genetischen Verhältnisse, die im vorhergehenden besprochen wurden, auf den ersten Blick etwas kompliziert erscheinen, so ist die Grundhypothese, die Existenz von multiplen Sterilitätsfaktoren und ihre Hemmungswirkung bei Anwesenheit der gleichen Faktoren in Pollen und Fruchtknoten, doch sehr einfach. Die Versuchsergebnisse fügen sich vollkommen den aus der Grundhypothese abgeleiteten Regeln ein, ohne daß eine Zuhilfenahme irgendwelcher Hilfshypothesen notwendig wäre. Die wichtigsten Regeln, aus denen sich die Spezialfälle leicht ableiten lassen, seien im folgenden noch einmal übersichtlich zusammengestellt:

1. Die beiden reziproken Kreuzungen zweier heterozygoter Individuen, die sich in beiden Sterilitätsfaktoren unterscheiden, sind fertil und geben das gleiche genetische Resultat: Die Nachkommen bilden *vier* Gruppen, die miteinander und mit den Eltern reziprok fertil sind.

2. Die beiden reziproken Kreuzungen zweier heterozygoter Individuen, die sich nur in einem Sterilitätsfaktor unterscheiden, sind ebenfalls beide fertil, geben aber genetisch verschiedene Resultate: Die Nachkommen bilden *zwei* Gruppen, von denen die eine gleich der des Vaters der betreffenden Kreuzung ist, die andere neu ist, und die durch die beiden verschiedenen Sterilitätsfaktoren der Eltern charakterisiert sind.

3. Pseudofertile Selbstbestäubungen oder Kreuzungen zweier heterozygoter Individuen, die die gleiche Konstitution haben, geben in der Nachkommenschaft *drei* Sterilitätsgruppen: die Gruppe des heterozygoten Elters und die zugehörigen beiden homozygoten Gruppen.

4. Die reziproken Kreuzungen zwischen einer homozygoten und einer heterozygoten Form, die keinen Sterilitätsfaktor gemein haben, sind reziprok fertil und geben das gleiche Resultat: Die Nachkommen bilden zwei Gruppen, die mit dem heterozygoten Elter reziprok fertil, mit dem homozygoten Elter als Weibchen steril, als Männchen fertil sind.

5. Die reziproken Kreuzungen zwischen einer homozygoten und einer heterozygoten Form, die einen Sterilitätsfaktor gemein haben, sind fertil, wenn der homozygote Elter als Weibchen, und steril, wenn er als Männchen verwandt wird. Die Nachkommenschaft besteht in diesem Falle nur aus *einer* Sterilitätsgruppe, die mit der des heterozygoten Elters identisch ist.

6. Die Kreuzungen zweier verschiedener Homozygoten sind reziprok fertil und geben in der Nachkommenschaft eine Klasse von Individuen, die für die betreffenden beiden Sterilitätsallele heterozygot sind.

Aus diesen Feststellungen lassen sich alle Einzelfälle leicht ableiten.

Koppelung anderer Gene mit den Sterilitätsfaktoren.

Es sei nun noch eine wichtige Frage diskutiert, die zwar auf den ersten Blick nur indirekt mit der Selbst-Parasterilität zu tun hat, aber doch von Wichtigkeit ist, wie wir vor allem noch später bei der Besprechung der unvollkommenen Parasterilität sehen werden.

Wir fanden, daß infolge der Wirkung der Parasterilitätsfaktoren in der Nachkommenschaft gewisse Kombinationen, die bei freier Zufallsverteilung der Gene ohne Elimination auftreten sollten, fehlen. Ganz entsprechende Abweichungen von den idealen Spaltungsverhältnissen müssen wir erwarten, wenn wir den Erbgang eines Gens verfolgen, das mit den Sterilitätsallelen gekoppelt ist. Je nach dem Grade der Koppelung werden sich die Versuchsergebnisse dem Erbgange der Sterilitätsfaktoren oder den Spaltungsverhältnissen bei freier Genkombination ohne Elimination nähern.

Ein theoretisches Beispiel möge diese Verhältnisse zunächst erklären. Es sei ein Faktor c, dessen dominantes Allel C sei, mit den S-Faktoren gekoppelt. Der Austausch betrage $1/n$.

Da eine Elimination von Pollenschläuchen nicht stattfindet, wenn sich die beiden gekreuzten Individuen in keinem Sterilitätsfaktor unterscheiden, so ergibt sich auch für den gekoppelten Faktor das normale MENDEL-Verhältnis $3:1$ in Kreuzungen ($Cc \times Cc$) und $1:1$ in den Rückkreuzungen ($Cc \times cc$) oder ($cc \times Cc$).

Wir brauchen also hier nur Kreuzungen zwischen zwei Individuen zu beachten, die einen Sterilitätsfaktor gemein haben, also etwa von zwei Pflanzen der Konstitution $S_1 S_2$ und $S_1 S_3$. Der Einfachheit halber wollen wir zunächst die Abweichungen von dem idealen Spaltungsverhältnis $1:1$ bei Rückkreuzungen zu den homozygoten rezessiven cc-Pflanzen diskutieren. Wird die homozygote cc-Pflanze als Vater verwandt, so findet sich die normale $1:1$-Spaltung, da ja die Elimination unter den Pollenschläuchen, die alle den c-Faktor enthalten, für die Spaltung dieses Faktors gleichgültig ist. Anders, wenn die heterozygoten Cc-Pflanzen als Vater verwandt werden. Wir haben hier wieder zwei Fälle zu unterscheiden, je nachdem, ob der dominante Faktor C oder der rezessive Faktor c mit dem den beiden Individuen gemeinsamen S-Faktor gekoppelt ist. In dem einen Falle wird die Mehrzahl der C-Gonen, in dem anderen die der c-Gonen eliminiert.

$$\left.\begin{aligned}\frac{S_1C}{S_2c} \times \frac{S_1c}{S_3c}\\ \frac{S_1c}{S_2C} \times \frac{S_1c}{S_3c}\end{aligned}\right\} \text{ keine Elimination,} \qquad \text{Spaltung: } 1\,Cc:1\,cc,$$

$$\frac{S_1c}{S_3c} \times \frac{S_1C}{S_2c} = 1\frac{S_1c}{S_2c}:1\frac{S_3c}{S_2c}:\frac{1}{n}\frac{S_1c}{S_2C}:\frac{1}{n}\frac{S_3c}{S_2C} \qquad \text{,,} \qquad 1\,Cc:\frac{1}{n}c,$$

$$\frac{S_1c}{S_3c} \times \frac{S_1c}{S_2C} = 1\frac{S_1c}{S_2C}:1\frac{S_3c}{S_2C}:\frac{1}{n}\frac{S_1c}{S_2c}:\frac{1}{n}\frac{S_3c}{S_2c} \qquad \text{,,} \qquad \frac{1}{n}C:1\,c.$$

An Stelle des idealen Verhältnisses 1 Cc:1 cc erhalten wir je nach der Koppelung des eliminierten S-Faktors mit dem C- oder dem c-Faktor nur c-Pflanzen oder nur C-Pflanzen, abgesehen von den durch Faktorenaustausch entstandenen Nachkommen.

Entsprechende Abweichungen von dem idealen 3:1-Verhältnis sind auch bei der Kreuzung zweier Cc-Pflanzen, die einen S-Faktor gemein haben, zu erwarten. Sie lassen sich leicht ableiten, jedoch braucht hier wohl kaum näher darauf eingegangen zu werden (vgl. BRIEGER und MANGELSDORF 1927).

Bei *Nicotiana Sanderae* war es nun möglich, einen Faktor zu finden, der mit den S-Faktoren gekoppelt ist und eine genaue genetische Analyse gestattet. Es ist dies nach BRIEGER und MANGELSDORF (1926, 1927) der Faktor c, der in homozygot rezessivem Zustande das Fehlen von Anthokyan in den Blüten und an der Stengelbasis und außerdem auch Farblosigkeit und Eckigkeit der Samen bedingt. Der dominante Faktor (C) ermöglicht die Ausbildung von Anthokyan und die Bildung runder, schwarzbrauner Samen. Der Austauschprozentsatz zwischen den Faktoren (C, c) und den S-Genen beträgt etwa 18%.

In Rückkreuzungen, in denen die homozygoten cc-Pflanzen als Vater verwandt wurden, in denen also eine Elimination von Pollenschläuchen keine Wirkung auf die Vererbung des c-Faktors ausüben konnte, waren 743 Pflanzen farbig (Cc) und 788 weiß (cc) (erwartet je 765,5). Also, wie erwartet, ergab sich hier eine normale MENDEL-Spaltung.

Wenn dagegen die homozygoten cc-Pflanzen als Mutter in einer Kreuzung zweier Pflanzen, die einen Sterilitätsfaktor gemein haben, verwandt wurden, dann traten die oben besprochenen Abweichungen von dem 1:1-Verhältnis ein. In den Kreuzungen, in denen der dominante C-Faktor mit dem eliminierten, den Eltern gemeinsamen S-Faktor gekoppelt war, waren 201 Nachkommen weiß (cc) und nur 69 Austauschpflanzen farbig (Cc) (erwartet bei 18% Austausch: 214,4:55,6). In den Kreuzungen, in denen der rezessive Faktor c mit dem gemeinsamen Sterilitätsfaktor gekoppelt war, wurden in der Nachkommenschaft 1062 farbige Pflanzen (cc) und nur 239 weiße Austauschpflanzen (cc) gezählt (erwartet bei 18% Austausch: 1025,8:225,2). Die Abweichungen von den bei einem Austauschprozentsatz von rund 18% zu erwartenden Spaltungszahlen sind klein und können wohl als zufällig angesehen werden.

Auf die Spaltungsverhältnisse, die bei der Kreuzung heterozygoter Cc-Pflanzen miteinander gefunden wurden, sei hier nicht weiter eingegangen. Auch sie entsprachen vollkommen den Erwartungen (vgl. BRIEGER und MANGELSDORF 1927).

Bei der weiteren faktoriellen Analyse von $N.$ $Sanderae$ werden sich auch noch weitere Faktoren als mit den S-Faktoren gekoppelt erweisen. Dieser eine Fall genügt jedoch, um die Situation zu erklären.

Es sei auch noch einmal kurz der Semiletalfaktor erwähnt, der anscheinend mit dem S_3-Faktor gekoppelt ist. Wir erwähnten bereits oben, daß die homozygoten S_3S_3-Pflanzen nach den Feststellungen von EAST und MANGELSDORF (1927) in eigentümlicher Weise ausgebildet sind, und daß sie sehr leicht eingehen. Die Abb. 36 veranschaulicht ihren Wuchs im Vergleich zu normalen Pflanzen (Abb. 37) deutlich. Die Blätter sind stark gewölbt. Die Lamina tritt zwischen den Rippen hervor. Die Umrißform der Blätter ist von der Normalform auch abweichend, indem die Blätter im ganzen mehr rundlich sind. Die Sprosse sind sehr kümmerlich entwickelt. Hierbei scheinen infolge der Einwirkung von Modifikationsfaktoren Unterschiede zwischen verschiedenen Sippen zu bestehen. Nach BRIEGER (unveröffentlicht) ist der Stengel bald aufrecht, bald gebogen oder gar herabhängend.

Es ist fraglich, ob diese Ausbildung der S_3S_3-Pflanzen durch die S_3-Faktoren selbst bedingt ist oder durch einen mit ihnen gekoppelten Faktor, wobei die Koppelung praktisch absolut sein muß. Für die letzte Möglichkeit spricht die Tatsache, daß bisher ein solcher Wuchs nur für die S_3S_3-Pflanzen nachgewiesen ist, während die übrigen homozygoten Formen vollkommen normal entwickelt sind. Es ist doch unwahrscheinlich, daß in der gleichen Serie von multiplen Allelen ein Faktor auf den Wuchs einen solchen

Einfluß wie der S_3-Faktor haben soll, während die anderen S-Faktoren ohne jede entsprechende Wirkung sind und alle über den S_3-Faktor dominieren. Ein Faktorenaustausch, dessen Beobachtung allein die Frage entscheiden könnte, ist jedoch bisher noch nicht einwandfrei festgestellt worden.

Die Störungen der Spaltung des Faktors für radiäre Blütenform (c) bei *Antirrhinum*-Artkreuzungen, die BAUR (1911) und LOTSY (1912) beschrieben haben, beruht möglicherweise nach BRIEGER (unveröffentlicht) auf Komplikationen des Erbganges infolge einer engen Koppelung dieses Faktors mit den Para-

Abb. 36. *Nicotiana Sanderae*. Drei semiletale Pflanzen der erblichen Konstitution ($S_3 S_3$).

sterilitätsgenen. Es handelt sich hierbei immer um Kreuzungen radiärer Sippen (ee) der selbstfertilen ($S_F S_F$) Art *A. majas* mit normalblütigen Sippen verschiedener selbst-parasteriler Arten ($S_1 S_2\ EE$). Bei der Annahme einer Koppelung des Peloriefaktors (e, E) mit den S-Faktoren müssen die F_1-Pflanzen die folgende Konstitution haben:

$$\frac{S_F e}{S_1 E}; \quad \frac{S_F e}{S_2 E} \ldots$$

Bei Rückkreuzung zu radiären *majas*-Sippen

$$\left(\text{etwa:}\ \frac{S_F e}{S_1 E} \times \frac{S_F e}{S_F e}\right)$$

ergibt sich die normale MENDEL-Spaltung in 1 E : 1 ee.

Bei Kreuzung verschiedener F_1-Pflanzen
$$\left(\text{etwa}: \frac{S_F e}{S_1 E} \times \frac{S_F e}{S_2 E}\right)$$
erhalten wir eine normale Spaltung in $3\,E$—$:1\,ee$.

Abb. 37. *Nicotiana Sanderae.* Typische Pflanze in dem gleichen Entwicklungsstadium wie die $(S_3 S_3)$ — Pflanzen in Abb. 36.

Bei einer Selbstbestäubung oder der Kreuzung zweier F_1-Pflanzen gleicher Konstitution
$$\left(\frac{S_F e}{S_1 E} \times \frac{S_F e}{S_1 E}\right)$$
müssen sich die S-Faktoren infolge der jetzt von ihnen bedingten Elimination störend bemerkbar machen. Bei absoluter Koppelung

werden die Eier, die zu gleichen Teilen den E- oder e-Faktor enthalten, nur von den S_Fe-Pollenschläuchen befruchtet. Wir erhalten hier schließlich eine Spaltung in $1\,Ee:1\,ee$. Je nach dem Grade der Koppelung wird sich das tatsächlich beobachtete Verhältnis dem Werte $1E-1ee$ (absolute Koppelung) oder $3E-:1ee$ (freie Spaltung) nähern.

γ) Die Vererbung der Selbst-Parasterilität bei *Verbascum phoeniceum*.

Mit *Verbascum phoeniceum*, der Art, bei der durch KOELREUTER (1764) die Erscheinung der Selbst-Parasterilität entdeckt wurde, hat SIRKS ausgedehnte Experimente angestellt, über die er abschließend 1926a berichtet, nachdem er bereits 1917 die ersten Ergebnisse veröffentlicht hatte. Bei dem Versuch, seine Resultate zu erklären, schlägt SIRKS den gleichen Weg wie PRELL (1921) bei der Ausdeutung der CORRENSschen *Cardamine*-Versuche ein. Beide übertragen Theorien, die bei anderen Arten bewiesen waren, auf andere Objekte. Da sich dabei aber Unstimmigkeiten ergeben, müssen die Grundtheorien durch Hilfshypothesen erweitert und gestützt werden. So versucht SIRKS den Erbgang der Selbststerilität bei *Verbascum* nach dem Personatenschema zu erklären.

SIRKS (1926a) kreuzte zwei selbst-parasterile Individuen miteinander und prüfte die F_1-Nachkommen sowohl untereinander, wie auch mit den Eltern auf ihre Fertilitätsbeziehungen. Hierbei stellte sich keinerlei Gruppenbildung heraus. Unter 20 genau geprüften F_1-Pflanzen gaben nicht zwei die gleichen Resultate. Es ist sehr wichtig, daß reziproke Kreuzungen verschiedene Resultate geben können, und die eine Verbindung fertil, die reziproke aber steril sein kann.

Durch Kreuzungen ausgesprochen nur männlich fertiler und nur weiblich fertiler Individuen, d. h. solcher, die vorwiegend als Männchen bzw. als Weibchen in den Kreuzungen fertil gewesen waren, hoffte SIRKS, Klarheit in diese komplizierten Verhältnisse zu bringen. Trotzdem eine derartige Selektion bis F_4 konsequent durchgeführt wurde, änderte sich das Bild kaum. Es unterblieb weiter jede Gruppenbildung, und jedes Individuum verhielt sich anders wie alle übrigen. Außerdem gaben reziproke Verbindungen weiter sehr häufig bei der Fertilitätsprobe ein verschiedenes Resultat.

Von F_4 ab wurden die Verhältnisse etwas klarer, indem die Geschwisterpflanzen einer Kreuzung sich zu Gruppen zusammenfassen ließen, die in ihren Fertilitätsbeziehungen einige Ähnlichkeit aufwiesen. Es wurde auch das Selektionsprinzip geändert und als Stammeltern der F_4-Generation Individuen ausgesucht, die als Weibchen wie als Männchen annähernd gleich fertil waren. In den beiden aufgezogenen F_4-Generationen traten beide Male unter 20 Nachkommen zwei kleine Gruppen von einigen wenigen (2—3) Individuen auf, wobei aber die Individuen einer Gruppe immer gleiche Resultate bei der Fertilitätsprobe gaben. Der Rest der F_4-Pflanzen, 15 Pflanzen in der einen, 16 in der anderen Familie, gaben dagegen die gleichen regellosen Verhältnisse wie die vorausgegangenen Generationen.

Für die nächsten Generationen wurde nun noch einmal das Selektionsprinzip geändert. Es wurden von nun an für die Weiterzucht Pflanzen benutzt, die möglichst regelmäßige Resultate bei der Fertilitätsprobe gegeben hatten, d. h. den eindeutigen Sterilitätsgruppen angehörten.

Die auf diese Weise zunächst erhaltene F_5-Generation gab jedoch wieder die gleichen Resultate wie die F_4-Familien. Dieses Mal fanden sich drei deutliche Sterilitätsgruppen von je 3 Individuen, während die Fertilitätsbeziehungen der restlichen 11 Pflanzen sehr unregelmäßig waren.

Trotz der großen Regellosigkeit konnte in der einen F_4-Familie und auch in der F_5-Familie durch die Prüfung mit den Vertretern der unterscheidbaren eindeutigen Sterilitätsgruppen wie auch der Elternpflanzen, noch eine etwas weiter gehende Gruppierung vorgenommen werden. Die Pflanzen, die sich zwar nach den Fertilitätsbeziehungen untereinander in keiner Weise anordnen ließen, bildeten in F_4 doch zwei und in F_5 drei Gruppen. Diese Gruppen haben insoweit eine Ähnlichkeit mit den vier Gruppen von *Cardamine pratensis*, als sie sich auch nur in ihren Reaktionen zu besonderen Individuen, dort den Eltern, unterschieden, während ihre Verbindungen untereinander nur eine beschränkte Regelmäßigkeit erkennen ließen.

Es wurden also nach dem Verhalten zu den Eltern gefunden: in F_4 in einer Familie vier deutliche Gruppen, in einer anderen zwei scharfe Gruppen und ein ungeordneter Rest; in F_5 in der einzigen Familie fünf deutliche Gruppen.

Abschließend können wir also nur sagen, daß in den ersten fünf Generationen bei *Verbascum* keine durchgehende Regelmäßigkeit festgestellt werden kann.

In der sechsten und siebenten Generation sind nun endlich die Verhältnisse durchsichtiger. Von diesen Familien geht auch SIRKS bei dem Versuch, den Erbgang der Selbst-Parasterilität zu erklären, aus. Deshalb müssen wir sie hier genauer besprechen.

Es wurden zwei F_6-Familien aufgezogen, die beide auf die gleiche F_5-Pflanze als Mutter (bezeichnet als 44,9) und zwei verschiedene F_5-Pflanzen als Väter (bezeichnet mit 44,5 und 44,10) zurückgehen. Die einzige F_7-Familie, die aufgezogen wurde, ging auf zwei F_6-Pflanzen zurück (549,8 × 549,3), die aus der gleichen Familie stammen.

In jeder der drei Familien wurden je 20 Pflanzen auf ihr Verhalten untereinander und mit den Eltern geprüft, und hierbei konnte in jeder Familie eine scharfe Unterscheidung von je vier Sterilitätsgruppen durchgeführt werden. Zahlenmäßig sind diese Gruppen annähernd gleich groß. Die Fertilitätsbeziehungen dieser Gruppen sind tabellarisch in den Tabellen 11 bis 13 zusammengestellt, wobei die beiden F_6-Familien mit I und II, die F_7-Familie mit III und die vier Gruppen mit A, B, C, D bezeichnet wurden.

Tabelle 11.

♀ \ ♂	Mutter	Vater	Nachkommen				Konstitution
	44,9	44,10	IA	IB	IC	ID	
44,9	−	+	+	+	+	+	S_1S_2
44,10	+	−	+	+	+	+	S_3S_4
IA	+	+	−	+	+	+	S_1S_3
IB	+	−	−	−	+	+	S_1S_4
IC	−	+	−	+	−	+	S_2S_3
ID	−	−	−	−	−	−	S_3S_4
Konstitution	S_1S_2	S_3S_4	S_1S_3	S_1S_4	S_2S_3	S_3S_4	

Diese regelmäßigen Spaltungsverhältnisse in je vier Gruppen versucht nun SIRKS unter Zugrundelegung des Personatschemas zu erklären. Er nimmt die Existenz einer Serie von Sterilitätsfaktoren S an, die das Wachstum des Pollens kontrollieren. Sind entsprechende Faktoren im Pollenschlauch und im Fruchtknoten vorhanden, dann kann die Entwicklung des Pollens so gehemmt

Selbst-Parasterilität verbunden mit Kreuzungsherbilität.

Tabelle 12.

♀ \ ♂	Mutter 44,9	Vater 44,5	Nachkommen				Konstitution
			II A	II B	II C	II D	
44,9	−	+	+	+	+	+	S_1S_2
44,5	+	−	+	+	+	+	S_5S_6
II A	+	+	−	+	+	+	S_1S_5
II B	+	+	+	−	+	+	S_1S_6
II C	−	+	−	+	−	+	S_2S_5
II D	−	+	+	−	+	−	S_2S_6
Konstitution	S_1S_2	S_5S_6	S_1S_5	S_1S_6	S_2S_5	S_2S_6	

werden, daß Parasterilität resultiert. In den Tabellen sind die von SIRKS gegebenen Symbole angeführt, die zeigen, wie dieser Autor die Verhältnisse in den Einzelversuchen interpretieren will. Gegen

Tabelle 13.

♀ \ ♂	Mutter 549,8	Vater 549,3	Nachkommen				Konstitution
			III A	III B	III C	III D	
549,8	−	+	+	+	+	+	S_1S_3
549,3	+	−	−	−	−	−	S_2S_4
III A	+	+	−	+	+	+	S_1S_2
III B	−	+	+	−	+	−	S_1S_4
III C	−	+	−	+	−	+	S_2S_3
III D	+	+	+	+	+	−	S_3S_4
Konstitution	S_1S_3	S_2S_4	S_1S_2	S_1S_4	S_2S_3	S_3S_4	

diese Interpretationen lassen sich aber mehrere Einwände vorbringen.

Da in allen drei Familien vier Sterilitätsgruppen auftreten, muß SIRKS annehmen, daß sich jeweils die beiden Eltern in *beiden* Sterilitätsfaktoren unterscheiden. Da die beiden F_6-Familien auf drei F_5-Pflanzen zurückgehen, kommt SIRKS also zu der Annahme, daß diese drei Pflanzen sich in allen beiden Sterilitätsfaktoren unterscheiden; sie sollen die Konstitution S_1S_2, S_3S_4 und S_5S_6 besitzen. Diese drei Pflanzen gehen aber auf nur zwei F_4-Pflanzen zurück und dürften daher nicht sechs verschiedene multiple Allele enthalten, sondern höchstens vier. Jeder diploide Elter kann ja nur zwei Glieder einer Serie multipler Allelen enthalten, die Kinder also im ganzen höchstens zwei mal zwei oder vier. Um das Auftreten von sechs multiplen Allelen in den drei Geschwisterpflanzen erklären zu können, müßten wir mit Sirks annehmen, daß diese Sterilitätsfaktoren sehr stark mutabel sind, so daß von sechs Genen zwei durch Mutation neu entstanden sind. Einer solchen Mutabilität widerspricht aber die Konstanz der Sterilitätsfaktoren in der sechsten und siebenten Generation, in denen unter den untersuchten 60 Individuen, d. h. also unter 120 Genen, keine Mutation aufgetreten ist.

Wenn man fernerhin die Fertilitätsbeziehungen der Gruppen in den drei Familien mit den Anforderungen des Personatenschemas vergleicht, dann findet man keine genaue Übereinstimmung. Da sich ja die vier Gruppen jeder Familie untereinander durch je einen Sterilitätsfaktor voneinander und von den Eltern unterscheiden, müßten, abgesehen von Verbindungen innerhalb der Gruppen, alle Verbindungen fertil sein, wie wir dies oben (S. 67ff) im einzelnen gesehen haben. Das ist aber hier nicht der Fall, wie die Tabellen zeigen.

Sirks muß daher seine Zuflucht zu einer weiteren Hilfshypothese nehmen. Er geht dabei von der Tatsache aus, die sich ja in allen Generationen bei *Verbascum* bestätigt fand, daß bei der Fertilitätsprüfung reziproke Verbindungen verschiedene Resultate geben. Er nimmt an, daß Pollenschläuche nicht nur in den Griffeln, die den gleichen Sterilitätsfaktor enthalten, gehemmt sind, sondern auch noch in gewissen anderen. So sollen Pollenschläuche, die den S_1-Faktor enthalten, gehemmt sein in Griffeln, die die Faktoren S_1 oder auch S_2 enthalten, und ebenso sollen Pollenschläuche mit dem Faktor S_3 sowohl auf den Faktor S_3 wie S_4 reagieren. S_2- und S_4-Pollen wird aber nur durch die Anwesenheit des gleichen Sterilitätsfaktors im Griffel gehemmt, oder schematisch:

S_1 steril auf $(S_1 S\text{-})$ und $(S_2 S\text{-})$,
S_2 fertil auf $(S_1 S\text{-})$, steril auf $(S_2 S\text{-})$,
S_3 steril auf $(S_3 S\text{-})$ und auf $(S_4 S\text{-})$,
S_4 fertil auf $(S_3 S\text{-})$, steril auf $(S_4 S\text{-})$.

Mit Hilfe dieser Annahme können die Verhältnisse in den drei Familien erklärt werden, wie die vier Schemata erkennen lassen.

Sirks hält diese Hilfsannahme für wahrscheinlicher als eine zweite, die er auch kurz erwähnt. Er erinnert an die Untersuchungen von East und Mangelsdorf (1925, 1927) über das Verhalten und die Entstehung der homozygoten S-Formen bei *Nicotiana Sanderae*, die wir ausführlich oben besprochen haben. Es ist jedoch nicht richtig, wenn SIRKS hier schreibt: ,,EAST thinks that he may *assume* for instance in an S_1S_2-plant the growth of the S_1-pollen by way of exception, from which homozygous S_1S_1-plants are produced" (1926a, S. 350). Denn, wie wir gezeigt haben, handelt es sich bei *Nicotiana* nicht nur um *Annahmen*, sondern um genau analysierte *Tatsachen*. Bei *Verbascum* sind homozygote Formen nicht zu erwarten, wenn die Angaben von SIRKS über das Fehlen jeder Pseudofertilität zu Recht bestehen.

In einem Schlußwort seiner Arbeit bespricht SIRKS (1926a) die Frage, welche Rückschlüsse sich aus dem Verhalten der späteren Generationen auf das der vorhergehenden machen lassen, d. h. wie sich die Regelmäßigkeit in der sechsten und siebenten Generation mit der Unregelmäßigkeit in den ersten fünf Generationen vereinen läßt. ,,In the earlier generations there must be a series of other oppositional factors, which are combined in pairs in every diploid organism, but the probability must be accepted that each diploid organism in these generations had formed a number of genotypically different gametes, each possessing another oppositional factor, or combination of factors. So we may suppose: 1. that these factors were present in the individuals of the earlier generations as a series of multiple factors and that by means of loss mutations the continuous sib-mating has expelled most of them, while one pair of such factors only is left, or 2. that the original parents of the earlier generations possessed one pair only, and that this pair of factors has produced after segregation a series of multiple allelomorphs, differing quantitatively, while by the selection of favorable individuals, only plants possessing a pair of very little differing factors were used to breed the sixth and seventh generations. In my opinion this last suggestion has more probability than the first one" (1926a, S. 350/351). Weder die Annahme von sehr häufigen Verlustmutationen, noch die von dem Auftreten einer Serie multipler Faktoren, noch einer Spaltung erscheint mir sehr wahrscheinlich.

Wir können wohl nur sagen, daß die Übertragung des Personatenschemas auf *Verbascum* zwar nicht ganz unmöglich erscheint, aber doch recht schwer vorstellbare Hilfshypothesen notwendig macht. Jedenfalls ist der Erklärungsversuch von SIRKS (1926a) noch durchaus *hypothetisch*, während die Arbeiten von EAST und MANGELSDORF (1925, 1927) und FILZER (1926) die Richtigkeit des Personatenschemas für *Nicotiana Sanderae*, *Veronica syriaca* und *Antirrhinum segovia* ganz einwandfrei *bewiesen* haben.

Leider gibt SIRKS (1926a) in seiner Arbeit an, daß er die Versuche mit *Verbascum* abgeschlossen habe. Hoffentlich wird die Analyse der Selbst-Parasterilität dieser Art noch einmal von anderer Seite begonnen, um eine endgültige Klärung zu erreichen.

Eine sehr wichtige Feststellung von SIRKS ist der sichere Nachweis des unterschiedlichen Verhaltens reziproker Verbindungen, die in der einen Richtung fertil, in der entgegengesetzten Richtung aber steril sein können. Diese Verschiedenheit findet sich nicht nur bei *Verbascum*. Sie wurde schon früher von CORRENS (1916) bei *Linaria vulgaris* und von STOUT (1917, 1923, 1927) bei *Cichorium intybus* und bei den F_1-Bastarden der Kreuzung *Hemerocallis Thunbergi* × *H. aurantiaca* beobachtet.

δ) **Vererbung der Parasterilität bei *Linaria vulgaris*.**
CORRENS (1916) fand in der Nachkommenschaft zweier miteinander gekreuzter Pflanzen von *Linaria*, daß die 13 Geschwisterpflanzen zunächst, wie erwartet, vier Sterilitätsgruppen bildeten.

Tabelle 14. *Linaria vulgaris* (nach CORRENS 1916).

♀ \ ♂		I	II			III				IV	
		B	A	C	D	G	H	I	M	L	N
I	B	−	+	+	+	+	+	+	+	+	+
II	A	+	−	−	−	+	+	+	+	+	+
	C	+	−	−	−	+	+	+	+	+	+
	D	+	−	−	−	+	+	+	+	+	+
III	G	+	+	+	+	−	−	−	−	+	+
	H	+	+	+	+	−	−	−	−	+	+
	I	+	+	+	+	−	−	−	−	+	−
	M	+	+	+	+	−	−	−	−	+	+
IV	L	+	−	−	−	+	+	+	+	−	−
	N	+	−	−	−	+	+	+	+	−	−

Diese waren jedoch nicht, wie es später bei *Veronica* oder *Nicotiana* gefunden wurde, alle miteinander kreuzungsfertil. Sondern, wie Tabelle 14 zeigt, war die Verbindung Gruppe IV × Gruppe II kreuzungssteril, alle übrigen einschließlich der Kreuzung Gruppe II ×

Gruppe IV waren dagegen fertil. CORRENS gibt diesen Versuchsergebnissen keine ins einzelne gehende faktorielle Interpretation. Er nimmt an, daß die Pflanzen, die zu der gleichen Sterilitätsgruppe gehören, durch den Besitz der gleichen Hemmungsstoffe ausgezeichnet sind. Jede Gruppe ist also dann durch einen Hemmungsstoff charakterisiert. Nur die Individuen der Gruppe IV, die ja sowohl untereinander wie auch mit den Angehörigen der Gruppe I kreuzungssteril waren, sollen zwei Hemmungsstoffe enthalten, den gruppeneigenen und den Stoff der Gruppe II. SIRKS (1927) versucht, die Ergebnisse der Versuche mit Hilfe des Personatenschemas zu interpretieren. Hierzu macht er wie bei *Verbascum* die Annahme, daß gewisse Hemmungsstoffe die Entwicklung der Pollenschläuche sowohl hindern, wenn der gleiche Faktor im Griffel vorhanden ist, als auch, wenn ein anderer Faktor anwesend ist. Die Anlage A im Pollen reagiert also — mit anderen Worten — nicht nur mit der Anlage A im Griffelgewebe, sondern auch mit der Anlage B, während die Pollenschläuche mit der Anlage B nur auf die Anlage B im Griffel reagieren. Wie wir bereits oben betonten, ist ein solches Verhalten zwar durchaus möglich, aber ein Beweis fehlt zur Zeit noch.

ε) **Vererbung der Parasterilität bei *Hemerocallis*-Arten.**
Bei den Bastarden *Hemerocallis Thunbergi* × *H. aurantiaca* von STOUT (1927b) liegen die Verhältnisse ebenso wie in den ersten Versuchsgenerationen von *Verbascum* nach SIRKS. Es fehlt jede Gruppenbildung innerhalb der 12 Individuen umfassenden F_1-Generation. Von den 66 möglichen reziproken Verbindungen dieser 12 Pflanzen sind 31, also fast die Hälfte, verschieden, und nur 35 fallen gleich aus. Sehr auffallend ist auch, daß nach STOUT (1927b) 4 von den 12 Pflanzen selbstfertil und reziprok kreuzungsfertil sind. In den Kreuzungen mit den selbststerilen Individuen sind sie relativ häufig fertil, während diese untereinander vorwiegend kreuzungssteril sind. Es scheint mir jedoch auch hier auf Grund der bisher vorliegenden nur geringen Angaben verfrüht, die Versuchsergebnisse interpretieren zu wollen.

Bei *Cichorium intybus* scheinen die Verhältnisse ebenfalls recht kompliziert zu liegen. STOUT (1916) gibt jedoch ausdrücklich an, daß auch hier reziproke Verbindungen verschieden ausfallen können.

Die Parasterilität der höheren Pflanzen.

Tabelle 15. *Hemerocallis Thunbergi* × *H. aurantiaca* (STOUT 1927)[1].

♀\♂		♀ ←——→ ♂				♀ ←————————→ ♂						
		8	2	6	9	4	1	12	10	11	7	3	5
♀	8	F	+	+	+	+	+	⊕	−	⊕	⊕	⊕	⊕
↑	2	+	F	⊖	+	+	+	+	+	+	⊕	⊕	⊕
↓	6	+	⊕	F	+	+	+	+	+	−	+	⊕	−
♂	9	+	+	+	F	+	⊕	+	+	+	⊖	⊕	⊕
♀	4	+	+	+	+	S	⊕	⊕	⊕	+	⊕	+	⊕
↑	1	+	+	+	⊖	⊖	S	+	+	⊕	+	+	+
│	12	⊖	+	+	+	⊖	+	S	⊖	⊕	−	⊕	⊕
│	10	−	+	+	+	⊖	+	⊕	S	⊖	−	⊕	⊕
│	11	⊖	+	−	+	+	⊖	⊕	⊕	S	−	⊕	⊕
↓	7	⊖	⊖	+	⊕	⊖	+	−	−	−	S	−	⊕
│	3	⊖	⊖	⊖	⊖	+	+	⊖	⊖	⊖	−	S	⊕
♂	5	⊖	⊖	−	⊖	⊖	+	⊖	⊖	⊖	⊖	⊖	S

ζ) **Parasterilität in den Gattungen Prunus und Pirus.**
Die Selbstparasterilität einer großen Anzahl kultivierter Pflaumen-, Kirschen- und Apfelsorten bildet das Thema einer großen Anzahl von Spezialuntersuchungen, die im Literaturverzeichnis möglichst vollständig aufgeführt sind. Aber wohl nur die Arbeiten von CRANE (1925, 1927) und von CRANE und LAWRENCE (1929) besitzen ein weitergehendes wissenschaftliches Interesse. Wir können aus den Versuchen dieser Autoren mit Sicherheit schließen, daß die Selbst-Parasterilität, die verknüpft ist mit einer weitgehenden Kreuzungs-Parasterilität, eine genetische Basis hat.

Bei der Beurteilung der Fertilitätsverhältnisse muß man berücksichtigen, daß bei den in Frage kommenden Obstsorten die Fertilitätsgrade ganz anders bewertet werden müssen als bei den bisher behandelten Arten. Eine 100%ige Fertilität kommt hier niemals vor.

CRANE (1927) bezeichnet Apfelsorten als parasteril, die geselbstet oder gekreuzt einen Ansatz von gar keinem Fruchtansatz geben, als partiell parasteril gilt ein Ansatz von 0,09 bis höchstens 5% und als fertil ein solcher von mehr als 5%. Aber bei den untersuchten Sorten beträgt der Ansatz auch dann im Mittel kaum

---

[1] Verbindungen, die reziprok verschieden ausfallen, sind durch Kreise hervorgehoben. In den beiden Gruppen (selbstfertiler und -parasteriler Pflanzen) die Individuen entsprechend der Stärke ihrer ♀ oder ♂-Potenz angeordnet.

mehr als 7% und überschreitet nur selten 10%. In Abb. 38 sehen wir einen außergewöhnlich guten Ansatz von 16%!

Abb. 38. „Royal Jobilee"-Apfel. In der linken Hälfte und am Gipfel 151 Blüten geselbstet, rechts 62 Blüten gekreuzt mit „Lane's, Prinz Albert". (Nach CRANE 1927.)

Nach CRANE (1927) sind Kirschen bei einem Ansatz von 0 bis 0,5% vollkommen parasteril, bei einem Ansatz von 1—5% unvollkommen parasteril, und bei einem Ansatz von mehr als 10% fertil. Der Maximalwert beträgt etwa 30%. Aus Abb. 39 geht deutlich hervor, daß man entsprechend der üblichen Schätzung einen solchen Ansatz als „sehr gut" bezeichnen würde.

Abb. 39. „Early-River's"-Kirsche, selbstbestäubt und gekreuzt. (Nach CRANE 1927.)

Bei den Pflaumensorten, von denen ein Beispiel in Abb. 40 wiedergegeben ist, ist der Fertilitätsprozentsatz im allgemeinen noch höher. Vollkommener Parasterilität entspricht ein Ansatz von 0 bis 0,5%, unvollkommener ein solcher bis zu 7% und Fertilität schließlich wieder ein Ansatz von mehr als 10%. In den besten Fällen finden wir sogar einen Ansatz von etwa 90%!

Abb. 40. „Coe's Violett"-Pflaume. Bei *A* gekreuzt mit der „Jefferson"-Pflaume, bei *B* geselbstet und bei *C* gekreuzt mit der „Bryanstone Gage" — Pflaume. (Nach CRANE 1927.)

Wir erwähnten bereits, daß neben der Selbst-Parasterilität die Kreuzungs-Parasterilität sehr weit verbreitet ist. Als ein Beispiel sind Versuchsergebnisse von CRANE (1927) in Tabelle 16 wiedergegeben.

Tabelle 16. Ergebnisse der Selbst- und Kreuzbestäubungen bei verschiedenen Pflaumensorten. In jedem Quadrat ist erst die Anzahl der bestäubten Blüten angegeben, darunter in Kursivdruck die Anzahl der erhaltenen Früchte (nach CRANE 1927).

Pollen ↓ / Mutter →	Coe's Golden Drop	Coe's Violet	Crimson Drop	Jefferson	Allgrove's Superb	Sämling 1024	do 1026	do 1030	Late Orange	President	Cambridge Gage	Early River's Prolific	Blue Rock
Blue Rock	35/*17*			31/*25*	18/*9*	12/*11*	18/*5*	29/*22*	116/*12*			554/*185*	1175/*18*
Prolific River's Early	viele/*viele*	163/*viele*		viele/*viele*	48/*30*	50/*18*	24/*8*	24/*10*	78/*46*	18/*11*	15/*10*	8720/*282*	388/*17*
Gage Cambridge	57/*38*	71/*49*		15/*11*	14/*11*		20/*6*		194/*54*	209/*61*	2625/*42*	126/*57*	63/*41*
President	54/*25*	44/*31*		53/*21*	54/*18*	22/*4*	12/*3*		549/*0*	509/*0*	409/*10*	91/*39*	49/*39*
Late Orange	90/*37*	195/*88*		16/*15*	42/*28*	60/*14*	34/*11*		604/*0*	559/*0*	539/*15*	246/*102*	103/*66*
1030 Seedling	10/*3*			13/*10*		8/*5*	128/*37*	90/*0*			21/*8*		7/*7*
1026 Seedling	32/*10*			29/*23*	23/*13*	32/*10*	250/*0*	100/*1*	27/*10*		56/*9*	12/*2*	
1024 Seedling	82/*12*			90/*42*	31/*16*	240/*0*	13/*12*	19/*8*	21/*5*		65/*24*	25/*16*	
Superb Allgrove's	287/*1*			220/*0*	212/*0*	103/*0*		17/*7*	30/*6*		83/*27*		
Jefferson	1122/*10*	585/*1*	209/*0*	352/*0*	64/*0*	274/*0*	11/*7*		78/*19*	75/*28*	57/*23*	36/*23*	
Drop Crimson	366/*0*	141/*1*	470/*1*	515/*1*									
Coe's Violet	200/*0*	733/*0*	88/*0*	414/*2*	21/*0*				94/*32*	74/*38*	203/*109*	226/*86*	126/*96*
Drop Coe's Golden	1226/*0*	73/*0*	87/*0*	868/*0*	114/*0*	71/*0*	9/*8*	29/*13*	97/*36*	116/*60*		45/*11*	

Gruppierung (Selbstinkompatibilitätsgruppen): {Coe's Golden Drop, Coe's Violet, Crimson Drop}; {Jefferson, Allgrove's Superb}.

♀ — Mutterpflanze (bestäubte Blüten); Kursivzahl — erhaltene Früchte.

Selbst-Parasterilität verbunden mit Kreuzungsherbilität.

Tabelle 17. Ergebnisse der Selbst- und Kreuzbestäubungen einiger Pflanzensorten und ihrer Bastarde. In jedem Quadrat ist erst die Anzahl der bestäubten Blüten, darunter in Kursivdruck die der erhaltenen Früchte angegeben. (Nach CRANE 1927.)

		Jefferson	Allgrove's Superb	Comte D'Althan ×			Jefferson		Comte D'Althan
				1024	1026	1030	1025	1027	
Jefferson		352 / *0*	220 / *0*	90 / *42*	29 / *23*	13 / *10*	12 / *8*	14 / *11*	45 / *22*
Allgrove's Superb		64 / *0*	212 / *0*	31 / *16*	23 / *13*				36 / *24*
Comte D'Althan × Jefferson	1024	274 / *0*	103 / *0*	240 / *0*	32 / *10*	8 / *5*	45 / *19*		72 / *37*
	1026	11 / *7*		13 / *12*	250 / *0*	128 / *37*		22 / *9*	45 / *16*
	1030		17 / *7*	19 / *8*	100 / *1*	90 / *0*	15 / *4*	20 / *8*	30 / *9*
	1025		153 / *31*			19 / *4*	107 / *1*	14 / *7*	41 / *16*
	1027					66 / *19*	31 / *10*	610 / *4*	74 / *6*
Comte D'Althan		42 / *20*		33 / *5*	38 / *7*	23 / *3*	65 / *20*	26 / *6*	266 / *0*

Die in Tabelle 16 aufgeführten Sorten lassen sich deutlich in mehrere Sterilitätsgruppen zusammenfassen, deren Glieder durch die Gleichheit des Verhaltens gekennzeichnet sind. Gelegentlich geben reziproke Verbindungen verschiedene Resultate. Ein solches Verhalten macht sich in dem Tabellenschema in der unregelmäßigen Umrandung der Gruppenareale bemerkbar.

Über die Vererbung der Parasterilität und die genetischen Grundlagen der Kreuzungs-Parasterilität wissen wir bisher so gut wie gar nichts. Die wenigen Daten lassen auch noch keine sicheren Schlüsse zu. Die Ergebnisse einer solchen Kreuzung sind in Tabelle 17 nach CRANE wiedergegeben.

CRANE und LAWRENCE (1929) haben versucht, das Personatenschema auch zur Erklärung der Verhältnisse bei den oben besprochenen Obstsorten heranzuziehen. Ein solcher Versuch ist jedoch sicher noch verfrüht, wie die beiden Tabellen 16 und 17 zeigen. Man darf doch nicht vergessen, daß auch das Personatenschema nur eines der möglichen Schemata der Vererbung der Parasterilität ist und nicht das einzige.

η) **Schlußbemerkungen über die Vererbung der Selbst-Parasterilität.** Wir wollen nun noch einmal kurz zurückblickend die eben geschilderten, teilweise noch nicht ganz geklärten Gesetzmäßigkeiten vergleichen und untersuchen, ob sich aus der Besprechung des Cruciferentypus, des Personatentypus und des *Verbascum*-Falles *Linaria, Hemerocallis*, allgemeine Feststellungen ableiten lassen.

Die wichtige Feststellung, die CORRENS (1912) am Schluß seiner *Cardamine*-Arbeit noch einmal ausdrücklich hervorhebt und die gegenüber den älteren Vorstellungen, wie sie JOST (1907) noch vertritt, einen ganz wesentlichen Fortschritt darstellt, gilt in gewisser Weise für alle diese Fälle:

„Dem Individuum eigen sind nicht einzelne Stoffe; eine bestimmte Kombination von Stoffen ist für das Individuum charakteristisch. Die Ausbildung jedes einzelnen Stoffes beruht auf einer Anlage, die in den Keimzellen von Generation zu Generation weitergegeben wird. Sie ist etwas *Spezifisches*, nicht etwas *Individuelles*. Die Kombination der Anlagen und damit der Stoffe aber fällt immer wieder bei jeder Befruchtung verschieden aus als Spiel des Zufalls. *Die Kombination entsteht jedesmal bei der Entstehung des Individuums und geht wieder mit ihm zugrunde; sie ist das Individuelle"* (1912, S. 32 des S. A.).

Daß *diese Anlagen für die Hemmungsstoffe*, die in den entsprechenden Verbindungen die Entwicklung der Pollenschläuche hemmen und die Parasterilität bedingen, *Glieder einer Serie von multiplen Allelen* sind, hat auch CORRENS (1912) bereits erkannt, wenn auch diese Erkenntnis durch die für die heutige Zeit ungewohnte Bezeichnungsweise etwas verschleiert wird. Die mit B, b, G und g bezeichneten Anlagen sind allel zueinander und werden zufallsgemäß miteinander kombiniert.

Eine Folge der Bedingtheit der Parasterilität durch bestimmte Erbanlagen, die auf die Nachkommen übertragen werden, ist es, daß diese zu Gruppen zusammengefaßt werden können. Die Individuen, die zu der gleichen Sterilitätsgruppe gehören, sind untereinander alle steril und reagieren in gleicher Weise mit den Vertretern anderer Gruppen. In der Mehrzahl der Fälle konnte auch eine eindeutige Gruppenbildung konstatiert werden. Der wesentliche Unterschied zwischen dem *Cardamine*-Fall nach CORRENS und dem Verhalten der Versuchsobjekte von EAST und LEHMANN und ihren Mitarbeitern liegt in dem folgenden Punkte: *Über das Auftreten von Fertilität oder Parasterilität bei einer Kreuzung entscheidet bei dem Cruciferentypus lediglich die Konstitution der beiden Diplonten,* da der Pollen entsprechend der Konstitution des Pollenlieferanten reagiert. *Bei dem Personatentypus ist dagegen die Konstitution des weiblichen Diplonten, aber der männlichen Haplonten maßgebend.*

Wie die Verhältnisse bei den Untersuchungsobjekten *Verbascum phoeniceum*, *Linaria vulgaris*, *Hemerocallis* und *Cichorium intybus* liegen, muß dagegen noch dahingestellt bleiben. Bei allen diesen Pflanzen fehlt anfangs zum mindesten eine deutliche Gruppenbildung. Bei dem am eingehendsten untersuchten *Verbascum* tritt diese nach SIRKS erst in der fünften Generation auf. Bei den anderen Pflanzen sind die Versuche nicht so weit ausgedehnt worden. Bei allen diesen Arten wurde jedoch übereinstimmend von CORRENS, STOUT und SIRKS die Feststellung gemacht, daß das Ergebnis reziproker Kreuzungen insoweit verschieden sein kann, als die Verbindung in der einen Richtung fertil, in der anderen dagegen steril ist. Dies gilt sowohl für die Reaktionen der einzelnen Individuen in den Fällen, in denen keine Gruppenbildung festgestellt werden konnte (STOUT, SIRKS), als auch in den anderen Fällen, in denen eine deutliche Gruppenbildung auftrat (CORRENS, SIRKS), und in denen dann also Gruppenreaktionen reziprok verschieden sind.

Eine Erklärung für diese Unterschiede reziproker Verbindungen kann bisher noch nicht erbracht werden. EAST und MANGELSDORF (1925, 1927) fanden ja bei Verwendung homozygoter Formen ein verschiedenes Verhalten der reziproken Verbindungen, die aber eine einfache Konsequenz des Personatenschemas darstellen. Ein Rückschluß von den Verhältnissen bei *Nicotiana* und *Veronica* auf die anderer Arten scheint mir jedoch nicht zulässig, solange nicht ein eindeutiges Beweismaterial vorliegt.

SIRKS (1927) hat versucht, das Personatenschema als allgemeines Erklärungsprinzip zu benutzen. Wie wir bereits oben bei der eingehenden Besprechung sahen, sind hierzu jedoch ziemlich weitgehende Hilfshypothesen notwendig, die die Brauchbarkeit des zugrunde gelegten Prinzips ziemlich beeinträchtigen. Ebenso haben CRANE und LAWRENCE (1929) versucht, das Personatenschema zur Erklärung der Verhältnisse bei verschiedenen Obstsorten heranzuziehen, die bisher noch ganz ungeklärt sind.

Man darf nicht vergessen, daß das Personatenschema für *Nicotiana Sanderae*, *Veronica syriaca* und *Antirrhinum Segovia* einwandfrei bewiesen ist, ohne die Hinzunahme ergänzender Hypothesen. Die Bündigkeit des Beweises und damit die Brauchbarkeit der Theorie von EAST und MANGELSDORF und LEHMANN und FILZER wird dadurch wesentlich beeinträchtigt, daß man sie durch an sich unbewiesene Hilfshypothesen erweitert. Solange daher die Richtigkeit dieser Hilfshypothesen nicht auch so einwandfrei bewiesen ist wie das Grundprinzip, können wir der optimistischen Auffassung verschiedener Autoren nicht beistimmen, die das Personatenschema als *das* Schema der Vererbung der Selbststerilität ansehen.

e) Pseudofertilität.

„Self-sterility is a condition determined by the inheritance received, but can develop on its full perfection only under a favourable environment. This is not a strange conclusion for perhaps particular environmental combinations are necessary for the full development of all positive somatic characters" (EAST und PARK 1917, S. 531). Die Fruchtbarkeit parasteriler Kreuzungen, die unter gewissen Bedingungen in Erscheinung tritt, wollen wir nach dem Vorschlag von EAST und PARK (1917, S. 539) mit dem Terminus *Pseudofertilität* bezeichnen.

Schwankungen des Grades der Selbst-Parasterilität sind sehr oft beobachtet worden. Schon die erste durch KOELREUTER (1764) entdeckte selbst-parasterile Art, *Verbascum phoeniceum*, ließ solche Schwankungen erkennen. Seitdem ist die Erscheinung der Pseudofertilität immer wieder in der Literatur beschrieben worden. Am bekanntesten wurde wohl der verschiedene Grad der Parasterilität bei *Eschscholtzia californica*, die F. MÜLLER (1869), DARWIN (1876) und HILDEBRAND (1905) untersuchten (vgl. S. 58). In neuerer Zeit wurde die Pseudofertilität besonders durch STOUT in einer größeren Reihe von Arbeiten an verschiedenen Versuchsobjekten behandelt. Sehr wichtige Aufschlüsse gaben auch die Untersuchungen EASTS und seiner Mitarbeiter mit *Nicotiana Sanderae*. Wir wollen im folgenden von einer ins einzelne gehenden Besprechung der Literatur absehen und vor allem die Verhältnisse bei *Nicotiana Sanderae* besprechen. Ausgehend von den bei dieser Besprechung gewonnenen Erkenntnissen sollen die Versuchsergebnisse von STOUT und einigen anderen Autoren diskutiert und dabei der Versuch unternommen werden, die Ergebnisse dieses Forschers dem allgemeinen Rahmen einzufügen.

Pseudofertilität bei *Nicotiana Sanderae*.

α) ***Nicotiana Sanderae.*** Wir haben oben gesehen, daß die Parasterilität bei *N. Sanderae* auf dem Vorhandensein besonderer Sterilitätsfaktoren beruht, die in charakteristischer Weise das Wachstum der Pollenschläuche kontrollieren. In fertilen Verbindungen geht das Wachstum im Durchschnitt sehr schnell, in parasterilen dagegen sehr langsam.

Das Wachstum der Pollenschläuche ist aber außerdem, wie alle anderen Wachstumsprozesse, in hohem Maße von den Außenbedingungen abhängig. Das kommt bereits dadurch zum Ausdruck, daß nach einer Bestäubung einer Blüte mit einer größeren Anzahl von Pollenkörnern gleicher Konstitution diese nicht alle gleich schnell wachsen. Die Wachstumskurven schwanken vielmehr um einen Durchschnittswert. In den Kurven (Abb. 20, 42) sind immer nur diese Durchschnittswerte gezeichnet.

Wenn wir den Zeitpunkt der Befruchtung fertiler Verbindungen bei verschiedenen Sippen von *Nicotiana Sanderae* miteinander vergleichen, so können wir keine nennenswerten Unterschiede feststellen. Dies ist in Anbetracht der außerordentlich verschiedenen Griffellänge sehr auffallend. Typische Pflanzen von *N. Forgetiana* besitzen einen Griffel von etwa 1,5 cm Länge, während bei *N. alata*, der anderen Stammform der *N. Sanderae*-Formen, Längen bis zu 10,0 cm erreicht werden (Abb. 41). Die Erklärung für diese Gleichheit des Zeitpunktes der Befruchtung können wir aus dem Verlauf der Pollenwachstumskurven ablesen: Das Wachstum ist zwar anfangs gering, erreicht aber bald eine solche Beschleunigung, daß selbst ein Unterschied von mehreren Zentimetern keine wesentliche Verzögerung der Befruchtung hervorruft. Im Durchschnitt tritt bei einer Außentemperatur von etwa 20⁰ C die Befruchtung der Eier etwa 4 Tage nach der Bestäubung ein.

Die Wachstumskurven parasteriler Verbindungen verschiedener Individuen können sich dagegen deutlich voneinander unterscheiden. In Abb. 42 sind die Durchschnittskurven parasteriler Selbstbestäubungen dreier Pflanzen wiedergegeben. Die Pflanze L_1 ist eine charakteristische *Sanderae*-Form, die in den Versuchen von EAST und seinen Mitarbeitern in ausgedehntem Maße benutzt

Abb. 41. Blüten von *Nicotiana Forgetiana* (*1*), *N. alata* (*3*) und einer typischen Lippe von *N. Sanderae* (*2*). (Nach BRIEGER 1929.)

worden ist. Pflanze Sa_9 ist eine typische *Forgetiana*-Pflanze, und Pflanze Al_2 gehört zu *N. alata* (vgl. auch die Blüten in Abb. 41). Wir können diese drei Kurven wohl als charakteristisch für die benutzten Familiengruppen von *N. Forgetiana*, *N. alata* und *N. Sanderae* betrachten. Extrem langsam ist das Wachstum bei der *Forgetiana*-Pflanze, während sich die Kurve der *Sanderae*-Form L_1 nicht sehr stark von der fertilen Kurve unterscheidet. Mit diesem Ergebnis stimmt die Feststellung überein, daß die Pflanze L_1 stark zur Pseudofertilität neigt, während die *Forgetiana*-Pflanzen extrem parasteril sind. *N. alata* nimmt eine Zwischenstellung ein.

Es gibt nun zwei Möglichkeiten, wie die Pseudofertilität zustande kommen könnte. Wir können uns erstens vorstellen, daß

Selbst-Parasterilität verbunden mit Kreuzungsherbilität. 103

bei einer noch relativ großen Wachstumsgeschwindigkeit, wie sie eben von Pflanze L_1 beschrieben wurde, eine Verlängerung der Blütendauer um einige Tage genügt, um den Pollenschläuchen die zur Durchquerung des Griffelkanals notwendige Zeit zu geben. Dies ist schematisch in Abb. 43 ausgeführt. Die Kurve einer solchen pseudofertilen Kreuzung ist mit S_1 bezeichnet. Infolge der Verlängerung der Blütezeit erreicht diese Kurve noch vor dem

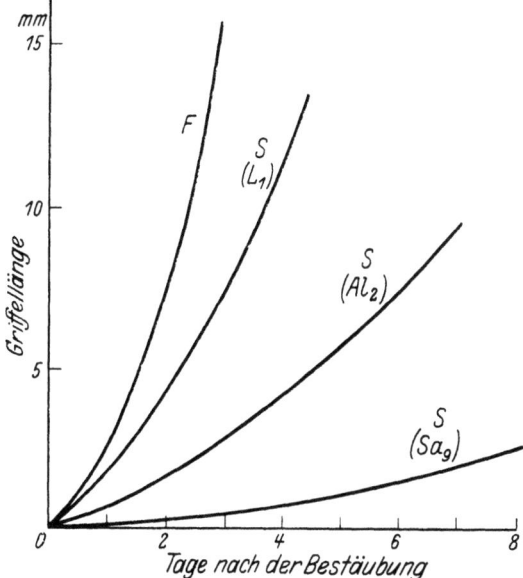

Abb. 42. Wachstumskurven fertiler Pollenschläuche (F) und parasteriler Pollenschläuche (S) bei *Nicotiana Sanderae*. (Nach BRIEGER 1927b).

Ende der Blütezeit die obere, durch die Griffellänge gegebene, Grenze. Dagegen nützt bei vollkommen parasterilen Verbindungen, wie etwa einer Selbstbestäubung der Pflanze Sa_9, auch eine Verlängerung der Blütendauer um einige Tage nichts (Kurve S_2 in Abb. 43).

Es besteht fernerhin die Möglichkeit, daß unter gewissen Umständen die Hemmungsstoffe im Griffel nicht ausgebildet werden, oder daß doch wenigstens die Hemmung etwas abgeschwächt wird. Eine solche Abschwächung der Wachstumshemmung könnte zu einer Wachstumsgeschwindigkeit führen, die zu einer rechtzeitigen Befruchtung ausreicht. (Kurve P in Abb. 43.)

Eine Entscheidung, ob die Pseudofertilität bei *N. Sanderae* auf einer Verlängerung der Blütendauer oder auf einer Abschwächung der Wachstumshemmung der parasterilen Pollenschläuche beruht, kann in der Mehrzahl der Fälle noch nicht endgültig getroffen werden.

Man kann bei *N. Sanderae* im wesentlichen zwei Arten der Pseudofertilität unterscheiden. Bereits 1917 beschrieben EAST und

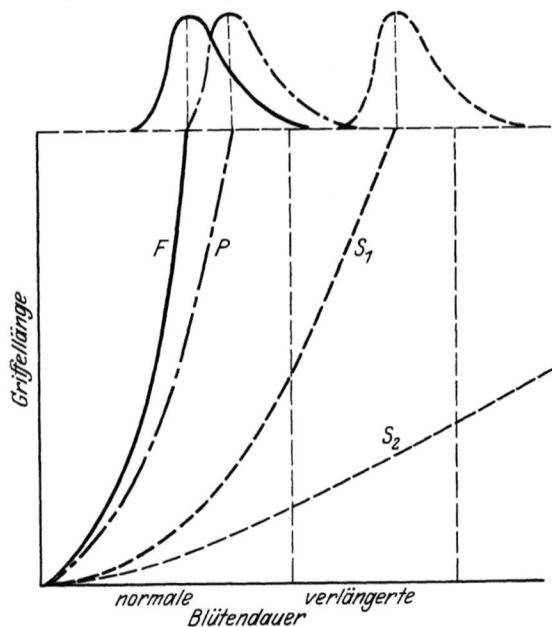

Abb. 43. Schematische Kurven des Pollenschlauchwachstums fertiler Verbindungen (F), einer pseudofertilen Verbindung (P) und parasteriler Verbindungen (S_1 und S_2). (Genauere Erklärung im Text.)

PARK bei *N. alata*-Formen die Erscheinung, daß an sich selbstparasterile Individuen gegen Ende ihrer Vegetationsperiode pseudofertil wurden. Kamen die Pflanzen in eine zweite Blüteperiode, so waren sie anfangs wieder vollkommen parasteril, um gegen Ende der Vegetationszeit wieder pseudofertil zu werden. Eine solche Art der Pseudofertilität können wir als „end-season-pseudofertility" oder allgemein als Alters-Pseudofertilität bezeichnen. Über die Bedingtheit dieser Art der Pseudofertilität, die bei verschiedenen *N. alata*- und *N. Sanderae*-Sippen beobachtet wurde, wissen wir nichts Näheres.

In Abb. 44 ist ein Fall von ausgesprochener Alters-Pseudofertilität bei *N. Sanderae* abgebildet. Die ersten, am Hauptstengel gebildeten drei Blüten waren geselbstet worden (bei A), und etwas später war eine Blüte (C) mit dem Pollen einer anderen Pflanze gleicher Konstitution belegt worden. Die Blüten waren abgefallen, ohne daß auch nur ein schwacher Ansatz zu einer Fruchtbildung erfolgt wäre. Einige Wochen später waren dann

Abb. 44. Alters-Pseudofertilität bei *Nicotiana Sanderae*. A frühzeitige und daher parasterile Selbstungen. B späte, daher pseudofertile Selbstungen. C frühe, parasterile und D späte pseudofertile Kreuzung.

drei Blüten an einem Seitenast erster Ordnung (B) ebenfalls geselbstet und zugleich eine Blüte an einem Zweig zweiter Ordnung (C) mit dem Pollen einer Pflanze gleicher Konstitution bestäubt worden. Diese späten Bestäubungen haben sämtlich zu der Entstehung normaler kräftiger Fruchtkapseln geführt.

EAST und PARK (1918) haben bei einigen Pflanzen die Wachstumskurven einiger pseudofertilen Selbstungen gegen Ende der Vegetationsperiode bestimmt (Abb. 45, Kurve: 6 selbst und 7 selbst) und mit einer durchschnittlichen Kurve parasteriler Verbindungen der gleichen Sippe (Abb. 45, Kurve: 5) verglichen. Wenn man von den Schwankungen des Kurvenverlaufes infolge experimenteller Fehler absieht, die sich besonders im Anfang des Wachstums störend bemerkbar machen, so scheint der Verlauf der pseudofertilen Kurven sich von dem der parasterilen deutlich zu unterscheiden und erinnert stark an den Verlauf normal fertiler Kurven (vgl. Abb. 20, 42).

Eine andere Art der Pseudofertilität nutzten EAST und MANGELSDORF (1925, 1927) bei ihren genetischen Untersuchungen aus. Wenn man bei gewissen Formen von *N. Sanderae* die Blüten*knospen* mit Pollen, der an sich parasteril sein sollte, belegt, so tritt eine Befruchtung ein. Diese Knospen-Pseudofertilität ist besonders eingehend untersucht worden.

Welche Altersstufen mit Erfolg bestäubt werden können, läßt Abbild. 46 und 47 erkennen. In Abb. 46 sind die Haupttriebe einer *Sanderae*-Pflanze, die im Beginn ihrer Blütezeit steht, im Zeitpunkt der Selbstbestäubung der Blüten und Knospen abgebildet, und in Abb. 47 sind die gleichen Zweige etwa 4 Wochen später photographiert. Blüte *a* (an Ast I) ist eben aufgeblüht, die Blüten *c* und *d* (an Ast II) sind schon etwa einige Tage geöffnet und zeigen das für *N. Sanderae* charakteristische Welken am Tage. Die Blüten *e* (an Ast II) und *h* (an Ast III) sind bereits seit einem Tage geöffnet.

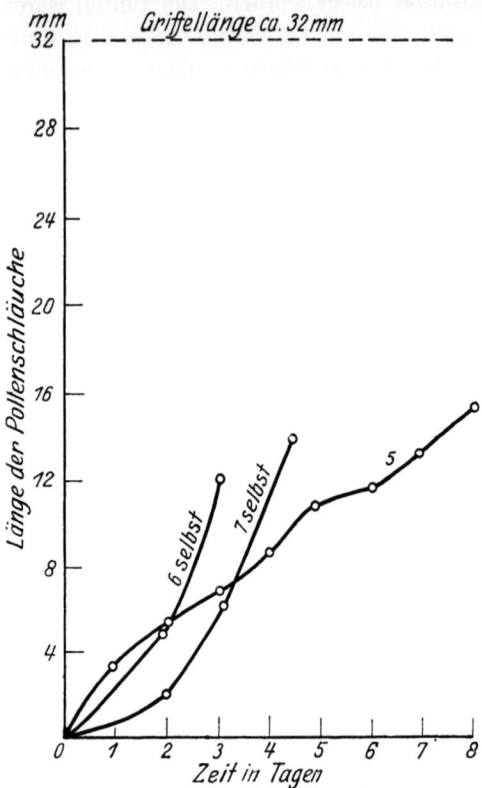

Abb. 45. Pollenwachstumskurven von *Nicotiana Sanderae*. *5* durchschnittliche parasterile Kurve, *6* selbst und *7* selbst Kurven zweier alters-pseudofertiler Selbstungen. (Umgezeichnet nach EAST und PARK 1918.)

Selbst-Parasterilität verbunden mit Kreuzungsherbilität. 107

Die Blüte c (an Ast II) wurde zum Vergleich mit fertilen fremden Pollen gekreuzt und kann daher als Maßstab für die Größe einer gut entwickelten Kapsel gelten. Bei den geselbsteten, bereits in offenem Zustand bestäubten Blüten e, d und b ist der Fruchtknoten so gut wie gar nicht angeschwollen. Die bei der Bestäubung eben geöffnete Blüte a (an Ast I) zeigt eine deutliche, wenn auch nicht sehr starke Fruchtbildung. Und die Knospen f, g (an Ast II), i, k (an Ast III), in etwas schwächerem Maße auch b (an Ast I) haben deutliche Kapseln geliefert, die an Größe hinter der Kapsel c (an Ast II), die auf eine fertile Kreuzbestäubung, nicht zurückstehen.

Wenn ganz junge Knospen von irgendeiner *Nicotiana*-Art bestäubt werden (BRIEGER unveröffentlicht), dann tritt nicht sofort eine Keimung des Pollens ein (wie etwa die Knospen b und k in Abb. 46). Hierzu ist anscheinend ein gewisses „Reife"stadium der Narbe erforderlich, wenn auch die Keimung bereits vor dem mit dem Auftreten des sogenannten Narbensekretes verbundenen Verquellen der Narbenzellen erfolgt. Weder bei *N. Sanderae* noch auch bei anderen *Nicotiana*-Arten, darunter *N. tabacum*, habe ich bisher irgendeinen schädigenden Einfluß einer Knospenbestäubung feststellen können.

Auch wenn der Pollen erst noch einige Zeit auf der Knospe ungekeimt liegen bleibt, so keimt er also immer noch vor dem Aufblühen aus, also eher, als bei einer normalen Bestäubung. Die Zeit, die dem Pollenschlauch zur Verfügung steht, um bis in den Fruchtknoten vorzudringen, ist also bei der Knospenbestäubung länger, als bei einer Bestäubung der offenen Blüte. Die Knospen-Pseudofertilität könnte durch diese Verlängerung der verfügbaren Zeit allein bedingt sein. Es ist aber auch möglich, wie wir bereits oben allgemein auseinandersetzten, daß in den Knospen die Hemmungsstoffe noch gar nicht oder noch nicht in voller Wirksamkeit vorhanden sind. Eine Entscheidung kann auf zwei Wegen versucht werden.

Erstens kann man bei pseudofertilen Knospenbestäubungen die Wachstumskurve der Pollenschläuche genau zu bestimmen versuchen. Leider sind eigens hierzu angestellte Versuche bisher negativ verlaufen (BRIEGER, unveröffentlicht). Wenn wir etwa die Wachstumskurve der parasterilen Pollenschläuche bei Pflanze L_1 mit der Kurve fertiler Schläuche vergleichen, dann ergibt sich ohne weiteres, daß bei einer gewissen Variationsbreite der Kurven der einzelnen Pollenschläuche eine Unterscheidung darüber sehr schwer ist, ob eine Kurve zu der Schar der fertilen gehört oder eine Plusvariante der parasterilen Kurven darstellt oder ob es sich gar um eine neue, zwischen der fertilen und der sterilen Kurvenschar gelegene Gruppe von „pseudofertilen" Kurven handelt.

Zweitens kommt auch eine genetische Untersuchungsmethode in Betracht, die zwar im einzelnen noch nicht genau durchgeführt

Abb. 46. Die gleichen Blüten von *Nicotiana Sanderae* zur Zeit der Bestäubung wie in Abb. 47. (Erklärung im Text.)

worden ist, aber die kaum besondere experimentelle Schwierigkeiten bietet. Wir gehen dabei von dem folgenden Gedankengang aus:

Wenn wir eine Blüte einer homozygoten Pflanze (z. B. S_1S_1) mit dem Pollen einer zweiten Pflanze bestäuben, die den gleichen Faktor, aber in heterozygotem Zustand, enthält, also etwa mit Pollen einer S_1S_2-Pflanze, so sind bei einer normalen, nicht vorzeitigen Bestäubung nur die S_2-Pollenschläuche imstande, die Befruchtung durchzuführen. Die S_1-Pollenschläuche erreichen dagegen die Samenanlagen nicht mehr rechtzeitig.

Selbst-Parasterilität verbunden mit Kreuzungsherbilität. 109

Anders dagegen bei einer pseudofertilen Knospenbestäubung: Wird eine Knospe der S_1S_1-Pflanze mit Pollen einer S_1S_2-Pflanze

Abb. 47. Die aus den in Abb. 46 dargestellten Blüten von *Nicotiana Sanderae* entstandenen Kapseln. (Erklärung im Text.)

bestäubt, so ist jetzt der S_1-Pollen doch imstande, rechtzeitig bis zu den Samenanlagen vorzudringen und eine Befruchtung auszuführen. Ebenso werden neben den ungehemmten S_2-Pollenschläuchen auch die S_1-Pollenschläuche bei einer pseudofertilen Knospenbestäubung der S_1S_1-Pflanze durch Pollen einer S_1S_2-Pflanze die Fruchtknotenhöhle noch erreichen, bevor die Samenanlagen ihre Befruchtungsfähigkeit verloren haben. Wenn sich nun bei der Knospen-Pseudofertilität die Wachstumskurve der an sich parasterilen, jetzt aber pseudofertilen Pollenschläuche nicht ändert, sondern nur die längere Wachstumsdauer ausschlaggebend ist, so werden diese Schläuche die Samenanlage erst später als die ungehemmten fertilen Pollenschläuchen (hier also die S_1-Schläuche nach den S_2-Schläuchen) erreichen. Wenn die Anzahl dieser ungehemmten S_2-Schläuche nach einer reichlichen Bestäubung genügend groß ist, werden alle Samenanlagen bereits durch sie befruchtet sein, ehe die S_1-Schläuche anlangen.

Wenn also nur die Verlängerung der Blütezeit die Ursache der Knospen-Pseudofertilität wäre, dann müßte das Ergebnis einer vorzeitigen und einer rechtzeitigen Bestäubung einer homozygoten Pflanze (etwa S_1S_1) durch den Pollen einer anderen Pflanze, die den gleichen Faktor in heterozygotem Zustand (S_1S_2) enthält, das gleiche sein: In beiden Fällen erreicht die Hauptzahl der fertilen (S_2)-Pollenschläuche zuerst die Samenanlagen und befruchtet sie, während es keine weitere Bedeutung hat, ob die gehemmten (S_1)-Pollenschläuche bei ausgeprägter Parasterilität gar nicht oder bei Pseudofertilität später als die S_1-Schläuche und daher praktisch doch zu spät die Fruchtknotenhöhle erreichen.

Wenn man aber feststellen kann, daß bei einer solchen pseudofertilen Verbindung neben den normalerweise fertilen Pollenschläuchen auch pseudofertile eine Befruchtung ausführen, so muß man annehmen, daß bei dem Übergang zur Pseudofertilität die Wachstumsgeschwindigkeit dieser Pollenschläuche erhöht worden ist.

Wir wollen diese Verhältnisse an Hand der Schemata (in Abb. 43 S. 104) erörtern. In normal rechtzeitigen Bestäubungen der S_1S_1-Pflanze mit S_1S_2-Pollen, bzw. irgendeiner anderen homozygoten Pflanze mit entsprechendem heterozygotem Pollen, ist die fertile (F in Abb. 43) und die parasterile Kurvenschar (S_1 in Abb. 43) zeitlich so weit voneinander getrennt, daß keine Transgression eintritt; und selbst wenn eine geringe Transgression manchmal eintreten sollte, so führt diese zu keinen Komplikationen, da bei

Selbst-Parasterilität verbunden mit Kreuzungsherbilität.

den gewöhnlichen reichlichen Bestäubungen mehr ungehemmte Pollenschläuche vorhanden sind als befruchtungsfähige Eier. Die langsameren unter den ungehemmten, „fertilen" Pollenschläuchen finden also schon keine unbefruchteten Eier mehr.

Wenn nun bei einer Knospenbestäubung die Wachstumsgeschwindigkeit der an sich parasterilen und jetzt pseudofertilen Pollenschläuche steigt (Kurve P in Abb. 43), dann kommt es zu einer stärkeren Überschneidung des Variationsbereiches der beiden Kurvenscharen; d. h. die eine größere Zahl pseudofertiler Pollenschläuche erreicht vor den langsamen Minusvarianten der fertilen Pollenschläuche die Fruchtknotenhöhle. Je nachdem, wie weit sich die Kurvenschar der pseudofertilen Schläuche über die der fertilen herüberschiebt, um so mehr Pollenschläuche von der zuerst genannten Gruppe finden noch unbefruchtete Eier. Im Extremfalle, wenn die Wachstumshemmung der an sich parasterilen Pollenschläuche ganz aufgehoben ist, dann haben die beiderlei Pollenschläuche gleiche Aussichten, unbefruchtete Samenanlagen zu finden.

Das Spaltungsverhältnis in der von uns als Beispiel gewählten Kreuzung $S_1S_1 \times S_1S_2$ bei Knospenbestäubung liegt also, je nachdem wie stark die noch bestehende Hemmung ist, zwischen den Verhältnissen $1\ S_1S_2 : 0\ S_1S_1$ und $1\ S_1S_2 : 1\ S_1S_1$.

Ein Weg, auf dem der experimentelle Nachweis erbracht werden kann, ob bei den pseudofertilen Knospenbestäubungen die Wachstumshemmung parasteriler Pollenschläuche ganz oder teilweise aufgehoben wird, ist damit gegeben. Leider sind die bisher durchgeführten Versuche zahlenmäßig nicht sehr ausgedehnt. Sie sind in der folgenden Tabelle zusammengestellt.

Tabelle 18.

Eltern	Nachkommen		
	Fertile Kombinationen	Pseudofertile Kombinationen	
		heterozygot	homozygot
$S_1S_2 \times (S_1)S_3$[1]	$13\ S_1S_3 + 14\ S_2S_3$	$4\ S_1S_2$	$4\ S_1S_1$
$S_2S_3 \times S_1(S_2)$[1]	$21\ S_1S_3 + 15\ S_1S_2$	$11\ S_2S_3$	$13\ S_3S_3$
$S_1S_2 \times (S_2)S_3$[2]	$7\ S_1S_3 + 8\ S_2S_3$	$6\ S_2S_3$	$6\ S_2S_2$
gefunden	77	21	23
erwartet	77	38,5	38,5

[1] Nach EAST and MANGELSDORF (1927).
[2] Nach BRIEGER (unveröffentlicht).

Aus der verhältnismäßig großen Anzahl von Nachkommen, die auf pseudofertile Kombinationen zurückgehen, kann man mit Sicherheit schließen, daß die Hemmung des Pollenschlauchwachstums ganz oder zum mindesten sehr weitgehend aufgehoben war. Die Zahlen sind noch nicht groß genug, um dies definitiv zu entscheiden. Es traten nur 21 homozygote und 23 heterozygote Nachkommen, die aus pseudofertilen Kombinationen entstanden sind, an Stelle der in jedem Falle erwarteten $38{,}5 \pm 3{,}12$ Individuen auf. Die Abweichung der gefundenen Individuenzahl von der erwarteten ist statistisch einwandfrei; aber wegen der Kleinheit der Zahlen ist es doch ratsam, eine ausführlichere Wiederholung dieser Versuche an einem größeren Material abzuwarten.

Auch die folgende Frage ist von besonderer Wichtigkeit. Eine Bestäubung einer Knospe nur 2 bis 3 Tage vor dem Aufblühen kann bereits pseudofertil sein. Da die Pollenschläuche durchschnittlich 4 Tage brauchen, um die Samenanlagen zu erreichen, so wachsen sie bei diesen Knospenbestäubungen 1—2 Tage in den offenen Blüten, in denen, wie wir wissen, die Hemmungsstoffe aktiviert sind. Trotzdem scheint das Wachstum der pseudofertilen Pollenschläuche nicht mehr nachträglich gehemmt zu werden. Entweder muß also die Hemmung bereits bei Beginn des Wachstums erfolgen oder aber die Hemmungsstoffe nur in der Narbe gebildet werden, so daß in jedem Falle ältere Schläuche nicht mehr gehemmt werden können.

Inwieweit die Parasterilität bei Knospenbestäubung aufgehoben wird, hängt nach unseren bisherigen Kenntnissen lediglich von der als Weibchen benutzten Pflanze ab. Die Konstitution des Pollens ist nebensächlich. Individuen, die mit eigenen Pollen pseudofertil sind, sind es in entsprechendem Maße auch für den Pollen anderer Pflanzen. Es ist also gleichgültig, ob eine $S_1 S_1$-Pflanze im Knospenstadium mit ihrem eigenen S_1-Pollen oder S_1-Pollen von irgendeiner anderen Pflanze bestäubt wird. Umgekehrt sind vollkommen sterile Pflanzen, wie etwa die bereits mehrfach erwähnten *N. Forgetiana*-Individuen, unter allen Umständen parasteril, sowohl wenn wir beispielsweise Knospen eines *Forgetiana*-Individuums von der Konstitution $S_1 S_4$ selbsten oder mit dem Pollen einer pseudofertilen $S_1 S_1$-Pflanze belegen.

Eine Erklärung für dieses verschiedene Verhalten der einzelnen

Linien von *N. Sanderae*, bzw. ihren Stammformen bei Knospenbestäubung kann man vielleicht in der verschieden starken Hemmung des Wachstums der parasterilen Pollenschläuche sehen. Es sei hier noch einmal auf die Kurven in Abb. 42 (auf S. 103) hingewiesen. Um eine Pseudofertilität der Pflanze L_1 zu erreichen, die tatsächlich auch mit Erfolg im Knospenstadium geselbstet wurde, ist eine relativ geringe Veränderung der Wachstumskurve notwendig. Bei den stark gehemmten Kurven der vollkommen parasterilen Pflanzen Al_2 und Sa_9 wäre dagegen eine sehr erhebliche Änderung der Wachstumsgeschwindigkeit notwendig, um eine Überschneidung des Variationsbereiches der Kurvenscharen der fertilen und der parasterilen aber pseudofertilen Pollenschläuche zu erreichen.

Neben der rein phänotypisch bedingten Alters- und Knospen-Pseudofertilität kennen wir nun auch noch eine **erbliche Pseudofertilität**.

Wie wir bereits mehrfach erwähnten, ist der Grad der Hemmung des Wachstums der parasterilen Pollenschläuche in verschiedenen Familien verschieden. Im allgemeinen kann man sagen, daß nach den ausgedehnten Untersuchungen EASTS und seiner Mitarbeiter die Formen von *N. Forgetiana* vollkommen parasteril sind, die verschiedenen Linien von *N. alata*, abgesehen von einer gelegentlichen Alters-Pseudofertilität auch absolut parasteril sind. Manche Sippen der *N. Sanderae* zeichnen sich dagegen durch eine recht ausgesprochene Neigung zur Pseudofertilität aus, sei es, daß es sich hierbei um eine Alters- oder Knospen-Pseudofertilität handelt. Diese Unterschiede sind erblich und beruhen anscheinend auf einer größeren Anzahl polymerer, in der Mehrzahl rezessiver Modifikationsfaktoren. Die F_1-Nachkommen einer Kreuzung einer extrem parasterilen *Forgetiana*-Pflanze mit einer *Sanderae*-Pflanze, die im Knospenstadium mit Erfolg geselbstet werden konnte, waren ebenso oder fast ebenso steril wie das *Forgetiana*-Elter (BRIEGER, unveröffentlicht).

Eine genauere Analyse dieser Modifikationsfaktoren war bisher nur in einem Falle möglich. In einer parasterilen Familie von *N. Sanderae*, die eine deutliche Knospen-Pseudofertilität besaß, trat als Mutation eine anscheinend vollkommen selbstfertile Pflanze auf (BRIEGER 1927a). Die weitere Untersuchung dieser Pflanze und ihrer Nachkommen ergab, daß sie die Konstitution S_1S_3 besaß. Ihr Pollen verhielt sich normal, d. h. er war auf S_1S_3-Testpflanzen steril. Die Pflanze selbst war als Weibchen fertil mit S_3-Pollen und steril mit S_1-Pollen. Es wurden also auf ihr trotz der Anwesenheit des S_3-Faktors die S_3-Pollenschläuche in ihrer Wuchsgeschwindigkeit nicht gehemmt.

Die Nachkommen dieser Pflanze nach Selbstbestäubung waren teilweise normale selbst-parasterile S_1S_3-Pflanzen und teilweise wieder pseudofertile S_1S_3-Pflanzen, wenn wir von den semiletalen S_3S_3-Individuen absehen. Der durch Mutation neu entstandene Pseudofertilitätsfaktor P erwies sich also als erblich.

Die Versuchsergebnisse sind in Tab. 19 zusammengestellt.

Tabelle 19.

Generation	Elter S_1S_3Pp	Nachkommen				
		S_1S_3P-	S_1S_3pp	S_1S_1P-	S_1S_1pp	S_3S_3
F_1	46 LE	11	3	—	—	6
F_2	14—46 LE	20	3	—	(1)	6
F_3	1 PF	24	7	—	(1)	2
Im ganzen		55	13	—	(2)	14

Die beiden S_1S_1-Pflanzen in Tabelle 19 finden ihre Erklärung dadurch, daß die Versuchssippe nicht zu den extrem parasterilen Stämmen gehörte, sondern eine gelegentliche schwache Neigung zu einer Alter-Pseudofertilität zeigte, die bei diesen beiden Individuen besonders ausgeprägt war. Die durch diese Pseudofertilität bedingte Fehlerquelle wurde, soweit es möglich war, durch ausschließliche Bestäubung der ersten Blüten u. a. ausgeschaltet.

Es gingen also tatsächlich praktisch alle Nachkommen auf Befruchtungen der S_1- und S_3-Eier durch S_3-Pollenschläuche zurück. Daß wir dabei nicht gleich viele S_1S_3- und S_3S_3-Pflanzen haben, ist bei der Semiletalität des S_3-Faktors (vgl. oben S. 81) nicht verwunderlich.

Innerhalb der S_1S_3-Nachkommen fand sich eine deutliche Spaltung für den Pseudofertilitätsfaktor, die zunächst den Eindruck erweckt, als ob es sich um eine ganz typische, ungestörte monohybride Aufspaltung handelt. Die genaue Analyse, die an einem Teile der S_1S_2-Pflanzen durchgeführt werden konnte, zeigte aber deutlich, daß hier wesentliche Komplikationen hinzukommen.

Während die Stammpflanze 46 *LE* nur für den S_3-Pollen pseudofertil, für den S_1-Pollen aber normal parasteril war, treten jetzt Pflanzen auf, die für beide Faktoren pseudofertil sind. In der Tabelle 20 ist durch einen Bogen gekennzeichnet, auf welches S-Allel sich die Wirkung des P-Faktors erstreckt.

Tabelle 20.

Nr.	$\widehat{S_1p\ S_3P}$	$\widehat{S_1P\ S_3P}$	$\widehat{S_1P\ S_3p}$
N (462 *E*)	10	2	—
N 372	8	2	—
N 374	9	2	—
Im ganzen	27	6	—

Unter 33 Nachkommen von S_1S_3-Pflanzen, die parasteril für S_1 und pseudofertil für S_3 waren, befanden sich 27, die das gleiche Verhalten aufweisen, 6, die für beide Allele fertil sind, und 0 Pflanzen, die umgekehrt wie die Eltern fertil für S_1 und steril für S_3 wären.

Eine Interpretation dieses Sachverhaltes scheint mit Hilfe zweier genetischer Formeln möglich zu sein. BRIEGER (1927a) stellte die Arbeitshypothese auf, daß „der Faktor *P* mit den Sterilitätsallelomorphen ‚*S*‘ gekoppelt ist und daß seine Wirkung dahin geht, daß er die Sterilitätswirkung des mit ihm gekoppelten Allels aufhebt" (S. 125).

Eine andere Formulierung, die mir auf Grund neuerer Versuche aber fast wahrscheinlicher erscheint, zieht die Polymerie der Pseudofertilitätsgene mit in Rechnung. Wir nehmen danach an, daß in der Stammpflanze die Gesamtkonstitution so beschaffen war, daß die Summe der Modifikationsfaktoren für den S_1-Faktor die Wirkung des P-Faktors aufhob, nicht aber für den S_3-Faktor. In den späteren Generationen spalten dann auch Formen heraus, in denen der P-Faktor auch seine Wirkung auf den S_1-Faktor ausüben kann.

Daß der P-Faktor je nach den anwesenden Modifikationsfaktoren epistatisch oder hypostatisch ist, haben die folgenden Versuche deutlich gezeigt.

Es wurden dazu eine Reihe heterozygoter *Pp*-Pflanzen als Weibchen mit verschiedenen normal parasterilen Sippen, die also die Konstitution *pp* besaßen, gekreuzt (BRIEGER 1927b). In diesem

Falle war zu erwarten, daß die Hälfte der Nachkommen den Faktor P, die andere den Faktor p von ihrer Mutter erhielten. Die Hälfte der Nachkommen sollte also pseudofertil, die andere normal selbst-parasteril sein. Dieses Ergebnis wurde aber, wie die Zahlen in Tabelle 21 zeigen, nur in einigen Familien erreicht.

Tabelle 21.

Eltern	Nachkommen	
	parasteril	pseudofertil
$Sa_{10} \times$ 7—46 LE	24	0
10—29 $FA \times$ 7—46 LE 9—46 $LE \times$ 10—29 FA	102 43	3 1
im ganzen	145	4
10—26 $EA \times$ 7—46 LE 10—26 $EA \times$ 9—46 LE	8 11	3 12
im ganzen	19	15

Bei der Kreuzung der heterozygoten Pp-Pflanze (46 LE) mit einer hochgradig parasterilen *Forgetiana*-Pflanze (Sa_{10}) traten nur selbst-parasterile Pflanzen in der Nachkommenschaft auf. Aus der Kreuzung der Heterozygoten (7—46 LE und 9—46 LE) mit einer *Sanderae*-Linie, die bei Knospenbestäubung pseudofertil war (10—29 FA), gingen in der Mehrzahl selbst-parasterile Nachkommen hervor. Bei einer dritten Kreuzung, bei der auch eine *Sanderae*-Form benutzt worden war, die nach Knospenbestäubung gut pseudofertil war (10—26 EA), ergab sich erst die allgemein erwartete Spaltung in annähernd die gleiche Anzahl von pseudoselbstfertilen Pp-Pflanzen und selbst-parasterilen pp-Pflanzen.

Die Erklärung für diese auffallenden Spaltungsverhältnisse ist wohl darin zu sehen, daß der P-Faktor zwar dominant ist, daß aber je nach den sonst noch vorhandenen polymeren Faktoren, die die Parasterilität modifizieren, der P-Faktor epistatisch oder hypostatisch wirkt. In der Ausgangssippe war er vollkommen epistatisch, in der Kombination mit den Modifikationsfaktoren der extrem parasterilen *Forgetiana*-Pflanze dagegen vollkommen hypostatisch. ,,Dieses Verhalten scheint klar zu zeigen, daß dem neu als Mutation entstandenen Faktor ,,P" keine besondere Stellung zukommt, sondern daß er sich den schon bekannten, wenn auch nicht faktorenanalytisch genau erfaßten Modifikationsfaktoren der Selbst-Parasterilität einordnet" (BRIEGER 1927b, S. 738).

Die weitere Annahme, daß die Wirkung der verschiedenen Pseudofertilitätsfaktoren auf die beiden anwesenden S-Faktoren eine verschiedene sein kann, geht aus den genetischen Befunden mit ziemlicher Sicherheit hervor. Auch EAST und YARNELL (1929, vgl. auch EAST 1929) kommen zu einem ähnlichen Schluß. Ob aber unsere oben gegebene zweite Ausdeutung der Versuchsergebnisse wirklich die richtige, müssen noch weitere Versuche zeigen.

Ein weiterer Zug, den der P-Faktor mit den Modifikationsfaktoren der Selbst-Parasterilität gemein hat, ist die Beschränkung seiner Wirkung auf die weiblichen Sporophyten. Pflanzen, die den P-Faktor enthalten, geben als Männchen mit pp-Individuen die normalen Parasterilitätsreaktionen und sind nur als Weibchen pseudofertil.

Diese Pseudofertilität beruht, ähnlich wie die Knospen-Pseudofertilität, auf einer vollkommenen oder doch fast vollständigen Inaktivierung der Hemmungsstoffe. Dies folgt aus den genetischen Befunden und den genauen Messungen der Wachstumskurve der Pollenschläuche (BRIEGER 1927a).

β) **Pseudofertilität bei *Petunia violacea*.** YASUDA (1927—1929) untersuchte in einer Reihe von Arbeiten die Pollenphysiologie mehr oder minder pseudofertiler Verbindungen bei der selbstparasterilen *Petunia violacea*. Da die Arbeiten einschließlich der Tabellen japanisch geschrieben sind, abgesehen von einer kurzen englischen Zusammenfassung, können die Ergebnisse hier nicht im einzelnen referiert werden.

γ) **Pseudofertilität bei *Cardamine pratensis*.** CORRENS (1912) weist bereits in seiner Arbeit darauf hin, daß das Ergebnis der Bestäubungsversuche nicht immer eindeutig ist, da auch parasterile Verbindungen gelegentlich einen mehr oder minder guten Ansatz geben können. Diese Versuchsergebnisse werden im einzelnen durch die Angaben von BEATUS (1929) in einer kurzen Mitteilung bestätigt.

δ) **Pseudofertilität bei *Brassica pekinensis*.** Auch bei anderen Arten wurde eine Alters-Pseudofertilität gefunden. STOUT

(1922a) beobachtete sie bei *Brassica pekinensis* und *B. chinensis*. Bei fast jedem Sproß folgten regelmäßig die folgenden Stadien aufeinander: Abortieren der Blüten, Selbst-Parasterilität, Selbstfertilität, wieder Selbst-Parasterilität und Abortieren der Blüten (Abb. 48). Gelegentlich fielen bei den Sprossen höherer Ordnung einzelne der Stadien am Anfang oder Ende aus. Es abortierten beispielsweise gar keine Blüten usw. (Vgl. Abb. 48 u. 49.)

Ein Wechseln der Selbst-Parasterilität mit dem Alter der Individuen wurde auch von BAUR (1921) für verschiedene *Antirrhinum*-Arten angegeben.

ε) **Pseudofertilität beim Roggen.** HERIBERT-NILSSON (1916) stellte eingehende Untersuchungen über die Selbst-Parasterilität beim Roggen an. Im allgemeinen ist der Roggen streng selbst-parasteril, aber es finden sich immer einzelne Individuen oder Familien, die eine mehr oder minder weitgehende Selbstfertilität besitzen. So fand RIMPAU (1877) eine ziemlich selbstfertile Pflanze, die in 54 Blüten 10 Körner entwickelt hatte. Der Fertilitätsprozentsatz betrug also 18,5%. ULRICH (1902) beobachtete Pflanzen, die bis zu 32% der Körner nach Selbstbefruchtung entwickelten. LOWIG (1928) fand dagegen *Secale montanum* vollkommen selbst-parasteril.

Abb. 48. Fruchtansatz einer stark selbstfertilen Pflanze von *Brassica pekinensis*. Ansatz entsprechend dem Schema in Abb. 49. (Nach einer Photographie von STOUT 1922a.)

Eine große technische Schwierigkeit beim Roggen, der ja ein Windblütler ist, bietet die Frage der Isolation der einzelnen Pflanze, da die Selbstbestäubung in größeren Experimenten nicht manuell durchgeführt werden kann, sondern Luftströmungen oder Wind den Blütenstaub auf die Narben der isolierten Ähren bringen müssen. HERIBERT-NILSSON (1916) führte die Isolierung auf drei

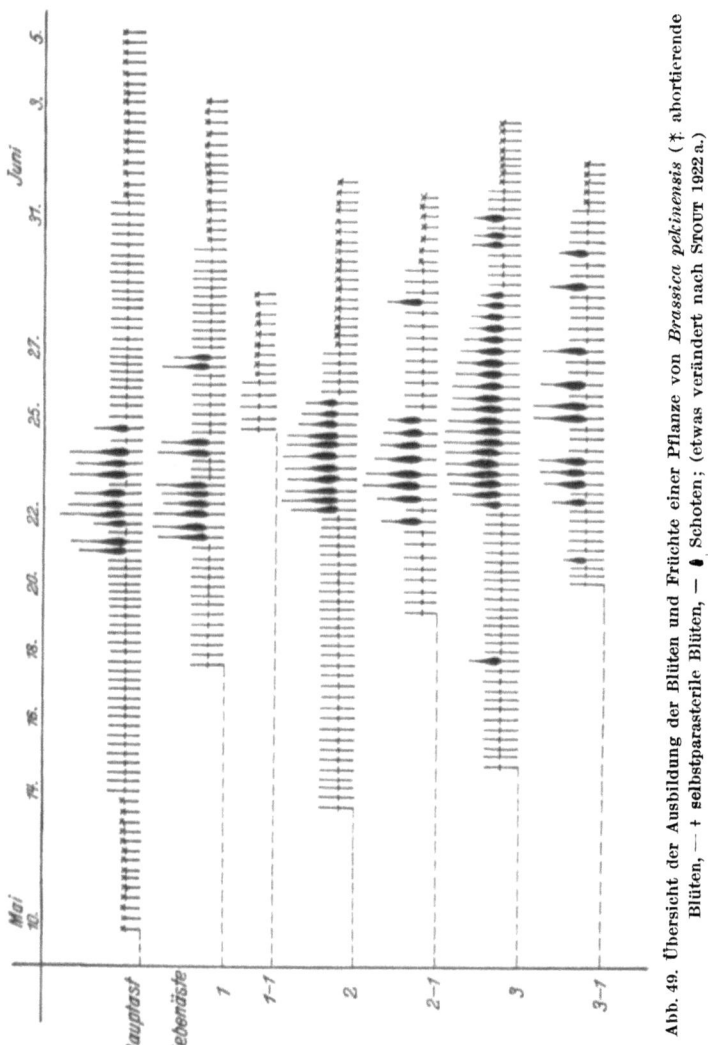

Abb. 49. Übersicht der Ausbildung der Blüten und Früchte einer Pflanze von *Brassica pekinensis* (†. abortierende Blüten, --- † selbstparasterile Blüten, — ● Schoten; (etwas verändert nach STOUT 1922 a.)

Weisen durch: durch Einschließen der Ähren in Glasröhrchen oder in Pergaminbeutel oder durch räumliche Isolierung der Versuchspflanzen von jeder anderen Roggenpflanze. Die zuletzt genannte Methode war die zuverlässigste, da bei den beiden anderen der Kornansatz immer herabgesetzt war. Der Ansatz bei räumlicher, Pergamin- und Glasisolierung verhielt sich etwa wie 7:4:1.

Bei seinen Erblichkeitsuntersuchungen fand nun HERIBERT-NILSSON neben den streng selbst-parasterilen Sippen auch schwach oder „halbfertile" Rassen mit einem Ansatz bis zu 20% und schließlich hochfertile Sippen, deren Ansatz durchschnittlich 75% betrug, aber bis auf 90% heraufgehen kann. Diese fertilen Sippen sind also nach Selbstbestäubung ebenso fertil wie nach Kreuzbestäubung.

JOST (1907) untersuchte die Wachstumsgeschwindigkeit der Pollenschläuche beim Roggen und kam zu dem Schlusse, daß „von den vielen Pollenschläuchen, die nach jeder Bestäubung in die Narbe des Roggens wachsen, viele schon in der Narbe stecken bleiben. Die weiter wachsenden sind bei xenogamer Bestäubung *größer an Zahl* und *geschwinder im Wachstum* als bei autogamer Bestäubung. Die Möglichkeit, daß auch im letzteren Falle gelegentlich eine Befruchtung eintritt, ist aber gegeben" (1907, S. 94).

Zwei Punkte sind in den Versuchen HERIBERT-NILSSONS von besonderem Interesse. Zunächst fanden sich mehrfach scheinfertile Individuen, die zwar selbst einen recht hohen Kornansatz trotz Isolierung besaßen, deren Nachkommen aber wieder streng selbst-parasteril waren. Sie waren aber nur phänotypisch pseudofertil.

In anderen Fällen war „die Eigenschaft der Selbststerilität nach ihrem Hervortreten sogleich konstant" (S. 31). Eine Pflanze, die schwach pseudo-selbstfertil (4,4% Ansatz) war, war „als eine selbststerile Heterozygote zu betrachten; die Spaltung findet im Verhältnis 3 selbststerile : 1 selbstfertilen statt" (S. 35). Der Rückschluß auf eine monohybride Faktorengrundlage liegt wohl nahe, kann aber aus diesem Versuche, der nur 4 Geschwisterpflanzen umfaßt, wie auch HERIBERT-NILSSON selbst betont, nicht gezogen werden. Auch in einer weiteren Familie trat ähnlich eine Spaltung in 4 selbststerile und 1 selbstfertile Pflanze ein.

Wir haben es hier also mit (mindestens) einem rezessiven Selbstfertilitätsfaktor zu tun. Das Auftreten verschieden stark selbstfertiler Formen läßt jedoch wohl auf die Existenz einer Anzahl polymerer Fertilitätsfaktoren schließen, die man wohl mit den

Pseudofertilitätsfaktoren von *Nicotiana Sanderae* gleichstellen kann.

ζ) **Untersuchungen von Stout an *Cichorium* u. a.** In einer Serie von Arbeiten hat sich Stout (1916 bis 1927) mit den Schwankungen der Selbst-Parasterilität bei einer Anzahl verschiedener Arten beschäftigt. Auf die Untersuchungen mit *Brassica pekinensis* sind wir bereits eingegangen. So interessant seine Versuchsergebnisse sind, die wir im einzelnen hier nicht besprechen können, so können wir seinen Schlußfolgerungen doch nicht zustimmen. Stout hat seine Versuchsergebnisse in neuerer Zeit (1927) kurz zusammengefaßt. Die Versuche mit Arten der Gattungen *Linaria, Lilium, Cichorium, Brassica* haben immer wieder ergeben, daß sich in der Nachkommenschaft selbst-parasteriler Pflanzen selbstfertile Individuen finden. East und Park (1917) haben bei der Diskussion von Stouts erster größerer Arbeit über *Cichorium intybus* (1916) darauf hingewiesen, daß es sich hierbei um Pseudofertilität handele. Dagegen wendet nun Stout (1927a) ein, daß „in these plants the self-compatibilities are so frequent and, in some cases at least, so pronounced that they are not to be considered as ‚pseudo-self-fertility'" (S. 346).

Stout hat niemals eine einwandfreie mendelistische Analyse seiner Versuchsergebnisse durchgeführt. Dies mag vielleicht daran liegen, daß er „has never appreciated the fact that he should eliminate as many variables as possible from his problems. He has been intrigued by the great complexity of his data. And for this reason he has been unable to show any orderliness in his results" (East 1926, S. 408). Es kommt außerdem noch hinzu, daß Stout die scharfe Scheidung zwischen Genotypus und Phänotypus nicht durchführt. Er macht in den allgemeinen Diskussionen keinen Unterschied zwischen einer Mutation eines Sterilitätsfaktors der S-Serie von *Nicotiana Sanderae* und einer Modifikation des phänotypischen Effekts der S-Allele durch Außenbedingungen oder durch modifizierende Gene. So nimmt er auch an, daß bei *Brassica pekinensis*, bei der sich eine ausgeprägte „mid-season-Pseudofertilität" findet (1922a), im Laufe der Ontogenie eine Mutation der S-Allele von dem aktiven Zustande (etwa S_1) zu dem inaktiven Zustande (S_0) und gegen Ende der Vegetationsperiode wieder zurück zu dem Ausgangszustande stattfindet (1927a).

Schließlich muß noch einmal auf den folgenden Punkt hingewiesen werden. Wie wir bereits oben bei der Diskussion der Untersuchungen von SIRKS (1926a) betonten (vgl. S. 84ff.), ist es nicht zulässig, einen Rückschluß von den bei *Nicotiana Sanderae* und bei *Veronica syriaca* gefundenen Verhältnissen auf *alle* übrigen selbst-parasterilen Arten zu machen und das Personatenschema als *das* allgemeine Schema anzusehen. Bei den Versuchspflanzen von STOUT mag die Selbst-Parasterilität eine ganz andere genetische Basis haben.

STOUT bemühte sich, ausgehend von gelegentlich auftretenden selbstfertilen Pflanzen oder Entwicklungsstadien, durch fortgesetzte Selektion vollkommen fertile Stämme zu züchten, und zwar in besonders ausgedehnten Versuchen bei *Cichorium intybus* (1916, 1917, 1918) und *Brassica pekinensis* (1922a). Das Ergebnis dieser Versuche war jedoch ein vollkommen negatives. STOUT (1927a) zieht hieraus den Schluß, daß die untersuchte Selbstfertilität überhaupt nicht durch besondere Gene bedingt sei. Es handelt sich eben in der Terminologie des Genetikers um Modifikationen der Selbst-Parasterilität, mit denen STOUT arbeitete, und es ist ja seit JOHANNSEN eine Grundvoraussetzung der Vererbungslehre, daß eine Selektion von Modifikationen keinen Erfolg hat.

f) Die dominanten Fertilitätsfaktoren.

Neben der Frage der Vererbung der Parasterilität sind die Beziehungen zwischen selbst-parasterilen und vollkommen selbstfertilen Formen mehr in zweiter Linie behandelt worden.

BAUR (1911) verfolgte bei den Kreuzungen zwischen verschiedenen *Antirrhinum*-Arten, von denen die einen selbstfertil, die anderen selbst-parasteril waren, die Spaltung für Selbst-Parasterilität in der F_2-Generation. Er fand bei der Kreuzung *A. majus* $\times$ *A. molle* (1911) eine Spaltung in etwa 15 selbstfertile : 1 selbst-parasterilen Pflanzen. LOTSY (1912), der später das Material von BAUR übernahm, bestätigte diesen Befund. Beide Autoren betonen jedoch, daß die Spaltung nicht ganz scharf sei, sondern daß die Individuen als selbstfertil bezeichnet wurden, deren Selbststerilität nur schwach war. Es handelt sich also hier möglicherweise um die Spaltung mehrerer polymerer Faktoren mit kumulativem phänotypischem Effekt.

COMPTON (1912, 1913) untersuchte die Vererbung von Selbstfertilität und -Parasterilität bei *Reseda odorata*. Bei dieser Pflanze hatte bereits DARWIN (1876) das Vorkommen sowohl parasteriler wie auch fertiler Formen beobachtet. COMPTON fand nun, daß die selbst-parasterilen Individuen für diese Eigenschaft rein züchteten. Die selbstfertilen Individuen dagegen züchteten entweder auch rein oder spalteten annähernd in dem Verhältnis 3 : 1 in selbstfertile und selbst-parasterile Individuen auf. Daraus schließt COMPTON auf das Vorhandensein eines dominanten Faktors für Selbstfertilität. Einzelne der selbstfertilen Formen waren homozygotisch für diesen Faktor, andere heterozygotisch und spalteten infolgedessen.

Schließlich hat EAST (1919) die beiden miteinander kreuzungsfertilen Arten *N. Sanderae*, bzw. ihre Stammarten *N. alata* und *N. Forgetiana* und *N. Langsdorffii* gekreuzt. Die Individuen der *Sanderae*-Gruppe sind, wie wir bereits ausführten, selbst-parasteril, und zwar wird die Parasterilität nach dem Personatenschema vererbt. Alle untersuchten Individuen der anderen Art sind dagegen vollkommen selbstfertil. Die F_1-Bastarde der beiden Arten waren ebenfalls selbstfertil, und in der F_2-Generation konnte eine deutliche Spaltung in selbstfertile und selbst-parasterile Individuen festgestellt werden. Zunächst konnten zwei Hauptklassen unterschieden werden: selbstfertile und selbst-parasterile, die annähernd im Verhältnis 3:1 heraussspalteten. Außerdem konnte man aber unter den selbstfertilen eine Anzahl von Pflanzen aussondern, die nur abgeschwächt selbstfertil waren. Es handelte sich hierbei um etwa 30% der selbstfertilen Pflanzen. Unter den selbst-parasterilen wieder neigte eine Anzahl von Individuen zu einer ziemlich ausgesprochenen Pseudofertilität. Bei Selbstbestäubungen waren etwa 30% der ausgeführten Bestäubungen erfolgreich und lieferten Kapseln, die etwa 70% der normalen Samenanzahl enthielten. Die faktorielle Erklärung, die EAST (1919) für diese Spaltung aufstellt, sei hier im Originaltext wiedergegeben: ,,The simplest explanation of this state of affairs is that there is really a two-factor difference as regards self-sterility and self-fertility between *N. Forgetiana* and *N. Langsdorffii*. *N. Langsdorffii* is homozygous for a factor F; when this factoris absent the plants are self-sterile. It is also homozygous for a dilution factor D. The constitution of *N. Forgetiana* is $dd\,ff$. The F_1 individuals having the constitution $Ff\,Dd$ are all self-fertile. In the F_2 generation a ratio of $9\,FD : 3\,Fd : 3\,fD : 1\,fd$ is obtained.

There are 3 self-fertile to 1 self-sterile because of the distribution of the allelomorphic pair F and f. But of the self-steriles, those having the constitution fD show a great deal more pseudo self-fertility than those having the constitution fd" (1919, S. 344/345). Ebenso macht sich die Spaltung für den Faktor D auch innerhalb der selbstfertilen Nachkommen bemerkbar. Im Prinzip das gleiche ergab sich auch für die Kreuzung zwischen *N. Langsdorffii* und der anderen Elternart der Formengruppe *N. Sanderae, N. alata*. Auffallend war, daß in allen Kreuzungen die Anzahl des rezessiven Typus, d. h. der selbst-parasterilen Individuen, geringer war, als bei freier Mendelspaltung zu erwarten wäre.

Diese Versuchsergebnisse wurden längere Zeit vor der Aufklärung der genetischen Verhältnisse innerhalb der selbst-parasterilen *N. Sanderae*, d. h. vor der Klarstellung des Personatenschemas, gewonnen. Es wird von Wichtigkeit sein, die Beziehungen des F- und D-Faktors von *N. Langsdorffii* zu der Serie der multiplen S-Allele zu klären. Eine solche Klarstellung ist auch bei den *Antirrhinum*-Arten erwünscht, bei denen sowohl für selbstparasterile Arten die Gültigkeit des Personatenschemas, als auch die Existenz mindestens eines dominanten Selbstfertilitätsfaktors bei der selbstfertilen Art *A. majus* (BAUR 1911, LOTSY 1912) gezeigt worden ist.

Einige vorläufige Angaben hat EAST (1929) auf Grund seiner Versuche mit seinem Mitarbeiter YARNELL über die Kreuzung *Nicotiana Sanderae* × *N. Langsdorffii* gemacht. Danach ist der dominante Fertilitätsfaktor von *Langsdorffii* allel zu den S-Faktoren und wird jetzt mit S_F bezeichnet. Die F_1-Pflanzen der Kreuzung haben daher die Konstitution $S_F S_1$, $S_F S_2$ ... und es ist wichtig, daß hier die Grundregeln des Personatenschemas für die Faktoren S_1, S_2 ... unverändert gelten, während die S_F-Pollenschläuche in jedem Griffel ungehemmt wachsen können. Daraus folgt aber, daß in F_2-Generationen, die durch Selbsten von F_1-Pflanzen gewonnen wurden, nur selbstfertile Pflanzen auftreten dürfen, da ja infolge der Parasterilität immer nur der S_F-Faktor durch den Pollen übertragen werden kann. Selbststerile F_2-Pflanzen können nur dann auftreten, wenn zwei F_1-Pflanzen gekreuzt wurden, die neben dem S_F-Faktor zwei verschiedene S-Allele enthalten. In einem solchen Falle ist dann eine Aufspaltung in 3 selbstfertile : 1 selbst-parasterile Pflanze zu erwarten. EAST nimmt jetzt auch zur Erklärung seiner oben referierten früheren Befunde an, daß die F_2-Generation damals nicht durch Selbsten, sondern durch Kreuzung zweier verschiedener F_1-Pflanzen erhalten wurden.

Wenn diese Annahme sich in den weiteren Versuchen als richtig erweist, dann ergibt sich die folgende einfache Konsequenz, die experimentell von Bedeutung sein kann. Wenn man eine F_1-Pflanze mit dem Pollen des selbst-parasterilen Elters bestäubt, dann erhält man in der nächsten Generation eine Aufspaltung in gleichviele selbstfertile und selbststerile Nachkommen. Alle diese selbst-parasterilen Nachkommen müssen zu der gleichen Sterilitätsgruppe gehören: der Sterilitätsgruppe des parasterilen Elters:

$P:$ $S_1 S_2 \times S_F S_F$
F_1 $S_1 S_F$ und $S_2 S_F$
$(FR)_2$ $S_1 S_F \times S_1 S_2 = 1\ S_2 S_F : 1 S_1 S_2$
        $S_2 S_F \times S_1 S_2 = 1\ S_1 S_F : 1 S_1 S_2.$

Diese merkwürdigen Beziehungen können für die experimentelle Analyse vor allem in den Fällen von großem Vorteil sein, in denen man mit heterozygoten und nicht im einzelnen genau analysierten parasterilen Sippen arbeiten muß.

Mit den Beziehungen zwischen selbst-parasterilen und etwas selbstfertilen oder besser gesagt pseudofertilen Sippen innerhalb einer Art hat sich in einer ganzen Reihe von Arbeiten STOUT befaßt, auf dessen Untersuchungen wir bereits im vorigen Kapitel ausführlicher zu sprechen gekommen sind.

3. Kreuzungs-Parasterilität verbunden mit Selbstfertilität.

In dem vorigen Abschnitte sind die Fälle behandelt worden, in denen Pollen von einer bestimmten erblichen Konstitution auf Pflanzen der gleichen Konstitution ihre Funktion nicht mit Erfolg durchführen konnten. Entweder trat bereits bei der Keimung eine Entwicklungshemmung ein, und die Keimung unterblieb, oder das Wachstum der Pollenschläuche war ganz oder teilweise gehemmt; jedenfalls erreichten die Pollenschläuche mit den männlichen Geschlechtskernen die Eier in den Samenanlagen nicht mehr rechtzeitig. Es gibt nun aber umgekehrt auch Fälle, in denen eine Entwicklungshemmung nur dann eintritt, wenn Unterschiede in der erblichen Veranlagung bestehen, wo bei gleicher Konstitution des Pollens und der als Weibchen benutzten Pflanzen volle Fertilität vorhanden ist. Unter den Erbfaktoren, die das Wachstum der Pollenschläuche kontrollieren, gibt es solche, die das Zusammenkommen von Gleichem mit Gleichem, in anderen Fällen dagegen das Zusammenkommen von Ungleichem mit Ungleichem verhindern (BRIEGER 1926).

Vor kurzem hat DEMEREC (1929) beim Mais einen Fall von Kreuzungs-Parasterilität verbunden mit Selbstfertilität beschrieben, der der eben beschriebenen Selbst-Parasterilität analog, aber sozusagen nur spiegelbildlich gleich ist. Er machte die Beobachtung, daß eine Familie von weißem Spitzmais (*Zea mays everta*, white-rice-pop-corn) zwar vollkommen selbstfertil war, daß aber kein Ansatz bei Bestäubung mit dem Pollen irgendwelcher anderer Maisvarietäten erfolgt.

Von den interessanten Versuchen DEMERECs seien die folgenden ausführlicher besprochen.

Der Kolben vom Mais wird von einer großen Anzahl (im Durchschnitt etwa 400) Einzelblüten gebildet, die je einen Fruchtknoten mit je einer Samenanlage enthalten. Jeder Fruchtknoten besitzt eine lange, haarförmige Narbe. Die sämtlichen Narben dieser Einzelblüten hängen in einem dichten Büschel, dem sogenannten Bart, zur Zeit der Befruchtungsreife aus den Hüllblättern des Kolbens heraus. Aus dem Fruchtknoten und der von ihm eingeschlossenen Samenanlage entsteht das Maiskorn, dessen Hauptmasse von dem Nährgewebe gebildet wird. Dieses Endosperm entsteht bekanntlich aus dem befruchteten Embryosack und hat infolgedessen genetisch immer die gleiche Konstitution wie der aus dem befruchteten Ei entstandene und von dem Endosperm umgebene Embryo, abgesehen von den durch seine Triploidie bedingten Besonderheiten. Bei Kreuzbefruchtung mit anderen Sippen hat sowohl der Embryo wie das Endosperm Bastardcharakter.

Die Methode, die DEMEREC anwandte, bestand darin, daß er das Narbenbüschel in zwei möglichst gleichmäßig gleiche Hälften zerlegte und diese beiden Hälften mit verschiedenem Pollen bestäubte. Wenn die Teilung des Narbenbüschels gut durchgeführt war, dann wurden die beiden Längshälften des Kolbens durch verschiedenen Pollenschläuche befruchtet. Diese Trennung wird zwar niemals ganz scharf sein, da die Narben nicht immer ganz gerade verlaufen und daher gelegentlich die Narbe einer Blüte der einen

Seite in dem Narbenbüschel auf der entgegengesetzten Seite verläuft.

DEMEREC bestäubte nun die eine Hälfte der Narben des weißen Spitzmaiskolbens mit eigenem Pollen, die andere mit dem Pollen einer Maisrasse, die einen dominanten Faktor für dunkle Endo-

Abb. 50. Die gleichen Maiskolben wie in Abb. 51. Ansicht der geselbsteten Seite mit sehr gutem Ansatz. (Erklärung im Text.) (Nach DEMEREC 1929.)

spermfarbe enthielt. Alle Körner, die auf eine Selbstbefruchtung zurückgingen, sollten dann weiß sein und sich auf der einen Längshälfte finden, während die durch Kreuzbefruchtung entstandenen farbigen Körner auf der anderen Längshälfte saßen, abgesehen von dem durch den unregelmäßigen Verlauf der Narben und aus an-

128 Die Parasterilität der höheren Pflanzen.

deren technischen Gründen gelegentlichen Auftreten weißer oder farbiger Körner auf den entgegengesetzten Längshälften.

Die beiden Hälften von vier so behandelten Maiskolben sind in Abb. 50—51 wiedergegeben. Die Abb. 50 zeigt die Ergebnisse

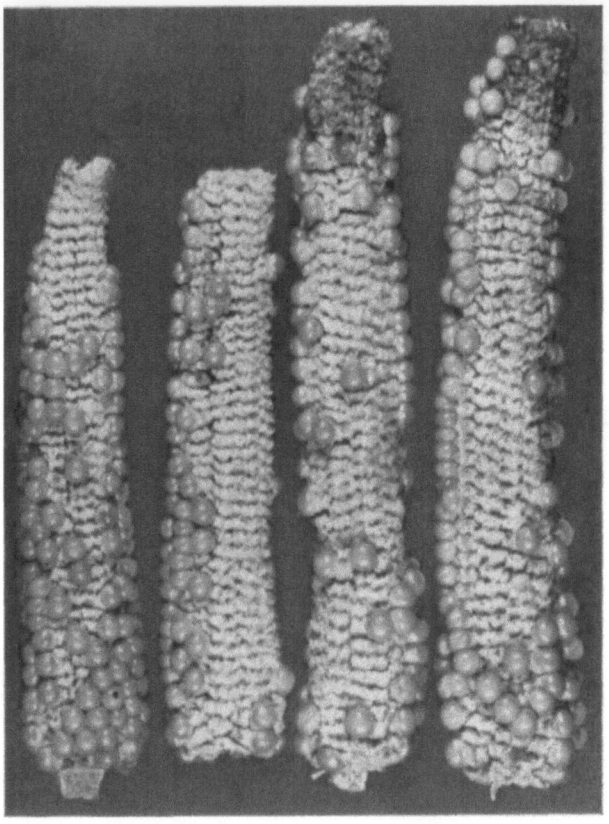

Abb. 51. Die gleichen Maiskolben wie in Abb. 50. Ansicht der gekreuzten Hälfte mit sehr schlechtem Kornansatz. (Erklärung im Text.) (Nach DEMEREC 1929.)

der Bestäubungen mit Spitzmaispollen. Der Kornansatz ist sehr dicht, und kaum ein Korn ist unentwickelt geblieben. Auf der anderen Seite findet sich nur ein sehr unregelmäßiger Kornansatz. (Abb. 51.) Die weiße Farbe der Mehrzahl dieser Körner zeigt, daß sie durch die Befruchtung mit Spitzmaispollen entstanden sind. Die überwiegende Mehrzahl der Körner dieser Kolbenseite, die mit dem Pollen des farbigen Maises bestäubt war, sind aber unentwickelt geblieben. Es finden sich nur ganz wenige farbige Körner, die erkennen lassen, daß gelegentlich die Kreuzungs-Parasterilität durchbrochen werden kann.

Die Seltenheit der Bastardkörner geht auch deutlich aus den Zahlen in Tabelle 21 hervor. Im besten Falle waren 12 unter 710 oder weniger als 2% der Samenanlagen befruchtet, im Durchschnitt aber nur 0,6%. Besonders auffällig ist auch, daß der Pollen aller benutzten Maissorten bei der Kreuzung mit dem Spitzmais parasteril war.

Tabelle 21. (Nach DEMEREC 1929, Tab. 3.)

Pollenlieferant der gekeimten Hälfte	Anzahl bestäubter Kolben	Anzahl der Körner		
		geselbstete Hälfte	gekreuzte Hälfte	
			volle Körner	unbefruchtete Samenanlagen
Dulton's flint	3	405	0	400
Bodwick, Montana, Agr. Exp. Sta.	2	455	0	240
High portein strain, S. Dakota Exp. Sta. .	5	1311	2	640
Yellow flint	6	804	12	710
Yellow flint, Utah, Agr. Exp. Sta.	4	629	2	1000
Yellow flint	1	326	5	150
Yellow flint	1	163	0	50

Das gleiche Resultat fand DEMEREC auch, wenn er eine andere Methode anwandte und den Spitzmais mit Mischungen von Pollen des weißen Spitzmaises und einer violetten Maissippe bestäubte. Immer war nur der Spitzmaispollen funktionsfähig, nur selten war eine Kreuzbestäubung erfolgreich gewesen.

Die Ergebnisse der Bestäubungen verschiedener Maissippen einschließlich des weißen Spitzmaises mit der gleichen Pollenmischung sind in Tabelle 22 wiedergegeben.

Der Prozentsatz der farbigen Körner schwankt in den einzelnen Versuchen, was aber nicht verwunderlich ist, wenn man bedenkt, daß bei der Herstellung der Pollenmischungen die Pollenmengen nur abgeschätzt werden.

Bei der Bestäubung des farbigen Maises mit der Mischung schwankt der Prozentsatz der durch Selbstbestäubung entstandenen farbigen Körner innerhalb weiter Grenzen (34,2—91,4%), aber der Prozentsatz der durch Kreuzung entstandenen weißen Körner ist immer erheblich.

Der weiße Spitzmais dagegen ist wieder fast vollkommen kreuzungssteril. Im besten Falle traten 3,40% farbiger Körner auf. Dieser relativ hohe Prozentsatz beruht aber nur darauf, daß die Anzahl der Pollenkörner, die von dem farbigen Elter stammten, in dieser Mischung besonders reichlich war. Auf dem farbigen Mais hatte diese Mischung 80—90% farbiger Körner geliefert.

Aus diesen Versuchen ergibt sich, daß der Spitzmais parasteril mit dem Pollen anderer Maissippen ist, aber kreuzungsfertil auf den Kolben dieser Sippen und außerdem selbstfertil.

Die fast vollkommene Kreuzungs-Parasterilität des Spitzmaises findet sich schon in den Versuchen von JONES (1922), auf die wir noch später (vgl. S. 146) eingehen werden, wenn auch dieser Autor darauf nicht eingeht. JONES bestäubte die Kolben von Spitzmais und Süßmais mit Mischungen des Pollens der beiden Maissorten. Bei diesen Bestäubungen ergaben die Süßmaiskolben je nach der Zusammensetzung der Pollenmischung 13—75% Bastardkörner, im Durchschnitt etwa 50%. Beim Spitzmais fanden sich dagegen im Höchstfalle 2,54% und im Mittel weniger als 1% Bastardkörner (vgl. Tabelle 28, S. 146).

Tabelle 22. (Nach DEMEREC 1929 Tab. 1.)

♀ \ ♂	Prozent Bastardkörner nach Bestäubung mit Pollenmischung			
	I	II	III	IV
Spitzmais				
Pollenlieferant . . .	0,21	1,02	1,26	3,40
Schwesterpflanze . .	0,62	0,75	0,99	—
Violetter Hartmais				
Pollenlieferant . . .	31,4	31,6	31,1	14,4
Schwesterpflanze . .	22,9	62,2	65,8	8,6
Süßmais	53,6	—	26,1	—

Eine genetische Interpretation dieses Falles steht zur Zeit noch aus. DEMEREC (1929) weist nur darauf hin, daß anscheinend eine Beziehung besteht „between the cross-sterility of pop-corn and the known fact of the deficiency of sugary classes in F_2-generations of crosses between rice-pop-corn and sugary" (S. 291). Wir kommen darauf noch im nächsten Kapitel zurück.

4. Unvollkommene Parasterilität.

a) Vorbemerkungen.

In den beiden vorangehenden Kapiteln haben wir diejenigen Fälle von Parasterilität besprochen, in denen der Pollen, der in bestimmten Verbindungen auf eine an sich befruchtungsfähige Narbe gelangt ist, dort an seiner normalen Weiterentwicklung in irgendeinem Stadium gehemmt und damit an der Durchführung seiner Funktion, der Befruchtung, gehindert wird. Bei den meisten Individuen war die Hemmung stark genug, um eine vollkommene Parasterilität zu bedingen, wenn sich auch Varianten finden, in denen aus irgendwelchen Gründen die Hemmung abgeschwächt ist, so daß die Parasterilität mehr oder minder aufgehoben erscheint und an ihre Stelle eine Pseudofertilität tritt.

In dem vorliegenden Kapitel wollen wir uns nun aber mit den Fällen befassen, in denen die Hemmung *in der Regel* nicht stark genug ist, um eine tatsächliche Sterilität zu bedingen. Der Pollen ist nicht absolut funktionsunfähig, sondern nur relativ, nämlich im Vergleich mit anderen Pollen. Wir wollen dieses Verhältnis an einem Beispiel erläutern.

Eine Pflanze C werde mit zweierlei Pollen bestäubt, dem Pollen der Pflanzen A und B. Der Pollen A sei auf C vollkommen funktionsfähig, der Pollen B sei dagegen „unvollkommen" parasteril. Die Verbindungen $C \times A$ und $C \times B$ sind dann beide fertil, wenn auch in dem zweiten Falle die Befruchtung später eintritt. Wenn aber gleichzeitig eine Blüte der Pflanze C mit Pollen A und B bestäubt wird, dann ist der „unvollkommen parasterile" Pollen B im Nachteil gegenüber dem Pollen A. Falls in dem Gemisch genügend A-Pollenkörner enthalten sind, um alle Samenanlagen zu befruchten, dann bleiben für den B-Pollen keine unbefruchteten Eier mehr übrig. *Diese sind also in einer derartigen Verbindung infolge der Konkurrenz an der Durchführung ihrer Funktion gehindert: sie sind parasteril.*

Ebenso wie bei der vollkommenen Parasterilität kann auch die unvollkommene durch Störungen in jedem Entwicklungsstadium der Pollenschläuche hervorgerufen werden. Die Keimfähigkeit einer Pollensorte oder das Wachstum der Pollenschläuche kann geringer als bei einer anderen Sorte sein, oder die unvollkommen parasterile Pollenart kann gegenüber einer anderen bei dem Auffinden der Eier im Nachteile sein.

Die Folge der unvollkommenen Parasterilität ist also nicht eigentlich eine Sterilität einer bestimmten Kreuzung; vielmehr ist nur in Bestäubungen mit Pollenmischungen der eine Teil der Mischung gegenüber dem anderen im Nachteil und wird ganz oder teilweise durch diesen von der Befruchtung ausgeschlossen. *Nur wenn durch den gehemmten Pollen gleichzeitig auch äußerlich an den Nachkommen sichtbare Eigenschaften übertragen werden, ist das Vorhandensein einer unvollkommenen Parasterilität feststellbar.* Diese Eigenschaften treten dann in der Nachkommenschaft nicht in den Zahlen auf, die bei freier, durch keine Gonenkonkurrenz gehemmter Spaltung zu erwarten sind, sondern sie sind seltener. Da ein Ausfallen von Nachkommen aber durch die verschiedensten Komplikationen bedingt sein kann, so muß in jedem Einzelfalle durch besondere Methoden erst nachgewiesen werden, ob es sich um die Auswirkung einer unvollkommenen Parasterilität handelt. Ob es sich dann weiterhin bei der Konkurrenz der verschiedenen Pollensorten, die durch die Parasterilität bedingt wird, um die Wirkung von bereits vorhandenen Verschiedenheiten handelt, oder ob die eine Pollensorte auf die Entwicklung der anderen hemmend einwirkt, muß für jeden Fall gesondert entschieden werden. Beide Fälle finden wir verwirklicht.

Die Bestäubungen mit Pollenmischungen können auf zweierlei Weise ausgeführt werden. Entweder man mischt den Pollen verschiedener Pflanzen künstlich miteinander, wobei die ohne Elimination zu erwartende Spaltung von dem gewählten Mischungsverhältnis abhängt. Oder aber man benutzt den Pollen heterozygoter Pflanzen, der infolge der MENDEL-Spaltung natürlich „gemischt" ist. Hier ist das gefundene Ergebnis mit dem bei freier MENDEL-Spaltung zu erwartenden idealen Spaltungsverhältnis zu vergleichen.

Es muß hier noch betont werden, daß eine sichere Unterscheidung zwischen einer unvollkommenen Parasterilität und einer unvollkommenen echten Sterilität des Pollens bzw. der Pollenschläuche nicht immer durchgeführt werden kann. Entsprechend der eingangs gegebenen Definition würde eine echte Sterilität immer, d. h. in jeder Selbstung oder Kreuzung auftreten, eine Parasterilität dagegen nur in manchen Verbindungen. Bei mehreren Pflanzenarten kann aber nur eine Art von Kreuzungen geprüft werden, eben die, in der sich die Parasterilität findet. Es bestehen beispielsweise bei einigen Pflanzen, die im männlichen Geschlecht heterogam sind, Unterschiede der Wachstumsgeschwindigkeit der männchen- und weibchenbestimmenden Pollenschläuche. Da hier immer nur eine Art von Kreuzung möglich ist, nämlich Weibchen × Männchen, so ist eine Unterscheidung zwischen echter Sterilität und Parasterilität nicht durchführbar.

b) **Unvollkommene Parasterilität, bedingt durch herabgesetzte Keimfähigkeit des Pollens.**

Einen Unterschied der Keimfähigkeit des Pollens glaubt KEARNEY (1923) nach der Bestäubung von Baumwollpflanzen mit einer Mischung von Pollen der ägyptischen Baumwolle (*Gossypium barbadeuse*) und von Uplandbaumwolle (*G. hirsutum*) feststellen zu können.

Wenn jede der beiden Pollenarten für sich benutzt wurde, dann waren die Bestäubungen beide erfolgreich und ergaben in dem einen Falle reine ägyptische Baumwolle, in dem anderen Bastarde der beiden Formen. Wenn dagegen eine Pollenmischung auf die Narben der beiden reinen Ausgangsformen gebracht wurde, dann erwies sich sowohl auf ägyptischer wie auf Uplandbaumwolle der eigene Pollen als wirksamer. Wie bereits BALLS (1911) feststellte, erhält man bei solchen Bestäubungen etwa 90% mütterliche Nachkommen und nur etwa 10% Bastarde. KEARNEY und HARRISON (1923) fanden nach der Bestäubung mit einer möglichst gleichmäßigen Mischung von Pollen der beiden Typen in der Nachkommenschaft eines Individuums der ägyptischen Baumwolle unter 2349 Pflanzen 25,8% Bastarde und in der Nachkommenschaft eines Individuums der Uplandbaumwolle unter 1419 Pflanzen 27,2% Bastarde, an Stelle von je 50%. Da KEARNEY und HARRISON (1923) der Nachweis einer verschiedenen Wachstumsgeschwindigkeit der zweierlei Pollenschläuche nicht gelang (vgl. später S. 159), glauben sie ein verschiedenes Verhalten bei der Keimung annehmen zu müssen.

In dieser Annahme wurde KEARNEY (nach JONES 1928) durch den Ausgang des folgenden Experimentes bestärkt. Die Narbe der Baumwolle ist, wie Abb. 52 zeigt, verhältnismäßig lang, und es ist daher möglich, Bestäubungen mit verschiedenem Pollen an räumlich getrennten Narbenstellen, die von den Samenanlagen im Fruchtknoten annähernd gleich weit entfernt sind, vorzunehmen. Es wurden nun in dem einen Experiment die beiden Pollensorten untereinander gemischt auf die Narbe gebracht, in einer anderen Versuchsserie dagegen getrennt auf verschiedene Seiten der Narbe aufgetragen. In dem ersten Falle entstanden 13,6% Bastarde in der Nachkommenschaft, in dem zweiten dagegen 33,4% Bastarde. Der

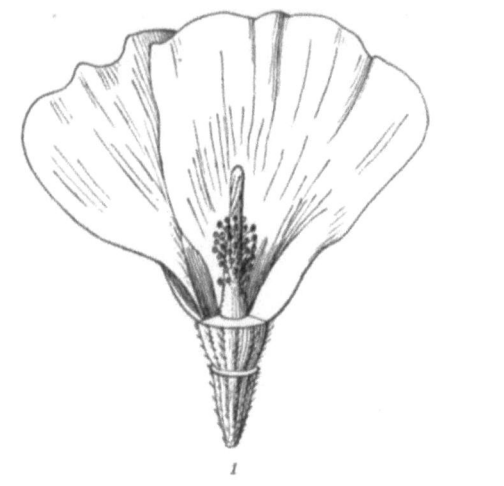

Abb. 52. Baumwollblüte (*1*) und Narbe (*2*) stärker vergrößert. (Nach Photographien von KEARNEY 1923.)

Unterschied zwischen den beiden Versuchen beträgt $19,8 \pm 1,63$ und ist also einwandfrei nachgewiesen.

Aus diesem Ergebnis schließt also KEARNEY (1928),[1] daß bei der Mischbestäubung der eigene Pollen den in unmittelbarer Nachbarschaft befindlichen Pollen der anderen Varietät in der Keimung hindert. Durch diese Versuche ist jedoch nur der hemmende Einfluß des eigenen Pollens auf den fremden Pollen bei unmittelbarer Nachbarschaft an sich nachgewiesen. Ob sich diese Hinderung bei der Keimung oder in der ersten Zeit des Wachstums der Pollenschläuche auswirkt, ist noch nicht sichergestellt. Die Tatsache,

[1] Zitiert nach JONES (1928).

daß auch noch bei Bestäubung getrennter Narbenteile mit den beiden Pollenarten eine deutliche Benachteiligung des fremden Pollens festzustellen ist, kann man sogar eher als ein Anzeichen dafür deuten, daß nicht die Keimung, sondern das Wachstum der Pollenschläuche gehemmt wird.

c) **Unvollkommene Parasterilität, bedingt durch eine Hemmung des Wachstums der Pollenschläuche.**

α) **Allgemeines.** In der weitaus überwiegenden Mehrzahl der Fälle, in denen eine unvollkommene Parasterilität sicher nachgewiesen ist, handelt es sich um eine Folge einer verschiedenen Wachstumsgeschwindigkeit zweier gleichzeitig auf die Narbe gebrachter Pollensorten. Das Wachstum der einen Sorte von Pollenschläuchen ist etwas langsamer, so daß die Pollenschläuche die Samenanlagen an sich zwar rechtzeitig, d. h. vor dem Verwelken der Blüte, erreichen, aber doch später als die anderen Pollenschläuche. Wenn die schnellwüchsigen Pollenschläuche zahlreich genug sind, dann sind die anderen praktisch von der Befruchtung ausgeschlossen; sie sind parasteril geworden. Es kommt zu einem Wettlauf der Pollenschläuche, den wir mit HERIBERT-NILSSON (1923) als *Zertation* bezeichnen. Wir berücksichtigen hierbei nicht, wann sich die verschiedene Wachstumsgeschwindigkeit bemerkbar macht, ob bereits bei der Keimung oder erst später.

Ob es sich hierbei nun um eine Beschleunigung des Wachstums der einen Art von Pollenschläuchen handelt oder um eine Hemmung des Wachstums der anderen, ist eine Frage, die wir nicht entscheiden können. Da beide Sorten von Schläuchen die Samenanlagen rechtzeitig zur Befruchtung erreichen können, so könnten wir sowohl das langsamere wie das schnellere Wachstum als das „normale" bezeichnen und davon ausgehend von gefördertem oder gehemmtem Wachstum sprechen. Eine solche Festsetzung wäre aber durchaus willkürlich.

Wenn wir uns das Wachstum der zweierlei Pollenschläuche graphisch veranschaulichen wollen, dann können wir auf ähnliche Schemata zurückgreifen, wie wir sie oben bei der Besprechung der vollkommenen Parasterilität und der Pseudofertilität benutzten. Diese Schemata gehen aber im vorliegenden Falle nicht auf tatsächliche Messungen des Wachstums zurück.

In Abb. 52 sind die durchschnittlichen Wachstumskurven der langsamen und der schnellen Pollenschläuche eingezeichnet und die entsprechenden Verteilungskurven, wobei die beiden Variationsbereiche sehr stark transgredieren. In jedem Einzelfalle hängt das Versuchsergebnis, der Grad der Parasterilität, von dem Grade der Transgression der beiden Verteilungskurven ab. Im Extrem fehlt jede Transgression, und die langsamsten Varianten der schnellen Gruppe wachsen schneller als die äußersten Plusvarianten der langsamen Gruppe. Oder aber die Transgression ist so stark, daß die Unterschiede der Wachstumsgeschwindigkeit kaum festzustellen sind.

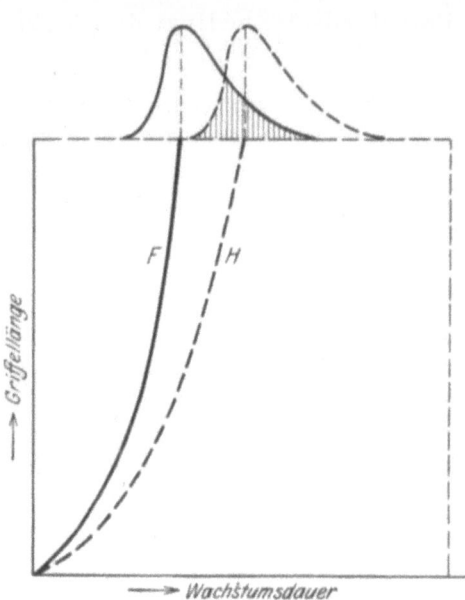

Abb. 53. Wachstums- und Verteilungskurven fertiler (*F*) und unvollkommen parasteriler (*H*) Pollenschläuche.

Wir wiesen oben bei der Besprechung der vollkommenen Parasterilität wiederholt darauf hin, daß die Wachstumsgeschwindigkeit der Pollenschläuche weitgehend von äußeren und inneren Faktoren modifiziert wird. Das gleiche werden wir auch bei der unvollkommenen Parasterilität finden. Die Hemmung des Wachstums ändert sich mit der Temperatur, mit dem Entwicklungszustand der ganzen Pflanzen, der Fruchtknoten oder des Pollens und hängt auch von der Anwesenheit modifizierender Erbfaktoren ab.

Ein histologischer Nachweis des Vorhandenseins einer unvollkommenen Parasterilität ist aus technischen Gründen nicht möglich. Der Beweis muß daher indirekt geführt werden. Die Methoden, die hierbei vor allem in Betracht kommen und deren Ausarbeitung wir vor allem CORRENS (1917, 1918, 1921a und b, 1924) verdanken, sollen nun ausführlich besprochen werden. *Sie zielen alle darauf hin, die Konkurrenz der Pollenschläuche nach der Bestäubung mit Pollenmischungen durch besondere Versuchsbedingungen abzuschwächen oder gar aufzuheben oder sie im Gegenteil zu verstärken.*

β) **Nachweismethoden. Spärliche Bestäubung.** CORRENS (1917) untersuchte die Geschlechtsvererbung bei der diözischen Lichtnelke *Melandrium album*, bzw. *rubrum*, bei der das männliche Geschlecht das heterogametische ist. Es werden sowohl männchen- wie weibchenbestimmende Pollenkörner und -schläuche gebildet. Diese wachsen jedoch im Griffel mit verschiedener Geschwindigkeit, und zwar wachsen nach CORRENS die weibchenbestimmenden Pollenschläuche im Durchschnitt schneller. Bei dem Nachweis dieser Verschiedenheit geht CORRENS davon aus, daß ,,das Verhältnis zwischen der Zahl der befruchtungsfähigen Samenanlagen (mit je einer Eizelle) im Fruchtknoten und der Zahl der Pollenkörner (mit je einer generativen Zelle und je zwei Spermakernen), die auf die Narbe kommen, von Einfluß sein muß. Sind so viel Samenanlagen vorhanden als Pollenkörner geboten werden oder mehr Samenanlagen, so ist die Konkurrenz um die Eizellen so weit als möglich ausgeschaltet. Das dann beobachtete Geschlechtsverhältnis in der Nachkommenschaft muß sich dem mechanischen nähern oder ihm sogar entsprechen, wenn eine Konkurrenz, wie wir sie angenommen haben, die einzige Ursache der Abweichung war. Wird umgekehrt ein Überschuß von Pollen zur Bestäubung verwendet — daß das Mehrfache der Zahl der Samenanlagen im Fruchtknoten und mehr als gewöhnlich... auf die Narbe gelangt—, so ist die Konkurrenz um die Samenanlagen gesteigert, und das Zahlenverhältnis der Geschlechter muß sich bei der Nachkommenschaft noch weiter vom mechanischen Verhältnis entfernen, als es unter gewöhnlichen Verhältnissen tut'' (1917, S. 694).

Die Versuchsergebnisse von CORRENS an *Melandrium* (1917, ausführlicher 1921), die in Tabelle 23 zusammengestellt sind, zeigen die Richtigkeit der Ableitung. Bei spärlicher Bestäubung, d. h. wenn nur etwa 400 Pollenkörner auf die Narbe gebracht wurden, erhält man das ideale Spaltungsverhältnis, etwa gleichviel Männchen und Weibchen. Bei extrem reichlicher Bestäubung, d. h. wenn die Anzahl der schneller wachsenden weibchenbestimmenden Pollenschläuche sehr groß ist, dann überwiegen die Weibchen in hohem Maße in der Nachkommenschaft (etwa

Tabelle 23. Bestäubungsversuche an *Melandrium* mit verschieden großen Pollenmengen (zusammengestellt nach CORRENS, 1921b, Tab. 4—6).

Kreuzung	Gesamtanzahl Pflanzen	Anzahl ♂	% ♂	erw. 500%	Differenz gef.-erw.
Spärliche Bestäubung.					
499 D × 499 H	987	526	53,29	±1,59	+3,29
499 AA × 499 H	853	440	51,58	±1,11	+1,58
37 b × 37	3065	1534	50,05	±0,90	+0,05
499 W × 499 M	1048	519	49,53	±1,54	−0,47
499 T × 499 M	1333	623	46,74	±1,37	−0,26
499 AC × 499 M	924	463	50,11	±1,66	+0,11
Mäßig reichliche Bestäubung.					
15 d III × 22 b III	2872	1170	40,74	±0,93	−9,26
21 a III × 22 b III	1248	525	42,07	±1,42	−7,93
25 b I × 22 b III	1223	393	32,13	±1,43	−17,87
Reichliche Bestäubung.					
37 b × 37	2355	842	35,75	±1,05	−14,25

35% Männchen und 65% Weibchen). Bei mäßig reichlicher Bestäubung, etwa 2500 Pollenkörner pro Fruchtknoten mit etwa 350 Samenanlagen, erhalten wir auch einen mittleren Wert für die Anzahl von Männchen, etwa 32—43%.

Ganz gleichsinnig verliefen auch die Versuche von CORRENS (1922) mit dem diözischen Sauerampfer *Rumex acetosa* (Tab. 24). Auch hier ist, wie bei *Melandrium*, das männliche Geschlecht das heterogametische, und die weibchenbestimmenden Pollenschläuche wachsen schneller als die männchenbestimmenden. Bei reichlicher Bestäubung fand CORRENS 6—12% Männchen in der Nachkommenschaft, bei sehr spärlicher Bestäubung dagegen etwa 30% Männchen und entsprechend 70% Weibchen.

Tabelle 24. Bestäubungsversuche an *Rumex acetosa* mit verschieden großen Pollenmengen (zusammengestellt nach CORRENS, 1922, Tab. 2).

Eltern	Viel Pollen					Wenig Pollen				
	Anzahl Pflanzen	Anzahl ♂	% ♂	erw. 50,0%	Differenz gef.-erw.	Anzahl Pflanzen	Anzahl ♂	% ♂	erw. 50,0%	Differenz gef.-erw.
A × D	1175	148	12,60	±1,46	−37,40	1152	334	28,99	±1,47	−21,01
B × E	1145	88	7,68	±1,48	−42,32	1118	365	32,65	±1,50	−17,35
C × E	1109	70	6,31	±1,50	−43,69	1140	354	31,05	±1,48	−18,95

Es ist auffallend, daß auch bei spärlicher Bestäubung immer noch ein beträchtliches Defizit an Männchen sich findet, immer noch etwa 30% an Stelle von 50%. Wir kommen darauf noch weiter unten zurück (S. 141).

Seit längerer Zeit diskutiert HERIBERT-NILSSON die Vererbung des Rotnervenfaktors bei *Oenothera Lamarckiana* (1911—1925) und ist zu dem Schluß gekommen, daß auch hier ein Erbfaktor komplizierend eingreift, der das Wachstum der Pollenschläuche, die den Weißnervenfaktor übertragen, im Vergleich zu dem der Pollenschläuche mit dem Rotnervenfaktor herabsetzt. Diese Wachstumshemmung äußert sich sowohl bei der Rückkreuzung heterozygot rotnerviger Pflanzen zu homozygot weißnervigen, als auch bei der Kreuzung der Heterozygoten untereinander. Eine Komplikation bedeutet es allerdings, daß die homozygot rotnervigen Pflanzen nicht lebensfähig sind, wie man schon seit langem vermutet hat und wie es neuerdings HIORTH (1927) einwandfrei nachgewiesen hat.

Die Unterscheidung zwischen Bestäubungen mit viel oder wenig Pollen führte HERIBERT-NILSSON (1923) nicht, wie CORRENS, auf Grund der ungefähren Anzahl der Pollenkörner, die zur Bestäubung benutzt worden waren, durch, sondern auf Grund der in einer Kapsel erhaltenen Samen (Tabelle 25). Er findet bei einer geringen Anzahl von Samen (bis etwa 200 Samen pro Kapsel), die auf eine spärliche Bestäubung schließen läßt, eine Spaltung in der Nachkommenschaft geselbsteter heterozygoter Rotnervenpflanzen, die dem erwarteten idealen Verhältnis 2 Rr : 1 rr (die RR-Homozygoten werden ja als Zygoten eliminiert) entspricht. Bei reichlicher

Tabelle 25. Bestäubungsversuche an *Oenothera Lamarckiana* mit verschieden großen Pollenmengen (zusammengestellt nach HERIBERT-NILSSON 1925, Tab. 1).

Anzahl Samen per Kapsel	Anzahl Pflanzen	Anzahl Weißnerven (rr)	% rr	erw. 33,3 %	Differenz gef.-erw.
1—100	427	146	34,29	± 1,81	+ 0,96
100—200	336	110	32,74	± 2,57	− 0,59
200—300	91	32	35,16	± 4,94	+ 1,83
Reichlich	318	69	21,70	± 2,64	− 11,63

Bestäubung dagegen wird ein Teil der r-Pollenschläuche von den R-Schläuchen verdrängt, und wir finden ein deutliches Fehlen von weißnervigen Pflanzen (etwa 21% an Stelle von 33%).

Bei *Datura* fand SIRKS (1926b) in der Nachkommenschaft von Pflanzen, die für den Faktor für violette Blütenfarbe P, bzw. weiße Blütenfarbe p und den Faktor für stachelige Früchte S bzw. stachellose Früchte s heterozygot waren, eine von den erwarteten idealen Verhältniszahlen abweichende Spaltung. Mit Hilfe verschiedener Methoden konnte SIRKS nachweisen, ,,daß es sich hier um die Auswirkung eines verschiedenen Wachstums der Pollenschläuche handelt". Er bestäubte unter anderen homozygot rezessive Pflanzen (*ppss*) mit viel und wenig Pollen der heterozygoten (*PpSs*). Die Abweichungen von dem erwarteten Verhältnis 25% :25% :25% :25% sind in Tabelle 26 angegeben. Aus den Zahlen geht deutlich hervor,

Tabelle 26. **Bestäubungsversuche an *Datura Stramonium* mit verschieden großen Pollenmengen (zusammengestellt nach SIRKS, 1926b, Tab. V).**

Pollen	Anzahl	Abweichung von 25%				Abweichung von 50%	
		PpSs	*Ppss*	*ppSs*	*ppss*	*Pp*	*Ss*
Reichlich . .	1085	−3,1%	−6,3%	+6,5%	+2,8%	−9,4%	+3,4%
Wenig . . .	725	−1,7	−3,2	+3,7	+1,2	−4,9	+2,0

daß die Konkurrenz nach spärlicher Bestäubung schwächer ist als nach reichlicher Bestäubung, und daß daher die Abweichungen von dem idealen Spaltungsverhältnis in diesem Falle geringer sind.

Die Methode der spärlichen Bestäubung wandte BOND (1927) bei der Untersuchung der Vererbung der Samenfarbe und Form der Erbse an. Seine Zahlen sind jedoch zu gering, als daß ein näheres Eingehen auf diese Versuche notwendig wäre.

RENNER (1919) hat angegeben, daß in der Kreuzung zwischen *Oenothera biennis* × *O. Lamarckiana* die zweierlei Pollenschläuche von *Lamarckiana*, *velans* und *gaudens*, verschieden schnell wachsen. Da jedoch die in aufeinanderfolgenden Jahren von ihm angestellten Versuche (1919, S. 319) mit spärlicher und reichlicher Bestäubung einander widersprechen, sei auf diese Verhältnisse nicht weiter eingegangen.

Wenn wir nun auf die Ergebnisse der Experimente mit spärlicher und reichlicher Bestäubung zurückblicken, so *finden wir in allen Fällen bei spärlicher Bestäubung eine deutliche Verminderung oder völlige Aufhebung der Konkurrenz zwischen den beiderlei Pollenschlauchtypen.*

Während bei *Melandrium* und bei *Oenothera Lamarckiana* die Konkurrenz tatsächlich aufgehoben ist, bleibt sie bei *Rumex* zwar in abgeschwächtem Maße, aber immerhin doch noch erhalten. Dieser Unterschied ist leicht zu verstehen, wenn man mit CORRENS (1922) die anatomischen Unterschiede dieser Pflanzen beachtet. Bei *Melandrium* und bei *Oenothera* befindet sich im Fruchtknoten immer eine größere Anzahl befruchtungsfähiger Narben, und einige Hundert Pollenschläuche finden befruchtungsfähige Eier in jedem Fruchtknoten. Bei spärlicher Bestäubung werden also kaum mehr Pollenkörner auf die Narbe gebracht als Samenanlagen vorhanden sind.

Bei *Rumex* enthält der Fruchtknoten dagegen immer nur eine einzige Samenanlage mit nur einem befruchtungsfähigen Ei. Nur ein einziger Pollenschlauch in jedem Fruchtknoten findet ein unbefruchtetes Ei vor. Daß hier bei spärlicher Bestäubung die Konkurrenz überhaupt abgeschwächt ist, können wir nur dadurch erklären, daß die Variationsbreite der beiden Kurvenscharen sehr weit ist, und daß gelegentlich einzelne der an sich langsameren Pollenschläuche ebenso schnell wachsen wie die schnellsten Pollenschläuche der anderen Gruppe.

Veränderung der Weglänge. Eine zweite Methode des Nachweises einer verschiedenen Wachstumsgeschwindigkeit der Pollenschläuche geht von der Voraussetzung aus, daß die Entfernung der beiden Sorten von Pollenschläuchen während des Wachstums im Griffel immer größer wird.

Wir können eine derartige Zunahme des Abstandes der beiden Gruppen von Pollenschläuchen im Leitgewebe vor allem bei der Annahme einer stetigen Wachstumsgeschwindigkeit erklären. Eine bestimmte Stelle des Griffels (Abb. 54, *A*) wird von der Mehrzahl der schnelleren Pollenschläuche (*F*) vor dem Gros der langsameren Pollenschläuche (*H*) erreicht. Nachdem ein längeres Stück des Weges zurückgelegt ist (*B*), sind die geförderten Pollenschläuche noch mehr im Vorteil und die beiden Verteilungskurven überschneiden sich entsprechend weniger.

Wenn die Wachstumsgeschwindigkeit dagegen nicht stetig ist, sondern ständig zunimmt, so hängt es von der Art der Beschleunigung der beiden Geschwindigkeiten ab, wie sich ihr Verhältnis zueinander ändert. Es ließen sich hierbei sowohl Fälle konstruieren, in denen der Abstand der beiden Kurven bald nach der Keimung schon annähernd gleich bleibt, wo also ein Unterschied der Wachstumsgeschwindigkeit nur kurz anfangs besteht (Abb. 55, F und H_1), und andere Fälle, in denen der Unterschied der Wachstumsgeschwindigkeit sich ständig vergrößert (F und H_2). Im ersten Falle bleibt die Transgression der Verteilungskurven der F- und H_1-Pollenschläuche unabhängig von der Länge des zurückgelegten Weges. Die Wachstumskurven F und H_1 verlaufen parallel. Im zweiten Falle divergieren sie dagegen (F und H_2), und die beiden Verteilungskurven transgredieren nach Zurücklegen eines größeren Wegstückes (B) stärker als anfangs (A).

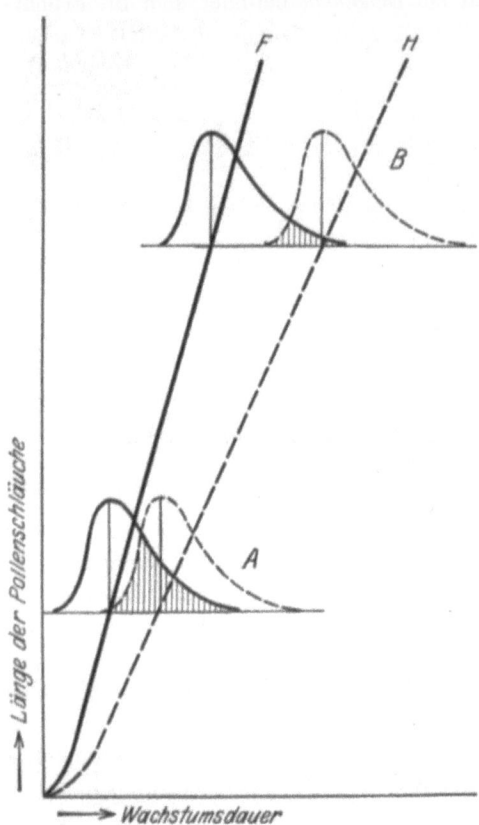

Abb. 54. Schema der Wachstums- und Verteilungskurve konkurrierender Pollenschläuche (Erklärung im Text).

Nur in dem zweiten Falle hat die Länge des zurückgelegten Weges einen Einfluß auf die Stärke der Konkurrenz der zweierlei Pollenschläuche, indem die im Wachstum gehemmten gegenüber den geförderten immer mehr ins Hintertreffen kommen.

In dem anderen Falle wird ein Variieren der Weglänge trotz Vorhandenseins einer unvollkommenen Parasterilität auf das Endergebnis ohne Einfluß sein.

Ein positiver Ausfall eines Versuches, den Grad der Parasterilität durch Variieren des Weges zu beeinflussen, spricht für das Vorliegen einer Zertation, ein negativer Ausfall beweist aber zunächst noch nichts.

Um die Weglänge zu variieren, hat CORRENS (1921) bei *Melandrium* den Pollen entweder auf die Narbenteile, die an der Spitze des Griffels (*S* in Abb. 56) liegen, übertragen oder auf die Narbenteile an der Basis des Griffels (*B* in Abb. 56). Dieses Experiment war bei *Melandrium* deshalb verhältnismäßig leicht durch-

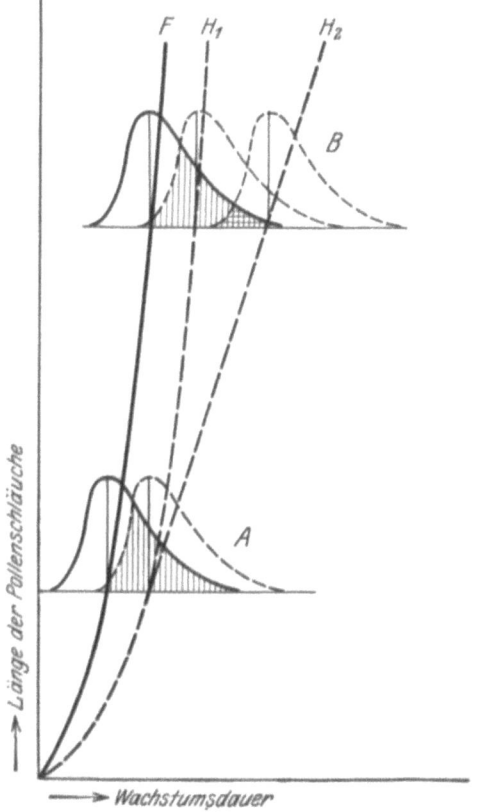
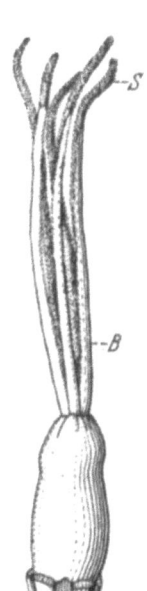

Abb. 55. Schema der Wachstums- und Verteilungskurve konkurrierender Pollenschläuche (Erklärung im Text).

Abb. 56. Stempel von *Melandrium*. (Nach CORRENS 1921.)

führbar, da, wie Abb. 56 zeigt, die Narben fast die ganze Länge des Griffels entlang laufen. Immerhin bestanden doch einige Schwierigkeiten. So ist die Narbe an der Griffelspitze breiter als an der Basis, und es wäre denkbar, daß sich daraus bei der Übertragung der gleichen Pollenmenge auf Spitze und Basis verschiedene Keimungsbedingungen ergeben.

Die Versuchsergebnisse sind in Tabelle 27 zusammengestellt. Die Verschiebung des Geschlechtsverhältnisses in der Nachkommenschaft, die als eine Folge der bei der Bestäubung der Griffelbasis erwarteten Herabsetzung der Konkurrenz zwischen den schnellen weibchenbestimmenden und den langsamen männchenbestimmenden Pollenschläuchen sich einstellt, ist nicht sehr ausgeprägt. Wenn auch die einzelnen Werte statistisch nicht gesichert sind, zeigen sie doch mit nur einer Ausnahme eine gleichsinnige Verschiebung in der erwarteten Richtung an. Die eine Ausnahme beruht wohl darauf, daß hier gar keine Konkurrenz zwischen Pollenschläuchen bestand.

Tabelle 27. Abhängigkeit der Pollenschlauchkonkurrenz bei *Melandrium* von der Weglänge (zusammengestellt nach CORRENS 1921b, Tab. 15—17).

Eltern	Griffelspitze			Griffelbasis			Differenz Basis-Spitze
	Gesamtanzahl Pflanzen	Anzahl ♂	% ♂	Gesamtanzahl Pflanzen	Anzahl ♂	% ♂	
36 C	638	230	36,05	837	309	36,06	+0,01
36 F	732	256	34,97	809	306	37,82	+2,85
37 A	793	343	43,26	491	258	52,55	+9,29
37 B	1011	422	41,74	1271	562	44,22	+2,48
66 × 37 C	3145	1370	43,56	2422	1098	45,33	+1,77
499 D × 499 H	1298	697	53,70	1334	684	51,27	−2,43

„Ob die Bestäubung mit gleichen Pollenmengen an der Griffelspitze oder dem Griffelgrund auf gleich breiter Zone erfolgt, hat also auf das Geschlechtsverhältnis unter den Nachkommen einen merklichen Einfluß, aber nur bei Verwendung des Pollens gewisser Männchen, offenbar solcher, deren beiderlei Pollensorten sich in der mittleren Zuwachsgeschwindigkeit ihrer Schläuche unterscheiden. Es bleibt aber fraglich, wieviel davon auf Rechnung der geringeren Möglichkeiten zur Keimung beim Griffelgrund und die dadurch herabgesetzte Konkurrenz zu setzen ist, und, wieviel auf Rechnung des weit kürzeren Weges von dort bis zu den Samenanlagen. Beide Umstände wirken gleichsinnig auf eine Zunahme der Männchen nach Bestäubung des Griffelgrundes. Der längere Weg von der Griffelspitze aus bedingt einen Vorteil der Weibchenbestimmer dadurch, daß die Zufalls-„Vorgabe" der männchenbestimmenden Pollenkörner auf der bestäubten Querzone von den

Schläuchen der weibchenbestimmenden Pollenkörner leichter eingeholt werden kann. Sie beträgt etwa 3—4 mm bei einer Länge der ganzen Bahn von durchschnittlich etwa 20 mm" (CORRENS 1921b, S. 353).

Auch bei gewissen Maiskreuzungen ist eine Veränderung der Stärke der Konkurrenz von zwei Pollenschlauchsorten bei einer Änderung des Weges durch JONES (1922) und P.C. MANGELSDORF (1929) beobachtet worden.

JONES (1922) bestäubte weißen glatten Spitzmais und gelben runzeligen Süßmais mit künstlich hergestellten Mischungen des Pollens der beiden Sorten. Hierbei ergab sich, daß zwischen den zweierlei Pollenschläuchen eine Konkurrenz besteht, bei der jeweils der eigene Pollen im Vorteil ist, also sowohl bei Bestäubung des Spitzmaises mit der Pollenmischung der Spitzmaispollen als auch umgekehrt. JONES glaubt nun, daß es sich bei dieser Konkurrenz um eine Wirkung einer verschiedenen Wachstumsgeschwindigkeit der Pollenschläuche handelt und sucht den Unterschied dadurch zu verringern, daß er die Strecke, auf der sich dieser ,,Wettlauf" abspielt, d. h. die Narbe, verkürzt.

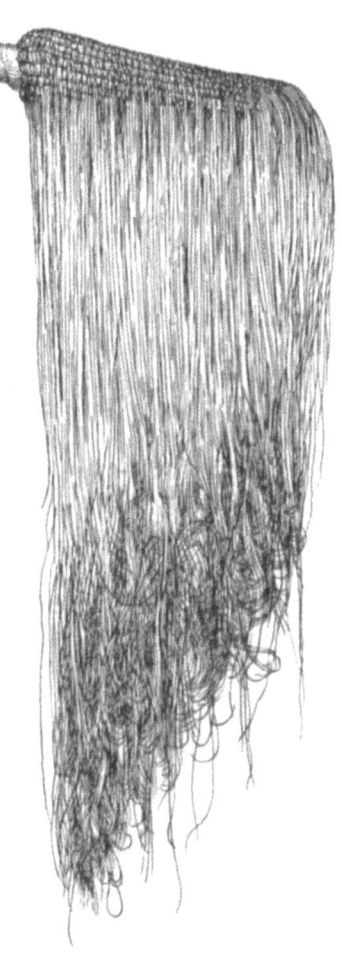

Abb. 57. Maiskolben mit den langen Narben nach Entfernung der Hüllblätter. (Nach einer Photographie von JONES 1922.)

Den Bau eines befruchtungsreifen Maiskolbens müssen wir hier kurz besprechen. Die Narben hängen in einem dichten Büschel aus den Hüllblättern des Kolbens heraus. In jeder Narbe spielt sich, ähnlich wie bei *Rumex*, der Konkurrenzkampf zwischen den beiden Pollenschlauchsorten ab. Der eine zuerst angekommene Pollenschlauch befruchtet die einzige Samenanlage jedes Fruchtknotens. Die Narben erreichen eine Länge bis zu 50 cm. JONES verkürzte nun diesen Weg beträchtlich, indem er die Narben vor der Befruchtung dicht über dem Kolben abschnitt und die Pollenmischung auf die Schnittfläche streute. Der Abstand, der dann von den Pollen noch durchwachsen werden muß, hängt von der Stellung der Blüte an der Kolbenachse ab. Er beträgt bis zur Spitze der Kolben etwa 5 cm, bis zur Basis etwa 15 cm. Wenn man sich den Kolben in eine obere und eine untere Hälfte geteilt denkt, dann ist der Weg, den die Pollenschläuche im Durchschnitt bei der Befruchtung der Blüten in der oberen Hälfte zurücklegen müssen, um durchschnittlich 5 cm kürzer als der Weg bis zu den Blüten der unteren Hälfte. Wenn nun die Überlegenheit der schnelleren Sorte von Pollenschläuchen mit zunehmendem Wege auch steigt, dann müßte also die Konkurrenz in der unteren Hälfte der Kolben schärfer sein als in der oberen. Da im vorliegenden Falle der Pollen bei Kreuzung langsamer wächst als bei Selbstbestäubung, so muß also die an sich schon geringe Zahl von Bastardkörnern in der unteren Kolbenhälfte geringer sein als in der oberen. Die von JONES (1922) gefundenen Zahlen sind in Tabelle 28 wiedergegeben.

Tabelle 28. **Abhängigkeit der Pollenschlauchkonkurrenz von der Weglänge bei *Zea Mays* (nach JONES, 1922, Tab. II).**

Mutter	Vater	Anzahl Körner	Prozentsatz obere Hälfte in %	Bastardkörner untere Hälfte in %	Obere — untere Hälfte
$A1$	$A1 + B1$	822	1,99	0,54	+ 1,45
$B1$	$A1 + B1$	2387	17,23	14,64	+ 2,59
$A2$	$A2 + B2$	4249	1,22	0,05	+ 1,17
$B2$	$A2 + B2$	1870	26,66	23,01	+ 3,65
$A3$	$A3 + B3$	1570	0,25	0,00	+ 0,25
$B3$	$A3 + B3$	543	60,07	57,14	+ 2,93
$A4$	$A4 + B4$	1959	2,54	0,32	+ 2,22
$B4$	$A4 + B4$	382	24,73	13,78	+10,95
$A5$	$A5 + B5$	4090	0,10	0,20	− 0,10
$B5$	$A5 + B5$	1253	78,43	75,35	+ 3,08

In der Tabelle 28 sind die Spitzmaisformen mit A, die Süßmaisformen mit B bezeichnet. Worauf die schärfere Konkurrenz bei der Bestäubung des Spitzmaises im Vergleich zu den Bestäubungen des Süßmaises beruht, haben wir oben (S. 125ff.) schon besprochen. Daß die Konkurrenz, wie erwartet, in der unteren, von der Bestäubungsstelle weiter entfernten Kolbenhälfte schärfer als in der näheren, oberen Hälfte ist, zeigen die Zahlen deutlich. Die Unterschiede sind, wie bei *Melandrium*, nicht groß und im einzelnen daher statistisch nicht gesichert, aber sie haben immer das gleiche Vorzeichen und müssen daher berücksichtigt werden.

Eine Reihe von Autoren hat festgestellt, daß sich bei der Vererbung des Faktors für „Wachs"-Endosperm Abweichungen von dem erwarteten Zahlenverhältnis einstellen, die vermutlich auf der Wirkung von Pollenschlauchfaktoren beruhen. Einen sicheren Nachweis hierfür konnte BRINK (1925) dadurch erbringen, daß er in einer Versuchsserie die Narben 25 cm von dem oberen Kolbenende entfernt und in einer Parallelserie nur etwa 7,5 cm entfernt bestäubte. Das Defizit an rezessiven Wachskörnern war im ersten Falle beträchtlich höher als im zweiten, wie man aus den Zahlen in Tabelle 29 ersieht. Der Unterschied der Geschwindigkeit der *Wx*- und *wx*-Pollenschläuche macht sich auf der kurzen Strecke kaum, auf der langen aber sehr stark bemerkbar.

Tabelle 29. Abhängigkeit der Pollenschlauchkonkurrenz von der Weglänge bei *Zea Mays* (nach BRINK, 1925).

Abstand der Bestäubung v. Kolben	Bestäubte Narben	Anzahl Körner	Erfolg der Bestäubungen %	Wachskörner		Abweichung %	Wahrscheinlicher Fehler
				Anzahl	%		
25,0 cm	4250	1263	29,7	258	20,43	−4,57	± 0,82
7,4 „	4472	3569	79,8	855	23,97	−1,04	± 0,49
					Differenz	3,53	± 0,6

Noch weiter führen die Untersuchungen von P. C. MANGELSDORF (1929). Während bei den meisten Kreuzungen zwischen Stärke- und Süß-(Zucker-)Mais der rezessive Charakter, das Zuckerendosperm, normal herausmendelt, ergibt sich bei der Kreuzung Zuckermais (*su su*) mit dem bereits mehrfach erwähnten Spitzmais („Rice" oder „Squirrel Tooth" [*Su Su*]) ein ausgesprochenes Defizit an Rezessiven. Es spalten durchschnittlich nur 15% Zuckermaiskörner und 85% Stärkemaiskörner heraus, an Stelle der Spaltung in 25% und 75%. Daß es sich hierbei um die Wirkung von Parasterilitätsfaktoren handelt, ist bereits von CORRENS (1902) vermutet worden. P. C. MANGELSDORF (1929) gelang es, einen bindenden Beweis zu erbringen, in dem er die Abhängigkeit des Spaltungsverhältnisses von der Entfernung der Bestäubungsstelle von den Samenanlagen nachwies.

Bevor wir diese Experimente besprechen, müssen wir uns klar machen, welche Spaltungsverhältnisse im einzelnen zu erwarten sind. Von den Eiern heterozygoter *Su-su*-Pflanzen enthalten 50% den dominanten *Su*-Faktor und 50% den rezessiven *su*-Faktor. Die gleiche Spaltung tritt auch beim Pollen ein. Wenn nun durch die Wirkung eines Parasterilitätsfaktors die *Su*-Pollenschläuche ganz eliminiert würden, dann würden wir in den Kolben 50% Zuckermaiskörner (*su su*) erwarten müssen. Wenn jede Elimination fehlt, dann erhielten wir 25% Zuckermaiskörner. Und wenn schließlich die *su*-Pollenschläuche eliminiert würden, dann fehlten Zuckermaiskörner völlig.

In der ersten Versuchsreihe schnitt P. C. MANGELSDORF (1929) in der einen Serie von Kolben die Narbenbüschel 7—10 cm von der Kolbenspitze entfernt ab. In einer zweiten wurden dagegen die Narben samt der Kolbenspitze entfernt. Der Pollen wurde dann auf die Schnittflächen aufgetragen. Unter Berücksichtigung der Kolbenlänge betrug der Weg der Pollenschläuche in dem einen Falle 10—20 cm, in dem zweiten 0—10 cm. Die gefundenen Zahlenwerte (Tabelle 30) zeigen, daß die Konkurrenz bei dem kürzeren Wege zwar noch recht scharf, aber doch schwächer war als bei längerem Wege.

Tabelle 30. **Abhängigkeit der Pollenschlauchkonkurrenz von der Weglänge bei** *Zea Mays* **(zusammengestellt nach P. C. MANGELSDORF, 1929, Tab. I und II).**

	Anzahl Körner	% Zuckerkörner	
Kurzer Weg	1105	15,29	± 0,73
Langer Weg	1933	12,21	± 0,50
	Differenz	3,08	± 0,88

Einen Einfluß der Weglänge auf die Stärke der Elimination fand P. C. MANGELSDORF auch bei dem Vergleich der Anzahl der Zuckermaiskörner in der oberen und unteren Kolbenhälfte. Unter 3806 Körnern der oberen Hälfte waren 15,32% Zuckermaiskörner, unter 3500 Körnern der unteren Hälfte etwas weniger, nämlich 14,51% Zuckermaiskörner.

P. C. MANGELSDORF (1929) ging nun noch weiter, indem er versuchte, durch Zerlegen der Kolben in mehr als zwei Teile ein genaueres Bild von den Konkurrenzverhältnissen zwischen den Su- und den su-Pollenschläuchen zu bekommen. Beim Auszählen normal bestäubter Kolben geselbsteter Su-su-Pflanzen teilte er die Kolben in Stücke von je 2,5 cm Länge und bestimmte in jedem Bezirk die Anzahl der Zuckermaiskörner. Bei der Zusammenfassung der Werte der einzelnen Kolben unterschied er zwei Gruppen von Kolben: solche, die in irgendeiner Zone bis zu 25% Zuckermaiskörner enthielten (Gruppe I) und solche, die immer weniger besaßen (Gruppe II). (Tab. 31.)

Tabelle 31. Abhängigkeit der Pollenschlauchkonkurrenz von der Weglänge bei *Zea Mays* (zusammengestellt nach P. C. MANGELSDORF, 1929).

	Mittlerer Abstand von der Kolbenspitze					
	2,5 cm	5,0 cm	7,5 cm	10,0 cm	12,5 cm	15,0 cm
Gruppe I	12,82%	13,23%	15,49%	16,84%	18,68%	24,07%
Gruppe II	15,18%	15,83%	14,61%	13,37%	12,36%	15,04%
Im ganzen	14,87% ±0,70%	15,36% ±0,61%	14,78% ±0,61%	14,02% ±0,60%	14,05% ±0,71%	17,65% ±1,09%

Die Gesamtzahlen, vor allem aber die Zahlen in Gruppe I (Tabelle 31), geben ein auffallendes Resultat: Die Anzahl der Zuckermaiskörner steigt hier mit zunehmendem Wege, anstatt, wie zunächst erwartet, gerade abzunehmen. Bei Gruppe I ist in dem unteren Teile des Kolbens, also nachdem die Pollenschläuche auf einer sehr langen Strecke miteinander konkurriert haben, die Wirkung der Parasterilität ganz aufgehoben.

Da diese Zahlen jedoch statistisch wieder nicht ganz einwandfrei sind, stellte P. C. MANGELSDORF noch ein besonderes Experiment an, in dem die Pollenschläuche einen besonders langen Weg zurücklegen mußten. Er bestäubte die Narben in einem Abstande von etwa 20 cm von der Spitze des Kolbens. Die Kolbenlänge selbst betrug etwa 12,5 cm. In diesem Experiment setzte nur ein Kolben an, der dann wieder in Stücke von 2,5 cm Breite zerlegt und so ausgezählt wurde. Die Ergebnisse waren die folgenden:

Zurückgelegter Weg: 22,5 25,0 27,5 30,0 32,5 cm.
% Zuckerkörner: 12,0 12,9 14,8 32,0 35,7%

Aus diesen Zahlen folgt, daß *bei besonders langem Weg die Konkurrenz zwischen den Su- und su-Pollenschläuchen nicht nur aufgehoben wird, sondern zum Gegenteil umschlägt: die su-Pollenschläuche sind jetzt ausgesprochen im Vorteil.*

Diese Umkehrung der Konkurrenzverhältnisse kann auf verschiedene Weise erklärt werden. Jedenfalls müssen wir annehmen, daß sich der Verlauf der Wachstumskurven allmählich sehr ändert.

Es wäre zunächst möglich, daß, wie in Abb. 58 rechts, Schema II, angegeben, zuerst die *su*-Schläuche beträchtlich langsamer als die

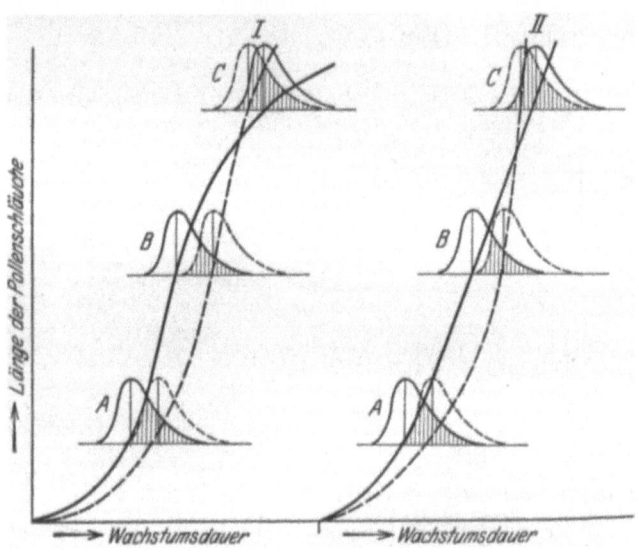

Abb. 58. Schema der Wachstums- und Verteilungskurven konkurrierender Pollenschläuche. (Erklärung im Text.)

Su-Schläuche wachsen (bei *A*), daß dieser Unterschied im Laufe des Wachstums, d. h. mit der Länge des zurückgelegten Weges, zunächst noch verstärkt wird (bei *B*), daß dann aber ein Umschlag kommt und die *su*-Schläuche schneller zu wachsen beginnen und dabei schließlich sogar die *Su*-Schläuche überholen (bei *C*).

Andererseits (Abb. 58, links, Schema I) ist es aber nicht ausgeschlossen, daß es eine Maximallänge gibt, die die Pollenschläuche erreichen können. In diesem Falle würde die Geschwindigkeit, bevor dieses Maximum der Länge erreicht ist, wahrscheinlich allmählich abnehmen und schließlich bis auf 0 sinken. Die Wachstumskurve hätte dann die charakteristische S-Form, die wir oben (S. 39) besprachen.

Einige Beobachtungen sprechen nun eindeutig dafür, daß es eine obere Grenze für die Länge der Pollenschläuche beim Mais gibt. Während in der Regel künstliche Bestäubungen beim Mais erfolgreich sind und Kolben mit gutem Kornansatz liefern, setzten in den Experimenten nach Bestäubung der Narbenenden, also in beträchtlichem Abstande von den Samenanlagen, bei P. C. MANGELSDORF (1929) nur ein Kolben an und bei BRINK (1925) nur 15 Kolben unter 22 bestäubten. In den bereits oben (S. 147) erwähnten Versuchen BRINKs (1925) setzten weiterhin nur 29,7% der bestäubten Einzelblüten bei Bestäubung der äußersten Narbenenden an gegenüber einem Ansatz von 79,8% nach einer normalen Bestäubung (vgl. Tabelle 29).

Wenn nun die Maximallänge der Su-Pollenschläuche größer ist als die der su-Schläuche, dann können wir die Versuchsergebnisse auf diese Weise erklären, wie wohl das Schema I in Abb. 58 (links) ohne weitere Erklärung verständlich macht.

Bei der Wichtigkeit dieser Beobachtung wird man mit Spannung die genaue Nachprüfung dieser Befunde erwarten.

Unterbrechung des Weges. Diese dritte, zuerst von HERIBERT-NILSSON (1915) vorgeschlagene Methode[1] beruht auf der einfachen Überlegung, daß man die langsamer wachsenden Pollenschläuche leicht dadurch ganz von der Befruchtung ausschließen kann, daß man den Griffel von dem Fruchtknoten dann abtrennt, wenn die schnell wachsenden Pollenschläuche gerade die Fruchtknotenhöhle erreicht haben, während die langsameren Schläuche noch nicht so weit gekommen sind. Da die Pollenschläuche nicht auf der ganzen Länge lebend sind, sondern nur die durch Mem-

---

[1] Diese Methode spielte übrigens bereits in der ersten Hälfte des vorigen Jahrhunderts eine wichtige Rolle, um zu sehen, "in what manner the operation (– das Abtrennen des Griffels –) interferes with the fructification of the plant" (HERBERT, 1837, S. 350), wie es auch aus dem folgenden Zitat deutlich hervorgeht: „Ein anderes Mittel, sich über die Bewegung des Befruchtungsstoffes in den Narben und Griffeln zu unterrichten, wurde von HENSCHEL (1828) an *Hernimeris urticifolia* versucht, und von HERBERT (1837) an Rhododendron durch Abschneiden der Narbe und der Griffel zu verschiedenen Seiten und in verschiedenen Längen vorgeschlagen" (C. F. GÄRTNER, 1844, S. 380).

branpfropfen abgetrennte Schlauchspitze, wird durch ein Abschneiden des Griffels mit den älteren toten Teilen der Pollenschläuche das Wachstum der Schlauchspitze nicht beeinflußt.

Welches Ergebnis das Abtrennen der Griffel mit den noch zurückgebliebenen Pollenschläuchen hat, hängt, wie HERIBERT-NILSSON (1923) auseinandersetzt, davon ab, wie sehr die Variationsbereiche der Wachstumskurven der beiden Arten von Pollenschläuchen transgredieren. Wir wollen der Einfachheit halber die schnell wachsenden Pollenschläuche mit A, die im Durchschnitt langsamer wachsenden mit B bezeichnen. Wir können dann mit RENNER (1925, S. 150) und HERIBERT-NILSSON (1923, S. 184) die folgenden Phasen des Vordringens der Pollenschläuche unterscheiden:

1. Nur Pollenschläuche A,
2. allmähliches Eintreffen von B-Pollenschläuchen,
3. gleiche Anzahl von A- und B-Pollenschläuchen,
4. Überwiegen der B-Pollenschläuche und schließlich
5. ausschließliches Eintreffen von B-Pollenschläuchen.

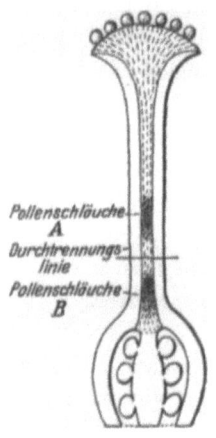

Abb. 59. Schema des „Abschneideversuches" bei Konkurrenz zweier Pollenschlauchsorten (A und B).

Die relative Dauer der einzelnen Phasen hängt von dem Ausmaße der Transgression der beiden Variationsbereiche ab.

Wenn das Abtrennen des Griffels rechtzeitig noch in der ersten Phase erfolgt (Abb. 59), dann kommen nur A-Pollenschläuche zur Befruchtung. Je später der Eingriff vorgenommen wird, um so mehr B-Pollenschläuche erreichen die Fruchtknotenhöhle, und um so mehr nähert sich das Versuchsergebnis den Befunden bei nicht abgetrenntem Griffel.

Während die Versuche mit spärlicher Bestäubung das Ziel hatten, die Auswirkung der Konkurrenz der zweierlei Pollenschlauchtypen abzuschwächen, haben umgekehrt die Versuche mit Abtrennung des Griffels nach der Bestäubung den Zweck, die Konkurrenzwirkung zu erhöhen.

Auch diese Methode hat CORRENS (1921b) als erster bei seinen Versuchen mit *Melandrium* in größerem Maßstabe angewandt.

Unvollkommene Parasterilität. 153

Hierbei hat er zwei Methoden kombiniert: Durch Bestäubung von Spitze oder Basis der Griffel wurde der Einfluß der Wegstrecke auf die Konkurrenzwirkung untersucht, und gleichzeitig wurde durch frühzeitiges Abtrennen der Griffel dicht oberhalb der Fruchtknoten die Konkurrenz erhöht. Es sollen hier nur die folgenden Experimente miteinander verglichen werden: 1. Sehr scharfe Konkurrenz bei langem Wege durch Bestäubung der Griffelspitze und Abtrennen der Griffel; 2. normale Konkurrenz bei Bestäubung der Griffel ohne nachfolgendes Abschneiden. In beiden Fällen wurde annähernd die gleiche Pollenmenge, nämlich der Inhalt einer Anthere oder etwa 2500 Pollenkörner, zur Bestäubung benutzt. Das Abtrennen der Griffel erfolgte bei Bestäubung der Griffelspitze nach $12\frac{1}{2}$—15 Stunden.

Die Versuchsergebnisse sind in Tabelle 32 zusammengestellt.

Tabelle 32. Unterbrechungsversuch an *Melandrium* (nach CORRENS, 1921b, Tab. 13).

Pflanze	I Kontrolle			II Unterbrechungsversuch			I—II		
	Gesamtanzahl	% ♀	Fehler	Gesamtanzahl	% ♀	Fehler	Differenz	Fehler	Differenz: Fehler
37 F	866	39,72	± 1,66	853	31,42	± 1,59	8,30	± 2,30	> 3
40 B	1746	38,03	± 1,16	1065	32,58	± 1,44	5,45	± 1,85	> 3
66 A	2445	43,60	± 1,00	714	25,85	± 1,64	17,75	± 1,71	>10
72	772	37,05	± 1,74	449	26,43	± 2,09	10,32	± 2,72	> 4

Wie erwartet, erhöht das Abschneiden des Griffels die Wirkung der Konkurrenz ganz beträchtlich, wenn auch, wie wir oben sahen, die Entfernung, die die Pollenschläuche in diesen Experimenten zurücklegen müssen, nicht ohne Einfluß auf die Auswirkung der Konkurrenz ist (vgl. oben S. 143ff.).

Die Verschärfung der Wirkung der Konkurrenz nach dem Abschneiden der Griffel ist auch deutlich, wenn man in den Originaltabellen von CORRENS (1921b, S. 343—346, Tabelle 9—12) die Änderung der Konkurrenzwirkung mit abnehmender Samenanzahl betrachtet. Je zeitiger die Griffel abgetrennt waren, d. h. je weniger Pollenschläuche bereits in den Fruchtknoten gelangt waren und je weniger Samen daher entstanden war, um so schlechter sind die Aussichten der männchenbestimmenden Pollenschläuche geworden. Trotz der großen Schwankungen der Einzelwerte kann man in gewissem Grade eine Abnahme des Prozentsatzes von Männchen in der Nachkommenschaft mit abnehmender Samenanzahl feststellen.

Eine Wiederholung dieses Versuches führte CORRENS (1921 b, S. 348—349, Versuch aus dem Jahre 1919) allerdings zu einem anderen Ergebnis. In der Kontrollbestäubung mit sehr wenig Pollen wie auch bei Bestäubung der Griffelspitze mit reichlich Pollen und darauf folgendem Abtrennen der Griffel traten in der Nachkommenschaft annähernd gleichviele Männchen und Weibchen auf. „Es bleibt nur die Erklärung, daß es verschiedenartige Männchen gibt, solche, bei denen Weibchen- und Männchenbestimmer in der mittleren Schnelligkeit des Keimens und des Wachsens sehr verschieden sind, und solche, wo dieser physiologische Unterschied zwischen den beiden Sorten Pollenkörnern ganz fehlt" (CORRENS, 1921, S. 349).

Die Ergebnisse der Versuche HERIBERT-NILSSONS (1923, S. 179) bei Selbstbestäubung heterozygot rotnerviger (Rr-) Pflanzen von *Oenothera Lamarckiana* mit nachfolgendem Abschneiden der Griffel gaben ein eindeutiges Resultat. Je früher das Abschneiden erfolgte, um so mehr wurde die Auswirkung der Konkurrenz erhöht.

Tabelle 33. Unterbrechungsversuch bei *Oenothera Lamarckiana* (zusammengestellt nach HERIBERT-NILSSON, 1923, Tab. 1).

Zeit zwischen Bestäubung und Abschneiden	Gesamtzahl der Pflanzen	weißnervige Pflanzen		erw. 33,3 %	Differenz gef. - erw.	Differenz: Fehler
		Anzahl	%			
20 Stunden	16 ⎫ 32	2	⎫ 6,7	± 8,3	− 26,6	> 3
21 „	16 ⎭	—	⎭			
22 „	40 ⎫ 84	11	⎫ 28,6	± 5,1	− 4,7	< 1
23 „	44 ⎭	13	⎭			
24 „	45 ⎫ 93	7	⎫ 20,4	± 4,9	− 12,9	< 3
25 „	48 ⎭	12	⎭			
30 „	93	27	29,0	± 4,9	− 4,3	< 1

Aus diesen Versuchsergebnissen geht ganz eindeutig hervor, daß die R-Pollenschläuche der Rr-Pflanzen schneller als die r-Pollenschläuche wachsen. 20 Stunden nach der Bestäubung sind fast nur die ersteren bis zu dem Fruchtknoten gelangt. Nach etwa 22 Stunden ist bereits die Mehrzahl der r-Schläuche in den Fruchtknoten hineingewachsen. Ein späteres Abschneiden hat keinen deutlichen Einfluß mehr auf die Konkurrenzverhältnisse.

SIRKS (1926b) benutzte die Abschneidemethode bei der Untersuchung der Pollenschlauchfaktoren bei *Datura*, die wir bereits oben (S. 139) erwähnten. In Kreuzungen homozygot-rezessiver Pflanzen mit weißen Blüten (pp) und stachellosen Früchten (ss) mit doppelt heterozygoten Individuen ($Pp\,Ss$) trennte er den Griffel 29, 30 und 34 Stunden nach der Bestäubung ab. In den Versuchen wuchsen die P-Pollenschläuche langsamer als die p-Schläuche und die s-Schläuche langsamer als die S-Schläuche. Je kürzere Zeit die Griffel am Fruchtknoten belassen wurden, um so seltener traten noch langsame Pollenschläuche in den Fruchtknoten über, und um so größer wurden daher die Abweichungen von dem erwarteten Spaltungsverhältnis. Wenn die Zahlen auch in diesem Versuche nicht groß genug sind, um statistisch einwandfrei zu sein, so zeigen doch Tabelle 34 und Abb. 60 die im großen und ganzen gleichsinnige Änderung des Spaltungsverhältnisses in den einzelnen Versuchen.

Tabelle 34. Durchtrennungsversuch bei *Datura Stramonium* in einer Kreuzung ($pp\,ss$) × ($Pp\,Ss$), (zusammengestellt nach SIRKS, 1926, Tab. 3).

Familie	Stunden zwischen Bestäubung und Abschneiden des Griffels	Anzahl der Individuen	Abweichung von 25%				Abweichung von 50%	
			$Pp\,Ss$ %	$Pp\,ss$ %	$pp\,Ss$ %	$pp\,ss$ %	Pp %	Ss %
291	29	188	−3,7	−0,9	+9,6	+3,2	−12,7	+5,9
292	30	141	−5,2	−7,2	+7,6	+4,8	−12,4	+2,4
293	31	193	−3,2	−6,9	+6,1	+4,0	−10,1	+2,9
294	32	276	−2,5	−5,1	+4,7	+2,9	−7,6	+2,2
295	33	298	−2,5	−5,9	+4,9	+3,5	−8,4	+2,4
296	34	215	−2,2	−4,1	+3,4	+2,9	−6,3	+1,2

Die Abschneidemethode kann auch dazu benutzt werden, um die Wachstumsgeschwindigkeit bestimmter Pollensorten zu vergleichen, auch wenn sie allein zu Bestäubungen verwandt worden waren. HERIBERT-NILSSON (1915) glaubt auf diese Weise bei Bestäubung einer Pflanze von *Oenothera Lamarckiana* mit eigenem

Pollen oder Pollen einer *gigas*-Pflanze festgestellt zu haben, daß die *gigas*-Pollenschläuche 1 Stunde mehr, nämlich 21 Stunden an Stelle von 20 Stunden, zum Durchwachsen des Griffels brauchen. KEARNEY und HARRISON (1924) wandten die gleiche Methode an, um Unterschiede in der Wachstumsgeschwindigkeit von Pollen der ägyptischen Baumwolle und der Uplandbaumwolle nach Bestäubung von ägyptischer Baumwolle feststellen zu können. Obwohl bei Mischbestäubungen eine Konkurrenz der beiden Pollentypen sicher nachgewiesen werden konnte, tritt bei getrennter Bestäubung die Befruchtung durch die beiden Pollensorten gleichschnell ein.

Abschließend können wir also feststellen, daß sowohl bei *Melandrium album* als auch bei *Oenothera Lamarckiana rubrinervis*, aber nicht bei *Gossypium*, ein Abschneiden der Griffel einige Zeit nach der Bestäubung eine noch schärfere Abweichung

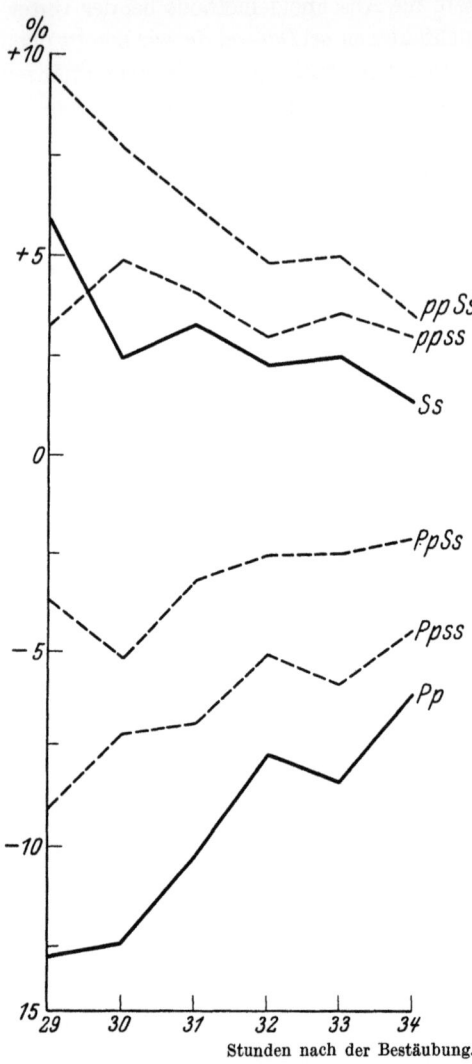

Abb. 60. Änderung der Spaltungszahlen einer geselbsteten *Pp Ss*-Pflanze von *Datura Stramonium* je nach dem Zeitpunkt der Durchführung des Abschneideversuches. (Gez. auf Grund von Zahlenangaben bei SIRKS 1926a.)

von dem erwarteten Spaltungsverhältnis, d. h. also, wie erwartet, eine Verschärfung der Konkurrenzwirkung zur Folge hat.

Verschiedener Zeitpunkt der Bestäubung. Es sei hier kurz auf eine Methode hingewiesen, die wohl gelegentlich schon benutzt worden ist, die aber bisher bei neueren Untersuchungen nicht angewandt wurde. Wenn zwischen den beiden Pollensorten einer Mischung eine Konkurrenz besteht, dann muß eine nacheinander in einem gewissen Zeitabstande stattfindende getrennte Bestäubung mit den einzelnen Komponenten je nach dem dazwischenliegenden Zeitraum einen mehr oder minder deutlichen Einfluß auf die Konkurrenz haben.

Wir wollen z. B. annehmen, daß die Schläuche der einen Sorte (A) 4 Tage im Durchschnitt brauchen, um die Eier zu erreichen, während die schnelleren Schläuche (B) nur 2 Tage nötig haben. Bei gleichzeitiger Bestäubung wird es von dem Überschneiden der Variationsbereiche und von der Gesamtzahl der schnelleren Pollenschläuche abhängen, ob und wieviele A-Schläuche noch unbefruchtete Eier finden. Wird der B-Pollen dagegen 2 bis 3 Tage nach dem A-Pollen auf die Narbe gebracht, so ist dies Verhältnis gerade umgekehrt und die an sich schnelleren B-Schläuche sind jetzt im Nachteil. Wird die Bestäubung mit dem B-Pollen noch später vorgenommen, so werden schließlich die B-Schläuche ganz von der Befruchtung ausgeschlossen. Wird schließlich die Narbe mit den B-Pollenkörnern nur etwa 1 Tag oder etwas später als mit dem A-Pollen belegt, dann sind die Aussichten für beide Pollensorten etwa gleich groß.

Es bedarf wohl keiner weiteren Erklärung dafür, daß man diese Methode durch entsprechendes Variieren des Zeitraumes zwischen den beiden Bestäubungen benutzen kann, um die Verschiedenheit der durchschnittlichen Wachstumsgeschwindigkeit festzustellen. Auf Einzelheiten wollen wir jedoch nicht genauer eingehen, als bis das Resultat von besonderen Versuchen, die ich mit dieser Methode angestellt habe, abgeschlossen sind [1].

---

[1] Es sei hier auch nur kurz darauf hingewiesen, daß diese Methode auch für die Untersuchung der Knospen-Pseudofertilität der *Nicotiana Sanderae* (vgl. S. 106ff.) von Wichtigkeit ist. Auch hierüber sind Versuche im Gange.

Stellung der Samen im Fruchtknoten. Die vierte Methode, durch die Unterschiede in der Wachstumsgeschwindigkeit von Pollenschläuchen verschiedener Konstitution nachgewiesen werden sollten, ist von RENNER (1917) und CORRENS (1918) vorgeschlagen und von letzterem (1918, 1921 a, b) genauer geprüft worden. Diese Methode geht von der Voraussetzung aus, daß die Samenanlagen im Fruchtknoten durch die eintretenden Pollenschläuche einigermaßen der Reihenfolge nach von oben nach unten befruchtet werden. Die zuerst ankommenden Pollenschläuche befruchten danach die obersten, die später ankommenden die unteren Samenanlagen. Die nähere Begründung und der experimentelle Beweis der Richtigkeit dieser Annahme wurde bereits oben besprochen (S. 51 ff.).

CORRENS (1918, 1921) hat diese Grundannahme durch einen sehr einfachen Versuch geprüft.

Um nun mit dieser Methode die Unterschiede des Wachstums der männchen- und weibchenbestimmenden Pollenschläuche festzustellen, bestäubte CORRENS (1921 b) weibliche Blüten mit einer mäßig großen Pollenmenge, etwa dem Inhalt einer Anthere. Da hierbei die Anzahl der Pollenkörner noch beträchtlich die der Samenanlagen überwiegt, so besteht eine gewisse Konkurrenz zwischen den schneller wachsenden weibchenbestimmenden und den langsameren männchenbestimmenden Pollenschläuchen. Das Geschlechtsverhältnis in der Nachkommenschaft wird also von dem idealen immer noch abweichen. Wenn die weibchenbestimmenden Pollenschläuche die im Durchschnitt schnelleren sind, dann müssen die weibchenliefernden Samen in den oberen Abschnitten der Kapseln stehen. Die Männchen müssen dagegen vorwiegend aus Samen der unteren Kapselhälfte hervorgehen. Die Versuchsergebnisse, die in Tabelle 35 zusammengefaßt sind, bestätigen im wesentlichen diese Annahme. Es enthalten zwar beide Kapselteile Samen von Männchen, aber ihre Anzahl ist in den unteren Abschnitten beträchtlich größer als in den oberen. Die Differenz beträgt 12,44% ± 1,64 und ist statistisch gesichert.

Daß die Differenz nicht noch größer ist, beruht, wie CORRENS auseinandersetzt, vor allem darauf, daß hier wie auch in den anderen Versuchen die Geschwindigkeit der zweierlei Pollenschläuche nur im Durchschnitt verschieden groß ist, und daß ja außerdem die Befruchtung der Samenanlagen immer nur annähernd und nicht genau in der Reihenfolge von oben nach unten erfolgt.

Tabelle 35. Einfluß der Pollenschlauchkonkurrenz auf die Stellung der Samen in den Fruchtknoten bei *Melandrium* (nach CORRENS, 1921b, Tab. 7).

Versuchs-pflanzen	Gesamt-anzahl Samen	I Oberer Abschnitt		II Unterer Abschnitt		Differenz II—I
		% Samen	% ♂	% Samen	% ♂	
41 b 111—125	2193	38,1	30,5	61,9	45,6	+15,1
57 b 127—136	966	37,7	33,2	62,3	41,3	+ 8,1
62 k 137—154	3961	41,2	34,1	58,8	47,8	+13,7
67 q 155—170	2266	38,9	32,8	61,1	43,2	+10,4
Summe	9386		38,89 ± 1,21		45,33 ± 1,11	+12,44 ± 1,64

KEARNEY und HARRISON (1924) untersuchten die Verteilung der Samen in den Kapseln von Baumwollblüten, die mit einer Mischung von Pollen von ägyptischer und Uplandbaumwolle bestäubt worden waren. Aus anderen Versuchen, über die wir bereits berichteten, konnte sicher geschlossen werden, daß in solchen Mischbestäubungen der artfremde Pollen im Vergleich mit dem eigenen Pollen im Nachteil ist (vgl. S. 133). Wenn es sich hierbei um eine Hemmung des Wachstums der fremden Pollenschläuche handeln würde, dann müßten die wenigen nach einer Mischbestäubung entstandenen Bastarde aus den unteren Teilen der Kapseln stammen. Dies war jedoch nicht der Fall. Die Verfasser konnten keine einwandfreien Unterschiede zwischen den oberen und unteren Kapselhälften feststellen. Sie schließen daraus, daß die Parasterilität hier *nicht* auf einer Hemmung des Wachstums gewisser Pollenschläuche beruhe. Wie wir bereits erwähnten, machen sie dafür Unterschiede in der Keimung verantwortlich.

γ) **Zusammenfassung.** *Zusammenfassend können wir nun feststellen, daß durch die Methode der spärlichen Bestäubung und durch das Abschneiden der Griffel einige Zeit nach der Bestäubung nachgewiesen werden kann, daß die beobachteten Abweichungen von der erwarteten Spaltung auf einer meist unvollkommenen Parasterilität gewisser Pollensorten beruhen, gleichgültig, ob es sich hierbei um Besonderheiten der Keimung oder des Wachstums der Pollenschläuche* *handelt. Die Methode der Veränderung des Weges ist nur bei einer bestimmten Art des Wachstums der Pollenschläuche mit Erfolg anwendbar. Von den Methoden bedingt die der spärlichen Bestäubung sowie die Verkürzung des Weges eine Abschwächung, die Abschneidemethode und die Verlängerung des Weges dagegen eine Verstärkung der Konkurrenzwirkung. Die Stellung der von den verschiedenen Pollenschläuchen nach Mischbestäubungen hervorgebrachten Samen hängt nur teilweise von der Reihenfolge ab, in der die Pollenschläuche in die Fruchtknotenhöhle eintreten.*

d) Prohibition.

Der Ausdruck „Prohibition" stammt von HERIBERT-NILSSON. Er bezeichnet damit die Erscheinung, daß eine Auswahl unter den Pollenschläuchen bei der Befruchtung selbst je nach der Konstitution von Pollenschlauch *und* Ei erfolgt (1915, S. 30). Bei der Untersuchung der monofaktoriell bedingten Rotnervigkeit der *Oenothera Lamarckiana* machte HERIBERT-NILSSON die Annahme, daß die homozygotischen rotnervigen Pflanzen deshalb in der Nachkommenschaft fehlen, weil „eine Abstoßung zwischen den R-Gameten stattfindet, also eine Art von Gonensterilität" (1920, S. 47). Seitdem ist sowohl von RENNER (1917) und seinem Schüler HIORTH (1927) als auch von HERIBERT-NILSSON (1925) selbst nachgewiesen worden, daß diese Annahme falsch ist. Die RR-Homozygoten werden gebildet, sterben aber frühzeitig ab. Es handelt sich hier also nicht um eine Prohibition, sondern um eine Zygotenelimination.

Es muß bis auf weiteres als eine Regel gelten, daß bei Sippenkreuzungen an sich funktionsfähige Pollenschläuche, die bis in die Fruchtknotenhöhle vorgedrungen sind, die noch unbefruchteten, aber befruchtungsfähigen Samenanlagen befruchten können.

e) Phänotypische Modifizierbarkeit.

α) **Allgemeines.** Bei fast allen experimentellen Befunden hatten wir in dem vorhergehenden Abschnitt auf die Variabilität der durch die Pollenschlauchfaktoren bedingten Abweichungen von den idealen, erwarteten Spaltungszahlen hinweisen können. Über die Gründe dieser Variabilität wissen wir in kaum einem Falle etwas Genaueres. Neben genotypischen Sippenverschiedenheiten spielt wohl sicher der phänotypische Effekt der Außenbedingungen eine ganz wesentliche Rolle.

Unvollkommene Parasterilität. 161

β) **Knospenfertilität.** Bei der Besprechung der selbstparasterilen *Nicotiana Sanderae* erwähnten wir, daß in manchen Familien die Parasterilität in jungen Knospen aufgehoben ist (vgl. S. 106). Es waren offenbar in dem Leitgewebe der Griffel junger Knospen die Hemmungsstoffe noch nicht ausgebildet. Ähnliche Verhältnisse liegen nach den Untersuchungen von SIRKS (1928a) bei der Erbse vor.

SIRKS (1923) hat schon früher Abweichungen im Zahlenverhältnis bei der Vererbung des Merkmalpaares glatte-runzelige Samen durch die Wirkung eines Faktors erklärt, der die Wachstumsgeschwindigkeit der Pollenschläuche beeinflußt und dadurch das Verhältnis von Pollenschläuchen mit dem Faktor für glatte Samen und für runzelige Samen zuungunsten der letzteren verschiebt. Es soll sich hierbei um einen Faktor handeln, der nur lose mit dem Gen für glatte bzw. runzelige Samen gekoppelt ist. Es gibt also Erbsensippen mit glatten Samen, die den Pollenschlauchfaktor enthalten, und auch solche, die ihn nicht besitzen. Die letzteren geben normale, die ersteren dagegen eine von dem idealen Verhältnis abweichende Spaltung.

Bei der Bestäubung von Individuen, die homozygotisch für das Gen für runzelige Kotyledonen waren und den Pollenschlauchfaktor nicht enthielten, mit der Mischung von Pollen eines homozygot glatten und eines homozygot runzeligen Individuums ergab sich eine Spaltung, die annähernd dem Verhältnis 1 : 1 entsprach. In einer Gesamtzahl von 2553 Nachkommen waren 1266 oder 49,59% runzelige. Wenn jedoch der Elter mit glattem Samen den Pollenschlauchfaktor enthielt, dann waren in einer Gesamtzahl von 1439 Nachkommen nur 579 oder 40,24% runzelig.

Ganz entsprechende Ergebnisse erhielt SIRKS (1928a), wenn er an Stelle von Pollenmischungen den „natürlich gemischten" Pollen heterozygoter Individuen benutzte. Er fand dann die folgenden Zahlen: Ohne Pollenschlauchkonkurrenz: unter 1432 Nachkommen 710 oder 49,58% runzelige Samen (erwartet 50% ± ...), mit Gametenkonkurrenz unter 1575 Nachkommen 561 oder 35,62% (± 0,98%) runzelige Samen.

Die Abweichungen von dem idealen Spaltungsverhältnis sind in beiden Fällen statistisch gesichert.

Wurde nun der Pollen von heterozygoten Pflanzen, die den Pollenschlauchfaktor ebenfalls enthielten, zur Bestäubung von

Knospen verwandt, so ergab sich ein durchaus anderes Verhalten. Die Blüten wurden etwa 24 Stunden vor dem normalen Aufblühen kastriert und entweder sofort nach der Kastration oder nach 10 oder nach 24 Stunden bestäubt. In dem letzten Falle erfolgte die Bestäubung also zu dem normalen Zeitpunkt, während in den anderen beiden Fällen unaufgeblühte Knospen bestäubt wurden.

Die Ergebnisse dieser Bestäubungen mit den Mischungen des Pollens verschiedener „glatter" (W) und „runzeliger" (S) Pflanzen sind in Tabelle 36 zusammengestellt.

Bei frühzeitiger Bestäubung findet gar keine oder doch fast gar keine Gametenkonkurrenz statt. Die Abweichung von dem idealen Spaltungsverhältnis beträgt nur wenig mehr als das Doppelte des mittleren Fehlers. Wenn die Bestäubung 10 Stunden später durchgeführt wurde, dann war die Abweichung von dem idealen Verhältnis schon wesentlich deutlicher. Bei Bestäubung nach 24 Stunden war die Gametenkonkurrenz noch schärfer geworden.

Tabelle 36. Unterschied der Pollenschlauchkonkurrenz in Bestäubungen von Knospen und geöffneten Blüten von *Pisum sativum* (zusammengestellt nach SIRKS 1928a, Tab. 2).

Zeit zwischen Bestäubung und Aufblühen	$W\,1 + S\,1$		$W\,1 + S\,3$		$W\,1 + S\,4$		Gesamtzahl	Runzelige Samen	
	glatt	runzelig	glatt	runzelig	glatt	runzelig		Anzahl	%
24 Std.	71	67	70	73	87	61	228	201	46,74 ± 1.90
14 „	86	59	83	69	109	72	278	200	41,84 ± 1,12
0 „	117	60	112	61	125	57	354	178	32,09 ± 0,87

Differenz 24 Std.—14 Std.: 4,90 ± 2,21,
„ 14 Std.— 0 Std.: 9,75 ± 1,43,
„ 24 Std.— 0 Std.: 14,65 ± 2,08.

Die Differenz der Prozentzahl runzeliger Samen in den Bestäubungen 0 und 10 Stunden nach der Kastrierung, also 24 und 14 Stunden vor dem Aufblühen ist statistisch nicht einwandfrei. Dagegen kann über die Verschiedenheit dieser beiden Werte und des Prozentsatzes runzeliger Samen nach Bestäubung der offenen Blüte kein Zweifel bestehen.

Danach sind also auch bei den nur unvollkommen parasterilen Erbsensippen die Hemmungsstoffe des Leitgewebes in den Knospen noch nicht vorhanden. Sie treten wie bei manchen Sippen von *Nicotiana Sanderae* erst in der Blüte auf.

γ) **Einfluß des Alters.** Der Einfluß, den nach den Untersuchungen von ZEDERBAUER (1914, 1915, 1917a, 1917b) das Alter der Pflanzen auf das Kreuzungsergebnis haben soll, könnte nach SIRKS (1928a) auf der verschiedenen Wirkung von Pollenschlauchfaktoren beruhen, wenn nicht über die Versuchsergebnisse selbst von KAPPERT (1922) und MEURMANN (1924) schwerwiegende Zweifel geäußert wären.

f) **Koppelung zwischen den Parasterilitätsfaktoren und anderen Genen.**

α) **Allgemeines.** Zum Nachweis des Vorhandenseins einer unvollkommenen Parasterilität ist es notwendig, daß durch den dadurch bedingten Ausfall von Gameten auch die Vererbung anderer sichtbarer Eigenschaften beeinflußt wird. Wenn ein solcher ,,Indikator'' fehlt, dann ist es unmöglich, die Anwesenheit der Sterilitätsfaktoren zu bemerken. Es sind nun zwei Fälle denkbar: Die Parasterilitätsfaktoren können entweder einen pleiotropen Effekt haben, bzw. mit einem anderen Gen absolut gekoppelt sein, oder sie können lose mit anderen Genen gekoppelt sein.

Eine Unterscheidung zwischen Pleiotropie und absoluter Koppelung ist hier wie auch in allen anderen Fällen praktisch unmöglich. So kann man nicht entscheiden, ob bei *Melandrium* und *Rumex* der Geschlechtsrealisator mit dem Pollenschlauchfaktor absolut gekoppelt ist, oder ob es sich um pleiotrope Wirkungen desselben Faktors handelt, und ob bei *Oenothera Lamarckiana* der Rotnervenfaktor und Pollenschlauchfaktor absolut gekoppelt oder ein und dasselbe Gen sind.

Bei einer losen Koppelung eines Erbfaktors (A, a) und einem Gen für unvollkommene Parasterilität (S_H, S_F) hängt die Abweichung der Spaltung des Faktors von den idealen Spaltungszahlen sowohl von dem Grade der Koppelung als auch von der Stärke der Parasterilität ab. Bei den oben besprochenen Koppelungen mit Faktoren für vollkommene Parasterilität kam es dagegen nur auf den Koppelungsgrad an (vgl. S. 79ff.).

β) **Qualitativer Nachweis.** Um uns die Verhältnisse besser zu veranschaulichen, wollen wir also annehmen, daß die Faktoren A

bzw. a mit den Parasterilitätsfaktoren S_F und S_H gekoppelt sind, wobei das Gen S_F die Pollenentwicklung fördert, das Allel S_H sie hemmt. Wenn wir den Austauschprozentsatz zwischen (A; a) und (S_F; S_H) mit n % bezeichnen, dann müssen wir von einer Heterozygoten $\dfrac{A\,S_F}{a\,S_H}$ die folgenden Gameten in beiden Geschlechtern erwarten:

Tabelle 37. Gameten einer $\dfrac{A\,S_F}{a\,S_H}$-Pflanze.

Konzentration	♂ und ♀ Häufigkeit bei der Bildung	Pollenschläuche
$A\,S_F$	(100-n)%	gefördert: (100-p)%
$a\,S_H$	(100-n)%	gehemmt: p%
$A\,S_H$	n %	gehemmt: p%
$a\,S_F$	n %	gefördert: (100-p)%

Nach einer Selbstbestäubung einer solchen doppelten Heterozygoten erhalten wir dann die folgenden für A heterozygoten und daher in F_2 spaltenden Nachkommenklassen:

$\dfrac{A\,S_F}{a\,S_F}$	keine Elimination	normale Spaltung
$\dfrac{A\,S_F}{a\,S_H}$	Elimination	A im Überschuß
$\dfrac{A\,S_H}{a\,S_F}$	Elimination	a im Überschuß
$\dfrac{A\,S_H}{a\,S_H}$	keine Elimination	normale Spaltung

Es treten also neben Pflanzen, die selbst wie der Elter $\dfrac{A\,S_F}{a\,S_H}$ einen Überschuß von A-Nachkommen ergaben, solche auf, die einen Überschuß der rezessiven aa-Pflanzen geben, als auch normal spaltende, bei denen eine ideale Spaltung eintritt.

Eine solche Aufspaltung in F_2 ist nun auch tatsächlich beobachtet worden.

Von P. C. MANGELSDORF und JONES (1926) ist ein Fall von Koppelung zwischen zwei Erbfaktoren, dem Gen für Zuckermais (su) und einem Gen für verkümmerte Kornausbildung (de_1) und einem Parasterilitätsfaktor (ga) beim Mais beschrieben worden. Das Vorhandensein eines Faktors für unvollkommene Parasterilität konnte nur dadurch festgestellt werden, daß in bestimmten Familien und bei diesen wieder nur in bestimmten Kreuzungen eine Abweichung der Spaltung für den Zuckermaisfaktor oder den Faktor de_1 gefunden wurde.

Besonders die Spaltung für den de_1-Faktor wurde durch mehrere Generationen genau untersucht. Die Versuchsergebnisse sind in Tab. 38 zusammengestellt. In dieser Übersicht beziehen sich die Buchstaben P, N und M auf Pflanzen, die nach Selbsten einen Überschuß an defektem Samen (P: Plusgruppe), ein Defizit an defektem Samen (M: Minusgruppe) oder eine normale Mendelspaltung für den Faktor de_1 (N: Normalgruppe) gaben. Außerdem ist für jede Pflanze der Prozentsatz defekter Samen, der nach Selbsten auftrat, angegeben.

Tabelle 38 (nach P. C. MANGELSDORF und JONES 1926).

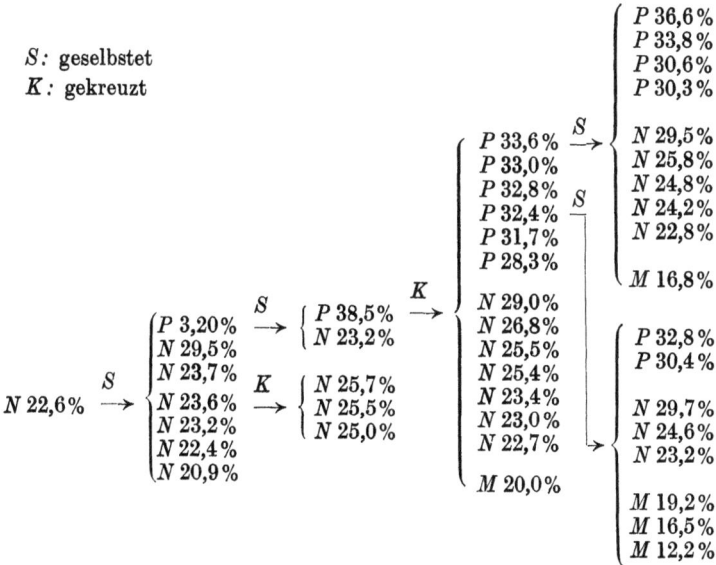

Wir finden dort die drei erwarteten Typen: den homozygoten Typ mit normaler Spaltung (N) und die heterozygoten Typen mit zuviel (P) und zu wenig (M) Rezessiven. Die Abweichung von der Erwartung (25%) beträgt durchschnittlich + oder — 10%, doch ist die Streuung nicht unerheblich. Es kann daher leicht vorkommen, daß ein Kolben fälschlich als normal klassifiziert wird, aber nur eine extreme Variante der P- oder M-Gruppe darstellt.

SIRKS (1926b) beobachtete einen Faktorenaustausch zwischen

dem Faktor für violette Blütenfarbe und einem Pollenschlauchfaktor beim Stechapfel. Wir wollen seine Versuchsergebnisse in ähnlicher Form wie in dem vorigen Beispiel bringen:

$$8\ \text{Individuen}\ M\ 19{,}0\% \rightarrow \begin{cases} 49\ \text{Individuen}\ M\ 20{,}5\% \rightarrow 4\ \text{Individuen}\ M\ 18{,}9\% \\ 5\ \text{Individuen}\ P\ 33{,}1\% \rightarrow 63\ \text{Individuen}\ P\ 34{,}1\% \end{cases}$$

Das Auffallende ist, daß hier anscheinend normal spaltende Nachkommen ganz fehlen. Es ist aber nicht unmöglich, daß dieses Fehlen durch die Art der Zusammenfassung vorgetäuscht wird. In Abb. 61 ist die Variabilität in der P- und M-Gruppe wiedergegeben. Der Bereich der P-Gruppe reicht von einem Überschuß von 4,6% bis 16,7%, der Bereich der M-Gruppe von $-1{,}2\%$ bis 9,6%. In beiden Gruppen finden sich also Individuen, deren

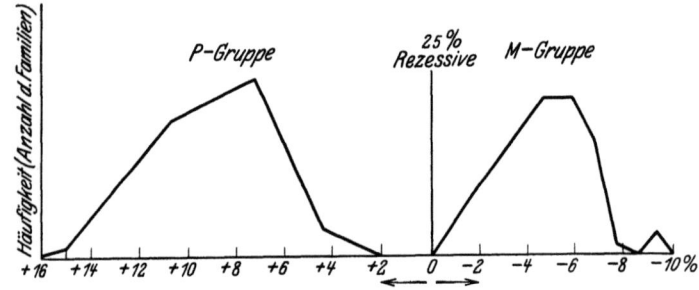

Abb. 61. Variabilität der Abweichung von dem erwarteten Spaltungsverhältnis (75:25%) einer Pp-Pflanze von *Datura Stramonium* (gez. nach Zahlenangaben von SIRKS 1926a).

Spaltung nicht sehr stark von einer normalen Spaltung abweicht, und die man daher vielleicht richtiger aus den P- und M-Gruppen ausscheidet.

Eine Koppelung mit Parasterilitätsfaktoren ist noch in einigen anderen Fällen vermutet worden. Doch ist dabei das Tatsachenmaterial noch zu gering, um wirklich beweisend zu sein. P-, M- und N-Gruppen finden wir beispielsweise bei der Untersuchung des Erbganges des Faktors für Wachsendosperm beim Mais. M- und N-Gruppen beobachtete SIRKS (1926b) bei der Analyse des Faktors für glatte Samen bei der Erbse.

γ) **Quantitativer Nachweis.** Durch die Befunde ist der Nachweis der Koppelung in qualitativer Beziehung erbracht. Es ist nun aber weiter unsere Aufgabe, den Grad der Koppelung zu bestimmen. Diese Aufgabe ist deshalb schwierig, weil wir mit

Unvollkommene Parasterilität.

zwei Unbekannten zu rechnen haben: dem Grade der Koppelung und dem der Parasterilität.

Die Stärke der Koppelung messen wir durch den Austauschprozentsatz ($m\%$), der alle Werte zwischen 0 und 50% annehmen kann.

Die Stärke der durch die Parasterilitätsfaktoren S_F und S_H bedingten Gametenelimination können wir durch den Prozentsatz p der trotzdem noch funktionierenden Gameten S_H bestimmen. Auch der Wert von ($p\%$) liegt zwischen den Grenzen 0% und 50% in den Heterozygoten ($S_F S_H$).

Durch die Größe der Werte von m und p wird im Einzelfall das Ausmaß der Elimination des mit S_H gekoppelten Faktors A bzw. a bestimmt. Die Stärke dieser Elimination können wir durch die Prozentzahl ($x_a\%$) der noch funktionierenden Gameten A bzw. a bestimmen. Auch x_a kann in der doppelten Heterozygoten ($Aa S_F S_H$) alle Werte zwischen 0% und 50% annehmen.

Die Beziehungen der Größen m, p und x_a sind in Abb. 62 graphisch dargestellt. Auf der Abszisse sind die Werte von m, auf der linken Ordinate die Werte von p aufgetragen. Die von oben nach links verlaufenden Kurven verbinden diejenigen Punkte, die die gleichen Werte von x_a besitzen. Man sieht aus dieser Darstellung, daß jeder Wert von x_a durch eine Kombination der verschiedensten Werte von m und p bedingt sein kann.

Rechts sind dann die verschiedenen Werte von x_a, d. h. der Prozentsatz von rezessiven Homozygoten aa in den verschiedenen Kreuzungen:

$$aa \times \frac{AS_F}{aS_H}; \quad Aa \times \frac{AS_F}{aS_H}; \quad aa \times \frac{AS_H}{aS_F} \quad \text{und} \quad Aa \times \frac{AS_H}{aS_F}.$$

Zwischen den Größen x_a, p und m können wir nun eine mathematische Beziehung aufstellen. Wir nehmen an, x_a sei die Prozentzahl homozygot rezessiver Nachkommen einer geselbsteten doppelten Heterozygoten $\frac{AS_F}{aS_H}$. Der Pollen spaltet unter Berücksichtigung von Faktorenkoppelung und Gametenelimination folgendermaßen auf:

AS_F	AS_H	aS_H	aS_F
$\frac{(100-m)\cdot(100-p)}{100}\%$	$\frac{m\cdot p}{100}\%$	$\frac{(100-m)\cdot p}{100}\%$	$\frac{m\cdot(100-p)}{100}\%$

Da die Hälfte aller Eier den Faktor a enthält, so erhalten wir schließlich die homozygot rezessive Form (aa) in dem folgenden Prozentsatz in der Nachkommenschaft:

$$x_a = \frac{1}{2} \frac{(100\text{-}m)\, p + m\, (100\text{-}p)}{100} \%. \qquad \text{I}$$

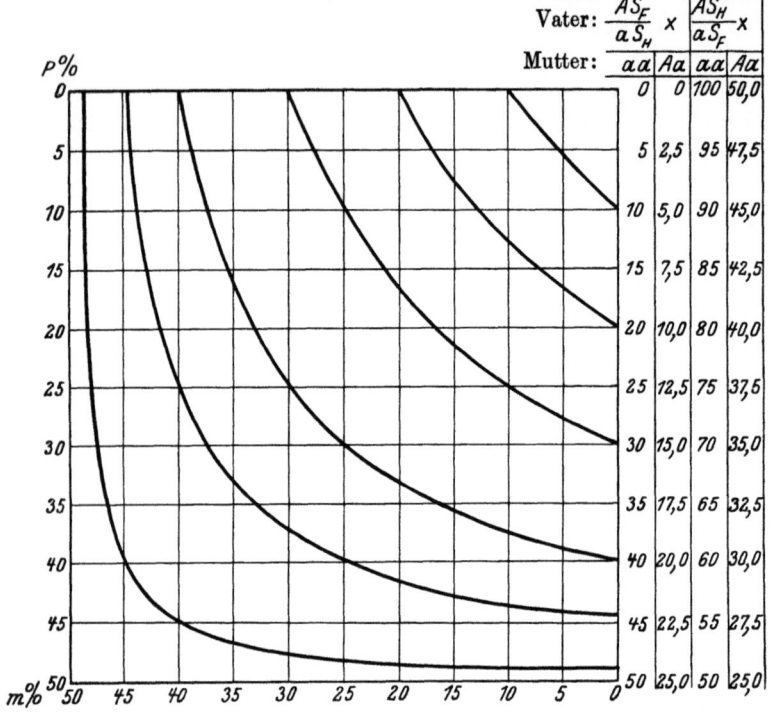

Abb. 62. Kurvenschema zur Demonstration der Häufigkeit der rezessiven Homozygoten (aa) in verschiedenen Kreuzungen in Abhängigkeit von dem Parasterilitätsgrad $(p\%)$ eines mit (Aa) gekoppelten Pollenschlauchfaktors $(S_F\text{—}S_H)$ und von dem Austauschprozentsatz $(m\%)$ zwischen den Faktoren $(A; a)$ und $(S_F; S_H)$.

In dieser Gleichung kennen wir nur eine Größe, den im Experiment gefundenen Prozentsatz der Rezessiven (x_a). Die Größen p und m sind unbekannt. Wir müssen daher versuchen, noch weitere, unabhängige Gleichungen aufzustellen. Dies ist möglich, wenn der Parasterilitätsfaktor mit einem anderen Gen B bzw. b gekoppelt ist. Wenn der Austausch zwischen den Genen $(S_F; S_H)$ und $(B; b)$

Unvollkommene Parasterilität. 169

$n\%$ beträgt, dann ist die Prozentzahl der Rezessiven (x_b) in der Nachkommenschaft der geselbsteten Heterozygoten $\left(\dfrac{B S_F}{b S_H}\right)$ gleich:

$$x_b = \frac{1}{2} \frac{(100\text{-}n)\, p + n\,(100\text{-}p)}{100} \%. \qquad \text{II}$$

Da in dieser Gleichung nur x_b bekannt ist, so haben wir damit erst zwei Gleichungen für die drei Unbekannten m, n und p. Die fehlende dritte Gleichung läßt sich aber leicht finden: Wenn sowohl A als auch B auch mit S_F, bzw. S_H gekoppelt ist, dann muß ja auch A und B gekoppelt sein. Der experimentell feststellbare Austauschprozentsatz von A und B (l) ist dann:

$$l = m + n. \qquad \text{III}$$

Indem wir in Gleichung II die Größe n durch den Ausdruck $(l - m)$ ersetzen, Gleichung I und II addieren und umformen, erhalten wir schließlich die folgende einfache Gleichung für den Parasterilitätsgrad:

$$p = \frac{100\,(x_a + x_b) - 50\,l}{100 - l}. \qquad \text{IV}$$

In dieser Gleichung ist nur noch p unbekannt, die anderen Größen (x_a, x_b und l) können experimentell festgestellt werden. p läßt sich daher ohne Schwierigkeiten berechnen. Es ist dann leicht, entweder aus unserem Kurvenschema (Abb. 62) oder aus den Formeln I, II oder III die Werte für m und n zu finden.

Wir sehen, daß wir zur genauen Bestimmung des Parasterilitätsgrades und der Koppelung den Erbgang zweier Faktoren untersuchen müssen, die mit dem gleichen Parasterilitätsfaktor gekoppelt sind.

δ) **Einzelfall.** Eine solche Analyse ließ sich bisher erst in einem Falle durchführen. In der schon mehrfach erwähnten Arbeit machten ja P. C. MANGELSDORF und JONES (1926) die Feststellung, daß der Faktor für Zuckerendosperm (su) und ein Faktor für defektes Endosperm (de_1) miteinander gekoppelt sind, und daß beide Spaltungen von dem gleichen Parasterilitätsfaktor beeinflußt werden. In diesen Experimenten betrug der Faktorenaustausch zwischen su und de_1 38,5% bzw. 39% und der „Kartenabstand" nach Berücksichtigung des doppelten Austausches 50%.

Bei Selbstbestäubung von Heterozygoten der Formel $\dfrac{Su\,S_F\,De_1}{su\,S_H\,de_1}$ spalteten die rezessiven Zuckerkörner in 16,2% und die defekten

Körner in 17,2% heraus. Zur Berechnung nach unseren oben aufgestellten Formeln kennen wir daher alle Größen:

$$l = 50\%\,;\quad x_a = 16{,}2\%\,;\quad x_b = 17{,}2\%$$

und finden:

$$\begin{aligned}p &= 16{,}8\,\% \quad (20{,}0\,\%)\\ m\,(su{-}S_H) &= 23{,}5\,\% \quad (23.2\,\%)\\ n\,(de_1{-}S_H) &= 26{,}5\,\% \quad (27{,}0\,\%)\end{aligned}$$

In Klammern habe ich die Werte hinzugefügt, die MANGELSDORF und JONES nicht nach unseren Formeln, sondern durch graphische Interpolation gefunden haben.

Eine ähnliche Analyse wird sich auch in anderen Fällen durchführen lassen. Der bereits erwähnte Wachsfaktor beim Mais ist vielleicht ebenfalls mit einem Pollenschlauchfaktor gekoppelt. Es sind bereits eine ganze Anzahl anderer Faktoren bekannt, die zu der gleichen Koppelungsgruppe gehören. Für einen dieser Faktoren, einem Faktor für Aleuronfarbe, hat PRASER nach BRINK (1925) ebenfalls eine Störung der Spaltung beobachtet.

Die Analyse scheint nach WELLENSIEK (1925) auch für den zuerst von SIRKS (1923, 1928a) postulierten Pollenschlauchfaktor bei der Erbse möglich. Dieser bedingt eine Abweichung von dem idealen Spaltungsverhältnis für das Faktorenpaar: glatte-runzelige Samen. Nach den Untersuchungen von VILMORIN and BATESON (1912) und von PELLEW (1913) ist das Gen für Fehlen, bzw. Vorhandensein von Blattranken mit dem oben genannten Faktorenpaar gekoppelt. Die Wirkung des Pollenschlauchfaktors (Pt nach WELLENSIEK) müßte also auch bei der Analyse des Erbganges des Rankenfaktors genau verfolgt werden. Nach der Zusammenstellung von WELLENSIEK (1925) sind auch bereits für den Erbgang des Rankenfaktors von einer Reihe Autoren (VILMORIN 1910, VILMORIN and BATESON 1912, PELLEW 1913, WHITE 1917, MEUNISSIER 1922) Abweichungen von dem idealen Spaltungsverhältnis festgestellt worden.

g) Besprechung der Einzelfälle.

Nachdem wir in den vorangegangenen Abschnitten allgemein die Besonderheiten einer unvollkommenen Parasterilität an Hand des vorliegenden Materials diskutiert haben, wollen wir nun noch kurz die einzelnen untersuchten Fälle zusammenstellen. Hierbei wird es unsere Aufgabe sein, in jedem Falle wenn möglich eine

Entscheidung zu treffen, ob eine unvollkommene Parasterilität des Pollens oder eine unvollkommene echte Parasterilität vorliegt (vgl. Einleitung).

α) **Zea Mays.** Schon im Jahre 1902 hat CORRENS Abweichungen von dem idealen Spaltungsverhältnis, die er in der Nachkommenschaft einer Kreuzung zwischen weißem hartem Spitzmais und schwarzem Zuckermais fand, durch die Annahme zu erklären versucht, daß die Gameten hier zwar in der erwarteten Zahl gebildet werden, aber nicht immer gleiche Chancen bei der Befruchtung haben. Wenn er die F_1-Heterozygoten ($Su\ su$) mit homozygotem Zuckermais ($su\ su$) rückkreuzte, dann erhielt er Unterschiede in den reziproken Verbindungen. Die Kreuzung $Su\ su \times su\ su$ gab die ideale Spaltung 1 : 1, in der umgekehrten Kreuzung $su\ su \times Su\ su$ dagegen traten zu wenig rezessive Zuckerkörner ($su\ su$) auf. CORRENS (1902) nahm also an, daß hier besondere Gene am Werke wären, die von Einfluß auf die Entwicklung der Pollenschläuche sind. Wie wir oben bereits erwähnten, ist diese Annahme bestätigt worden, und nach den Untersuchungen von MANGELSDORF und JONES (1926) ist heute der mit dem Zuckerfaktor gekoppelte Faktor einer der am besten analysierten Pollenschlauchfaktoren.

Daß es sich hier um einen Pollenschlauchfaktor handelt, ist durch den Nachweis der Abhängigkeit der Konkurrenz der Su- und su-Pollenschläuche von dem Abstande der Bestäubungsstelle von den Samenanlagen (JONES 1922; P. C. MANGELSDORF und JONES 1926, P. C. MANGELSDORF 1929, vgl. oben S. 145ff.) bewiesen worden. Weiter bewies JONES (1924) und später P. C. MANGELSDORF und JONES (1926), daß es sich hierbei um eine Parasterilität handelt. Von den verschiedenen möglichen Kreuzungen gaben die Kreuzungen:

$su\ su \times Su\ su$	normale Spaltung
$Su\ su \times Su\ su$	Abweichungen
$Su\ Su \times Su\ Su$	Abweichungen.

Aus diesem Ergebnis kann man schließen, daß *die Wirkung des Pollenschlauchfaktors nur bei bestimmten weiblichen Pflanzen in Erscheinung tritt, nämlich dann, wenn der dominante Faktor Su in der als Weibchen benutzten Pflanze anwesend war.*

Die vorläufigen Untersuchungen EMERSONS (1924) und die ausführliche Arbeit von P. C. MANGELSDORF und JONES (1926) zeigten, daß der Pollenschlauchfaktor nur locker mit dem Zuckerfaktor gekoppelt war. Die Wirkung des Parasterilitätsfaktors wurde, wie bereits erwähnt, auch bei der Analyse eines weiteren Faktors der gleichen Koppelungsgruppe, eines Faktors für defekte Körner (de_1) wiedergefunden. Es gelang, den Parasterilitätsgrad und die Koppelungsstärke zu bestimmen.

Die Unvollkommenheit der Parasterilität betrug 16,8%, d. h. 16,8% anstatt aller der langsamen Pollenschläuche (mit dem Faktor S_H) oder 50% der gesamten Pollenschläuche waren doch noch imstande, Eier zu befruchten. Der Faktorenaustausch zwischen Su; su und S_F; S_H betrug 23,5% und zwischen De_1; de_1 und S_F; S_H 26,5%.

Die lose Koppelung zwischen dem Parasterilitätsfaktor und den beiden anderen Genen erklärt es, daß die rezessive Form bald zu selten auftrat $\left(\frac{AS_F}{aS_H}\text{-Pflanzen}\right)$, bald zu häufig $\left(\frac{AS_H}{aS_F}\text{-Pflanzen}\right)$ und daß die Spaltung manchmal normal war $\left(\frac{AS_F}{aS_F} \text{ oder } \frac{AS_H}{aS_H}\text{-Pflanzen}\right)$.

Es wurde bereits erwähnt, daß auch für einen dritten Endospermfaktor nachgewiesen werden konnte, daß infolge der Wirkung eines Pollenschlauchfaktors trotz normaler Faktorenspaltung das Verhältnis der Gameten bei der Befruchtung verschoben worden ist. Ein abweichendes Spaltungsverhältnis wurde hier zuerst von COLLINS and KEMPTON (1911) und von KEMPTON (1919) sichergestellt. Es handelt sich hierbei um die Wirkung eines Pollenschlauchfaktors, der in demselben Chromosom wie der Erbfaktor für Wachsendosperm liegt. Dieser Gametophytenfaktor ist jedoch kein Parasterilitätsfaktor, sondern ein echter Sterilitätsfaktor. Die Förderung bzw. Hemmung gewisser Gameten tritt in jeder Kreuzung in Erscheinung (vgl. BRINK 1925). Der Nachweis, daß es sich hier um einen Pollenschlauchfaktor handelt, wurde durch den Beweis der Abhängigkeit der Konkurrenz von der Länge des Weges erbracht. Ob es sich hierbei um einen besonderen Pollenschlauchfaktor handelt, der mit dem Wachsfaktor nur gekoppelt ist (P. C. MANGELSDORF and JONES 1926), oder um einen pleiotropen Effekt des Wachsfaktors selbst (BRINK 1929). Jedenfalls ist die Konkurrenz der Pollenschläuche hier polymer bedingt: sporophytisch durch den Zuckerfaktor, indem zwischen den Wx- und wx-Pollenschläuchen von Zuckermaispflanzen ($su\ su$) eine schärfere Konkurrenz sich einstellt als zwischen den Schläuchen von $SuSu$- oder $Susu$-Pflanzen (BRINK and BURNHAM 1927) und haplophytisch eben durch die Anwesenheit des Wx- oder des wx-Gens in den Pollenschläuchen.

Die Wirkung der Gametophytenfaktoren beim Mais wurde bei der Untersuchung von Erbfaktoren gefunden, die den Stoffwechsel des Endosperms, besonders den Kohlehydratstoffwechsel, beeinträchtigen, den Zuckermaisfaktor, den Wachsmaisfaktor und den Faktor für verkümmertes Endosperm. Es handelt sich hierbei jedoch zum Teil sicher um Zufälligkeiten, nicht um einen tieferen Zusammenhang, wie gelegentlich angenommen wurde. Es sind ja zum mindesten in zwei Fällen nicht dieselben Faktoren, die die Hemmung der Endospermausbildung und der Entwicklung der Pollenschläuche beeinflussen, sondern verschiedene und nur miteinander gekoppelte Erbfaktoren. Im einzelnen ist die Situation aber noch nicht ganz klar.

β) **Oryza sativa.** Beim Reis sind einige Beobachtungen bekannt, die auch hier auf das Vorkommen eines Pollenschlauchfaktors hindeuten. Nach PARNELL (1921) und CHAO (1928) treten in der Nachkommenschaft von Pflanzen, die heterozygot für das *Glutinesa*-Gen sind, immer zu wenig homozygot rezessive *Glutinesa*-Pflanzen auf. Ein Beweis, daß es sich hierbei um einen Parasterilitätsfaktor handelt oder auch nur, daß es sich um einen Pollenschlauchfaktor handelt, steht noch aus.

γ) **Rumex und Melandrium.** Über die Verhältnisse bei diesen beiden Pflanzen ist wohl alles Wesentliche bereits gesagt worden.
Ob die Hemmung der männchenbestimmenden Pollenschläuche im Vergleich zu den weibchenbestimmenden durch die Wirkung eines besonderen, mit den Geschlechtsrealisatoren gekoppelten Faktors bedingt ist oder auf einem pleiotropen Effekt der Realisatoren beruht, kann nicht entschieden werden. Eine Trennung der beiden Wirkungen ist bisher noch nicht einwandfrei nachgewiesen worden.

Für einen gelegentlichen Faktorenaustausch spricht vielleicht die Tatsache, daß CORRENS in seinem Material in der Regel ein Überwiegen der Weibchen, SHULL (1914) ein Vorherrschen der Männchen beobachtete. Es handelt sich bei SHULL jedoch um

Komplikationen, die durch einen infolge von Mutation neu aufgetretenen Faktor für Schmalblättrigkeit, der geschlechtsgebunden oder begrenzt ist (BAUR 1912), bedingt werden. G. v. UBISCH (1922) hat versucht, die Kreuzungen von SHULL im einzelnen faktoriell zu interpretieren. Sie bezeichnet den Realisator des weiblichen Geschlechts mit F, den des männlichen mit f, den Faktor für Breitblättrigkeit mit B und den für Schmalblättrigkeit mit b und faßt ihre Annahmen folgendermaßen zusammen: „Die Genenkombination im Pollenkorn FB ist etwas schneller als fb, fb ist aber bedeutend schneller als FB. Im weiblichen Geschlecht, wo die Geschwindigkeit keine Rolle spielt, nehmen wir zweckmäßig einen geringen schädigenden Einfluß der ungünstigen Kombination FB an" (1922, S. 115). Es scheint mir zweifelhaft, wie „zweckmäßig" diese noch unbewiesene Hypothese ist.

Die Gametenkonkurrenz, die man bei verschiedenen heterogamen Formen in dem heterozygotischen männlichen Geschlecht beobachtet hat, ist von verschiedener Seite mit dem Vorhandensein von Geschlechtschromosomen zusammengebracht worden. Man nahm an, daß die Gameten mit einer geringeren Chromatinmasse leichter beweglich wären als die Gameten mit der größeren Chromatinmasse.

Es ist jedoch schwer vorstellbar, welchen Einfluß der nur geringe Gewichtsunterschied des X- und Y-Chromosoms auf die Wachstumsbewegung der Pollenschläuche, die die Widerstände im Griffelkanal überwinden müssen, ausüben kann. Ausschlaggebend ist jedoch der Hinweis, daß wir eine ganz entsprechende Konkurrenz nicht nur zwischen den Pollenschläuchen mit verschiedenen Geschlechtsrealisatoren bzw. -chromosomen, sondern auch zwischen solchen mit den verschiedensten anderen Erbfaktoren feststellen können, also in Fällen, in denen keine Chromosomenunterschiede bestehen.

TISCHLER (1925) fand eine deutliche Variabilität der Pollengrößen, die eine schiefe, aber eingipfelige Verteilungskurve ergab. Die verschiedene Keimfähigkeit der Pollenkörner auf künstlichem Nährboden und die Art der Änderung des Keimungsprozentsatzes durch Alkohol setzt TISCHLER in Beziehung zu der durch CORRENS sichergestellten Zertation. Die besser keimenden kleineren Pollenkörner sollen die weibchenbestimmenden, die schlechter oder gar nicht keimenden großen die männchenbestimmenden Pollenkörner sein. Der Beweis für die Richtigkeit dieser Annahme steht jedoch zur Zeit noch aus.

Eine Entscheidung, ob bei *Melandrium* und *Rumex* eine echte oder eine Parasterilität vorliegt, kann vorläufig nicht getroffen werden, da immer nur eine Art von Kreuzung, Weibchen × Männchen, untersucht werden kann, bei der eben die Zertation eintritt.

δ) **Oenothera.** Daß auch bei der *Oenothera* Pollenschlauchfaktoren den Erbgang komplizieren, haben RENNER (1917—25) und HERIBERT-NILSON (1911—25) mehrfach betont. Besonders auf die Zertationswirkung des Rotnervenfaktors haben wir oben mehrfach hingewiesen.

Das Auftreten einer Konkurrenz der Pollenschläuche wurde mit verschiedenen Methoden bewiesen.

Es läßt sich dagegen im Falle des Rotnervenfaktors nicht feststellen, ob Parasterilität vorliegt, da infolge der Letalität der Kombination RR nicht alle theoretisch möglichen Kreuzungen ausgeführt werden können. In den beiden möglichen Verbindungen $rr \times Rr$ und $Rr \times Rr$ macht sich die Zertation bemerkbar.

ε) **Pisum sativum.** Wir erwähnten bereits, daß SIRKS (1928a) bei der Erbse das Vorhandensein eines Pollenschlauchfaktors nachgewiesen hat, der mit dem bekannten Faktorenpaar runzelig—glatt gekoppelt ist. Ob es sich hierbei um einen Parasterilitätsfaktor handelt, ist noch nicht sicher.

ζ) **Datura stramonium.** SIRKS (1926b) hat gezeigt, daß beim Stechapfel ebenfalls Pollenschlauchfaktoren vorhanden sind, von denen der eine mit dem Faktor für violette bzw. weiße Blütenfarbe, der zweite mit dem Faktor für glatte bzw. stachelige Kapseln gekoppelt ist. Die Entscheidung, ob es sich um einen Parasterilitätsfaktor handelt, ist noch nicht getroffen. Bei einem dritten Pollenschlauchfaktor, dem Gen „tricarpel", zeigten BUCHHOLZ und BLAKESLEE (1927), daß wir es hier mit einem echten Sterilitätsfaktor zu tun haben.

η) **Gossypium.** Wie wir oben gesehen haben, zeigten KEARNEY (1923, 1928[1]) und KEARNEY and HARRISON (1924), daß hier in Pollenmischungen eine ausgesprochene Parasterilität des fremden

---
[1] Nach JONES 1928.

Pollens auftritt. Es handelt sich bei dieser Parasterilität jedoch nicht um eine Wechselwirkung zwischen Pollen bzw. Pollenschlauch und dem Gewebe von Narbe und Griffel, sondern um eine gegenseitige Beeinflussung der beiden Pollensorten.

h) Schlußbemerkung.

Zum Schlusse seien zwei allgemeine wichtige Feststellungen noch einmal besonders hervorgehoben.

Erbfaktoren, die in bestimmten Kreuzungen das Pollenschlauchwachstum hemmen oder fördern und auf diese Weise eine unvollkommene Parasterilität oder auch echte Sterilität bedingen, sind bei den verschiedensten Pflanzen und in Verbindung mit den verschiedensten Erbfaktoren (Endospermfaktoren, Geschlechtsrealisatoren usw.) gefunden worden. Sie scheinen sehr weit verbreitet zu sein, da sie bereits bei einem relativ beschränkten Untersuchungsmaterial bei Vertretern der verschiedensten Verwandtschaftskreise gefunden worden sind.

Der phänotypische Effekt dieser Gene wird in weitem Maße von den Außenfaktoren und von Modifikationsgenen beeinflußt, die die deutliche Variabilität der Ergebnisse der einzelnen Versuche bedingen und die unter Umständen die hemmende oder fördernde Wirkung der Parasterilitätsfaktoren kompensieren können.

5. Die Parasterilität der Heterostylen[1].

a) Allgemeines.

Heterostyle Arten sind dadurch charakterisiert, daß man bei ihnen Sippen unterscheiden kann, die sich durch die Länge der Griffel in ihren Blüten unterscheiden. Bei den dimorphen Arten gibt es nur zwei solche Gruppen: lang- und kurzgrifflige; bei den trimorphen drei: lang-, mittel- und kurzgrifflige.

Die Heterostylie ist meistens, aber nicht immer, mit einer *Heteranthrie*, einer Verschiedenheit der Stellung der Staubbeutel, verbunden. Bei den dimorphen Arten sind die Staubblätter lang-

---

[1] Im folgenden werden die Untersuchungen an heterostylen Arten soweit besprochen, wie es für das Verständnis der Parasterilitätserscheinungen erforderlich ist. Es sei jedoch hier ausdrücklich auf den Artikel „Heterostylie" von LEHMANN (1927) im Handbuch der Vererbungswissenschaft, hrsg. v. BAUR und HARTMANN hingewiesen.

griffliger Blüten kurz und die kurzgriffliger Blüten lang (Abb. 64). Ebenso sind bei den trimorphen Spezies die Staubbeutel auf einem verschiedenen Niveau wie die Narbe, also z. B. bei einer langgriffligen Form sind die Antheren kurz und mittellang usw. (Abb. 63). Hierbei kommt es nicht auf die Gesamtlänge der Filamente, sondern die Höhe der Stellung der Staubbeutel in der Blüte an. Es

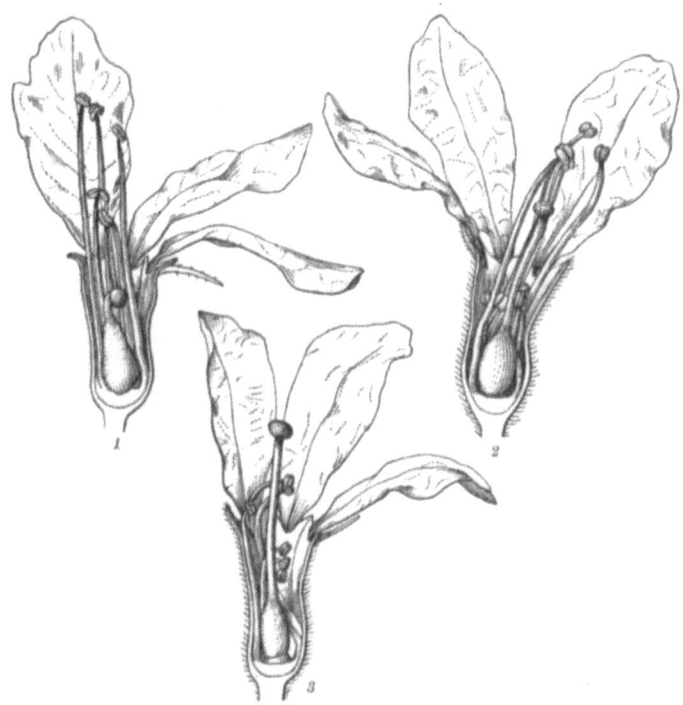

Abb. 63. Trimorphismus bei *Lythrum salicaria*. *1* kurzgrifflige, *2* mittelgrifflige, *3* langgrifflige Blüte. (Nach KIRCHNER 1912.)

ist auch nebensächlich, ob die Filamente am Grunde der Blütenblätter entspringen (Abb. 64, *3* und *4*) oder verschieden hoch an der Blütenröhre frei werden (Abb. 64, *1* und *2*).

Seltener sind Staubbeutel in den lang- oder kurzgriffligen Blüten gleich hoch angeordnet, wie wir es bei einigen *heterostylhomantheren* Arten finden (Abb. 65).

In der Regel ist die Heterostylie auch mit einer Einschränkung der *Fertilität* verknüpft. Wir können im voraus die Regel auf-

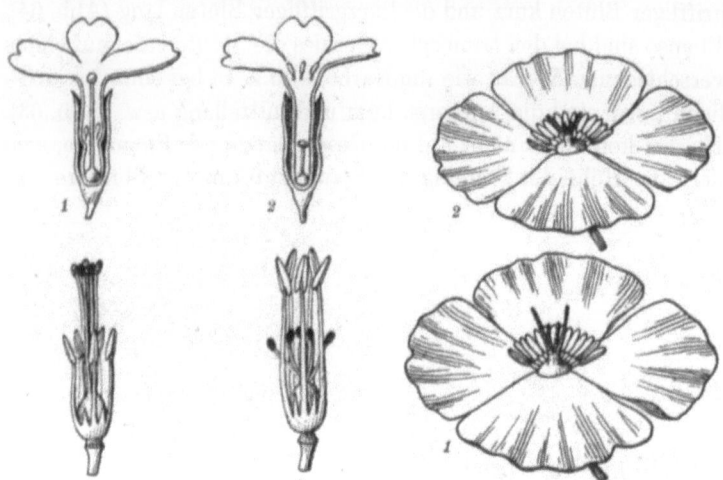

Abb. 64. *1* u. *2* Heterostylie bei *Primula*, *3* u. *4* Heterostylie bei *Linum*. (3, 4 nach Photographien von LAIBACH.)

Abb. 65. Heterostylie verbunden mit Homantherie bei *Eschscholzia californica*. *1* langgrifflige, *2* kurzgrifflige Blüte. (Nach KERNER-HAUSEN 1913.)

stellen, daß in der Hauptsache die Bestäubungen von Narben mit Pollen aus Antheren, die in den Blüten „gleich hoch" wie die Narben standen, erfolgreich sind. Alle übrigen Verbindungen sind mehr oder minder vollkommen parasteril. Mit DARWIN bezeichnen wir die ersteren als *legitime*, alle anderen als *illegitime* Verbindungen.

b) Historischer Rückblick.

Die dimorphe Heterostylie wurde von SPRENGEL (1793) bei *Hottonia palustris* entdeckt. CURTIS (1777—1787) der zuerst den Dimorphismus einiger Primelarten besprach, bezeichnete die beiderlei Formen als besondere Varietäten.

JAQUIN (1794) beschrieb als

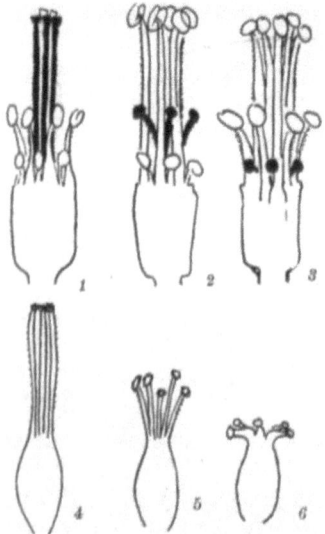

Abb. 66. Trimorphismus bei *Oxalis*. *1* u. *4* Langgriffel, *2* u. *5* Mittelgriffel, *3* u. *6* Kurzgriffel. In *4* bis *6* nur die Stempel. (Nach UBISCH 1925.)

erster die Anordnung der Blütenorgane einer trimorphen Form in der Gattung *Oxalis*. Er erkannte aber nicht, daß es sich hierbei um drei Formen einer und derselben Art handele, sondern beschrieb sie als drei getrennte Arten. Später wurden die einzelnen Formen, wenigstens teilweise, als Varietäten der gleichen Arten aufgefaßt. Erst die Untersuchungen von HILDEBRAND (vor allem 1866) brachten aber völlige Klarheit. Die Trimorphie von *Lythrum salicaria* wurde zuerst von VAUCHER (1841) und WIRTGEN (1848) beschrieben und von DARWIN (1865) restlos geklärt.

PLANCHON (1848) warf die Frage auf, ob nicht die Heterostylie, die er bei verschiedenen *Linum*-Arten beobachtet hatte, eine Bedeutung für das Zustandekommen der Befruchtung habe, stellte aber noch keine Versuche darüber an. C. F. GÄRTNER (1849) kam zu einer Verneinung dieser Frage. Erst DARWIN (1862—1877) brachte auf diesem Gebiet wie auch in vielen anderen blütenbiologischen Fragen eine weitgehende Klärung. Während die Beobachtungen DARWINs noch heute die Grundlage der wissenschaftlichen Diskussion der Heterostylie bilden, hat jedoch seine Interpretation ihre Bedeutung verloren. Er setzte die Sterilitätsverhältnisse in Beziehung zu dem „Gesetz der Kreuzbefruchtung", dessen Unrichtigkeit wohl heute einwandfrei erwiesen ist.

In neuerer Zeit spielen zwei Fragenkomplexe die Hauptrolle in der Behandlung der Heterostylie: die Vererbung der morphologischen Unterschiede der Heterostylen und ihre Parasterilität.

In der Mehrzahl der Fälle handelt es sich bei den dimorphen Arten um eine monofaktorielle Spaltung, bei den trimorphen Formen um eine polyfaktorielle. Da die Genetik der Heterostylie in engster Beziehung zu dem Parasterilitätsproblem steht, soll sie im folgenden auch ausführlich besprochen werden.

Die Physiologie der Parasterilität der Heterostylen wurde von JOST (1907) in modern-physiologischer Weise interpretiert. Trotz der wichtigen Ergänzungen, die wir den Untersuchungen von UBISCH, ERNST und LAIBACH verdanken, sind wir seither kaum viel weiter gekommen.

c) Verbreitung der Heterostylie.

Wir wollen hier davon absehen, eine vollzählige Liste derjenigen Arten zu geben, bei denen eine Heterostylie vorkommt. Den Angaben von KNUTH (1898) ist auf Grund neuerer Arbeiten nur wenig hinzuzufügen. Neuerdings ist ein Dimorphismus bei folgenden Gattungen beschrieben worden: *Plumbago, Ceratostigma* (DAHLGREN 1918, 1923), *Veronica* (CORRENS 1924), *Anchusa* (LEWITZKY 1928) und ein Trimorphismus bei *Piaropus paniculatus* (JOHNSON 1924). Wenn wir die Familien zusammenstellen, in denen sich heterostyle Arten finden, dann kommen wir zu der folgenden Liste:

Dimorphismus: *Linaceae, Turneraceae, Lythraceae, Primulaceae, Plumbaginaceae, Borraginaceae, Scrophulariaceae, Rubiaceae.*

Trimorphismus: *Oxalidaceae, Linaceae (Roucheria?* nach KUHN 1867), *Lythraceae, Pontederiaceae.*

Der einzige allgemeine Schluß, der sich aus dieser Zusammenstellung ergibt, ist der, daß *die Heterostylie polyphyletischen Ursprungs sein muß.*

d) Vererbung der Heterostylie.

α) **Vererbung des Dimorphismus.** BATESON and GREGORY (1905) fanden, daß der Dimorphismus von *Primula sinensis* durch ein einfaches Faktorenpaar bedingt ist. Ein dominantes Allel (k) bedingt die Ausbildung kurzer Griffel und langer Antheren, das entsprechende rezessive Allel (k) die Entwicklung langer Griffel und kurzer Antheren. Dieses einfache Faktorenschema ist seitdem durch verschiedene Autoren bei einer Anzahl anderer dimorpher Arten sichergestellt worden. Auch der Dimorphismus verschiedener *Linum*-Arten (CORRENS 1921c, LAIBACH 1921) und von *Veronica gentianoides* (CORRENS 1924b), die nur heterostyl, aber nicht heteranther sind, wird durch ein Allelenpaar bedingt.

Dimorphismus:

Kk-Griffel kurz, Antheren lang ⎫ oder Antheren im wesent-
kk-Griffel lang, Antheren kurz ⎭ lichen gleich hoch.

Für die folgenden Arten wurde dieser Vererbungsmodus bewiesen oder doch wenigstens wahrscheinlich gemacht:

Primula-Arten (BATESON u. GREGORY 1905, RAUNKIAER 1906, GREGORY 1915, DAHLGREN 1916a, 1918, ERNST 1924—1929).

Linum-Arten (CORRENS 1921, UBISCH 1921, 1925, LAIBACH 1921 bis 1929).

Fagopyrum (DARWIN 1877, CORRENS 1921, DAHLGREN 1921).

Pulmonaria (DARWIN 1877, DAHLGREN 1921).

Forsythia (HILDEBRAND 1874).

Veronica gentianoides (CORRENS 1924).

In neuerer Zeit hat ERNST (1924—1929) dieses Schema erweitert. Er kommt zu der Feststellung, daß bei den heterostyl-heterantheren Arten der Dimorphismus durch zwei Allelenpaare, eines für die Griffellänge und ein zweites für die Antherenlänge, bedingt wird, und daß diese beiden Allelenpaare in der Mehrzahl der Fälle miteinander absolut gekoppelt sind. Es soll in der Regel das Gen für kurze Griffel mit dem Gen für lange Antheren gekoppelt sein und umgekehrt. Bei den heterostyl-homantheren Formen wäre dann nur das erste Faktorenpaar vorhanden, während die Allelen für Heteranthrie fehlen.

Das monohybride Faktorenschema von BATESON und GREGORY hat TSCHERMAK (1923) auf Grund seiner Versuchsergebnisse angezweifelt. Er glaubt, es müsse durch ein polymeres, mindestens aber ein bifaktorielles Schema ersetzt werden. Den Zahlenangaben TSCHERMAKs kann man jedoch unbedingte Beweiskraft nicht zusprechen, da nach seinen Angaben weder bei Kreuzungen eine Selbstbestäubung ausgeschlossen war, da die Blüten nicht kastriert wurden, noch bei Selbstungen eine Kreuzung, da in der Regel ,,die Individuen im Kalthause im Monat März bis April nicht (vor Insekten) geschützt'' aufgestellt waren (1923, S. 5 des S. A.).

β) **Vererbung des Trimorphismus.** Theorie von G. v. UBISCH. Der Erbgang der trimorphen Formen ist von UBISCH (1921) zuerst faktoriell interpretiert worden. Hiernach haben wir es mit zwei Faktorenpaaren zu tun: das dominant epistatische Allel des einen Paares bedingt die Ausbildung der kurzgriffligen Form ($AaBB$, $Aa\,Bb$, $Aabb$), das dominante Allel des zweiten Paares die Entstehung mittelgriffliger Formen ($aaBb$ und $aaBB$). Die langgriffligen Formen sind schließlich die doppelt rezessiven Individuen ($aabb$). Hierbei haben die Erbfaktoren insofern einen pleiotropen Effekt, als sie gleichzeitig die Griffellänge und die Antherenlänge beeinflussen.

Trimorphismus (nach UBISCH):
A—Griffel kurz, Antheren mittellang und lang,
aaB—Griffel mittellang, Antheren kurz und lang,
$aabb$—Griffel lang, Antheren kurz und mittellang.

Die späteren Untersuchungen haben jedoch gezeigt, daß dieses Schema zu einfach ist und den Tatsachen nicht ganz gerecht wird.

Und zwar scheinen sich bei *Lythrum* andere Komplikationen einzustellen als bei *Oxalis*.

Bei **Lythrum salicaria** muß der Faktor B nach den Untersuchungen von EAST (1927a—c) in zwei eng gekoppelte Faktoren M_a und M_b, von denen jeder für sich die Ausbildung mittelgriffliger Individuen bedingt, zerlegt werden. Eine Besonderheit dieser beiden Faktoren liegt noch darin, daß jeder für sich im homozygoten Zustand letal ist (also $M_a M_a$ und $M_b M_b$).

Kurzgriffel werden durch den Faktor A in homozygotem Zustand bedingt, gleichgültig wie die sonstige Konstitution beschaffen ist.

Die Langgriffel schließlich sind vollkommen homozygot ($aa\ m_a m_a\ m_b m_b$).

Der Faktorenaustausch zwischen den beiden M-Faktoren beträgt gegen 10%.

Lythrum salicaria (nach EAST).
Kurzgriffel: A — — — — —.
Mittelgriffel: $aa\ M_a$ — oder $aa\ M_b$ —.
Langgriffel: $aa\ m_a m_a\ m_b m_b$.

Bei den **Oxalis**-Arten ist die faktorielle Basis der Heterostylie noch weitgehend ungeklärt. BARLOW (1913, 1923) verzichtete ganz auf eine eigene Interpretation ihrer Daten und beschränkte sich auf eine Kritik der von UBISCH (1923, 1925) gegebenen bifaktoriellen Ausdeutung ihrer Versuchsergebnisse. UBISCH hat selbst (1923, 1925) das bifaktorielle Schema zunächst noch erweitert, indem sie annahm, daß neben den beiden eigentlichen Heterostyliefaktoren noch einer der Blütenfarbefaktoren eine Rolle spielt. Wir kommen auf diese Hypothese, die UBISCH später (1926, 1928) wieder aufgegeben hat, weiter unten noch einmal zurück.

Das Faktorenschema, das UBISCH (1926, 1929) in ihren letzten Mitteilungen über *Oxalis floribunda*[1] für am wahrscheinlichsten hält, wollen wir nun kurz besprechen.

„Die Heterostylie wird durch drei Faktorenpaare geregelt: Alle kurzgriffligen Pflanzen heißen CC, wie die anderen beiden Faktoren auch heißen mögen. Alle Cc- oder cc-Pflanzen sind mittel- oder langgrifflig. Und zwar mittelgrifflig, wenn sie den Faktor B

---

[1] Die von UBISCH untersuchte und teils als *O. floribunda*, teils als *O. rosea* bezeichnete Art gehört nach der letzten Mitteilung (UBISCH 1928) zu *O. floribunda*.

enthalten. Alle Pflanzen ohne B sind langgrifflig, ob sie nun D enthalten oder nicht. Außerdem ist $DDBb$ langgrifflig" (UBISCH 1926, S. 645).

Diese auf den ersten Blick sehr komplizierte Situation wird vielleicht etwas klarer, wenn wir, dem allgemeinen Gebrauch folgend, Faktoren, die nur im homozygoten Zustand wirksam sind, als rezessiv auffassen und mit kleinen Buchstaben bezeichnen.

Die Kurzgriffel sind danach durch einen homozygot rezessiven epistatischen Faktor l bedingt. ll-Pflanzen sind also kurzgrifflig ohne Rücksicht auf die weitere Konstitution der Pflanzen. Ll- und LL-Pflanzen sind je nach der weiteren Konstitution lang- oder mittelgrifflig. In dieser Bedingtheit der Kurzgriffel liegt eine ganz wesentliche Besonderheit der *Oxalis*-Arten. Die Kurzgriffel der dimorphen Arten und von *Lythrum* werden durch einen dominanten Faktor (G bzw. A) bedingt. Dementsprechend spalten die Kurzgriffel dieser Arten als dominante Heterozygoten nach Selbsten, während die Kurzgriffel von *Oxalis* immer rein weiter züchten, was schon BARLOW feststellte.

Die Mittelgriffel werden durch zwei dominante Faktoren M und N bedingt. Und zwar müssen von den jeweils anwesenden vier Allelen der Faktoren (M, m) und (N, n) mindestens zwei M-Allele (also MM) oder ein M- und ein N-Allel (also $Mm\,Nn$) anwesend sein, damit Mittelgriffligkeit zur Ausbildung kommen kann.

Langgriffel schließlich entstehen, wenn der dominante Nicht-Kurzgriffelfaktor (L) anwesend ist, und wenn die dominanten Mittelgriffelfaktoren (M und N) in zu schwacher Dosierung vorhanden sind.

Wir können die Situation kurz folgendermaßen wiedergeben.
Trimorphie der *Oxalis*-Arten:

Kurzgriffel: ll — — — —.

Mittelgriffel: $\begin{cases} L - MM - -. \\ L - M - N -. \end{cases}$

Langgriffel: $\begin{cases} L - m - nn. \\ L - mm - -. \end{cases}$

Diese Formeln entsprechen also ganz der Interpretation von UBISCH (1926), nur daß folgende Umnennungen vorgenommen wurden: $C = l$, $B = M$ [1], $D = N$.

---

[1] Dieser Faktor ist gleichzeitig ein Blütenfarbenfaktor oder mit einem solchen, dem Faktor (R, r) für rosa Blütenfarbe, absolut gekoppelt.

Es ist aber nicht ausgeschlossen, daß noch weitere Komplikationen im Spiele sind (UBISCH nach LEHMANN, 1927, S. 37). Es ist daher sehr zu bedauern, daß UBISCH (1928) angibt, daß sie „kaum Gelegenheit haben wird, auf diese abgeschlossenen Versuche mit *Oxalis* noch einmal zurückzukommen" (S. 348). Man wird daher warten müssen, bis diese Untersuchungen wieder von anderer Seite aufgegriffen werden, ehe man imstande ist, eine endgültige Formel aufzustellen.

Zusammenfassend müssen wir feststellen, dass die genetische Analyse der trimorphen Formen ein wesentlich komplizierteres Bild gibt als bei den dimorphen. *Das zuerst von* UBISCH *(1921) veröffentlichte, bestechend einfache bifaktorielle Schema hat sich als zu einfach erwiesen.*

Die Vererbung der Heterostylie bei Lythrum und Oxalis erfolgt in verschiedener Weise.

Bei Lythrum salicaria muß das ursprüngliche bifaktorielle Schema dadurch kompliziert werden, daß man an Stelle des Vorkommens eines Mittelgriffelfaktors das Vorhandensein zweier eng gekoppelter Faktoren mit balanciertem Letaleffekt annehmen muß (EAST 1927a—c).

Bei Oxalis mußte das Ausgangsschema ganz aufgegeben und durch ein (mindestens) trifaktorielles ersetzt werden (UBISCH 1926).

γ) **Modifikativ oder polymer bedingte Variabilität der Heteromorphie.** Die Länge der Griffel ist nicht etwa eine absolute konstante Größe. Sie variiert in Abhängigkeit von Außenbedingungen und von Modifikationsgenen beträchtlich um die Mittelwerte, die bei den zwei, bzw. drei Gruppen der Dimorphen, bzw. Trimorphen eindeutig verschieden sind. Das gleiche gilt auch für die Länge der Antheren. Auch das Verhältnis der Länge der Griffel und Antheren zueinander oder zu der Länge der Kronenröhre ist Schwankungen unterworfen.

Von den rein phänotypisch bedingten Variationen in der Ausprägung der Heterostylie wollen wir zunächst absehen. Das Vorkommen von Genen, die den phänotypischen Effekt der Heterostyliefaktoren abwandeln, zeigt deutlich, daß die oben wiedergegebenen Schemata etwas zu einfach sind. Wie bei allen anderen Eigenschaften kann wohl ein Allelenpaar einen besonders durchschlagenden Einfluß auf die Art der Ausbildung ausüben, aber eine große Anzahl anderer Gene hat einen wenn auch vergleichsweise geringeren Einfluß.

Bei der dimorphen *Veronica gentianoides* kommt CORRENS (1924) zu folgender Formulierung: ,,Die Griffellänge wird bei beiden Sippen zunächst durch eine Reihe ähnlicher polymerer Faktoren (L_1, L_2, L_3 usw.) bestimmt und ist deshalb stark verschieden, mit regelmäßigen Schwankungen um einen Mittelwert. Bei den Kurzgriffeln setzt ein weiterer Faktor die Länge, die den polymeren Faktoren entspräche, etwa auf die Hälfte herab" (1924, S. 1231). Diese Faktorenformulierung können wir wohl als allgemein gültig ansehen. Wohl immer wird die Griffellänge außer durch die ausgesprochenen Heterostyliegene noch durch Modifikationsgene bestimmt, die die oft beträchtlichen Schwankungen bei den verschiedenen Individuen verursachen. Wie deutlich ein Dimorphismus ausgeprägt ist, wird vor allem davon abhängen, wie stark sich die Wirkung besonderer Heterostyliegene und komplementärer Modifikationsfaktoren unterscheidet.

GAIN (1905, 1906, 1907) und LEWITZKY (1928) untersuchte die Variabilität der Griffellänge bei der ausgeprägt dimorphen *Pulmonaria angustifolia*. Die Befunde sind in den Kurven K und L in Abb. 67 unten graphisch dargestellt. Die beiden Variationskurven der Langgriffel und der Kurzgriffel sind deutlich voneinander unterschieden. Es findet keine Überschneidung statt. Die Wirkung der Heterostylieallele ist eindeutig scharf ausgeprägt. Die Plusvarianten des kurzgriffligen Typus sind deutlich von den Minusvarianten des langgriffligen unterschieden.

Etwas anders liegen die Dinge bei der von CORRENS (1924) genau untersuchten und bereits erwähnten *Veronica gentianoides*. Die beiden Kurven K und L in Abb. 68 unten, die nach den Versuchen I und XIX von CORRENS gezeichnet sind, geben die Griffellängen der Individuen einer langgriffligen (I) und einer rein kurzgriffligen (XIX) Population wieder. Die beiden Kurven sind zwar noch deutlich verschieden, aber sie überschneiden sich. In Populationen, die aus Langgriffeln und Kurzgriffeln bestehen, wäre es nicht einwandfrei möglich, zwischen extremen Plusvarianten der Kurzgriffel und Minusvarianten der Langgriffel zu unterscheiden.

Noch stärker ist die Überschneidung bei der nur schwach dimorphen *Anchusa officinalis* nach den Untersuchungen von

LEWITZKY (1928), wie man aus dem Kurvenbild in Abb. 69 unten ersieht.

Der Erbgang der Heterostylie ist bei *Veronica* bereits einwandfrei analysiert. Wir berichteten schon über das Ergebnis. Im Vergleich zu *Primula* oder *Pulmonaria* können wir feststellen, daß die Wirkung der modifizierenden Faktoren (L usw. nach CORRENS) nicht mehr ganz so deutlich von der der eigentlichen Heterostylie-

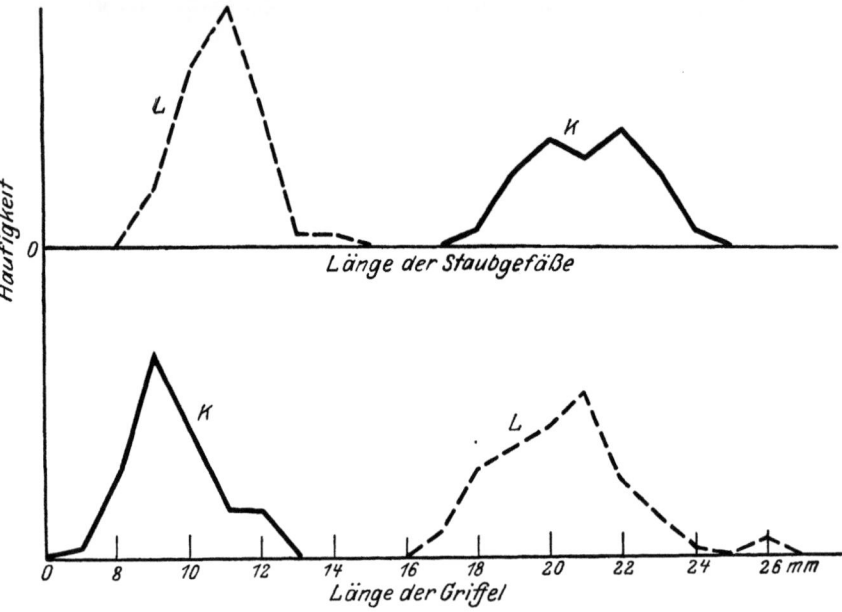

Abb. 67. Variabilität der Griffellänge und Antherenhöhe bei *Pulmonaria angustifolia*. K Kurzgriffel, L Langgriffel. (Nach LEWITZKY 1928.)

allele verschieden ist. Plus- oder Minusvarianten des einen oder anderen Typus können leicht falsch klassifiziert werden. Die Erbanalyse ist bei *Anchusa* noch nicht durchgeführt worden. Alles deutet aber darauf hin, daß sich hier die „Modifikationsgene" und die eigentlichen Heterostyliegene nicht mehr sehr stark in ihrer Wirkungsstärke unterscheiden.

Wir betonten bereits, daß in der Mehrzahl der Fälle bei den dimorphen Formen die Länge von Griffel und die Stellung der Antheren umgekehrt proportional sind. Lange Griffel sind mit tiefstehenden Antheren verbunden und umgekehrt. Aber auch hier finden sich deutliche Schwankungen.

Die oberen Kurven in Abb. 67—69 geben ein Bild von der Variabilität der Länge der Antheren bei den kurz- und langgriffligen Formen der drei Arten.

Bei *Pulmonaria* sind die Antheren der Kurz- und Langgriffel deutlich voneinander verschieden. Die beiden Kurven *K* und *L* (Abb. 67 oben), die die Variation veranschaulichen, überschneiden sich nicht.

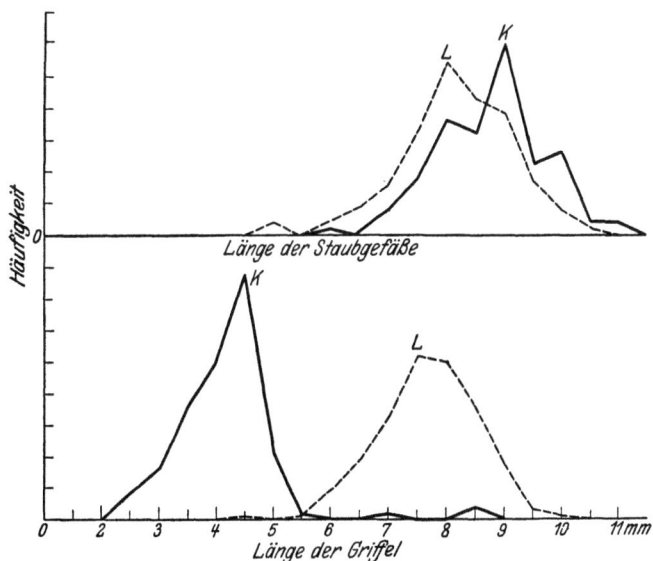

Abb. 68. Variabilität der Griffellänge und Antherenlänge bei *Veronica gentianoides*. *K* Kurzgriffel, *L* Langgriffel. (Nach Zahlenangaben von CORRENS 1924.)

Anders liegen die Verhältnisse dagegen bei *Veronica gentianoides* und bei *Anchusa officinalis*. In beiden Fällen überschneiden sich die Kurven der Antherenlänge von langgriffligen (*K*) und kurzgriffligen (*L*) Formen sehr stark (Abb. 68 und 69 oben), und es ist nur eine schwache Verschiebung der Kurve der Antherenlänge der Langgriffel nach links, also nach niedrigeren Werten, zu konstatieren. CORRENS nimmt für *Veronica* an, daß diese Verschiebung im ganzen nicht bedeutend genug ist, daß also keine Unterschiede in der Antherenlänge zwischen den langgriffligen und kurzgriffligen Pflanzen bestehen. Die hier wiedergegebenen Kurven sind ja auch nur aus seiner großen Versuchszahl herausgegriffen. Dagegen kommt LEWITZKY (1928) zu dem Schlusse, ,,daß der Verschiedenheit der

Kurven eine besondere Bedeutung zukomme, und daß also auch bei *Anchusa* die Durchschnittshöhe der Staubbeutel und die Durchschnittshöhe der Griffel bei der lang- und kurzgriffligen Individuengruppe in umgekehrtem Verhältnis stehen" (1928, S. 993).

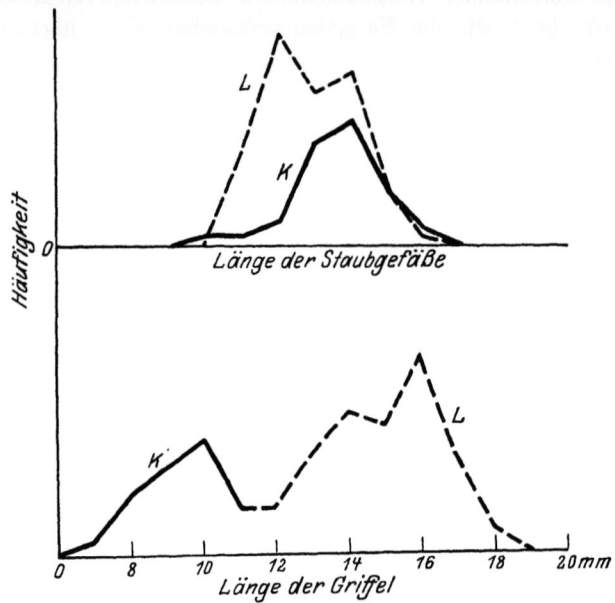

Abb. 69. Variabilität von Griffellänge und Antherenhöhe bei *Anchusa officinalis*. *K* Kurzgriffel, *L* Langgriffel. (Nach LEWITZKY 1928.)

Als Maß des Heteromorphismus ist auch öfters der Abstand der Narben und Antheren oder das Verhältnis von Narbenhöhe zu Staubbeutelhöhe genommen worden. Wie aber Abb. 70 zeigt, geben diese Größen kein klares Kriterium ab. Es sind dort zuerst die beiden typischen Formen bei Heterostylie-Heterantherie (Fig. 1 und 2), dann bei Heterostylie-Homantherie (Fig. 3 und 4) und schließlich bei Homostylie-Heterantherie (Fig. 5 und 6) abgebildet. Darunter finden sich die Werte für das Verhältnis von Antherenhöhe: Griffellänge $(A:G)$, das immer entweder $\frac{1}{2}$ oder $\frac{2}{1}$ beträgt, trotz der ganz verschiedenen morphologischen Verhältnisse. Ganz das gleiche ergibt sich auch für den Abstand von Narbe und Staubbeuteln.

Wir können also wohl zurückblickend feststellen, daß *bei den* dimorphen Heterostylen die Wirkung der Heterostyliegene so stark sein kann, daß die Determination in Kurz- oder Langgriffel eindeutig ist, unbeschadet einer gewissen Variationsbreite. In anderen Fällen ist dagegen der Effekt der Heterostyliefaktoren bei der Determination der Griffel- oder der Staubfädenlänge, bzw. aller beider gleichzeitig, nicht stark genug, um eine Abänderung durch die modifizierende Wirkung durch Außenbedingungen oder durch polymere Erbfaktoren zu

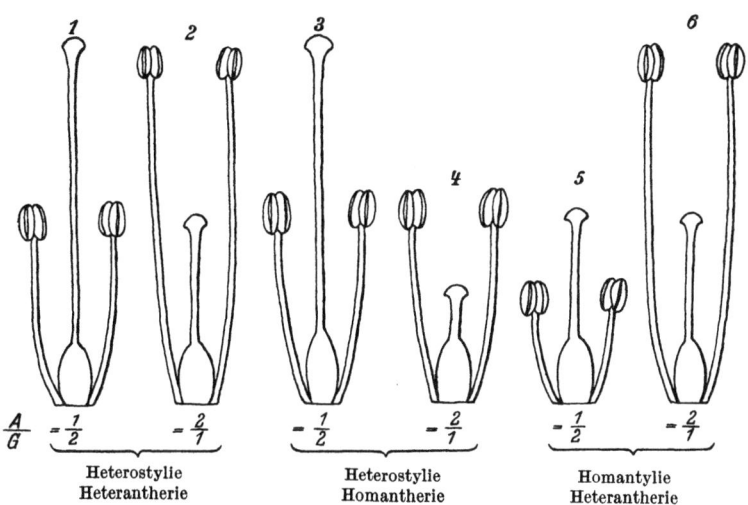

Abb. 70. Variabilität des Verhältnisses von Antheren- und Griffellänge ($A:G$) bei verschiedenen Formen der Heteromorphie.

verhindern. Hierbei kann es dazu kommen, daß die Heterostyliegene einen Einfluß nur auf die Griffellänge ausüben, aber nicht auf die Länge der Staubbeutel.

δ) **Modifikativ oder polymer bedingte Homomorphie.**[1] Abgesehen von diesen Schwankungen in der Ausbildung der Heterostylie, die sich bei normalen Sippen mancher Arten finden, ist eine Reihe von Fällen bekannt geworden, in denen bei an sich deutlich dimorphen heterostyl-heterantheren Arten die Heterostylie oder Heteranthelie in *besonderen* Sippen abgeändert ist und an ihrer Stelle eine sogenannte *Homomorphie* auftritt, bei der Narben und Staubbeutel in gleicher Höhe in der Blüte angeordnet sind [1].

---

[1] Für diese Erscheinung sind die verschiedensten Farbausdrücke

Es ist eine seit langem bekannte Erscheinung, daß besonders die ersten Blüten heterostyler Pflanzen homostyl sind. Es handelt sich hierbei um nichterbliche Modifikationen, die kaum ein besonderes Interesse beanspruchen (vgl. auch S. 204). Bei verschiedenen eindeutig heterostyl-heterantheren Arten treten aber gelegentlich auch Individuen auf, die aus der normalen Variationsreihe dadurch herausfallen, daß Narben und Antheren in allen Blüten oder doch den meisten Blüten in gleicher Höhe stehen. In einem Teil der Fälle läßt sich auch mit Sicherheit bestimmen, ob es sich um homomorphe Lang- oder Kurzgriffel handelt. In anderen haben die Griffel eine mittlere Länge.

Es seien zunächst die sicheren Fälle des Auftretens homomorpher Formen aufgezählt:

Primula auricula homom. langgrifflig — (SCOTT 1865a, DARWIN 1877).
P. farinosa homom. langgrifflig — (SCOTT 1865a).
P. hortensis homom. langgrifflig — (ERNST 1924—1928).
P. malacoides homom. langgrifflig — (UBISCH 1923, 1925).
P. officinalis homom. kurzgrifflig — (SCOTT 1865a, DARWIN 1877).
P. sinensis homom. kurzgrifflig — (SCOTT 1865a, DARWIN 1877, BATESON and GREGORY 1905).
P. viscosa homom. kurz- und langgrifflig — (ERNST 1924—1928).
Menyanthes trifoliata homom. langgrifflig — (WARNING nach LOEW 1894).
Linum sp. homom. langgrifflig — (LAIBACH 1925—1928).

Im folgenden wollen wir nur die Fälle genauer besprechen, in denen die Erblichkeit der Homomorphie genauer untersucht worden ist.

Primula officinalis. Von dieser Art fand SCOTT (1865a) eine homomorphe Pflanze, deren Antheren ebenso hoch inseriert waren, wie bei normalen Kurzgriffeln und auch entsprechend große Pollenkörner enthielten, deren Griffel dagegen typische Langgriffel waren. Während des ersten Jahres variierte die Ausbildung nur wenig, und zwar weder in der ersten Blüteperiode im Frühling noch in der zweiten im Herbst. Leider gibt SCOTT nicht die genaue Zahl der untersuchten Blüten an. Später trat aber eine Dolde auf, in deren Blüten die Griffellänge und Antherenhöhe sehr stark variierte. Die in Abb. 71 wiedergegebenen Blüten sind in Anlehnung an eine Abbildung von SCOTT und unter Zugrundelegung seiner

---

verwandt worden: isostyl, subheterostyl, homostyl u. a. m. Von allen scheint mir jedoch der hier verwandte Terminus homomorph, der schon von SCOTT und DARWIN verwandt wurde, am eindeutigsten.

Messungen gezeichnet. Fig. 2 und 3 entsprechen anscheinend den Blüten der ersten Blütezeit. Sie sind deutlich homomorph-langgrifflig. Fig. 1 ist ein typischer Kurzgriffel und Fig. 5 und 6 entsprechen fast den normalen Langgriffeln. Die anatomische Ausbildung der Organe entsprach auch jeweils der Morphologie.

DARWIN (1877) untersuchte die Erblichkeit dieser Homomorphie. Von den aufgezogenen 20 Nachkommen der geselbsteten Ausgangspflanze von SCOTT waren 2 normale Langgriffel, 6 eindeutig homomorphe Langgriffel, wenn auch bei ihnen die Ausbildung etwas variierte, und 12 waren „dem Anscheine nach" normale Kurzgriffel. Bei diesen variierte aber die Griffellänge sehr stark.

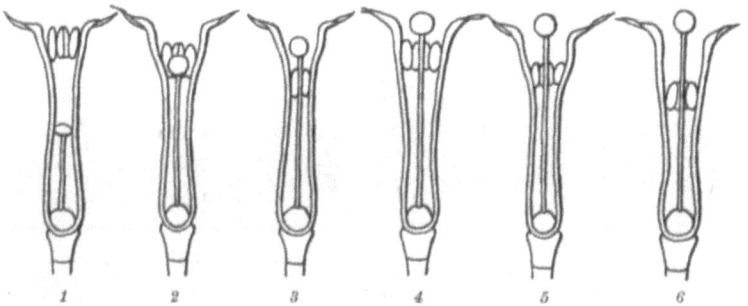

Abb. 71. Variabilität der Blüten eines homomorphen Langgriffels von *Primula officinalis*. (Auf Grund von Angaben von SCOTT 1865.)

Vielleicht muß man sie als extreme Varianten der homomorphen Form auffassen. Hierfür sprechen auch ihre Fertilitätsverhältnisse (vgl. S. 216). Eine typische homomorphe Pflanze wurde nun wieder geselbstet und gab 9 normal heteranthere Langgriffel und 63 homomorphe Langgriffel.

Schließlich kreuzte DARWIN (1877) auch eine der homomorphen Pflanzen mit einem normal heterostyl-heteranteren Individuum und erhielt dadurch in der Nachkommenschaft: 15 normale Langgriffel, 1 homomorphen Langgriffel und 25 normale Kurzgriffel.

Eine genauere faktorenanalytische Interpretation läßt sich auf Grund dieser kurzen Angaben nicht geben.

Primula sinensis. Erbliche Homomorphie stellte DARWIN (1877) bei dieser Art eindeutig fest, und zwar gaben in zwei, wahrscheinlich sogar drei untersuchten Generationen Homomorphe geselbstet nur homomorphe Nachkommen. Es handelte sich hierbei um homomorphe Kurzgriffel.

Über die Erblichkeit der homomorphen Formen der *übrigen Primelarten*, die SCOTT und DARWIN untersuchten, läßt sich nichts sagen.

Primula malacoides. Erbliche Homostylie beobachtete UBISCH (1923, 1925) bei der dimorphen *Primula malacoides*. Es fanden sich dort sowohl homomorph oder, wie UBISCH sagt, „subheterostyl"- langgrifflige als auch kurzgrifflige Pflanzen. „Wenn sie genetisch langgrifflig sind, so ist die Ansatzstelle der Antheren nach oben verschoben, wenn sie aber genetisch kurzgrifflig sind, so wird ein Gewebepolster unter den Fruchtknoten geschoben", wie es Abb. 72 wiedergibt. (1925, S. 325).

Im einzelnen fehlt jedoch noch die genaue genetische Analyse. UBISCH (1923) hat nur in einer Familie eine genauere genetische Untersuchung durchgeführt. Eine homomorphe (subheterostyle) Pflanze ergab geselbstet, wie die nachfolgende Übersicht zeigt, nur wieder homomorphe Nachkommen und nach Kreuzung mit langgrifflige kk-Pflanzen oder kurzgrifflige KK-Pflanzen im ersten Falle nur langgrifflige und im zweiten nur kurzgrifflige Nachkommen:

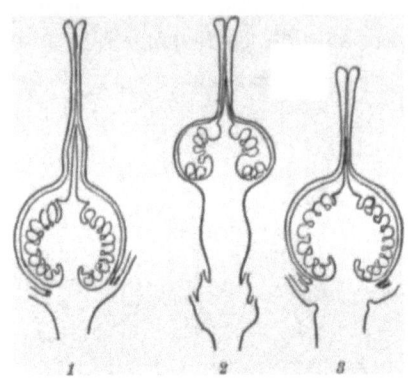

Abb. 72. Stempel von *Primula malacoides*.
1 Langgriffel, *2* „homomorphe" kurzgrifflige Form, *3* Kurzgriffel. (Nach UBISCH 1925.)

Homomorph selbst:	200 homomorphe Nachkommen
Homomorph × lang und rec.:	88 langgrifflig
Homomorph × kurz und rec.:	166 kurzgrifflig, in einer Familie 1 lang, 3 kurz : 1 homomorph.

Daraus geht hervor, daß die Homomorphie zwar vererbt wird, aber verglichen mit der normalen Ausbildungsform sich rezessiv oder hypostatisch verhält. Eine genaue faktorielle Interpretation dieses Verhaltens läßt sich aus diesen wenigen Daten nicht ableiten. Die Annahme von UBISCH (1923), daß die Homomorphie monofaktoriell bedingt sei, hat Verfasserin wieder aufgegeben.

Bei dem dimorphen *Linum austriacum* fand LAIBACH (1925, 1928) eine erblich konstante homomorphe Form, bei der die Griffel die für normale Langgriffel charakteristische Länge besaßen (Abb. 73). Die Staubfäden dagegen waren nicht wie bei den normalen Langgriffeln kurz, sondern etwa ebenso lang wie die Griffel, d. h. so lang wie bei normalen Kurzgriffeln. Bei *Linum* unterscheidet sich der Pollen der langgriffligen und der kurzgriffligen Formen durch die Struktur ihrer Exine (UBISCH 1925, LAIBACH 1928). LAIBACH konnte nun zeigen, daß auch der Pollen der homomorphen Langgriffel, trotzdem er aus phänotypisch „langen" Staubgefäßen stammte, die Exineausbildung besaß, wie sie für den Pollen aus den kurzen Staubbeuteln normaler Langgriffel charakteristisch ist. Er konnte dadurch zeigen, daß es sich bei seiner homomorphen Sippe um langgrifflige Pflanzen handelt, deren Staubfäden durch die Wirkung modifizierender Erbfaktoren verlängert werden. Leider fehlt bisher noch eine genaue genetische Analyse dieser homomorphen Sippe.

Abb. 73. Homomorphe langgrifflige Blüte von *Linum austriacum*. (Nach einer Photographie v. LAIBACH 1925.)

Einen anderen homomorphen Langgriffel, bei dem die Staubgefäßlänge noch mehr der Länge bei den kurzgriffligen Pflanzen entsprach (Abb. 74), fand LAIBACH (1928) später auf. Bei Selbstbestäubung ergab sich eine nicht ganz klare Aufspaltung in Lang- und Kurzgriffel, die wohl auf gelegentliche Kreuzbestäubung infolge ungenügenden Schutzes beruht. Aber niemals traten wieder homomorphe Formen darunter auf. Es läge daher nahe, auf eine phänotypische Bedingtheit

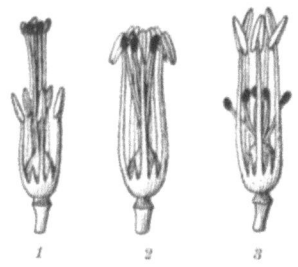

Abb. 74. *Linum austriacum*. *1* Langgriffel *2* homomorpher Langgriffel, *3* Kurzgriffel. (Nach Photographien von LAIBACH 1928.)

der Homomorphie in diesem Falle zu schließen. LAIBACH (1929) nimmt aber eine genotypische Grundlage an, und zwar soll die homomorphe Pflanze eine stark heterozygote besondere Zufallskombination polymerer Faktoren für Narben- und Antherenlänge sein.

ε) **Monofaktoriell bedingte Abwandlung der Heteromorphie.**
Im vorhergehenden haben wir die Variabilität der Heterostylie-

charaktere als durch die modifizierende Wirkung von Außenfaktoren oder polymeren noch nicht genauer untersuchten Modifikationsgenen betrachtet und haben in homomorphen Formen besonders extreme Fälle gesehen. Es sind jedoch auch Fälle bekannt, in denen einzelne Erbfaktoren einen stärkeren Effekt als die Heterostyliegene ausüben und deren Wirkung aufheben oder weitgehend abändern.

Augenfaktor bei Primula sinensis. Bereits BATESON and GREGORY (1905) haben in ihrer grundlegenden Arbeit über die Genetik des Dimorphismus einen solchen Faktor beschrieben. Bei den Blüten von *Primula sinensis* findet sich dort, wo die Kronenblattzipfel in die Kronenröhre übergehen, eine hellgelb gefärbte Zone, ein sogenanntes „Auge". Dieses gelbe „Auge" kann scharf ausgebildet sein und die Öffnung der Kronenröhre als ein enges, deutlich abgesetztes Fünfeck umgeben, oder es ist nur unscharf begrenzt und erstreckt sich über die Hälfte der Kronenblattzipfel. Diese verschiedene Ausbildung des Auges ist einfach monofaktoriell bedingt, und zwar ist der Typ „großes Auge" die homozygotisch-rezessive Form. Das dominante Allel, welches das „kleine Auge" hervorruft, hat keinen Einfluß auf die Ausbildung der Heterostylie; die Pflanzen sind entweder normal kurz- oder langgrifflig, wobei die Staubbeutel entsprechend lang oder kurz sind. Die rezessive Form ist dagegen entweder kurzgrifflig oder sie ist homomorph, d. h. Antheren und Narbe befinden sich auf gleicher Höhe. Die Langgriffel sind in homomorphe Kurzgriffel umgewandelt. Die Griffel sind bei ihnen kurz, wenn auch etwas länger als bei den typischen Kurzgriffeln, und die Antheren sind ebenfalls kurz, wie bei normalen Langgriffeln. Der „Augen"-faktor hat also einen modifizierenden Einfluß nur auf die Länge der Griffel gehabt, nicht auf die Länge der Staubbeutel.

Das folgende Kreuzungsbeispiel soll diese Verhältnisse noch etwas verdeutlichen. Wir wollen den Augenfaktor mit $E—e$ und den Heterostyliefaktor mit $K—k$ bezeichnen. Heterozygote Pflanzen von der Konstitution $EeKk$, also Kurzgriffel mit kleinem Auge, geben bei Selbsten die in Tab. 39 angegebenen Spaltungsverhältnisse.

Weißfaktor von Oxalis rosea. UBISCH (1921, 1925) glaubte, bei der trimorphen *Oxalis rosea* die modifizierende Wirkung eines Erbfaktors auf die Ausbildung der Heterostylie festzustellen. Bei dieser Art wird die Blütenfarbe unter anderen durch zwei Allelen-

Tabelle 39. Spaltung eines geselbsteten doppelt heterozygoten Kurzgriffels mit „kleinem Auge" in den Blüten, bei *Primula sinensis*. (Zusammengestellt nach BATESON and GREGORY 1905.)

Phänotypus	Konstitution	Gefunden	Erwartet	Verhältnis
Kurzgrifflig kleines Auge	$KkEE$ u. Ee	147	139,0	9
Kurzgrifflig großes Auge	$Kkee$	35	46,3	3
Langgrifflig kleines Auge	$kkEE$ u. Ee	44	46,3	3
Homomorph großes Auge	$kkee$	21	15,4	1

paare beeinflußt. Man kann einen grundlegenden Erbfaktor (F farbig, ff rein weiß) und einen Intensitätsfaktor (in Anwesenheit von F ist R rosa und rr hellrosa) unterscheiden. Das dominante Allel F sollte in homozygotischem Zustande (FF) einen Einfluß auf die Ausbildung der Heterostylie haben. Die Wirkung des F-Faktors im homozygoten Zustande sollte darin bestehen, daß FF-Pflanzen immer phänotypisch kurzgrifflig sind. Die Tatsache, daß der F-Faktor nur in homozygotischem Zustande einen Einfluß auf die Ausbildung der Heterostylie ausübt, dagegen in heterozygotem Zustande vollkommen indifferent ist, wäre besonders auffallend.

Wir wollen wie oben (S. 181) den dominant-epistatischen Faktor für Kurzgrifflichkeit mit A bezeichnen (rezessives Allel a) und den dominanten Faktor für Mittelgriffel mit B, das rezessive Allel für Langgriffel mit b. Wir können uns dann an dem folgenden Beispiel nach UBISCH (1925) die Verhältnisse veranschaulichen:

Es wurden eine rosa blühende langgrifflige Pflanze ($Ff\,aa\,bb$) und eine rosa blühende mittelgrifflige Pflanze ($Ff\,aa\,Bb$) miteinander gekreuzt und folgendes Ergebnis erhalten (vgl. Tabelle 40, Mitte):

Tabelle 40. Vererbung von Heterostylie und Blütenfarbe bei *Oxalis floribunda*.

Nach UBISCH 1925[1]   Nach UBISCH 1926[2]

Eltern: $Ff\,aa\,bb \times Ff\,aa\,Bb$ $\dfrac{Fl\ m}{fL\ m} \times \dfrac{Fl\ M}{fL\ m}$

Phänotypus	Gef.	Konstitution	Erw.	Verh.	Konstitution	Erw.	Verh.
Weiß langgrifflig	27	$ff\,aa\,bb$	30	1	ffL - mm[1]	29,0	24,0
Weiß mittelgrifflig	25	$ff\,aa\,Bb$	30	1	ffL - Mm	29,0	24,0
Weiß kurzgrifflig	1	—	—	—	$ff\,ll$ - —	2,4	2,0
Rosa langgrifflig	65	$Ff\,aa\,bb$	60	2	F-L- mm	61,5	25,5
Rosa mittelgrifflig	68	$Ff\,aa\,Bb$	60	2	F-L- Mm	61,5	25,5
Rosa (modifiziert) kurzgrifflig	55	$\begin{cases} FF\,aa\,bb \\ FFaa\,Bb \end{cases}$	60	2	F- ll - —	58,0	24,0

[1] Außerdem alle Pflanzen RR.   [2] Außerdem alle Pflanzen $RR\,NN$.

Ubisch hat dann (1926) diese Interpretation ihrer Experimente wieder aufgegeben. Entsprechend der bereits oben (S. 182 ff.) genau besprochenen neuen Formulierung der genetischen Grundlage der Heterostylie nimmt sie jetzt an, daß der Faktor F keinen Einfluß auf die Ausbildung der Blütenform besitzt. Die auffallenden Spaltungszahlen werden jetzt durch eine Koppelung zwischen F- und C-Faktor (Faktorenaustausch etwa 20%) erklärt. (Vgl. Tab. 40, rechts.)

Als besonders beweisend für die neue Interpretation können wir das Ergebnis der folgenden Rückkreuzung ansehen. Es wurde ein rosa blühendes langgriffliges Individuum (Nr. 2) mit einem weißblühenden Kurzgriffel (Nr. 70b) gekreuzt.

Tabelle 41. **Vererbung von Heterostylie und Blütenfarbe bei** *Oxalis floribunda* **(nach Ubisch 1926).**

Eltern: rosa lang × weiß kurz = $\dfrac{CF}{cf}\dfrac{m}{m} \times \dfrac{cf}{cf}\dfrac{M^1}{M}$.

Phänotypus		Konstitution	Gefunden	Erwartet
Nichtaustausch	rosa kurz	$\overline{cf\ cf}\ Mm$	56	49,2
	weiß mittel	$CF\ cf\ Mm$	44	49,2
Austausch ...	weiß kurz	$cF\ cf\ Mm$	11	12,3
	rosa mittel	$Cf\ cf\ Mm$	12	12,3

Die gefundenen Spaltungszahlen sind in Tabelle 41 wiedergegeben und mit den Zahlen verglichen, die bei einer Koppelung mit 20% Faktorenaustausch zu erwarten wären.

Dahlgren (1916a) untersuchte eine monofaktoriell bedingte **acaulis-Form von Primula officinalis.** Die ursprüngliche *acaulis*-Pflanze muß genetisch ein Langgriffel gewesen sein. Sie wurde mit einem normalen Kurzgriffel gekreuzt. Die F_1-Pflanzen waren alle normale Lang- oder Kurzgriffel. Geselbstete kurzgrifflige F_1-Pflanzen spalteten nun wie erwartet in 115 normale und 35 *acaulis*-Pflanzen auf. Die ersteren waren teils kurzgrifflig (101 Individuen), teils langgrifflig (14 Individuen). Die *acaulis*-Pflanzen waren dagegen alle kurzgrifflig. Erwartet waren 27 kurzgrifflige und 9 langgrifflige *acaulis*-Individuen. Die Zahlen sind noch viel zu klein, um sichere Schlüsse auf ein abweichendes Spaltungsverhältnis zu rechtfertigen. Es erscheint aber nicht aus-

---

[1] Außerdem alle Pflanzen $RR\ NN$.

geschlossen, daß der *acaulis*-Faktor ähnlich wie der eben besprochene Weißfaktor von *Oxalis* immer Kurzgriffligkeit hervorruft.

ζ) **Theorie der Homomorphie nach ERNST.** ERNST (1924, 1925a, b, 1928a, b) fand bei *Primula hortensis* eine homomorphe-langgrifflige Form und bei *Primula viscosa* sowohl eine homomorph-langgrifflige wie eine homomorph-kurzgrifflige Form. Bei diesen Homomorphen handelt es sich durchweg um Pflanzen, deren Griffellänge als normal angesehen wurde, d. h. bei der Konstitution kk als lang und bei der Konstitution Kk als kurz. Die Staubbeutel saßen immer auf annähernd derselben Höhe wie die Narben.

ERNST interpretiert die Entstehung und das erbliche Verhalten dieser Homomorphen folgendermaßen: Er nimmt an, daß die Länge der Griffel und die Stellung der Staubbeutel von zwei verschiedenen Paaren von Allelen bedingt wird, die aber miteinander sehr eng, und zwar praktisch absolut gekoppelt sind. In der Regel ist das Allel a für lange Griffel mit dem Allel b für niedrige Staubbeutelstellung gekoppelt und das Gen A für kurze Griffel mit dem Gen B für hohe Staubbeutelstellung. Durch einen seltenen Faktorenaustausch werden die Faktoren A mit b und B mit a zusammengebracht, wodurch die genotypische Grundlage der Homostylie gegeben ist. Die vier Typen können also durch die folgenden Erbformeln charakterisiert werden:

heterostyle Langgriffel ab	G_l
heterostyle Kurzgriffel AB	G_k
homostyle Langgriffel aB	G_{hl}
homostyle Kurzgriffel AB.	G_{hk}

In dieser Interpretation sind drei Annahmen enthalten, die jede für sich experimentell begründet werden müssen.

1. Die homomorphen Formen sollen durch eine Kombination der Griffelausbildung der einen mit der Antherenausbildung der anderen normalen heteromorphen Formen entstanden sein. Die Höhe der Antheren und Narben entsprechen dieser Annahme vollkommen, wie die Abb. 75 für den homomorphen Langgriffel von *P. hortensis* und Abb. 76 für die beiden homomorphen Formen von *P. viscosa* nach ERNST zeigen.

Dagegen gibt die Untersuchung der Fertilitätsverhältnisse kein so eindeutiges Resultat. Wie wir später (S. 218) noch sehen werden, ist es durchaus möglich, die homomorphe Form von *P. hortensis* als einen Langgriffel aufzufassen, bei dem nur die Insertion der Antheren etwas modifiziert ist. Entsprechend scheint es auch berechtigt, den homomorphen Kurzgriffel von *P. viscosa* nur als einen

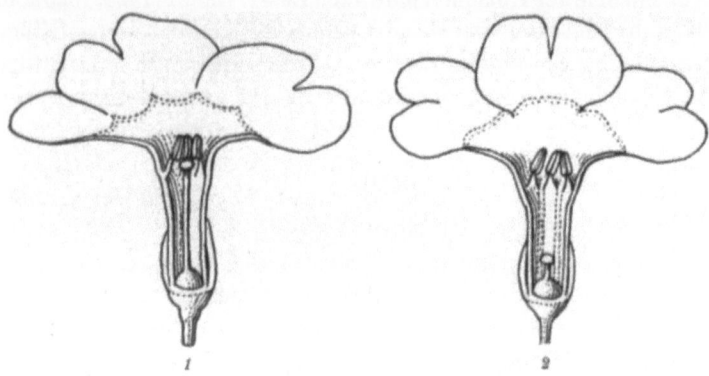

Abb. 75. *Primula hortensis*. *1* Blüte eines homomorphen Langgriffels, *2* Blüte eines normalen Kurzgriffels. (Nach ERNST 1928.)

oberflächlich modifizierten Kurzgriffel aufzufassen, der noch die charakteristischen Sterilitätsverhältnisse der Kurzgriffel zeigt. Die Beurteilung des homomorphen Langgriffels von *P. viscosa* ist auf Grund des vorliegenden Zahlenmaterials kaum möglich. (S. 218.)

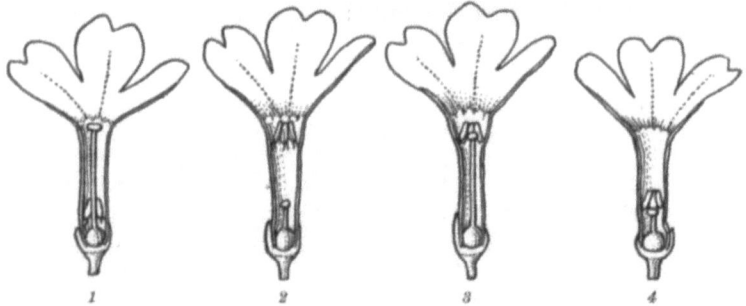

Abb. 76. *Primula viscosa*. *1* Normaler Langgriffel, *2* normaler Kurzgriffel, *3* homomorpher Langgriffel, *4* homomorpher Kurzgriffel. (Nach ERNST 1928.)

Die Größe des Pollens, die Länge der Narbenpapillen, die sekundären Heterostyliemerkmale (vgl. S. 205) sind noch nicht analysiert.

Wir kommen also zum Schluß, daß die erste Annahme von ERNST bisher noch nicht sicher bewiesen ist, und daß das vorliegende Tatsachenmaterial es berechtigt erscheinen läßt, auch die von ihm untersuchten homomorphen Formen durch mehr oder minder geringe Modifikationen aus den Normaltypen herzuleiten, nicht durch eine Umkombination der Griffel- und Antherenausbildung.

2. ERNST nimmt an, daß die Gene oder Genkomplexe, die die Homomorphie bzw. Heteromorphie bedingen, miteinander allel sind und entsprechend einfache Spaltungsverhältnisse geben.

Die in Tabelle 42 zusammengestellten Spaltungszahlen der Kreuzungen der homomorph-langgriffligen Form von *P. hortensis* entsprechen dieser Annahme. Wir haben in den Konstitutionsformeln die Gene bzw. die Genkomplexe für Kurzgriffligkeit mit G_k. für Langgriffligkeit mit G_l und für homomorphe Langgriffligkeit mit G_{hl} bezeichnet. Es ergibt sich die folgende Dominanzreihe: $G_k > G_{hl} > G_l$.

Tabelle 42. Nachkommen der homomorphen Langgriffel von *Primula hortensis* (nach Zahlenangaben von ERNST 1928).

Art der Kreuzung	Nachkommen				Konstitutionsformeln	
	Gesamtzahl	kurzgriffl.	langgriffl.	homomorph.	Eltern	Nachkommen kurz: lang: homo.
Homomorph × kurzgrifflig	1066	494	262	310	$G_{hl}G_l \xrightleftharpoons{} G_kG_l$	$2G_k\colon 1G_lG_l\colon 1G_{hl}G_l$
Reziprok	1491	735	409	347		
Im ganzen { gefunden .	2557	1229	671	657		
{ erwartet . .		1278,4	639,3	639,3		
Homomorph × langgrifflig	3	—	—	3	$G_{hl}G_l \xrightleftharpoons{} G_lG_l$	— $1G_lG_l\colon 1G_{hl}G$
Reziprok	497	(2)	227	270		
Im ganzen { gefunden .	500	—	227	273		
{ erwartet . .		—	250	250		
Homomorph { geselbstet .	196	(3)	43	153	$G_{hl}G_l \times G_{hl}G_l$	— $1G_lG_l\colon 3G_{hl}$.
{ erwartet . .		—	49	147		

Für die beiden homomorphen Formen von *P. viscosa* liegt noch keine einwandfreie genetische Analyse vor. Die Kreuzungsversuche innerhalb der Formen dieser Art konnten aus technischen Gründen nicht durchgeführt werden. Dagegen lassen Kreuzungen mit dem homomorphen Langgriffel von *P. hortensis* hoffen, daß sich auf diesem Wege eine experimentelle Analyse wird durchführen lassen. Die wenigen bisher von ERNST (1928b) publizierten Zahlen sind in Tabelle 43 zusammengestellt. Neben den bereits oben bei der Besprechung der Tabelle 42 eingeführten Symbolen

G_k, G_{hl} und G_l kommt jetzt noch das Zeichen G_{hl} für das Gen oder den Genkomplex zur Verwendung, der die homomorphe Kurzgriffligkeit bedingt.

Die in Tabelle 43 zusammengestellten Zahlen sind noch zu klein, um den Allelismus der vier Gene oder Genkomplexe sicher zu beweisen, wenn sie ihn auch recht wahrscheinlich machen.

Tabelle 43. **Nachkommen der Kreuzungen normaler und homomorpher Formen von** *Primula hortensis* **und** *P. viscosa* **(zusammengestellt nach** ERNST **1928).**

Eltern		Nachkommen				
Phänotypus	Genotypus	Gesamtzahl	normal kurz	normal lang	homo. kurz	homo. lang
Homomorph langgrifflig × normal langgrifflig	—	—	—	—	—	—
Reziprok	$G_l G_l \times G_{hl} G_l$	43	0 (0)	16 (21,5)	0 (0)	27 (21,5)
Homomorph langgrifflig × normal kurzgrifflig	$G_{hl} G_l \times G_h G_l$	62	29 (31,0)	9 (15,5)	0 (0)	24 (15,5)
Reziprok	—	—	—	—	—	—
Homomorph kurzgrifflig × normal langgrifflig	—	—	—	—	—	—
Reziprok	$G_l G_l \times G_{hk} G_l$	60	0 (0)	30 (30)	30 (30)	0 (0)
Homomorph kurzgrifflig × normal kurzgrifflig	—	—	—	—	—	—
Reziprok	$G_k G_l \times G_{hk} G_l$	2	1 (1,0)	1 (0,5)	0 (0,5)	0
Homomorph langgrifflig × homomorph langgrifflig	?	5	0	0	0	5
Homomorph kurzgrifflig × homomorph kurzgrifflig	—	—	—	—	—	—
Homomorph kurzgrifflig × homomorph kurzgrifflig	$G_{hl} G_l \times G_{hk} G_l$	23	3 (5,8)	3 (5,8)	9 (5,8)	8 (5,8)
Reziprok	—	—	—	—	—	—

ERNST (1928b, S. 58) stellt eine Weiterführung in Aussicht, deren Ergebnisse man mit großem Interesse entgegensehen kann.

Eine Folge der ERNSTschen Interpretation, die teilweise durch die Versuchsergebnisse ihre Bestätigung gefunden haben, besteht in den auffallenden Dominanzverhältnissen der vier Allele oder Genkomplexe:

Der Kurzgriffelfaktor G_k ist vollkommen dominant über die restlichen drei Faktoren.

Der Faktor für homomorphe Kurzgriffel G_{hk} ist dominant für die Griffellänge, aber rezessiv für die Antherenhöhe.

Der Faktor für homomorphe Langgriffel G_{hl} ist umgekehrt dominant für die Antherenhöhe, aber rezessiv für die Griffellänge. Daraus ergibt sich, daß eine heterozygote Pflanze, die sowohl den Faktor für homomorphe Lang- wie Kurzgriffligkeit enthält ($G_{hk} G_{hl}$), phänotypisch ein normaler Kurzgriffel sein muß. Die letzte Kreuzung in Tabelle 43 bestätigt diese Folgerung. Aus der Kreuzung der beiden homomorphen Formen entstehen unter anderem phänotypisch normale Kurzgriffel.

Der normale Langgriffelfaktor G_l schließlich ist vollkommen rezessiv.

Wenn wir nun umgekehrt von dem Phänotypus ausgehen, so können wir feststellen, daß es

a) fünf genotypisch verschiedene, aber phänotypisch gleiche Kurzgriffeltypen gibt: $G_k G_k$ (gibt nur Kurzgriffel), $G_k G_{hk}$ (gibt normale und homomorphe Kurzgriffel), $G_h G_{hl}$ (gibt Kurzgriffel und homomorphe Langgriffel), $G_k G_l$ (gibt Kurz- und Langgriffel) und schließlich $G_{hk} G_{hl}$ (gibt Kurzgriffel und die beiden Homomorphen);

b) zwei genotypisch verschiedene, phänotypisch gleiche homomorphe Kurzgriffel gibt: $G_{hk} G_{hk}$ (liefert wieder nur homomorphe Kurzgriffel), $G_{hk} G_l$ (spaltet in homomorphe Kurzgriffel und normale Langgriffel);

c) ebenfalls zwei entsprechende homomorphe Langgriffel gibt: $G_{kl} G_{hl}$ und $G_{hl} G_l$, und schließlich

d) eine Art von Langgriffeln: $G_l G_l$.

Auch bezüglich dieser Ableitungen werden wir die Bestätigung durch die weitergeführten Versuche von ERNST mit Spannung erwarten.

3. Nimmt ERNST an, daß die hier mit G_k, G_{hk}, G_{hl}, G_l bezeichneten Größen Genkomplexe von je zwei absolut gekoppelten Faktoren sind, die wir oben $A-a$ und $B-b$ benannt haben. Es ist diese Annahme aber nicht die einzige, auf Grund des Tatsachenmaterials mögliche Interpretation.

Eine andere Erklärungsmöglichkeit besteht in der Annahme, daß die vier Formen durch Gene bedingt sind, die eine Serie von multiplen Allelen bilden. Gegen diese Annahme spricht nach ERNST (briefliche Mitteilung 1928), daß bei den homomorphen Formen diese Allele für den einen phänotypischen Charakter dominant, den anderen aber rezessiv sein müßten. Das multiple Allel z. B., das die Entstehung homomorpher Langgriffel bedingt, ist dominant für die Hochstellung der Staubbeutel, aber rezessiv für die Länge der Antheren. Umgekehrt ist das Gen für homomorphe Kurzgriffligkeit dominant für die Griffellänge und rezessiv für die Staubbeutelstellung.

Ein derartiges Verhalten von Genen mit pleiotropem Effekt ist nun sicher nicht gerade häufig, aber es widerspricht nicht den Grundgesetzen des Mendelismus. Wir finden eine ähnliche Situation auch sonst bei Serien von multiplen Allelen mit pleiotropem Effekt. Es sei hier nur auf die bekannte R-Serie bei *Zea Mays* verwiesen. Die multiplen Allele dieser Serie bedingen verschiedene Färbungen der Aleuronschicht der Körner, der Staubbeutel, der Narben und der Kolbenachse. Hier kann ein dominanter Effekt bei der Färbung des einen Gewebes mit einem intermediären oder rezessiven Effekt hinsichtlich eines anderen Gewebes kombiniert sein.

Eine Entscheidung, ob Pleiotropie multipler Allele oder absolute Koppelung vorliegt, kann zur Zeit nicht erbracht werden. Wie in allen ähnlichen Fällen ist es auch hier unmöglich, zwischen absoluter Koppelung mit gelegentlichem Faktorenaustausch und multiplem Allelismus mit gelegentlichen Mutationen zu unterscheiden.

Rückblickend müssen wir also feststellen, daß die Richtigkeit der drei Grundannahmen von ERNST bisher durch die experimentellen Daten nicht mit Sicherheit bewiesen ist. *Die Interpretation der Homomorphie durch* ERNST *ist daher zur Zeit nur erst als eine, allerdings sehr interessante, Arbeitshypothese zu betrachten.*

Auf Grund der Formulierung in ERNSTs Arbeiten erhält man manchmal den Eindruck, als ob es sich bei dem bifaktoriellen Schema nicht um einen Sonderfall, sondern um das Grundschema der Vererbung der Dimorphie handele. Dagegen hat LAIBACH in mehreren Arbeiten eingehend Stellung genommen. Es erscheint nicht notwendig, hier auf diese Polemik weiter einzugehen. Wie weit das bifaktorielle Schema von ERNST allgemeine Gültigkeit für alle dimorphen Formen besitzt, kann man so lange nicht entscheiden, als nicht einmal ein Faktorenaustausch zwischen Griffel- und Antherenfaktoren im Experiment einwandfrei beobachtet worden ist. Die Homomorphie ist, wie wir oben (S. 189ff.) gesehen haben, in den einzelnen Fällen auf die verschiedenste Weise bedingt, und es ist vollkommen unzulässig, von einem Spezialfalle, sei es einem *Linum*-Falle oder irgendeinem anderen, auf einen anderen Rückschlüsse zu ziehen.

η) **Zusammenfassung.** Zum Schluß unserer Besprechung der Arbeiten, die sich mit der Genetik der Heterostylie befassen, wollen wir nun noch die wichtigsten Punkte kurz zusammenfassen.

1. **Dimorphe Heterostylie.** *In fast allen untersuchten Fällen kommen wir mit der Annahme einer monofaktoriellen Grundlage aus: ein dominantes Allel bedingt Kurzgriffligkeit, ein rezessives Langgriffligkeit. Es ist aber nicht ausgeschlossen, daß hierzu in besonderen Sippen (z. B. Primula officinalis acaulis) noch epistatische Modifikationsfaktoren kommen, die die eine Form in die andere umwandeln.*

Die Homomorphie wird bei verschiedenen Arten in durchaus verschiedener Weise bedingt. Wir kennen Fälle von phänotypischer und genotypischer Homomorphie. Im zweiten Falle wird die genotypische Grundlage vielleicht durch eine Reihe polymerer Faktoren gebildet oder auch einfach faktoriell durch ein besonderes Gen („Augen"-Faktor von Primula sinensis) oder schließlich durch multiple Allele der eigentlichen Heterostyliefaktoren, bzw. mit diesen absolut gekoppelte Gene (Primula hortensis und P. viscosa) gebildet.

2. **Trimorphe Heterostylie.** *Die bisher untersuchten trimorphen Arten haben nur eins gemeinsam: die Heterostylie ist polymer bedingt. Bei Lythrum salicaria kommen wir mit drei Faktorenpaaren aus: einem dominanten Kurzgriffelfaktor und zwei voneinander in der Wirkung unabhängigen Mittelgriffelfaktoren, wobei die Langgriffel dreifach homozygot rezessiv sind. Bei Oxalis müssen wir mindestens drei Faktorenpaare annehmen: einen rezessiven, in homozygotem Zustand epistatischen Kurzgriffelfaktor und zwei dominante, additiv polymere Mittelgriffelfaktoren, von denen für die Entstehung von Mittelgriffeln entweder die Anwesenheit der beiden dominanten Allele des Hauptfaktors oder je eines dominanten Allels beider Faktoren notwendig ist.*

e) Morphologisch-histologische Grundlagen der Heterostylie.

Bei der morphologischen und histologischen Untersuchung des Baues heterostyler und heterantherer Blüten können wir primäre und sekundäre Heterostyliemerkmale unterscheiden. In die zuerst genannte Kategorie gehört ausschließlich die Stellung von

Narbe und Antheren in der Blüte. Zu den letzteren haben wir dann mehr nebensächliche Erscheinungen, verschiedene Größe und verschiedene Inhaltsstoffe der Pollenkörner, verschiedene Länge der Narbenpapillen usw. zu rechnen.

α) **Primäre Heterostyliemerkmale.** Über die Schwankungen des Grades der Heterostylie und Heterantherie haben wir schon oben berichtet. Wir erwähnten bereits kurz, daß diese Schwankungen anatomisch eine verschiedene Grundlage haben. Bei *Primula, Pulmonaria* u. a. sind die Antheren mit einem kurzen Stiel an der Kronenröhre angewachsen, während sie wieder bei *Linum, Lythrum* u. a. am Ende langer Filamente sitzen, die auf dem Blütenboden am Grunde des Fruchtknotens aufsitzen.

Die Heterantherie kann nun in dem ersten Falle vor allem dadurch beeinflußt werden, daß man die Länge der Kronenröhre beeinflußt. Dies ist TISCHLER (1918b) in seinen Experimenten bei verschiedenen dimorphen *Primula*-Arten auch gelungen. TISCHLER erreichte durch Nahrungsmangel (Entblätterung und Etiolement) eine Verkürzung der Kronenröhre und damit eine tiefere Stellung der Anthere, während die Länge der Griffel dabei nicht verändert wurde. Infolgedessen wurden die Langgriffel mit ihren an sich schon tiefstehenden Staubbeuteln noch ausgeprägter „langgrifflig". Der Abstand zwischen den kurzen Griffeln der kurzgriffligen Blüten und ihren hochstehenden Antheren wurde aber bei diesen Experimenten verringert und dadurch der Grad der Kurzgriffligkeit verkleinert. Im Extremfalle kam es zu dem Auftreten homomorph kurzgrifflig er Blüten. Über ähnliche Versuchsergebnisse berichteten auch SCOTT (1865a), HOFFMANN (1887), HENSLOW (1877) und PERRIRAZ (1908).

Auch in der Natur scheint gelegentlich ein ähnlicher Erfolg einzutreten. Eine Verstärkung der Heterostylie langgriffliger Blüten und eine Abschwächung der Heterostylie kurzgriffliger Blüten beobachtete GAIN (1906) gegen Ende der Blütezeit. Auch sonst sind in einer ganzen Reihe von Autoren (vgl. TISCHLER 1928a, S. 269) Schwankungen der Heterostylie in Abhängigkeit von der Blütezeit beobachtet worden.

Die Ausbildung des Fruchtknotens und damit die Griffellänge kann nicht sehr leicht durch das Experiment verändert werden. Wir erwähnten bereits, daß UBISCH (1925) bei *Primula malacoides*

Parasterilität der Heterostylen. 205

die Beobachtung machte, daß der Fruchtknoten in den Blüten homomorpher Individuen nicht auf dem Grunde des Blütenbodens aufsitzt, sondern auf einem kurzen Sockel, so daß auf diese Weise an sich „kurzgrifflige" Blüten lange Griffel erhalten (vgl. Abb. 72, S. 192). Da die Stellung der Antheren in diesen Blüten nicht verändert war, so kommt es zu der Bildung homomorpher Blüten.

Auch bei den Arten, bei denen die Staubgefäße nicht der Kronenröhre seitlich ansitzen, kommen Schwankungen in der Länge von Staubfäden und Griffel vor. Doch scheint es schwieriger zu sein, solche Schwankungen im Experiment willkürlich hervorzurufen.

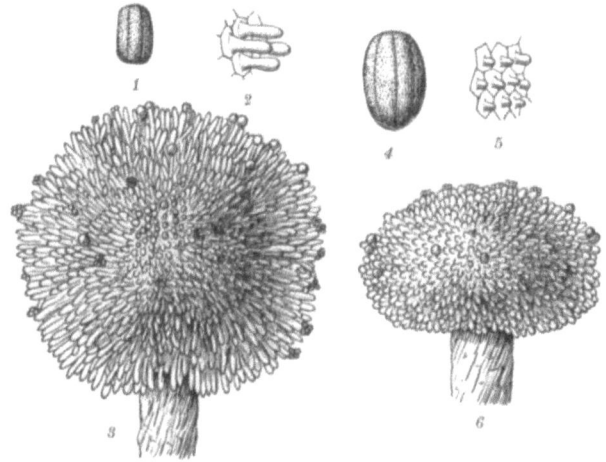

Abb. 77. Sekundäre Heterostyliemerkmale von *Primula elatior*. *1* Pollen, *2* Narbenpapillen, *3* Narbenkopf eines Langgriffels; *4* Pollen, *5* Narbenpapillen, *6* Narbenkopf eines Kurzgriffels. (Nach ERRERA 1878.)

Es muß jedoch noch einmal betont werden, daß man sich die Ausbildung der Heterostylie nicht zu schematisch vorstellen darf. Selbst bei deutlich ausgeprägtem Di- oder Trimorphismus stehen nicht immer alle Staubbeutel auf gleicher Höhe.

β) **Sekundäre Heterostyliemerkmale.** Als die wesentlichsten sekundären Heterostyliemerkmale werden in der Regel die Länge der Narbenpapillen und die Größe der Pollenkörner betrachtet.

Diese sind in der Regel bei den langen Griffeln auch lang, bei den kurzen dagegen nur schwach entwickelt und kurz (Abb. 77, Fig. 2, 3 und 5, 6). Umgekehrt ist der Pollen der kurzgrifflige

Formen häufig größer als bei den langgriffligen (Abb. 77, Fig. 1, 4). Für eine Reihe heterostyler Arten sind die entsprechenden Daten in der Tabelle 44 zusammengestellt. Man ersieht aus dieser Zusammenfassung, daß die angegebenen Unterschiede der Papillenlänge und der Pollengröße bei einer ganzen Anzahl, aber durchaus nicht bei allen Heterostylen zu finden sind.

Delpino (1867) war wohl der erste, der diese Erscheinungen, besonders die Größe der Pollenkörner, mit der Befruchtungs-

Tabelle 44. **Sekundäre Heterostyliemerkmale (zusammengestellt nach Ubisch, 1925, Tab. VI).**

Spezies	Autor	Papillen lang: kurzgrifflig	Pollenkörner kurz: langgrifflig
Primula	Darwin Errera	dreimal länger	4:3 in der Größe, verschieden geformt, verschieden durchscheinend
Hottonia	H. Müller	dreimal länger	5:3 in der Größe, verschiedene Form und Inhalt
Linum grandiflorum .	Darwin v. Ubisch	etwas verschieden groß etwas verschieden gefärbt	Antheren gleich hoch Pollen gleich groß, aber verschiedene Struktur
Linum perenne . . .	Darwin	Narbenpapillen nicht verschieden	Antheren verschieden hoch, Pollen gleich groß, aber verschied. Struktur
Linum flavum . . .	Darwin	Papillen verschieden groß	Pollenkörner gleich (?)
Pulmonaria officinalis	Hildebrand	Papillen gleich	verschieden groß
P. angustifolia . . .	Hildebrand		fast gleich groß
Fagopyrum	Hildebrand	Papillen gleich	verschieden groß
Menyanthes	Darwin	verschieden groß	verschieden groß
Limnanthemum indicum	Darwin	gleich lang	gleich groß
Villarsia	Darwin	Form der Narbe verschieden	verschieden groß, versch. gefärbt
Forsythia	Darwin	gleich	etwas verschieden
Lythrum salicaria . .	Darwin	Papillen unbedeutend verschieden	verschieden gefärbt, verschieden groß
Oxalis valdiviana . .	Hildebrand	gleich	etwas verschieden groß
Oxalis Regnelli . . .	Hildebrand	etwas verschieden groß	etwas verschieden groß

physiologie in Beziehung brachte. Dagegen sind aber bald von verschiedenen Seiten gewichtige Bedenken vorgebracht worden, so bereits von DARWIN (1877). STRASBURGER (1886) wies darauf hin, daß die kleinen Körner vielleicht nur genug Reservestoffe hätten, um sich in den kurzen Griffeln zu entwickeln, daß aber die großen Körner der kurzgriffligen Blüten imstande sein müßten, sowohl kurze wie auch lange Griffel zu durchwachsen. NÄGELI (1884, S. 161—162) wies dem gegenüber darauf hin, daß der Nährstoffgehalt der Pollenkörner deshalb für die Entwicklung der Pollenschläuche unwichtig sei, weil diese durch das Leitgewebe im Griffel ernährt werden.

Trotz der ausdrücklichen Warnung von CORRENS (1889) wurde diesen mehr nebensächlichen Charakteren doch immer weiter eine besondere Bedeutung zugeschrieben. Erst TISCHLER (1918a, b, c) untersuchte die Variabilität dieser Charaktere eingehend und kam dabei zu dem Schlusse, daß vor allem die Größe der Narbenpapillen verhältnismäßig leicht beeinflußt werden kann. Dies gelang ihm im Experiment bei *Primula* (1918a). Bei *Lythrum* konnte er durch die Messung einer genügenden Anzahl von Narben kurz-, mittel- und langgriffliger Blüten leicht feststellen, „daß der seit H. MÜLLER (1873) postulierte konstante Größenunterschied gar nicht existiert. Es gibt kurzgrifflige Individuen, die, aus der freien Natur geholt, durchweg viel längere Papillen als manche langgrifflige haben" (1918a, S. 468). Bei *Linum grandiflorum* hatte bereits DARWIN (1877, S. 220) starke Schwankungen der Papillenlänge beobachtet.

Die Pollengröße ließ sich dagegen nicht so leicht beeinflussen. In einer Reihe von Fällen unterscheiden sich die Pollenkörner, abgesehen von der Größe, durch andere Charaktere. So besitzt nach den Untersuchungen von UBISCH (1925) und LAIBACH (1928) die Exine der Pollenkörner der Kurz- und Langgriffel verschiedener *Linum*-Arten eine verschiedene Struktur.

Besonders interessant sind auch die Unterschiede der Pollenkörner bei *Lythrum salicaria*, die sich durch ihre Farbe und ihren Inhalt unterscheiden. Der Pollen der kurzen und mittellangen Antheren ist grünlich gefärbt und enthält vorwiegend Fetttropfen als Reservesubstanz. Die Pollenkörner der langen Antheren sind dagegen gelb gefärbt und besitzen als Reservestoff Stärke. TISCHLER (1918c) hat sich eingehend mit diesen Unterschieden befaßt und ist zu den folgenden Schlüssen gekommen: „Nicht nur die kleineren Pollenkörner, sondern auch die gesamten mittleren und kürzeren Stamina stellen, verglichen mit den längeren, Hemmungsbildungen dar. Die Hemmungen sind letztenfalls durch ungenügende Zufuhr von Wasser und Nährstoffen bedingt, da die Leitbündel in den Filamenten der mittleren und kürzeren Stamina erheblich schwächer ausgebildet sind als die der längeren in der gleichen Blüte. Mit der geringeren Wasserversorgung muß man wahrscheinlich auch die Unterschiede in den Inhaltsstoffen der reifen Pollenkörner zusammenbringen, die bei den mittel- und kurzgriffligen Individuen beobachtet werden (Fett- und Stärkepollen). Denn bei den langgriffligen Individuen, welche nur einerlei Pollen haben (Fettpollen), ist kein in die Augen fallender Unterschied im Bau der Filamentleitbündel zu beobachten. Es würde also, falls unsere Annahme richtig ist, die bessere Versorgung mit Nährstoffen zu einer Inaktivierung der Diastase im reifenden Pollen führen und so das „Stärkestadium" der im übrigen im Wachstum geförderten Pollenkörner bis zum Moment des Auskeimens erhalten" (1918c, S. 189).

In neuerer Zeit hat sich BODMER (1927) noch ausführlich mit der Beschaffenheit des Pollens von *Lythrum* befaßt. „Alle drei Pollensorten können gelb gefärbt sein, der Pollen der langen und mittleren Staubblätter außerdem grün, mit allen Übergängen nach gelb. Die Pollenfarbstoffe befinden sich in der Exine. Chemisch ist die Gelbfärbung bedingt durch einen Flavonfarbstoff, die Grüngelb. Die Pollenfarbstoffe befinden sich in der Exine. Chemischfärbung durch Mischung dieses gelben Farbstoffes mit einem blauen oder vielleicht dunkelgrünen, der alle Reaktionen gibt, die charakteristisch sind für Anthocyanine. Innerhalb eines Staubblattsatzes können die verschiedenen Antheren Pollen von verschiedener Färbung führen. Was den Reservestoff des Pollens anbelangt, so wurde in allen drei Pollensorten Öl (= Fett) gefunden. Der Pollen der langen Staubgefäße enthält außerdem noch fast immer sehr viel Stärke; im mittleren Pollen ist der Stärkegehalt sehr wechselnd, sogar auf einer und derselben Pflanze. Im kleinen Pollen fand sich nur selten etwas Stärke. Ein direkter Zusammenhang zwischen Färbung und Inhalt innerhalb einer Pollenkategorie konnte nicht festgestellt werden" (BODMER 1927, S. 338—339).

γ) **Zusammenfassung.** *Zusammenfassend können wir also feststellen, daß neben der verschiedenen Länge von Griffeln und Staubgefäßen, bzw. der verschieden hohen Insertion der Stamina an der Kronenröhre, häufig noch weitere mit diesen primären Merkmalen gekoppelte Unterschiede der Narben, Stamina oder Pollenkörner nachgewiesen sind. Die primären und sekundären Heterostyliemerkmale sind immer innerhalb gewisser Grenzen variabel. Wie eng oder weit diese Grenzen sind, hängt jeweils von der Besonderheit des Untersuchungsmaterials ab. Die einzelnen Arten verhalten sich hierbei sehr verschieden.*

Neben den im vorhergehenden besprochenen sichtbaren Unterschieden in der Ausbildung der Pollenkörner der verschieden langen Stamina der heterantheren Pflanzen müssen noch physiologische Unterschiede bestehen, die den verschiedenen Erfolg der „legitimen" und „illegitimen" Bestäubungen bedingen. Über diese Unterschiede werden wir im folgenden Abschnitt berichten.

f) **Fertilität und Parasterilität bei den Heterostylen.**

α) **Legitime und illegitime Bestäubungen der Normalformen.** „Die Befruchtung beider Formen (dimorpher Arten) mit Pollen der anderen Form mag der Bequemlichkeit halber ... eine *legitime* Verbindung und die beider Formen mit Pollen ihrer eigenen Form eine *illegitime* Verbindung genannt werden. Ich wandte früher den Ausdruck ‚heteromorph' auf die legitimen Verbindungen und ‚homomorph' auf die illegitimen Verbindungen an; aber nach der Entdeckung trimorpher Pflanzen, bei denen viel mehr Verbindungen möglich sind, hörten diese zwei Ausdrücke auf, anwendbar zu sein" (DARWIN 1877, 1899, S. 22). Wie wir später noch sehen werden, ist auch diese Definition nicht ganz zutreffend, da wir bei den trimorphen Arten die Bezeichnung „legitim" noch enger fassen müssen. Wir werden nach der ausführlichen Besprechung des Tatsachenmaterials noch auf diese terminologische Frage zurückkommen.

Bei der Untersuchung der Fertilität der verschiedenen Heterostylen müssen wir wieder die drei Typen heterostyler Arten unterscheiden: 1. *Dimorph-heterostyl-heranthere Arten*, wie etwa die meisten *Primula*-Spezies; 2. dimorph-heterostyl-homanthere Arten, wie *Veronica gentianoides* und *Linum grandiflorum* und 3. trimorph-heterostyl-heranthere Arten, wie *Lythrum salicaria* und einige *Oxalis*-Arten.

1. Bei den dimorph-heterostyl-herantheren Arten sind allgemein vier Bestäubungskombinationen möglich, die in dem folgenden Schema zusammengestellt sind (vgl. Abb. 78).

Tabelle 45. **Fertilität der heterostyl-heterantheren Arten.**

Kurze Griffel × Pollen aus langen Antheren	$K \times K$ parasteril	illegitim
Kurze Griffel × Pollen aus kurzen Antheren	$K \times kk$ fertil	legitim
Lange Griffel × Pollen aus langen Antheren	$kk \times K$ fertil	legitim
Lange Griffel × Pollen aus kurzen Antheren	$kk \times kk$ parasteril	illegitim

2. Die beiden genau untersuchten *dimorph-heterostyl-homantheren Formen* verhalten sich verschieden.

Wie die nähere Untersuchung durch CORRENS (1924) gezeigt hat, ist *Veronica gentianoides* homanther. Die Antheren und die Pollenkörner langgriffliger und kurzgriffliger Individuen sind morphologisch und physiologisch vollkommen gleich. Es sind daher auch bei dieser Art sowohl „legitime" als auch „illegitime" Verbindungen miteinander fertil. Langgriffel können mit Erfolg sowohl mit dem Pollen kurzgriffliger wie auch dem anderer langgriffliger Pflanzen bestäubt werden. Eine besondere Komplikation besteht nur darin, daß unabhängig von der Heterostylie eine Selbst-Parasterilität besteht, die anscheinend

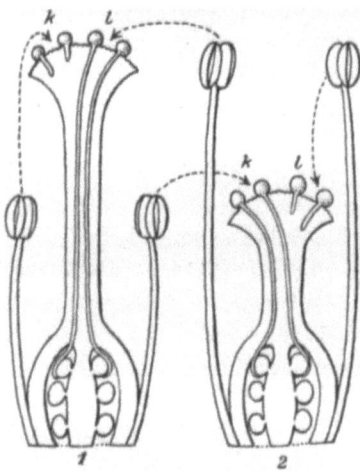

Abb. 78. Erfolg der verschiedenen Bestäubungen einer langgriffligen (*1*) und einer kurzgriffligen (*2*) Blüte einer dimorph-heterostyl-heterantheren Art.

ganz ähnlich wie bei der verwandten *Veronica syriaca* mit einer gewissen Kreuzungs-Parasterilität verbunden ist (vgl. S. 64ff.).

Anders liegen die Dinge dagegen nach den Untersuchungen von DARWIN (1877) und LAIBACH (1925) bei *Linum grandiflorum*. Trotzdem hier die Antheren der lang- und kurzgriffligen Individuen gleich lang sind und zunächst keinerlei morphologische Unterschiede zwischen den Antheren oder auch dem Pollen gefunden werden konnten, sind die Pollenkörner der beiden Formen *physio-*

logisch voneinander verschieden. *Die Langgriffel von Linum grandiflorum sind untereinander vollkommen steril, die Kurzgriffel untereinander in gewissem Grade fertil. Vollfertil sind jedoch nur die Kreuzungen von Lang- und Kurzgriffeln miteinander.*
Ubisch (1923) und dann auch Laibach (1928) haben neuerdings auch zeigen können, daß morphologische Unterschiede zwischen den Pollenkörnern bestehen, und zwar in der Struktur der Membran des Pollens der beiden Formen.

3. Bei den *trimorph-heterostyl-heterantheren Arten* sind schließlich die folgenden Bestäubungskombinationen möglich (vgl. Abb. 79).

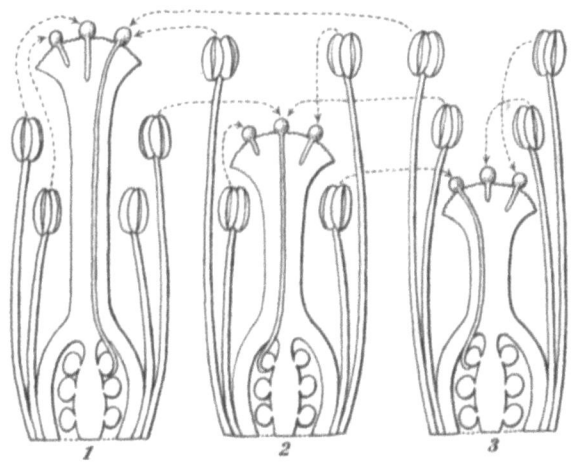

Abb. 79. Erfolg der verschiedenen Bestäubungen der drei Blütenformen einer trimorph-heterostyl-heterantheren Art.

Bei den dimorph-heterostyl-heterantheren Formen sind also vier Bestäubungskombinationen möglich, von denen zwei legitim und daher fertil, zwei illegitim und parasteril sind. Bei den trimorphen gibt es, wenn wir die Phänotypen der väterlichen Individuen in Betracht ziehen, im ganzen 18 verschiedene Bestäubungsmöglichkeiten, — wenn wir nur auf die Länge der Staubbeutel achten, 9 Bestäubungsmöglichkeiten. Von diesen sind ein Drittel legitim und fertil, die restlichen zwei Drittel illegitim und parasteril (vgl. Tab. 46).

Eine Folge dieser Fertilitätsverhältnisse ist es, daß die hetero-

Tabelle 46. Fertilität bei trimorphen Arten.

Griffellänge der Weibchen	Herkunft des Pollens	Pollenlieferant		Erfolg der Bestäubung
		Phänotypus	Genotypus	
Kurz	kurze Antheren	Langgriffel / Mittelgriffel	aa bb / aa B-	fertil
	mittellange Antheren	Langgriffel / Kurzgriffel	aa bb / A- - -	parasteril
	lange Antheren	Mittelgriffel / Kurzgriffel	aa B- / A- - -	parasteril
Mittel	kurze Antheren	Langgriffel / Mittelgriffel	aa bb / aa B-	parasteril
	mittellange Antheren	Langgriffel / Kurzgriffel	aa bb / A- - -	fertil
	lange Antheren	Mittelgriffel / Kurzgriffel	aa B- / A- - -	parasteril
Lang	kurze Antheren	Langgriffel / Mittelgriffel	aa bb / aa B-	parasteril
	mittellange Antheren	Langgriffel / Kurzgriffel	aa bb / A- - -	parasteril
	lange Antheren	Mittelgriffel / Kurzgriffel	aa B- / A- - -	fertil

styl-heterantheren Arten *selbst-parasteril* sind. Da sich ja nur „homorphe" Bestäubungen als fertil erweisen und die Staubbeutel und Narben derselben Blüte nicht auf gleicher Höhe stehen, so ist jede Selbstbestäubung notwendigerweise illegitim und daher parasteril.

Im vorhergehenden haben wir zunächst nur kurz angegeben, daß gewisse Verbindungen, die legitimen, fertil und die übrigen, die illegitimen, parasteril sind. Diese Formulierung, die sich in dieser Form auch in den meisten allgemeineren Darstellungen findet, ist jedoch durchaus irreleitend. Die Parasterilität der illegitimen Verbindungen ist sehr oft nur recht unvollkommen, und in manchen Fällen besteht gar kein sehr erheblicher Unterschied zwischen dem Resultat legitimer und illegitimer Verbindungen. Schon die ersten Untersucher der Fertilitätsverhältnisse der Heterostylen, DARWIN (1877), HILDEBRAND (1866b—1889) und SCOTT (1865a), waren sich über diesen Punkt vollkommen im klaren. Wir verdanken auch DARWIN, HILDEBRAND und SCOTT die ausführlichsten Angaben über die Fertilitätsverhältnisse der Heterostylen.

Das schiefe Bild, das viele der modernen Darstellungen erwecken, besonders auch in der mehr oder weniger populären Blütenbiologie, ist die Folge einer zu weit gehenden Verallgemeinerung der tatsächlich bestehenden Gesetzmäßigkeiten.

Zur *Beurteilung der Fertilität oder Parasterilität* einer Verbindung kann man zwei Kriterien benutzen: 1. die Anzahl erfolgreicher Bestäubungen, verglichen mit der Gesamtzahl der durchgeführten Bestäubungen, und 2. die durchschnittliche Anzahl von Samen in allen Bestäubungen. Beide Zahlenwerte sind sehr wichtig. Wie wir bei der Besprechung der Angaben, die sich in der Literatur finden, noch sehen werden, kann sich die Parasterilität einer Verbindung sowohl durch den geringen Prozentsatz erfolgreicher Bestäubungen, als auch durch die geringe durchschnittliche Samenzahl in den Kapseln, schließlich in manchen Fällen durch beide Kriterien bemerkbar machen.

In Tabelle 47 sind die Versuchsergebnisse für eine Reihe dimorph-heterostyler Arten zusammengestellt, bei denen alle vier möglichen Kombinationen zwischen Lang- und Kurzgriffel ausgeführt worden sind. Man erkennt zunächst, daß bei den *Primula*-Arten die Parasterilität der illegitimen Verbindungen (lang × kurz und kurz × kurz) nicht sehr stark ist, worauf auch neuerdings ERNST mehrfach ausdrücklich hingewiesen hat. Sie ist dagegen bei den beiden *Pulmonaria*-Arten und bei der Rubiacee *Mitchella repens* sehr scharf ausgeprägt. Bei *Pulmonaria officinalis* sind die illegitimen Bestäubungen nach HILDEBRAND ganz erfolglos, bei *P. angustifolia* ist die eine (Langgriffel mit Kurzantheren-Pollen) etwas fertil, bei *Mitchella* gerade die andere (kurzgrifflig × Pollen aus langen Antheren). Bei den *Primula*-Arten sind bald die Bestäubungen langer Griffel mit dem Pollen kurzer Antheren mehr fertil (*P. vulgaris* nach DARWIN 1877), bald umgekehrt die Bestäubungen kurzer Griffel mit dem Pollen langer Antheren (*P. hortensis* und *viscosa* nach ERNST).

Ähnliche Verschiedenheiten des Verhaltens finden sich auch bei den trimorph heterostylen Arten, von denen DARWIN (1865, 1877) *Lythrum salicaria* und HILDEBRAND (1866b/89) verschiedene *Oxalis*-Arten untersuchten. Die Versuchsergebnisse der beiden Autoren sind in Tabelle 48 zusammengestellt. Soweit die Angaben gehen, läßt sich bei *Oxalis Regnelli* feststellen, daß die legitimen Verbindungen zu 100% fertil und die illegitimen ebenso vollkommen para-

Tabelle 47. Grad der Fertilität und Parasterilität dimorph-heterostyl-heterantherer Arten.

Name der Art	Legitim						Illegitim					
	Hohe Narbe × Pollen aus hohem Beutel			Tiefe Narbe × Pollen aus tiefem Beutel			Hohe Narbe × Pollen aus tiefem Beutel			Tiefe Narbe × Pollen aus hohem Beutel		
	Anzahl Bestäubungen	Kapseln %	Anzahl Samen	Anzahl Bestäubungen	Kapseln %	Anzahl Samen	Anzahl Bestäubungen	Kapseln %	Anzahl Samen	Anzahl Bestäubungen	Kapseln %	Anzahl Samen
Primula auricula (SCOTT)	18	94	73	18	100	98	16	81	12	16	75	14
Primula cortusioides (SCOTT)	8	75	51	8	100	61	10	70	41	10	60	38
Primula elatior (DARWIN)	10	60	46	10	80	48	20	5	28	17	18	21
Primula farinosa (SCOTT)	8	53	52	8	88	56	14	50	30	14	57	19
Primula hortensis (ERNST)	63	89	89	42	71	69	105	5	101	312	51	47
Primula involucrata (SCOTT)	6	67	66	6	83	69	10	60	38	14	50	28
Primula malacoides (UBISCH)		(16)	140		(14)	125						
Primula officinalis (SCOTT)	10	70	28	71	100	20	10	50	16	7	71	11
Primula sikkinensis (SCOTT)	12	78	35	12	83	42	24	71	14	14	57	8
Primula sinensis (DARWIN)	24	67	50	8	100	64	20	65	35	4	57	25
Primula sinensis (HILDEBBAND)	14	100	41	14	100	44	53	89	18	37	73	15
Primula viscosa (ERNST)	152	81	41	88	45	38	238	58	21	256	76	12
Primula vulgaris (DARWIN)	12	92	67	8	88	65	21	67	52	18	39	19
Hotonia palustris (H. MÜLLER)		(34)[1]	91		(30)[1]	66		18	(78)[1]		19	19
Pulmonaria officinalis (HILDEBRAND)	14	71	1	16	88	2	30	0	0	25	0	0
Pulmonaria angustifolia (DARWIN)	18	50	2	118	83	3	18	0	0	12	58	2
Mitchella repens (DARWIN)	9	89	5	8	88	4	9	35	2	9	0	(2)

[1] Anzahl erfolgreicher Bestäubungen.   [2] vgl. DARWIN S. 47.

Tabelle 48. Grad der Fertilität und Parasterilität trimorpher Arten.

♂-Pflanze Antherenlänge ♀	Kurz						Mittel						Lang						Autor
	aus lang			aus mittel			aus lang			aus kurz			aus mittel			aus kurz		
	Bestäubungen	Kapseln %	Samen	Bestäubungen	Kapseln %	Samen	Bestäubungen	Kapseln %	Samen	Bestäubungen	Kapseln %	Samen	Bestäubungen	Kapseln %	Samen	Bestäubungen	Kapseln %	Samen	
Lythrum salicaria kurzgrifflig	12	83	81,3	13	54	64,6	10	20	(183)	9	22	15	10	0	0	10	0	0	Darwin
mittelgrifflig	13	54	47,4	12	0	0	12	92	127,3	12	100	108?	11	27	54,6	15	93	102,8	
langgrifflig	15	20	5,3	14	7	3	15	20	11,7	12	8	20	13	38	51,2	13	85	107,3	
Oxalis speciosa kurzgrifflig	3	100	54,3	3	67	67	10	10	54	3	0	0	7	0	0	5	20	8	Darwin
mittelgrifflig	—	—	—	—	—	—	3	100	63,6	4	100	56,3	—	—	—	12	8	8	
langgrifflig	10	0	0	4	0	0	9	22	42,5	12	42	30,0	4	75	59,0	19	79	57,4	
Oxalis valdiviana kurzgrifflig	18	100	11,0	10	100	11,3	3	0	0	22	0	0	4	0	0	21	0	0	Hildebrand
mittelgrifflig	16	0	0	30	13	6,0	38	100	11,3	23	100	10,4	52	0	0	16	13	2,5	
langgrifflig	26	0	0	9	0	0	40	22	5,5	16	6	1,0	21	100	12,0	28	100	11,9	
Oxalis Regnelli kurzgrifflig	2	100	9,5	9	100	10,6	1	0	0	12	0	0	—	—	—	9	0	0	Hildebrand
mittelgrifflig	—	—	—	2	0	0	10	100	10,1	9	100	10,4	9	0	0	9	0	0	
langgrifflig	1	0	0	—	—	—	4	0	0	—	—	—	5	100	10,6	6	100	10,1	

steril sind. Bei *Oxalis valdiviana* finden wir in einigen illegitimen Verbindungen eine schwache Fertilität, so z. B. bei der Bestäubung langer Griffel mit dem Pollen aus mittellangen Antheren. *Oxalis speciosa* zeigt eine noch häufigere und auch etwas stärkere Fertilität mancher illegitimer Verbindungen. Und schließlich bei *Lythrum salicaria* ist die Mehrzahl der illegitimen Verbindungen nur unvollkommen parasteril. Bei der Bestäubung mittellanger Griffel mit dem Pollen aus den langen Antheren kurzgriffliger Pflanzen waren fast alle Bestäubungen erfolgreich (93%), und die Kapseln enthielten die durchschnittliche Samenanzahl voll fertiler Kapseln (107,8 Samen pro Kapsel).

Irgendeine Regelmäßigkeit in dem Auftreten der allerdings manchmal nur schwachen Fertilität kann nicht festgestellt werden. Man hätte vielleicht erwarten können, daß bei der Bestäubung kurzer Griffel durch die Pollenkörner langer Antheren, die also auf die langen Griffel eingestellt sind, eine ausgesprochenere Fertilität als bei der umgekehrten Verbindung sich einstellen würde. Eine solche Annahme ist jedoch durch die Ergebnisse der angeführten Untersuchungen in keiner Weise gerechtfertigt. Die Verhältnisse liegen in gewisser Weise ähnlich wie bei den Formen der selbst-parasterilen *Nicotiana Sanderae* (vgl. S. 101 ff). Auch dort finden sich außerordentlich große Schwankungen der Griffellänge und außerdem auch deutliche Schwankungen im Grade der Parasterilität, ohne daß jedoch eine Beziehung zwischen der Größe der Pseudofertilität und der Kürze der Griffel besteht.

β) **Fertilität der homomorphen Formen.** Wir haben uns bereits in einem vorhergehenden Abschnitt auch mit dem Auftreten homomorpher Formen bei an sich heterostylen Arten befaßt. Schon DARWIN (1877) und vor allem SCOTT (1865a) haben sich mit diesen Formen eingehend befaßt und dabei angegeben, daß sie durch eine besonders hohe Fertilität ausgezeichnet sind. Bei ihnen sind nicht nur die morphologischen Heterostyliecharaktere abgeschwächt, sondern auch die physiologischen, die Sterilität der „illegitimen" Verbindungen.

Ich möchte mich hier darauf beschränken, nur einige Beispiele aus der Literatur ausführlicher zu besprechen. In vielen anderen beschriebenen Fällen wird entweder gar nichts über die Fertilität der Homomorphen angegeben, oder es findet sich nur der Hinweis, daß sie in hohem Grade fertil sind, sowohl nach Selbstung als auch in Kreuzungen.

Tabelle 49. Selbstfertilität homomorpher Formen.

Name der Art	Anzahl Bestäubungen	Kapseln %	Anzahl Samen pro Kapsel
Primula auricula (SCOTT)	14	64	30
Primula farinosa (SCOTT)	12	42	12
Primula hortensis (ERNST).	99	49	37
Primula malacoides (UBISCH) . . .	—	(13)[1]	34
Primula officinalis (SCOTT)	71	58	14
Primula viscosa, kurzgrifflig (ERNST)	279	55	25
Primula viscosa, langgrifflig (ERNST)	—	(3)[1]	251

In Tabelle 49 sind zunächst einmal die wenigen Angaben über die Ergebnisse von Selbstbestäubungen homomorpher Formen zusammengestellt. Wenn man diese Werte mit den entsprechenden Spalten der Tabelle 47 vergleicht, so sieht man, daß sich die Selbstungen der Homomorphen recht deutlich an die illegitimen Verbindungen anschließen. *Die Angabe, daß homomorphe Formen besonders selbstfertil seien, scheint mir durch die vorliegenden Daten nicht gestützt zu werden.*

Von SCOTT und DARWIN, vor allem aber von ERNST, ist die Annahme gemacht worden, daß die homomorphen Formen eine Kombination der zwei Normalformen vorstellten, daß sie die Griffellänge der einen, die Antherenhöhe der anderen besäßen. Wenn diese Vermutung richtig ist, dann wollten wir die in Tab. 50 auf-

Tabelle 50. Fertilität und Sterilität homomorpher Formen.

	Narben-Stellung	Antheren-Stellung	Art der Verbindung	Fertilität
Homomorph × normal Langgrifflig kurzgrifflig	hoch	hoch	legitim	fertil
Reziproke Verbindung . .	tief	hoch	illegitim	parasteril
Homomorph × normal Langgrifflig langgrifflig	hoch	tief	illegitim	parasteril
Reziproke Verbindung . .	hoch	hoch	legitim	fertil
Homomorph × normal Kurzgrifflig kurzgrifflig	tief	hoch	illegitim	parasteril
Reziproke Verbindung . .	tief	tief	legitim	fertil
Homomorph × normal Kurzgrifflig langgrifflig	tief	tief	legitim	fertil
Reziproke Verbindung . .	hoch	tief	illegitim	parasteril

[1] Gesamtzahl der Kapseln.

fallenden Fertilitätsverhältnisse in den Kreuzungen der homomorphen und normal heteromorphen Formen erwarten.

Von den genannten Autoren hat nur ERNST (zuletzt 1928) ein ausreichendes Zahlenmaterial veröffentlicht, das eine Nachprüfung der Richtigkeit der Voraussetzung ermöglicht. Seine Versuchsergebnisse sind in Tabelle 51 zusammengestellt. Die Ergebnisse derjenigen Kreuzungen, die erwartungsgemäß als legitim zu bezeichnen wären (vgl. Tabelle 50), sind in Fettdruck angeführt.

Tabelle 51. **Kreuzungsfertilität homomorpher Formen.**

Homomorphe Form	Mit Kurzgriffeln				Mit Langgriffeln			
	Kombination	Anzahl Bestäubungen	Kapseln %	Anzahl Samen pro Kapsel	Kombination	Anzahl Bestäubungen	Kapseln %	Anzahl Samen pro Kapseln
Primula hortensis homomorph langgrifflig . .	h × k	**41**	**71**	**79**	h × l	31	6	4
	k × h	**51**	**82**	**82**	l × h	45	58	48
Primula viscosa homomorph langgrifflig . .	h × k	**28**	**11**	**13**	h × l	13	0	0
	k × h	**154**	**7**	**2**	l × h	168	40	43
Primula viscosa homomorph kurzgrifflig . .	h × k	1	0	0	h × l	**5**	**80**	**38**
	k × h	133	14	45	l × h	**80**	**46**	**40**

Wenn man die Werte der Bestäubungen der homomorphen Form von *P. hortensis* miteinander und mit den entsprechenden Werten der legitimen und illegitimen Verbindungen der heterostylen Formen in Tabelle 47 vergleicht, so ergibt sich sowohl auf Grund des Bestäubungserfolges als auch der durchschnittlichen Samenanzahl:

1. daß reziproke Bestäubungen im Prinzip gleiche Ergebnisse liefern;
2. daß die beiden reziproken Verbindungen (homomorph ×kurzgrifflig) voll fertil sind und
3. daß die beiden Verbindungen (homomorph × langgrifflig) illegitim sein sollten, aber trotzdem die eine fast ganz, die andere nur unvollkommen parasteril ist.

Es erscheint daher doch wohl berechtigt, *die homomorphe Form von P. hortensis als einen — abgesehen von der Höhe der Antheren — typischen Kurzgriffel zu betrachten.*

Ähnlich liegen die Verhältnisse bei dem homomorphen Kurzgriffel von *P. viscosa*. Hier sind:
1. die beiden reziproken Bestimmungen (homomorph × langgrifflig), wenigstens was die Samenanzahl anbelangt, beide als fertil anzusehen;
2. ist die „legitime" Bestäubung (kurzgrifflig × homomorph) nach dem Erfolg der Bestäubungen als parasteril, nach dem Samenansatz als fertil zu bezeichnen. Welchem Kriterium man mehr Gewicht beimessen soll, kann objektiv kaum entschieden werden.

Es ist daher durchaus möglich, diese Form als einen nur in der Insertionshöhe der Staubbeutel modifizierten, im übrigen aber typischen Kurzgriffel aufzufassen. Aber auch die Auffassung von ERNST *läßt sich durch diese Zahlen stützen, daß es sich um Pflanzen mit den Griffeln von normalen Kurzgriffeln und den Antheren von normalen Langgriffeln handelt.*

Eine sichere Interpretation der Angaben über die Bestäubungen der homomorph langgriffligen Form von *P. viscosa* läßt sich noch nicht geben. *Die Daten widersprechen teilweise sowohl der einen wie der anderen Deutungsmöglichkeit.*

Im vorhergehenden habe ich mich bemüht, die in der Tabelle 51 zusammengestellten Zahlen unvoreingenommen zu diskutieren. Das Ergebnis, zu dem wir dabei kamen, ist nicht immer in Übereinstimmung mit den Schlußfolgerungen von ERNST, sondern entspricht teilweise eher dem von LAIBACH vertretenen Standpunkt.

Ich möchte aber hier darauf verzichten, auf die nicht immer rein sachliche Polemik dieser Autoren genauer einzugehen. Eine ganz objektive Entscheidung der strittigen Fragen läßt sich auf Grund des vorliegenden Zahlenmaterials und bei Berücksichtigung der Variabilität des Parasterilitätsgrades der illegitimen Verbindungen doch nicht treffen.

γ) **Verschiedene Langgriffeltypen bei Linum austriacum.**
LAIBACH (1925) untersuchte die Kreuzungsfertilität verschiedener langgriffliger Individuen *a*, *b*, *c* und *d* von *L. austriacum*, die sich in der Länge der Antheren und Griffel unterscheiden und von denen eine (Pflanze *d*, Abb. 80, *d*) der oben bereits erwähnten erblichen homomorphen Sippe (S. 193) angehört. Die Pflanze *a* (Abb. 80 *d*) war ein extremer Langgriffel. Die beiden anderen Formen (Abb. 80 *b* und *c*) standen zwischen diesen Extremen.

Die Ergebnisse der von LAIBACH (1925) ausgeführten Kreuzbestäubungen sind in Tabelle 52 zusammengestellt.

Tabelle 52. **Kreuzungsfertilität verschiedener Langgriffeltypen von** *Linum austriacum* **(nach** LAIBACH **1925), vgl. Abb. 80.**

Kombination	Anzahl Bestäubungen	Kapseln %
$d \times d$	67	44,8
$d \times b$	25	24,0
$b \times d$	82	2,4
$d \times a$	52	15,4
$a \times d$	31	0,0
$c \times b$	64	6,3

Der Pollen der Pflanze d wirkt ganz verschieden bei der Bestäubung der Pflanzen d, b und a, obwohl die Griffellänge dieser drei Pflanzen fast gleich ist. Ebenso gaben auch die Bestäubungen der Pflanzen d und c, deren Griffel ja auch fast gleich lang sind, mit dem Pollen von b durchaus verschiedenen Ansatz (4,24 gegen 6,3%). *Die fast gleich langen Griffel der vier Pflanzen sind funktionell voneinander verschieden.*

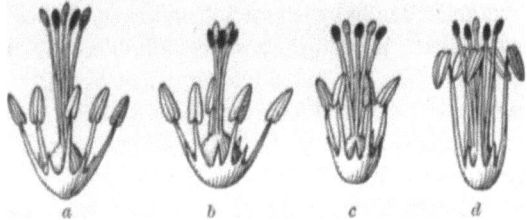

Abb. 80. Verschiedene Langgriffeltypen von *Linum austriacum*. (Nach Photographien von LAIBACH 1925.)

Der Pollen der beiden Pflanzen a und b, deren Antheren annähernd von der gleichen Länge sind, geben bei der Bestäubung der Pflanze d durchaus verschiedene Resultate. *Auch der Pollen aus gleich langen Antheren kann funktionell verschieden sein.*

Worauf diese Unterschiede im einzelnen beruhen, ist vollkommen unbekannt. Wahrscheinlich finden sich aber derartige physiologischen Unterschiede verschiedener Lang- oder Kurzgriffel allgemein bei allen Heterostylen und bedingen die mitunter beträchtlichen Schwankungen der Fertilität legitimer oder der Parasterilität illegitimer Verbindungen.

Die Annahme UBISCHs, daß die verschiedene Fertilität bei

L. austriacum durch ,,Linienstoffe" wie bei den para-selbststerilen Pflanzen bedingt wird, scheint mir durch keine Beobachtung gerechtfertigt zu sein. Es handelt sich eher um ein Analogon zu den Pseudofertilitätsfaktoren.

g) **Physiologie der Parasterilität der Heterostylen.**

α) **Art und Wirkung der Hemmungsstoffe.** Daß es sich bei der Sterilität der Heterostylen um eine typische Parasterilität handelt, braucht kaum besonders betont zu werden. Die an sich vollkommen funktionsfähigen Pollenkörner können sich nur auf bestimmten Griffeln normal entwickeln. Bei ,,illegitimen" Verbindungen sind sie dagegen in ihrer Entwicklung gehemmt. Diese Hemmung kann sowohl in einer Verhinderung oder Erschwerung der Keimung bestehen, als auch in einer Störung des Wachstums der Pollenschläuche. DARWIN (1877) stellte ja fest, daß die vollkommene Parasterilität der illegitimen Verbindungen bei *Linum grandiflorum* darauf beruht, daß die Pollenkörner auf den Narben überhaupt nicht zu keimen vermögen. Nur selten tritt ein kurz bleibender Pollenschlauch auf. Bei dem verwandten *Linum perenne* fand er dagegen, daß die Keimung anscheinend normal verlief, daß aber infolge der Unfähigkeit der Pollenschläuche, sich in den illegitimen Verbindungen normal zu entwickeln, diese parasteril waren. Nach den in der Literatur niedergelegten Befunden scheint in der Mehrzahl der Fälle die Parasterilität der illegitimen Verbindungen eine Folge einer Wachstumshemmung der Pollenschläuche zu sein. Für *Lythrum salicaria* ist dies durch die Messungen KOSTOFFS (1927) sicher bewiesen (vgl. S. 40, 45, Tab. 1 und Abb. 23).

Die Hemmung der Entwicklung der Pollenschläuche ist, ähnlich wie bei den para-selbststerilen Pflanzen, die Folge einer Wechselwirkung zwischen Pollen und Griffelgewebe. Das zeigen bereits die Versuche DARWINs (1877), der gleichzeitig oder in kurzen Abständen die Narben legitim und illegitim bestäubte. Die Entwicklungshemmung der illegitimen Pollenschläuche hatte keinen hemmenden Einfluß auf die legitimen und umgekehrt. Das gleiche gilt für die Keimung der Pollenkörner auf den Narben von *Linum perenne*, bei dem DARWIN einen Teil der Narbe legitim, den anderen illegitim bestäubte. Nur bei den ersteren erfolgte eine normale Keimung und Pollenschlauchentwicklung.

Bei der Parasterilität der Heterostylen handelt es sich also um eine spezifische stoffliche Verschiedenheit der Pollensorten und der verschiedenen Griffel. Über die Natur dieser Verschiedenheiten wissen wir nichts Näheres. Wir können auch heute nicht mehr aussagen als JOST (1907) vor mehr als 20 Jahren. Nach JOST „würde es zur Erklärung des Tatbestandes genügen, wenn in den drei Griffelformen (bei *Lythrum*) verschiedene Konzentrationen eines und desselben Stoffes vorhanden wären" (1907, S. 110). Dieselbe Feststellung gilt auch für die dimorphen Arten. JOST betont ausdrücklich, daß „keineswegs behauptet werden soll, die Differenzen zwischen dem Leitgewebe der verschiedenen Formen einer heterostylen Pflanze ... *müßten* unbedingt ausschließlich Quantitätsunterschiede sein; es sollte nur gezeigt werden, daß sie solche Differenzen sein *können*, oder mit anderen Worten, daß es die einfachste, zur Erklärung genügende Annahme ist, an Konzentrationsdifferenzen zu denken. Selbstverständlich ist die Existenz einer größeren Komplikation möglich" (1907, S. 110/111).

In diesen Ableitungen berücksichtigt JOST ausschließlich die Unterschiede der Leitgewebe der verschiedenen Griffelformen. Entsprechende Unterschiede müssen aber auch zwischen den verschiedenen Pollensorten angenommen werden. Aber vor allem ist wichtig, daß diese spezifischen Verschiedenheiten nur dann zutage treten, wenn sich der Pollen auf der Narbe entwickelt. Durch die Untersuchungen von CORRENS (1889) über das Wachstum von Primelpollen auf künstlichen Nährböden wissen wir, daß unter diesen Bedingungen keine Unterschiede zwischen dem großen Pollen der kurzen Stamina und dem kleinen Pollen der langen Staubgefäße bestehen. Beide bilden, worauf es in erster Linie ankommt, gleichlange Schläuche, wenn diese auch im ersten Falle dicker sind. DAHLGREN (1918) hat diese Versuchsergebnisse neuerdings noch einmal bestätigt.

In Anlehnung an die bereits oben besprochenen Anschauungen von EAST (vgl. oben S. 43) müssen wir bei den Heterostylen ebenso wie bei den selbst-parasterilen Arten annehmen, daß zwischen den Substanzen, die der Griffel bzw. die Narbe bildet, und denen, die der Pollen bzw. der Pollenschlauch produziert, im Inneren des Pollens bzw. des Pollenschlauches eine Reaktion stattfindet, die über das weitere Schicksal des Pollens entscheidet. Es hängt von dieser Reaktion ab, wie die Keimung verläuft, ob das

Wachstum der Pollenschläuche und mit welcher Geschwindigkeit weiter geht.

Ob die betreffenden Substanzen im Griffel immer anwesend sind, oder ob sie in der für die betreffenden Griffel spezifischen Form erst unter der Einwirkung des Pollens gebildet werden, gleichgültig, um welchen Pollen es sich handelt, ist relativ nebensächlich. *Wichtig ist, daß die Stoffe des Leitgewebes und des Pollens, bzw. ihre Konzentrationen spezifisch und in ihrer Beschaffenheit unabhängig voneinander sind.*

Welcher Art diese „Konzentrationsunterschiede" sein sollen oder um was für Stoffe es sich dabei handelt, ist noch vollkommen unbekannt. Wir können den Ausführungen von UBISCH (1923, S. 200 und 1925, S. 329) in dieser Richtung nicht folgen. UBISCH will sich hier an die vollkommen spekulative Annahme von SIRKS (1917) anschließen, daß es sich bei der Hemmung des Pollenschlauchwachstums der Selbst-Parasterilen um Folgen osmotischer Vorgänge handele. Die Pollenschläuche sollen keinen genügenden Saugdruck entwickeln, um dem Leitgewebe Wasser zu entziehen. Auf die Schwierigkeiten dieser Annahme wies bereits TISCHLER (1918a, S. 188) hin. Er konnte auch (1917) keine Unterschiede in der Höhe des osmotischen Druckes feststellen. Die Bemerkung UBISCHs (1925), daß „unter dem kurzen Ausdruck ‚verschiedener osmotischer Wert' selbstverständlich eine chemisch sehr komplizierte Verschiedenheit der Inhaltsstoffe mit einbegriffen" sei (S. 329), scheint mir auch nicht zur weiteren Klärung der tatsächlichen Verhältnisse beizutragen.

Die von JOST (1907) zur Diskussion gestellte Frage, ob es sich bei den spezifischen Substanzen der Heterostylen um spezifische abgestimmte *Quantitäten oder Qualitäten* handelt, kann auch heute nicht entschieden werden. Es kann auch noch nicht gesagt werden, worauf die mehr oder minder weitgehende Pseudofertilität illegitimer Verbindungen und die Fertilität der homomorphen Formen beruht. Es könnte sich auch hier darum handeln, daß die Quantität des Hemmungsstoffes oder seine Qualität sich ändert. Es liegt nahe, ähnlich wie bei den Selbst-Parasterilen, zu vermuten, daß durch sekundäre Einflüsse die Wirkung der an sich vorhandenen spezifischen Hemmungsstoffe oder Konzentrationen abgeschwächt oder gar aufgehoben wird.

β) **Niveautheorie.** Jost (1907) zieht die Homomorphen nicht in den Kreis seiner Untersuchungen, sondern berücksichtigt ausschließlich die heterostyl-dimorphen und -trimorphen Formen. Diese werden jedoch neuerdings von Ubisch (1923, 1925) und Ernst (zuletzt 1928) eingehend berücksichtigt. Ubisch kombiniert hierbei die Vorstellungen Josts mit Beobachtungen, über die bereits Darwin (1877) berichtet hat: „Wir können ferner die merkwürdige Folgerung ziehen, daß, je größer die Ungleichheit in der Länge zwischen dem Pistill und dem Satze von Staubfäden ist, deren Pollen bei der Befruchtung benutzt wird, um so mehr auch die Unfruchtbarkeit der Verbindung erhöht wird" (1899, S. 138, Deutsche Übersetzung von Carus).

Die Vorstellungen Ubischs können wir am besten durch das folgende Zitat erläutern: „Josts Annahme dagegen, daß bei den heterostylen Pflanzen keine Individualstoffe, sondern verschiedene Konzentrationen eines und desselben Stoffes zur Erklärung der Fertilität bzw. Sterilität genügen, könnte mit unseren Versuchen im Einklang stehen, wenn man nicht zwei bei dimorphen und drei bei trimorphen Heterostylen, sondern für jede Größe der Organe eine besondere Konzentration annimmt. Denn die Fertilitätsverhältnisse sind derart, als ob von einem bestimmten für die Art spezifischen Stoff die gleiche Menge in jedem Organ vorhanden sei; ist das Organ lang, so ist diese Menge auf demselben Rauminhalt kleiner, als wenn das Organ klein ist. Wird nun die Größe sekundär verändert, so verändert sich automatisch die Konzentration" (Ubisch 1925, S. 328/329).

Zwei Annahmen, die in dieser Hypothese enthalten sind, wollen wir auseinanderhalten:

1. Die Darwinsche Annahme, daß die relative Stellung der den Pollen liefernden Antheren und der bestäubten Narbe maßgebend für das Ergebnis ist, eine Vorstellung, die wir im folgenden kurz als „Niveautheorie" bezeichnen wollen.

2. Die andere Annahme von Ubisch, daß ein bestimmter spezifischer Stoff immer in gleicher Menge gebildet wird und je nach der Länge des Organs mehr oder weniger verdünnt wird, braucht kaum im einzelnen diskutiert zu werden, da irgendeine physiologische Begründung zur Zeit fehlt.

Wir beschränken uns im folgenden daher auf eine Besprechung der Allgemeingültigkeit der Niveautheorie.

Der Ansicht von UBISCH (1925) hat sich ERNST in mehreren Arbeiten angeschlossen. „Fast unabweisbar erscheint der Gedanke, daß Konzentrationsunterschiede oder ein bestimmtes Konzentrationsgefälle irgendwelcher Substanzen in verschiedener Höhenlage der Reproduktionsorgane den Erfolg oder Mißerfolg der Bestäubung entscheidend bestimmen, wobei nicht nur die Beeinflussung der Vorgänge der Pollenkeimung und des Pollenschlauchwachstums, sondern auch der Frucht- und Samenbildung, ja selbst der postseminalen Entwicklung in Frage kommt" (ERNST 1928, S. 663).

Gegen diese Vorstellungen hat LAIBACH mehrfach (1925, 1928, 1929) Stellung genommen. Wir wollen aber im einzelnen auf die zum Teil polemischen Ausführungen der Autoren nicht eingehen.

Gegen die Annahme, daß die Höhe der Antheren und Narben für das Ergebnis der Bestäubungen allein oder doch in erster Linie maßgebend sei, und daß sich nur bei gleicher Höhe Fertilität einstellt, lassen sich die folgenden, zum Teil bereits im einzelnen diskutierten Bedenken vorbringen.

Bei dem heterostyl-homantheren *Linum grandiflorum*, das LAIBACH genauer untersuchte, „werden scharfe funktionelle Unterschiede im Pollen der beiden Formen ausgebildet, ohne daß auffällige Größenunterschiede in ihm und den ihn bildenden Sporophyllen nachzuweisen sind" (1925, S. 173). „Die Langgriffel ... sind selbst- und intrasteril, obwohl ihre Antheren und Narben auf gleicher Höhe stehen" und „die Kurzgriffel ... sind bis zu einem gewissen Grade selbst- und intrafertil, obwohl ihre Antheren und Narben nicht auf gleicher Höhe stehen" (1925, S. 171—172).

Zweitens sei auf die manchmal recht geringe Stärke der Parasterilität illegitimer Bestäubungen noch einmal hingewiesen. In den meisten Fällen ist hier allerdings nichts Sicheres bekannt über den Abstand von Narbe und Antheren. Bei *Linum austriacum* stellte, wie wir oben sahen, LAIBACH die Unabhängigkeit des Grades der Parasterilität von deren Verhältnis der Staubbeutel- und Griffellänge fest (vgl. S. 220). Die gleiche Unabhängigkeit ließe sich sicher in entsprechenden Versuchen mit anderen Arten zeigen.

Vor allem werden die Fertilitätsverhältnisse bei den homomorphen Arten meistens zugunsten der „Niveauhypothese" aufgeführt. Aber wir setzten bereits oben (S. 216) auseinander, daß bei diesen oft weder die Selbstbestäubungen noch die verschiedenen Kreuzungen den Anforderungen dieser Hypothese entsprechen.

Die immer wieder betonte Erscheinung, daß — manchmal, aber durchaus nicht immer — homomorphe Formen besonders fertil sind, könnte man sich leicht damit erklären, daß hier nicht nur die sichtbaren, sondern auch die physiologischen Heterostyliemerkmale durch besondere innere oder äußere Faktoren abgeschwächt sind. In anderen Fällen sind nur die äußeren Merkmale beeinflußt (homostyle und relativ parasterile Formen) oder nur der Fertilitätsgrad (mehr oder minder auch illegitim fertile Sippen).

Schließlich seien noch die Ergebnisse der Kreuzungen heterostyler Arten angeführt, die von verschiedenen Autoren (vgl. vor allem auch die Primelkreuzungen von Scott 1865a) ausgeführt wurden, bei denen die absolute Höhe der Staubbeutel oder Griffel nicht maßgebend war, sondern nur die Zugehörigkeit zu der entsprechenden heteromorphen Form. In neuerer Zeit wies Laibach (1928) darauf hin, daß die legitimen Kreuzungen zwischen Angehörigen der beiden Arten *Linum hirsutum* und *L. viscosum* fertil wären, obwohl die Länge der Griffel und Antheren bei den beiden Arten durchaus verschieden sind.

Es scheint danach, als ob die Verallgemeinerung der Darwinschen Fertilitätsregel, die für die Grundformen bei Heterostylen richtig ist, zum mindesten unbewiesen ist.

h) Phänotypische Bedingtheit der Parasterilität.

Es kann kaum zweifelhaft sein, daß die besonders von Ubisch in neuerer Zeit vertretene Ansicht, daß die Sterilität der Heterostylen rein phänotypisch bedingt sei, richtig ist.

Wenn man die Resultate der Kreuzungen der trimorphen Arten daraufhin betrachtet, fällt die fehlende Parallelität zwischen der erblichen Konstitution des Pollens und seinem Verhalten bei den verschiedenen Bestäubungen auf. Es scheint weder der Genotypus der diploiden Mutterpflanze noch der des Pollens selbst maßgebend zu sein. Der Pollen langer Antheren, gleichgültig ob er aus kurzgriffligen oder mittelgriffligen Blüten stammt, kann nur mit Erfolg zur Bestäubung langgriffliger Blüten verwandt werden.

Weniger klar liegen die Verhältnisse bei den dimorphen Arten. Hier könnte man mit Laibach (1928) annehmen, daß der dominante Faktor für Kurzgriffligkeit (K) und entsprechend der Faktor für Langgriffligkeit (k) bereits im Sporophyten die Befruchtungsfähigkeit des Pollens während seiner Ausbildung eindeutig determiniert.

Eine einwandfreie objektive Entscheidung der Frage, ob die Parasterilität der trimorphen Arten phänotypisch, die der dimorphen dagegen genotypisch bedingt sei, oder ob die Determination in beiden Fällen rein phänotypisch erfolgt, läßt sich zur Zeit nicht treffen. Da die phänotypische Bestimmung für die Trimorphen sicher nachgewiesen ist, für die Dimorphen überhaupt nicht entschieden werden kann, ob phänotypische oder genotypische Bestimmung vorliegt, scheint es doch wohl besser, *einheitlich für alle Heterostylen eine phänotypische Determinierung der Parasterilität anzunehmen. Genotypisch wird durch die Heterostyliegene bedingt, daß eine solche Determination überhaupt stattfindet, die Art der Determination erfolgt aber phänotypisch während der Entwicklung der Blüte und ihrer Organe.*

6. Parasterilität bei Artkreuzungen.
a) Historischer Rückblick.

Seitdem KÖLREUTER als erster planmäßig Artbastarde in größerem Maße herzustellen versucht hat, sind eine so ungeheuer große Zahl von Artkreuzungen untersucht worden, daß es unmöglich erscheint, alle Einzelfälle besonders zu besprechen. Bereits 1849 kann C. F. GÄRTNER über die Häufigkeit der Parasterilität von Artkreuzungen die folgende Feststellung machen: „Vielfältige Versuche nicht nur von KÖLREUTER, sondern auch von uns haben gezeigt, daß ein großer, ja, vielleicht der größte Teil der Gewächse die Bastardbefruchtung nicht annimmt; denn von etwa 700 verschiedenen Arten haben nur etwa 250 uns in nahe an 10000 künstlichen Befruchtungen wirkliche Bastarde geliefert, alle übrigen blieben ohne allen Erfolg" (1849, S. 109).

Zwei wichtige Folgerungen aus den Versuchsergebnissen GÄRTNERS (1849) müssen wir uns bei der Besprechung der Parasterilität der Artkreuzungen besonders vor Augen halten.

1. „Die äußere Übereinkunft der Arten im Habitus ist zwar öfters ein Leitfaden für einen wahrscheinlichen künstlichen Erfolg der Bastardbefruchtung; sie ist aber kein sicheres Zeichen des Daseins zur Fähigkeit der Bastarderzeugung" (S. 186).

2. „Der klarste Beweis aber, daß das Vorhandensein der Fähigkeit der Pflanzen zur Bastardbefruchtung nicht unter dem Gesetz

der äußerlichen Bildung oder der Übereinkunft der Arten im Habitus steht, geht vorzüglich daraus hervor, daß sich verwandte Arten bei der Kreuzung nicht mit gleicher Leichtigkeit von beiden Seiten miteinander verbinden lassen" (S. 176).

3. „Ein- oder mehrmaliges Mißlingen der Fremdbestäubung ist noch kein sicheres Zeichen des Mangels der Fähigkeit der Arten, sich durch Bastardzeugung zu verbinden, oder der gänzlichen Abwesenheit der Wahlverwandtschaft unter den Arten, indem wir Beispiele haben, wo die Bastardbefruchtung nach vielfältig vergeblich versuchten Bestäubungen endlich doch noch gelungen ist" (S. 187).

Es erscheint überflüssig, diese drei Grundregeln durch Beispiele zu belegen. In fast jeder größeren Arbeit über Artkreuzungen finden sich Belege.

b) Grad der Parasterilität.

„Unter *Wahlverwandtschaft* bei den Pflanzen verstehen wir (nach GÄRTNER) die größere oder geringere Neigung verschiedener reiner Arten, sich durch Bastardbefruchtung zu einem neuen Produkte zu verbinden" (1849, S. 188).

GÄRTNER (1849) hat versucht, den Grad der „Wahlverwandtschaft" zweier Arten quantitativ zu erfassen. „Daß dieses Verhältnis der Faktoren der Befruchtungskräfte (d. h. also die Wahlverwandtschaft bei den, der Bastardzeugung fähigen Arten der Pflanzen ein bestimmtes und gesetzmäßiges ist, nehmen wir daraus ab, daß aus einer solchen hybriden Verbindung zwar mehr oder weniger gute Samen hervorgehen, je nach der Gunst oder Ungunst der Nebenumstände, daß aber eine jede solche hybride Verbindung niemals über ein gewisses *Maximum* von keimungsfähigen Samen zu erzeugen vermag; welches Maximum jeder derartigen Verbindung eigen ist" (S. 206). Die Anzahl der Samen einer Artkreuzung im Vergleich zu der der Samenzahl der Mutterart nach Selbsten wird hier also als Maßstab der Wahlverwandtschaft verwendet.

Tabelle 53 mag die Durchführung dieser Methode nach GÄRTNER erläutern.

Wir haben hierbei die von GÄRTNER angegebenen Zahlen unverändert wiedergegeben, wenn es auch nicht zweifelhaft sein kann, daß das vorliegende Zahlenmaterial eine Bestimmung bis auf die vierte Dezimale kaum rechtfertigen kann.

Tabelle 53. **Grad der Parasterilität von Artkreuzungen, gemessen durch die relative Samenzahl.**

Verbascum Lychnitis flore albo.		*Dianthus barbatus.*	
Geselbstet	1,0000	Geselbstet	1,0000
(96 Samen pro Kapsel)		(90 Samen pro Kapsel)	
× var. *flore luteo*	0,9081	× *D. superbus*	0,8111
× *V. phoeniceum*	0,8061	× *D. japonicus*	0,6666
× *V. nigrum*	0,6336	× *D. Armeria*	0,5333
× *V. Blattaria flore albo*	0,6224	× *D. barbato-carthusianorum*	0,3111
× *V. Blattaria flore luteo*	0,4387	× *D. chinensis*	0,2600
× *V. thapsiforme*	0,4081	× *D. collinus*	0,2333
× *V. austriacum*	0,3877	× *D. deltoides*	0,2222
× *V. macranthum*	0,2653	× *D. Schraderi*	0,1354
× *V. Thapsus*	0,2142	× *D. carthusianorum*	0,1111
× *V. pyramidatum*	0,0306	× *D. prolifer*	0,0333
		× *D. virgineus*	0,0111
		× *D. pulchellus*	0,0096
		× *D. arenarius*	0,0084
		× *D. diutinus*	0,0033

Gegen die eben besprochene Methode der Bestimmung des „Grades der Wahlverwandtschaft" läßt sich ein wichtiger Einwand vorbringen. Es kann zwar kaum zweifelhaft sein, daß in jeder Artkreuzung je nach dem Grade der Wahlverwandtschaft und damit der Parasterilität nur ein bestimmter Prozentsatz des Pollens, der auf die Narbe gebracht wurde, seine Funktion auch durchführen kann, d. h. Samenanlagen befruchtet. Die absolute Anzahl der funktionierenden Pollenschläuche und damit der befruchteten Samenanlagen in jeder einzelnen Bestäubung hängt aber von der Anzahl der Pollenkörner ab, die auf die Narbe gebracht wurde. Bei spärlicher Bestäubung ist sie gering, bei reichlicher hoch. Die Annahme GÄRTNERs, daß es für jede Artkreuzung ein spezifisches Maximum der Samenanzahl gäbe, würde dann zu Recht bestehen, wenn es auch eine Maximalzahl von Pollenkörnern gibt, die sich auf der Narbe entwickeln können, oder wenn in den Versuchen immer annähernd die gleiche Pollenmenge zur Bestäubung verwandt wird.

c) **Anatomisch-physiologische Grundlagen.**

α) **Allgemeine Vorbemerkungen.** In den vorhergehenden Abschnitten konnten wir uns auf die fast 100 Jahre zurückliegenden Untersuchungen GÄRTNERs stützen und sahen von einer Besprechung neuerer Arbeiten ab, da diese das Tatsachenmaterial wohl vermehrt, aber nicht unsere Erkenntnis vertieft haben. Bei der Besprechung der anatomischen und physiologischen Grundlagen können wir uns auch wieder im wesentlichen auf eine weit zurückliegende Arbeit beschränken, eine Untersuchung von STRASBURGER (1886). Die Angaben dieses Autors sind in manchen Einzelheiten zwar nicht ganz sicher gestellt, aber das Gesamtergebnis wird dadurch nicht betroffen. Es liegt auch keine neuere Arbeit vor, in der annähernd ein so großes Tatsachenmaterial zusammengebracht ist, wie in dieser Untersuchung STRASBURGERS.

Ähnlich wie bei parasterilen Sippenkreuzungen können wir auch bei den parasterilen Artkreuzungen vier verschiedene Typen der Bedingtheit der Parasterilität unterscheiden:

1. Es kann die Keimung der Pollenkörner auf der Narbe unterbleiben oder die Schläuche können sich nicht normal weiter entwickeln, vor allem nicht in die Narbe eindringen. Hier handelt es sich also um Besonderheiten der Beziehungen zwischen Pollen und Narbengewebe.

2. Es kann ferner die Entwicklung der Pollenschläuche im Leitgewebe der Griffel nicht normal sein, so daß die Wachstumsgeschwindigkeit der Pollenschläuche nur gering ist, oder die Pollenschläuche ihr Wachstum ganz einstellen müssen.

3. Es sind ferner eine ganze Reihe von Fällen bekannt, in denen die Pollenschläuche bis in die Fruchtknotenhöhle eindringen, bei denen aber dann die Schlauchspitzen von den Samenanlagen nicht angelockt werden und die Eier nicht aufsuchen oder sie nicht auffinden.

4. Schließlich kennen wir Fälle, in denen der Pollenschlauch mit den männlichen Geschlechtskernen bis zu den Eiern gelangt, bei denen aber der Befruchtungsvorgang nicht in der normalen Weise durchgeführt wird.

Eine besondere Komplikation wird häufig noch dadurch bedingt, daß von den Pollenschläuchen eine schädigende Wirkung auf die Gewebe des Gynoeceums ausgeübt wird.

β) **Parasterilität, bedingt durch Störungen der Beziehungen zwischen Narbe und Pollen.** Die zahlreichen Fälle, in denen bei Artkreuzungen überhaupt keine Keimung des Pollens auf der Narbe stattfinden kann, brauchen wohl kaum im einzelnen besprochen zu werden. Ein besonderes Interesse verdienen jedoch diejenigen Fälle, in denen der Pollen zwar auskeimt, die Pollenschläuche aber auf den Narben sich nicht normal weiter entwickeln können.

Bei verschiedenen Malvaceen und bei *Agrostemma githago* machte STRASBURGER (1884, 1886) die Beobachtung, daß die Pollenschläuche bei einer Selbstbestäubung unmittelbar nach der Keimung auf den papillös vorgewölbten Epidermiszellen der Narbe nicht wie bei anderen Arten auf den Papillen entlang wachsen und an ihrer Basis in das Narbengewebe eindringen, sondern daß sie sofort in die Papillen eindringen und in ihrem Inneren weiter wachsen. RTITINGHAUS (1886) berichtigte diese Angabe dahin, daß die Pollenschläuche nicht in die Papillen selbst eindringen, sondern daß sie nur die Kutikula durchbohren und dann zwischen der Kutikula und der eigentlichen Membran der Papillen vordringen.

Es war nun interessant zu untersuchen, wie sich der Pollen dieser Arten auf den Narben anderer Arten verhalten würde, bei denen gewöhnlich, bei Selbstbestäubung oder Sippenkreuzungen, die Pollenschläuche ganz auf der äußeren Oberfläche der Papillen wachsen. Der Pollen der beiden Malvaceen *Althaea rosea* und *Malope trifida* sowie von *Agrostemma githago* keimte auf den Narben von *Lychnis dioida*, indem er in die Papillen eindrang. Diese Arten "waren also zu einer That befähigt, welche der eigene Pollen der *Lychnis* nicht zu leisten vermochte" (STRASBURGER 1886, S. 76).

Umgekehrt macht sich aber auch die Eigenart der Narbe störend bemerkbar. Die Pollenschläuche der *Agrostemma* durchbrechen auf der eigenen Narbe die Papillen an ihrer Basis und dringen dann in das Gewebe ein. Auf *Lychnis* waren sie aber dazu nicht mehr imstande. „Sie fingen sich in den Papillen ein ... Er (d. h. der Pollenschlauch) ging innerhalb der Papille entweder zugrunde, oder es gelang ihm auch wohl, seitlich dieselbe zu durchbrechen und so nach außen zu treten. Solche Schläuche wuchsen dann weiter, und man konnte sie auf der Narbe umherirren sehen, ohne die Fähigkeit, irgendwo in den Griffel einzudringen" (1886, S. 76).

Ein Nichtzusammenpassen von Pollenschläuchen und Narbengeweben fand sich auch bei der Bestäubung von *Tulipa Gesneriana* mit einem Pollinum von *Orchis Morio*. „Die Schläuche wuchsen in vielfachen Windungen durcheinander, ohne den Leitungswegen des Tulpengriffels zu folgen. Sie erreichten im Resultat auch nicht eben bedeutende Längen und starben dann ab. Eigener

Pollen der Tulpe gleichzeitig aufgetragen, kehrte sich an die Orchideenschläuche nicht und folgte auf kürzestem Wege den Leitungsbahnen" (1886, S. 60).

Eine Schädigung des Narbengewebes in unmittelbarer Nachbarschaft der artfremden Pollenschläuche fand STRASBURGER(1886) in den Kreuzungen *Achimenes grandiflorus* × *Agapanthus umbellatus* und *Orchis mascula* × *O. morio*. In beiden Fällen starben die Narbenzellen ab und bräunten sich. Die Pollenschläuche wuchsen in dem ersten Falle normal weiter, in dem zweiten starben sie aber auch allmählich ab.

Während es sich in den bisher erwähnten Fällen immer um ein Nichtzusammenpassen von Pollen und Narbe handelt, liegen bei den bereits oben mehrfach erwähnten Baumwollkreuzungen nach KEARNEY (1923, 1928) und KEARNEY u. HARRISON (1924) andere Störungen vor. Bei der Kreuzung der beiden Baumwollformen *Gossypium hirsutum* und *barbadense* erhält man gute Bastardembryonen, wenn bei der Bestäubung nur der Pollen der einen oder der anderen Art auf die Narbe gebracht wird. Wenn dagegen der Pollen beider Arten gleichzeitig auf die Narbe gebracht und untereinander gemengt wird, dann hemmen die arteigenen Pollenkörner die artfremden in ihrer Entwicklung.

γ) **Hemmung des Wachstums der Pollenschläuche im Leitgewebe des Griffels.** Ähnlich wie bei den oben besprochenen selbstparasterilen Arten findet sich auch häufig bei parasterilen Artkreuzungen eine Hemmung des Wachstums der Pollenschläuche im Griffel (vgl. S.. 44—45, die Angaben von TOKUGAWA). Diese Hemmung kann zu einer vollkommenen Sistierung des Wachstums und zu einem Absterben der Pollenschläuche führen, das dann auf zwei verschiedene Art und Weisen erfolgen kann.

STRASBURGER (1886) beobachtete bei einer Reihe von Kreuzungen (*Orchis morio* × *Scilla hispanica*, *O. morio* × *Ilex aquifolium*, *O. militaris* × *O. latifolia*), daß der Inhalt der Pollenschläuche körnig oder homogen und stark lichtbrechend wird. „Der Inhalt dieser Schläuche verwandelt sich alsbald in eine stark lichtbrechende Masse von demselben Aussehen und derselben Reaktion wie die Substanz, welche sonst die Verschlüsse (der Pollenschläuche) bildet. Ganz augenscheinlich liegt hier eine direkte Umwandlung des Protoplasmas in diese Masse vor" (S. 59).

In anderen Fällen schwillt das Ende der Pollenschläuche im Leitgewebe keulig an und platzt unter Umständen schließlich. Ein solches „Platzen" der Pollenschlauchspitzen, wobei der Schlauchinhalt heraustritt, findet sich häufig in Kulturen von Pollenschläuchen auf künstlichen Nährböden. Es ist auch bei Artkreuzungen (z. B. bei *Datura meteloides* × *D. Stramonium* nach BUCHHOLZ u. BLAKESLEE 1927b) festgestellt worden.

In dem ersten Falle scheint das Zugrundegehen des Pollenschlauches darauf zu beruhen, daß der Schlauchinhalt sein Wachstum einstellt, die Bildung von Membransubstanz aber weitergeht, in dem zweiten Falle umgekehrt darauf, daß der Inhalt sich weiter vergrößert, die Membran aber nicht zu weiterem Wachstum befähigt ist.

In anderen weniger extremen Fällen wird das Wachstum wohl nur gehemmt, so daß die Pollenschläuche nicht mehr rechtzeitig die Samenanlagen erreichen; jedoch liegen hierüber nur wenige Messungen vor. Über die Messungen des Pollenschlauchwachstums an einigen *Lilium*-Artkreuzungen, die TOKUGAWA (1914) durchführte, berichteten wir schon oben (S. 44—45).

δ) **Unfähigkeit der Pollenschläuche, die Samenanlagen aufzusuchen.** Bei der Besprechung der Parasterilität von Varitätenbastarden konnten wir feststellen, daß immer eine Befruchtung eintrat, wenn die Pollenschläuche die Fruchtknotenhöhle erreichten und in dieser noch befruchtungsfähige Samenanlagen waren. Es konnte dabei kein Anzeichen einer Spezifität der Stoffe, die die Pollenschlauchspitzen zu den Samenanlagen und den Eiern hinlenken, gefunden werden. Anders dagegen bei Artbastardierungen, bei denen wir eine ganze Anzahl von Fällen kennen, in denen die Pollenschläuche, die bis in die Fruchtknotenhöhle gelangt sind, nicht angelockt werden.

Pollenschläuche von *Fritillaria persica* dringen auf *Convallaria majalis* und auf *Tulipa Gesneriana* bis in die Fruchtknotenhöhle vor und wachsen zwischen den Samenanlagen hindurch, ohne diese zu befruchten (STRASBURGER 1886). Eine ganze Zahl ähnlicher Fälle beschreiben HILDEBRAND (1865b), SCOTT (1865b) und STRASBURGER (1886) von Orchideen-Artkreuzungen, z. B. von den Kreuzungen: *O. morio* × *O. mascula*, *Cypripedium parviflorum* × *Orchis mascula* und reziprok.

Besonders interessant ist das Verhalten der Pollenschläuche von *Orchis fusca* auf *O. morio* und anscheinend auch von *O. mascula* auf *O. latifolia*, nach STRASBURGER (1886). Hier fanden die Pollenschläuche wohl die Samenanlagen und den Eingang der Mikropyle. Aber ,,augenscheinlich hatte auch schon der Pollenschlauch innerhalb der Mikropyle Hindernisse zu überwinden. Es kam vor, daß er zwar die Öffnung des äußeren Integuments durchsetzte, nicht aber in diejenige des inneren einzudringen vermochte, dann bildete er wohl an dieser Stelle ein Knäuel oder kehrte auch um und wuchs aus der Mikropyle wieder heraus" (1886, S. 62).

Die Orchideen weisen noch eine Besonderheit in den Beziehungen zwischen Pollenschlauch und Entwicklung der Samenanlagen auf (vgl. S. 27 ff.). Seit den Untersuchungen von HILDEBRAND (1863) wissen wir, daß bei den Orchideen die Samenanlage zunächst auf einem sehr frühzeitigen Entwicklungsstadium, in dem weder der Eiapparat noch die Integumente ausgebildet sind, stehenbleibt und erst später ihre Entwicklung fortsetzt. Die Anregung zu der weiteren Entwicklung geht nun in der Regel von den Pollenschläuchen aus. Der Reiz, der die Entwicklung der Samenanlagen auslöst, ist jedoch nicht spezifisch an Orchideenpollenschläuche gebunden. STRASBURGER (1886) bestäubte *O. mascula* und *O. morio* mit Pollen von *Fritillaria persica*. Es entwickelten sich kräftige Pollenschläuche, die bis in die Fruchtknotenhöhle vordrangen. ,,Interessant war es zu konstatieren, daß von den Stellen, die sich in Kontakt mit den Pollenschläuchen befanden, die Anregung zur Ausbildung der Samenknospen ausging" (1886, S. 53). Aber offenbar war die Stärke der Wirkung des fremden Pollens geringer als die des arteigenen.

ε) **Störungen des Befruchtungsvorganges.** Eindeutige Beobachtungen über ein Eindringen der Pollenschläuche in die Samenanlagen bis zu dem Eiapparat ohne irgendeine anschließende Entwicklung liegen meines Wissens zur Zeit nicht vor. EAST (1929) erwähnt derartige Beobachtungen seines Schülers KOSTOFF an *Nicotiana*-Artbastarden. Eine ausführliche Arbeit ist jedoch bisher noch nicht erschienen.

In einigen Kreuzungen erfolgt eine Plasmogamie, der aber keine Karyogamie folgt. Der männliche oder weibliche Geschlechtskern geht zugrunde, und die Entwicklung wird von dem am Leben bleibenden Kern weitergeführt. Es entstehen dabei haploide Nachkommen, deren Kerne Abkömmlinge des männlichen oder weiblichen Geschlechtskernes sind. Häufig regulieren diese Haplonten ihre Chromosomenzahl zu der normalen Diploidzahl herauf. Erfolgt die Entwicklung mit Hilfe des Eikernes, dann liegt *Gynogenese* vor, erfolgt sie dagegen durch den einen der Spermakerne, dann handelt es sich um *Androgenese*. Das Plasma wird immer vom Ei geliefert. Wenigstens ist bisher kein Fall bekannt, in dem der Pollenschlauch imstande wäre, einen Embryo zu liefern.

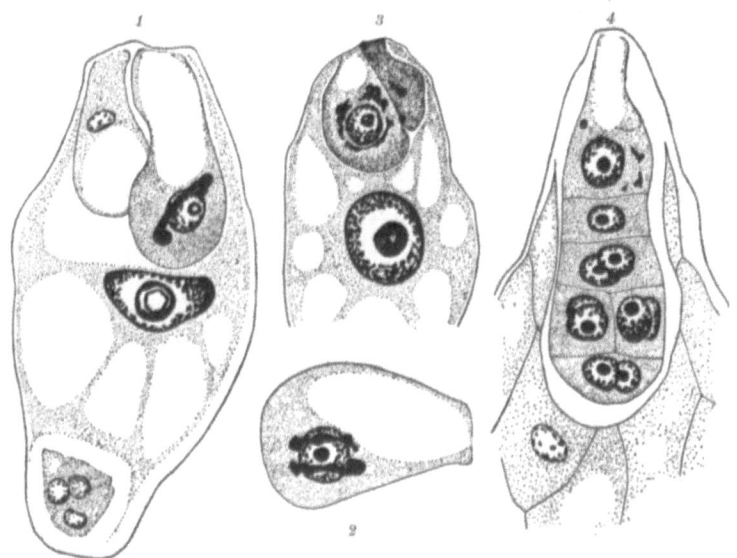

Abb. 81. Embryosäcke von *Solanum nigrum* nach einer Bestäubung mit Pollen von *S. luteum*. *1* Embryosack, um den Eikern ein gebogener Spermakern. *2* Eizelle; zwei Spermakerne haben sich um den Eikern gelegt. *3* Oberer Teil des Embryosackes, um den Eikern dunkel gefärbte Reste des zerfallenen Spermakernes. *4* Oberer Teil des Embryosackes mit gynogenetischem Embryo und einem Teil des umgebenden Endosperms, in der Basalzelle des Embryos Reste des zerfallenen Spermakernes. (Nach JÖRGENSEN 1928.)

Wir beschränken uns im folgenden auf die Erwähnung derjenigen Fälle, in denen eine Parasterilität der Geschlechtskerne einigermaßen sichergestellt ist. Die sämtlichen vielleicht hierher gehörenden Fälle hat KUHN (1930) zusammengestellt, auf dessen Sammelreferat hier verwiesen sei.

Gynogenesis. JÖRGENSEN (1928) stellte fest, daß die Spermakerne von *Solanum luteum* nur selten imstande sind, mit den Eikernen von *S. nigrum* zu verschmelzen. Es tritt nach JÖRGENSEN zunächst zwar eine anscheinend normale Befruchtung der *nigrum*-Samenanlagen durch die *luteum*-Pollenschläuche ein. Der Spermakern tritt in das Ei über (Abb. 81, Fig. 1), verschmilzt dann aber nicht mit dem Eikern, sondern geht langsam zugrunde (Fig. 2—4). Die *nigrum*-Eier werden durch diese „Befruchtung" zur Weiterentwicklung angeregt und bilden Embryonen. Die Pflanzen, die aus diesen Embryonen hervorgehen, sind dementsprechend *nigrum*-Pflanzen, und zwar teilweise haploide, zum Teil aber auch diploide Individuen.

Das Auftreten von haploiden *S. nigrum*-Pflanzen ist in diesen Versuchen ganz sichergestellt. Ihre Entstehung scheint aber doch wohl nicht so ganz eindeutig geklärt zu sein. Es liegt zwar irgendeine Art von „induzierter Parthenogenese" vor. Ob es sich aber um Gynogenese handelt, und ob die in Abb. 81, Fig. 3—4 abgebildeten Brocken tatsächlich Reste degenerierter Spermakerne sind, scheint mir doch noch fraglich. Ähnliche stark färbbare Brocken finden sich doch nicht selten in befruchteten Eiern und jungen Embryonen.

Ähnliche Verhältnisse beschreibt NOGUCHI (1928) von der Kreuzung *Brassica campestris* L. × *B. oleracea* var. *gemmifera* DC. Auch hier soll der Spermakern nach dem Eindringen in das Ei degenerieren. Der Arbeit sind aber leider keine Bilder beigegeben. Auch fehlen genauere zytologische Untersuchungen.

Androgenesis. Das Vorhandensein einer *Androgenese* konnte in einigen Fällen in neuerer Zeit ziemlich wahrscheinlich gemacht werden. Allerdings handelt es sich immer nur um einen indirekten Nachweis: in Artkreuzungen entstanden Pflanzen, die die haploide Chromosomenzahl des Vaters besaßen, die aber sicher aus Samen der Mutter hervorgegangen waren. Über die Embryogenese liegen jedoch gar keine histologischen oder zytologischen Untersuchungen vor.

CLAUSEN u. LAMMERTS (1929) kreuzten die „karmin"farben blühende synthetische Art *Nicotiana digluta*, die Nachkommen eines Bastardes (*N. tabacum* × *N. glutinosa*), der seine Chromosomenzahl verdoppelt hatte ($2n = 72$), mit einer weißblühenden Form von *N. tabacum* ($2n = 48$). Neben 172 anderen Pflanzen trat in der Nachkommenschaft eine haploide *tabacum*-Pflanze auf ($n = 24$) mit weißen Blüten, die der weißen *tabacum*-Form, die als Vater benutzt worden war, vollkommen entsprach.

KOSTOFF (1929) bestäubte eine hypotetraploide Pflanze von *Nicotiana tabacum macrophylla* ($2n = 70$—72) mit Pollen von *N. Langsdorffii* ($2n = 18$). Die Samen waren klein und verschrumpft, keimten aber leicht. Nur ein Keimling entwickelte sich bis zur Blütenbildung. Die morphologische und zytologische Untersuchung zeigte eindeutig, daß es sich um eine haploide *Langsdorffii*-Pflanze handelte.

Vielleicht gehört hierher noch der von COLLINS u. KEMPTON (1916) beschriebene Fall. In der Kreuzung *Tripsacum dactyloides* × *Euchlaena mexicana* erhielten die Autoren eine — anscheinend diploide, also wohl aufregulierte — *Euchlaena*-Pflanze, die rein weiterzüchtete.

Welche anatomischen Vorgänge sich in diesen Fällen abspielen, ist noch vollkommen unbekannt. KOSTOFF (1929) nimmt Androgenese an, also eine Weiterentwicklung des ganzen Eies mit dem Spermakern, aber ohne den Eikern. CLAUSEN u. LAMMERTS (1929) sprechen dagegen von Merogonie, d. h. also wohl von der Weiterentwicklung eines Eifragmentes mit dem Spermakern, wenn sich die Autoren an die übliche Definition der Termini halten (vgl. unten S. 267—268).

Das Auftreten von Individuen, die der als Vater benutzten Ausgangsart in morphologischer und zytologischer Hinsicht vollkommen glichen, in Artkreuzungen haben M. NAWASCHIN (1927) in der F_2-Generation der Kreuzung *Crepis tectorum* × *C. alpina* und CLAUSEN u. LAMMERTS (1929) in der Rückkreuzung (*Nicotiana tabacum* × *silvestris*) × *silvestris* durch die Annahme einer „Merogonie" zu erklären versucht. Nach dem, was wir allgemein über die Spaltungsverhältnisse derartiger Spezies-Bastarde wissen, liegt meiner Meinung nach kein Grund dazu vor, diese Formen nicht als gewöhnliche Rekombinationstypen nach einer vorausgegangenen durch Eliminationsvorgänge stark komplizierten Mendelspaltung aufzufassen, wie es bisher allgemein üblich war. Man muß daher von den Autoren eine histologische Begründung ihrer Annahme verlangen, ehe man ihr wird beipflichten können.

Abschließend können wir also sagen, daß *in einigen Fällen die Möglichkeit eines Vorkommens von Parasterilität des Spermakerns (Gynogenesis) oder des Eikernes (Andogenesis) nach der Durchführung der Plasmogamie besteht, daß aber ein sicherer exakter Nachweis noch fehlt.*

ζ) **Zusammenfassung.** *Zusammenfassend können wir also feststellen, daß die Parasterilität der Artkreuzungen — ganz ebenso wie die mancher Varietätenkreuzungen oder gar Selbstbestäubungen — darauf beruht, daß die Entwicklung der Pollenschläuche auf dem Stempel der anderen Art nicht harmonisch abläuft. Die Keimung und das Eindringen der Schläuche in die Narbe oder das Wachstum der Pollenschläuche kann gestört sein. Wir lernten ferner bei Artkreuzungen eine ganze Reihe von Fällen kennen, bei denen die Beziehungen zwischen den Pollenschläuchen in der Fruchtknotenhöhlung und den Samenanlagen gestört waren. Wir müssen daraus schließen, daß auch die Stoffe, die die Pollenschläuche zu den Eiern dirigieren und über deren chemische und physiologische Eigenschaften wir nur sehr wenig wissen, in gewissem Grade spezifisch sein müssen. Schließlich ist es möglich, wenn auch noch nicht sicher bewiesen, daß in einigen Kreuzungen die Geschlechtskerne nach der Plasmogamie miteinander parasteril sind.*

d) Erblichkeit der „Wahlverwandtschaft".

α) **Fertilität der F_1-Bastarde.** Das Verständnis der Erscheinungen der Selbst-Parasterilität ist, wie wir oben sahen, durch den Nachweis der Vererbung der Parasterilitätsstoffe ganz wesentlich erweitert worden. Es liegt daher auch nahe, in ähnlicher Weise Aufschlüsse über die Parasterilität von Artkreuzungen zu gewinnen, indem man die Kreuzungs-Parasterilität der Artbastarde mit der der Elternarten vergleicht.

Parasterilität mit den Elternarten. In der Regel sind die F_1-Bastarde, sofern sie überhaupt funktionsfähige Gameten bilden, reziprok mit den Elternarten fertil. Es ist bisher nur eine Ausnahme von dieser Regel bekannt geworden (BAUR 1911). Die Kreuzung der beiden Arten *Antirrhinum majus* und *siculum* gelingt, wenn auch nur selten, jedoch gleichgültig, welche Art als Mutter verwandt wird. Die Bastardpflanzen sind nun nach BAUR weiblich immer steril. Ihr Pollen ist dagegen auf *A. majus* fertil, auf *A. siculum* steril.

Parasterilität mit dritten Arten. Auch diese Untersuchungen gehen wieder auf KÖLREUTER und GÄRTNER zurück. KÖLREUTER (1763) war der erste, der es versuchte, „zusammengesetzte" Drei-Artenbastarde herzustellen. GÄRTNER zog die „vermittelnde Wahlverwandtschaft der zusammengesetzten Artbastarde" als

Hilfsmittel zur Untersuchung der Wahlverwandtschaft überhaupt heran (1849, S. 202—204).

GÄRTNER nahm an, daß, wenn von drei Arten A, B und C die Arten A und B, sowie B und C miteinander fertil, A mit C dagegen steril sind, der Bastard ($A \times B$) infolge der „vermittelnden" Wirkung von B auch mit der Art C fertil sein sollte. Dies ist jedoch nicht immer der Fall, wie die folgenden Beispiele zeigen:

Nicotiana rustica............	mit N. glutinosa	parasteril
„ rustica-paniculata.......	„ „	fertil
„ paniculata...........	„ „	fertil
(Nach KÖLREUTER 1763, 1764.)		
Nicotiana rustica............	mit N. Langsdorffii	parasteril
„ rustica-paniculata.......	„ „	fertil
„ paniculata...........	„ „	fertil
(Nach GÄRTNER 1849.)		
Dianthus barbatus...........	mit D. Caryophyllus	parasteril
„ barbatus-chinensis......	„ „	fertil
„ chinensis............	„ „	fertil
(Nach GÄRTNER 1849.)		
Nicotiana tomentosa..........	mit N. silvestris	parasteril
„ tomentosa-tabacum......	„ „	parasteril
„ tabacum............	„ „	fertil
(Nach BRIEGER unveröffentlicht.)		
Nicotiana tabacum angustifolia.....	mit N. silvestris	fertil
„ tab. ang.-Rusbyi........	„ „	± parasteril
„ Rusbyi	„ „	fertil
(Nach BRIEGER unveröffentlicht.)		

In den zuerst aufgeführten drei Fällen dominiert die Fertilität der einen Elternart über die Parasterilität der anderen, in der an vierter Stelle aufgeführten Kreuzung aber gerade umgekehrt die Parasterilität über die Fertilität. Am auffallendsten erscheint jedoch der letzte Fall, in dem beide Elternarten mit der dritten Art fertil sind, der Bastard dagegen weitgehend parasteril.

Eine Erweiterung der Versuche kann dadurch erreicht werden, daß man den Fertilitätsgrad der einzelnen Kreuzungen genau zu bestimmen sucht. Bei den benutzten *Nicotiana*-Formen erfolgt offenbar immer eine Fruchtentwicklung, auch wenn ganz wenig Samen gebildet werden. Ein Ausbleiben der Fruchtentwicklung ist praktisch mit dem Fehlen von entwickelten Samen überhaupt identisch.

Die vorläufigen Versuchsergebnisse, die in Tabelle 54 zusammengestellt sind, sollen mehr ein Bild davon geben, in welcher

Weise und Richtung die Versuche fortgeführt werden, als dazu dienen, endgültige Schlüsse zu ziehen.

Es wurde je ein F_1-Individuum der Kreuzung zweier *N. tabacum*-Formen mit *N. Rusbyi* mit dem Pollen von *N. Rusbyi* und einiger anderer Arten, mit denen beide Elternarten fertil sind, belegt.

Tabelle 34. **Parasterilität von F_1-Artbastarden mit anderen Arten.**

Art der Kreuzung	Samenanzahl pro Kaspel in den einzelnen Kapseln	im Mittel
(*N. tabacum angustifolia* × *N. Rusbyi*) F_1		
× *N. Rusbyi*	100 – 116 – 122 – 182	130
× *N. glutinosa*	27 – 58 – 80 – 108 – 134	82
× *N. tomentosa* . . .	12 – 14 – 15 – 17 – 19 – 24	17
× *N. silvestris*	0 – 0 – 0 – 0 – 0 – 33	6
(*N. tabacum Cuba* × *N. Rusbyi*) F_1		
× *N. Rusbyi*	99 – 103 – 150 – 169	130
× *N. glutinosa*	. . . .	.
× *N. tomentosa* . . .	77 – 79 – 96 – 99 – 126	96
× *N. silvestris*	28 – 86 – 107 – 115	82

Die Rückkreuzungen mit beiden Elternarten sind voll fertil, und der Samenansatz kann als Maßstab der maximal möglichen Samenanzahl der immerhin recht sterilen F_1-Pflanzen dienen. In der Tabelle 54 ist nur das Ergebnis der Rückkreuzung mit *N. Rusbyi* angeführt. Die Kreuzung mit *N. tabacum* hat im Prinzip das gleiche Resultat geliefert.

Die Kreuzungen mit den anderen Arten, vor allem mit *silvestris*, sind deutlich steriler als die Rückkreuzungen mit den Eltern. Überdies scheint der Parasterilitätsgrad bei der Verwendung verschiedener *tabacum*-Varietäten ein verschiedener zu sein.

Es ist jedoch noch verfrüht, irgendwelche Schlüsse aus diesen Befunden abzuleiten. Eine genaue Nachprüfung und vor allem eine Erweiterung des Versuchsmaterials ist unbedingt notwendig. Dabei wird auch zu prüfen sein, inwieweit individuelle Unterschiede der F_1-Pflanzen und Einflüsse der Außenfaktoren das Ergebnis der Kreuzungen ändern können.

β) **Parasterilität polyploider Formen.** Polyploide Nachkommen der F_1-Artbastarde. Im Laufe der letzten Jahre sind eine ganze Anzahl von Fällen beschrieben worden, in denen weitgehend sterile F_1-Artbastarde ihre Chromosomenzahl verdoppelt haben. Die auf diese Weise entstandenen Nachkommen unterscheiden sich von den Bastarden mit einfacher Chromosomenzahl äußerlich nicht wesentlich, sind aber meistens weitgehend selbstfertil, andererseits aber teilweise parasteril mit den Elternarten. Die spärlichen Beobachtungen, die bisher vorliegen, wollen wir kurz zusammenfassen.

Der Bastard der beiden Arten *Nicotiana tabacum* und *N. glutinosa* ist vollkommen steril. Durch Verdoppelung der Chormosomenzahl erhielten CLAUSEN und GOODSPEED (1925) eine konstante selbstfertile Form, die in ziemlich hohem Maße selbstfertil war. Diese neue Form (*N. digluta*) war mit Pollen der Elternarten auch gut fertil, wogegen ihr Pollen auf den Elternpflanzen parasteril war (CLAUSEN 1928).

Der Bastard der beiden Arten *N. tabacum* und *N. rustica* ist vollkommen steril. Auch hier entstand durch Verdoppelung der Chromosomenzahl eine konstante Form, die selbstfertil war (EGHIS 1927; RYBIN 1927). Sie war mit der einen Elterart (*N. rustica*) reziprok gut fertil, mit der anderen (*N. tabacum*) dagegen nur sehr schwach fertil (EGHIS 1927).

Der Bastard der beiden Arten *N. rustica* und *N. paniculata* ist schwach fertil. SINGLETON (1929) fand Formen in der F_2-Generation, die die doppelte Chromosomenzahl wie die F_1-Bastarde besaßen. Diese Pflanzen waren meist vollkommen selbstfertil und fertil mit *N. rustica*, aber vollkommen parasteril mit *N. paniculata*.

Die Verhältnisse bei dem Gattungsbastard *Raphanus sativus* × *Brassica aleracea*, die KARPESCHENKO (1927, 1928) in einer Reihe von Arbeiten untersuchte, sind besonders interessant. Die beiden Elternarten haben je 9 Chromosomen haploid, die in der Reifeteilung der F_1-Bastarde nicht konjugieren. Diese sind also doppelt haploid zweibasisch[1] und besitzen die somatische Chromosomenzahl 18. In ihrer Nachkommenschaft treten nun eine ganze Reihe von Formen mit anderen Chromosomenzahlen auf, von denen uns zwei, die sogenannten „triploiden" und „tetraploiden" Formen, besonders interessieren. Bei den ersteren handelt es sich um diplohaploide dreibasische Pflanzen (somatische Zahl $27 = 2 \times 9 + 9$), und doppelt diploide vierbasische Pflanzen (somatische Chromosomenzahl $36 = 2 \times 9 + 2 \times 9$).

---

[1] Terminologie nach BRIEGER 1928.

Die doppelt haploiden zweibasischen F_1-Formen (die „diploiden" nach KARPESCHENKO) sind hochgradig selbstfertil und können mit einigem Erfolg mit dem Pollen der Elternarten bestäubt werden.

Die diplo-haploiden dreibasischen Pflanzen (die „triploiden" KARPESCHENKOS) sind ziemlich selbststeril und ebenso steril mit Pollen von *Brassica oleracea*, aber hochgradig fertil mit Pollen des anderen Elters *Raphanus sativa*.

Die doppelt diploiden vierbasischen Pflanzen (die „tetraploiden" KARPESCHENKOS) schließlich sind (wenigstens einige) ziemlich selbstfertil, aber steril mit dem Pollen beider Elternarten.

Die diplo-haploiden und die doppelt diploiden Pflanzen sind reziprok steril miteinander.

Diese an sich schon nicht sehr einfachen Verhältnisse werden nun aber noch dadurch weiterhin kompliziert, daß die Artbastarde mit verdoppelter Chromosomenzahl, wenn sie verschiedener Herkunft sind, trotz gleicher Chromosomenzahl verschiedene Fertilitätsverhältnisse aufweisen. In den Kreuzungen *N. tabacum* × *N. glutinosa* und *N. tabacum* × *N. rustica* ist nur in je einer Pflanze die Verdoppelung eingetreten. Dagegen fand KARPESCHENKO in der *Raphanus-Brassica*-Kreuzung mehrere doppelt diploide Pflanzen, die unabhängig voneinander entstanden sind. Manche von diesen zeigten die oben beschriebenen Fertilitätsverhältnisse, andere waren aber vollkommen steril. Auch bei der Kreuzung von *N. rustica* × *N. paniculata* traten nach der bisher erst vorliegenden kurzen Mitteilung von SINGLETON (1929) mehrere verdoppelte Pflanzen unabhängig voneinander auf. Diese zeigten „meist" die oben bereits beschriebenen Fertilitätsbeziehungen.

Polyploide Formen bei reinen Arten. Anschließend möchte ich hier die Kreuzungsparasterilität der tetraploiden Formen von *Datura Stramonium* besprechen, auch wenn es sich hierbei nicht um eine Parasterilität interspezifischer, sondern intraspezifischer Verbindungen handelt. Nach dem allgemein üblichen Gebrauch werden ja solche *Gigas*-Formen nur als besondere Rassen, aber nicht als neue Arten aufgefaßt. Die *Gigas*-Form von *Datura* unterscheidet sich immerhin auch rein äußerlich soweit von den diploiden Stammformen, daß sie von BLAKESLEE und seinen Mitarbeitern als „*New Species*" bezeichnet worden ist.

BLAKESLEE und seine Mitarbeiter (BELLING u. BLAKESLEE 1924,

BLAKESLEE, BELLING u. FARNHAM 1923) untersuchten die Fertilitätsverhältnisse der uns hier zunächst interessierenden Selbstbestäubungen und Kreuzungen der diploiden und tetraploiden Stämme. Als Maßstab kann, wie die Zahlen in Tabelle 55 zeigen, wieder sowohl der Prozentsatz erfolgreicher Bestäubungen, gemessen durch die Zahl der erhaltenen Kapseln im Vergleich zu den versuchten Bestäubungen, oder die durchschnittliche Samenzahl pro erhaltene Kapsel dienen.

Bei Selbstungen oder Sippenkreuzungen von diploiden Pflanzen untereinander ist der Kapselansatz praktisch gleich 100%. Die durchschnittliche Samenanzahl ist bei den Kreuzungen etwas geringer als bei den Selbstungen, was aber nach den Untersuchern auf versuchstechnischen Besonderheiten, auf der relativ größeren Anzahl von Pollenkörnern bei den Selbstungen beruht.

Tabelle 55. Selbst- und Kreuzungssterilität diploider und tetraploider Formen von *Datura Stramonium* (zusammengestellt nach BLAKESLEE, BELLING u. FARNHAM, 1923).

Art der Verbindung	Anzahl Bestäubungen	Kapseln Anzahl	%	Mittlere Samenanzahl per Kapseln
$(2n)$ selbst .	—	—	(100)	352,6
$(2n) \times (2n)$.	—	—	(100)	275,8
$(4n)$ selbst .	106	90	84,9	70,2
$(4n) \times (4n)$.	150	101	87,3	38,7
$(4n) \times (2n)$ Linie A .	60	33	55,0	74,0
Linie 18 .	54	22	40,7	55,0
Linie 10 .	62	43	69,3	3,9
Linie B .	102	34	33,3	2,4
Im ganzen .	278	132	47,8	29,7
$(2n) \times (4n)$.	212	0	0	0

Die tetraploiden Pflanzen sind verhältnismäßig steril. Nur etwa 85% der bestäubten Blüten setzen auch Kapseln an. Die durchschnittliche Samenzahl beträgt nur ein Fünftel bis gar ein Zehntel der Samenzahl diploider Pflanzen. Auch hier sind die Kreuzungen wieder weniger fertil als die Selbstungen.

Leider fehlen in den Arbeiten von BLAKESLEE und seinen Mitarbeitern genauere Angaben, die die Variabilität der Werte beurteilen lassen. So sind z. B. nur die Gesamtzahlen der erhaltenen

Samen angegeben, aber nicht die Anzahl der Samen für die einzelnen Kapseln getrennt aufgeführt.

Die Sterilität der tetraploiden Pflanzen beruht wohl in erster Linie auf den Störungen der Reifeteilungen, die sich bei ihnen im Gegensatz zu den diploiden Formen einstellen (BELLING u. BLAKESLEE 1924). Dadurch entstehen viele überhaupt nicht oder nur schlecht lebensfähige Eier und Pollenkörner. BUCHHOLZ u. BLAKESLEE (1929) analysierten die Verteilungskurven der Pollenschläuche in den Selbstungen und stellten fest, daß bei den tetraploiden Individuen die Anzahl der Pollenschläuche, die ihr Wachstum im Griffel einstellten und platzten, wesentlich größer ist als bei den diploiden Pflanzen.

Infolge der starken Gametenelimination haben die funktionsfähigen Gameten im wesentlichen die diploide Chromosomenzahl, wenn auch infolge des recht häufigen Nicht-Trennens $(2n+1)$- und $(2n-1)$-Gameten nicht sehr selten sind. Dementsprechend fanden BELLING u. BLAKESLEE (1924) unter 62 Nachkommen einer geselbsteten *Gigas*-Form neben einem fraglichen Tetraplonten 55 $4n$-Individuen, 5 $(4n+1)$-Individuen und 1 $(4n-1)$-Individuum.

Die Fertilität der Verbindung von $4n$-Pflanzen als Weibchen mit $2n$-Individuen scheint nach den Zahlenangaben von BLAKESLEE, BELLING u. FARNHAM (1923) nicht viel schwächer zu sein als nach einer Selbstung von Tetraplonten. Es erscheint mir sogar nicht ausgeschlossen, daß man bei Berücksichtigung der Variabilität der Werte gar keinen statistisch sicheren Unterschied wird feststellen können (vgl. Tabelle 55). BUCHHOLZ u. BLAKESLEE (1929) legen ihren Betrachtungen nur die Werte der Tetraplonten der Linie 10, die relativ steril sind, zugrunde und kommen dabei zu der Feststellung, daß die Verbindung $(4n \times 2n)$ „relativ unfruchtbar" (S. 546) ist.[1]

---

[1] Den beiden Autoren sind hier einige kleine Versehen unterlaufen. Sie verweisen bezüglich der genauen Angaben auf die Arbeit von BELLING u. BLAKESLEE (1924), Tab. 2. Die Angaben finden sich aber bei BLAKESLEE, BELLING u. FARNHAM (1923) Tab. 2. Dort wird die Anzahl der enthaltenen Kapseln mit 43 angegeben, bei BUCHHOLZ u. BLAKESLEE (1929) dagegen mit 41. Die Berechnung der durchschnittlichen Samenzahl ist ungenau. 167 Samen in 41 Kapseln entsprechen 4,1 Samen pro Kapsel und nicht 2,6 Samen pro Kapsel, wie 1929 angegeben.

BUCHHOLZ u. BLAKESLEE untersuchten ferner die Verteilung der Pollenschläuche in der Kreuzung ($4n \times 2n$) und konnten keinen Unterschied zwischen der Verteilung in diesen Kreuzungen und in den Kreuzungen ($2n \times 2n$) feststellen. Die Autoren benutzten zu ihren Untersuchungen nur Pflanzen der Linien 1 und 1A (1929, S. 539). Über die Fertilitätsverhältnisse der Tetraplonten dieser Linie liegen, soweit ich weiß, keine Zahlenangaben vor. BUCHHOLZ u. BLAKESLEE (1929, S. 545—546) ziehen zum Vergleich die Angaben über die Tetraplonten einer anderen Linie (10) heran. Da aber der Fertilitätsgrad der verschiedenen Tetraplonten zu schwanken scheint (vgl. Tabelle 55), scheint mir ein solcher Vergleich nicht einwandfrei zu sein.

Eine besondere Komplikation bei der Beurteilung dieser Kreuzung ergibt sich bei der Untersuchung der Nachkommenschaft. Da die Gameten der Tetraplonten in der Mehrzahl die diploide Chromosomenzahl enthalten, die der diploiden Pflanzen die haploide Zahl, so sollten die Nachkommen der Kreuzung ($4n \times 2n$) in der Hauptsache triploid sein. BELLING u. BLAKESLEE (1924) fanden dagegen unter 26 Pflanzen neben einem, vielleicht auf einem Versuchsfehler beruhenden Tetraplonten: nur 7 ($3n$)-Pflanzen, 1 ($3n-1$)- und 1 ($3n+1$)-Pflanze, außerdem aber noch 14 ($2n$)- und 2 ($2n+1$)-Pflanze [1]. Das Auftreten diploider Nachkommen ist vollkommen unerwartet. Sie könnten parthenogenetischen, gynogenetischen oder androgenetischen Ursprungs sein. BELLING u. BLAKESLEE (1924) geben an, daß bereits Experimente im Gange sind, um diese Frage zu klären. BUCHHOLZ und BLAKESLEE (1929) vermuten, daß die diploiden Pflanzen „result presumably from parthenogenesis of $2n$ female gametes" (S. 545).

Die Ergebnisse der Bestäubungen haploider, diploider, triploider und tetraploider Pflanzen mit dem Pollen von Tetraplonten sind jedoch von ganz besonderer Bedeutung für das Parasterilitätsproblem. Nach BLAKESLEE, BELLING u. FARNHAM (1923) und BUCHHOLZ u. BLAKESLEE (1929) ist der Pollen der Tetraplonten nur auf tetraploiden Pflanzen fertil, auf allen anderen dagegen vollkommen parasteril. BUCHHOLZ u. BLAKESLEE (1929) unter-

---

[1] Diese Zahlen sind aus der Tab. 7 der Arbeit von BELLING u. BLAKESLEE (1924) entnommen. In Tab. 3 der Arbeit von BLAKESLEE, BELLING u. FARNHAM (1923) finden sich ähnliche, bzw. fast die gleichen Angaben, nur sind hier 12 und nicht 14 ($2n$)-Pflanzen aufgeführt.

suchten die Verteilungskurven der Pollenschläuche in diesen Verbindungen, die ganz charakteristische Unterschiede erkennen lassen. Sämtliche Kurven der Abb. 82 lassen zwei Gipfel deutlich

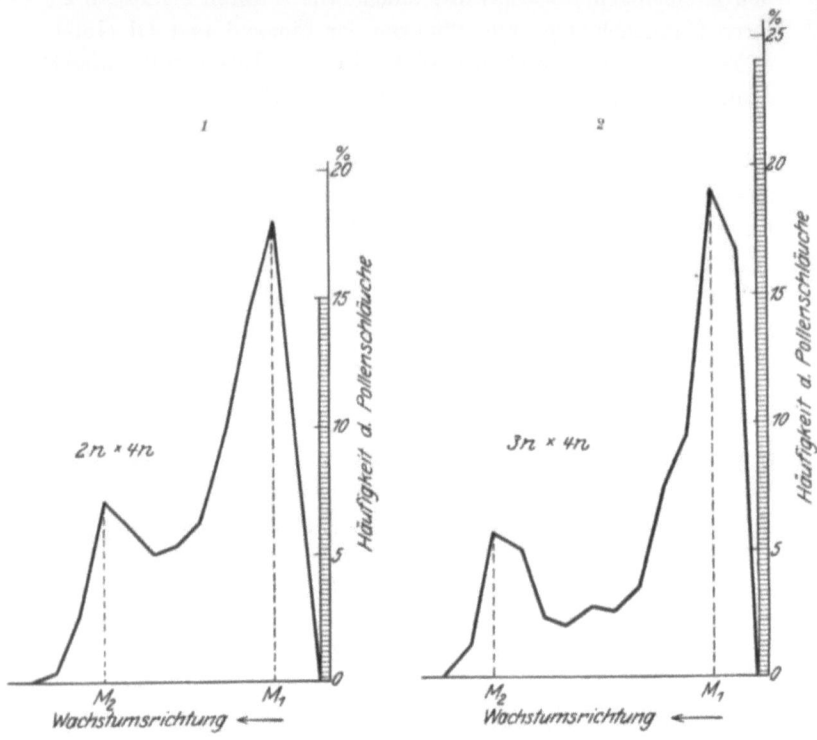

Abb. 82. *1, 2*.

erkennen, den einen, M_1, in der Nähe der Narbe, den anderen, M_2, dem Griffelende genähert. Bei den Verbindungen $1n$, $2n$ und $3n \times 4n$ ist das erste Maximum M_1 bei weitem höher als das zweite, bei der Verbindung $4n \times 4n$ ist dagegen das Maximum M_2, wenn auch nur wenig höher als das Maximum M_1.

Die Zweigipfligkeit der Kurven läßt schon vermuten, daß es sich um eine Überlagerung zweier verschiedener Kurven handelt, von denen die eine das Maximum bei M_1, die andere bei M_2 hat. Wenn wir nun die Kurven der normal aussehenden und der toten, geplatzten Pollenschläuche getrennt zeichnen (Abb. 83—86) dann erkennen wir, daß diese Vermutung richtig war. Die Unterschiede der Verteilungskurven der verschiedenen Verbindungen ist in diesen Abbildungen noch deutlicher als in Abb. 82.

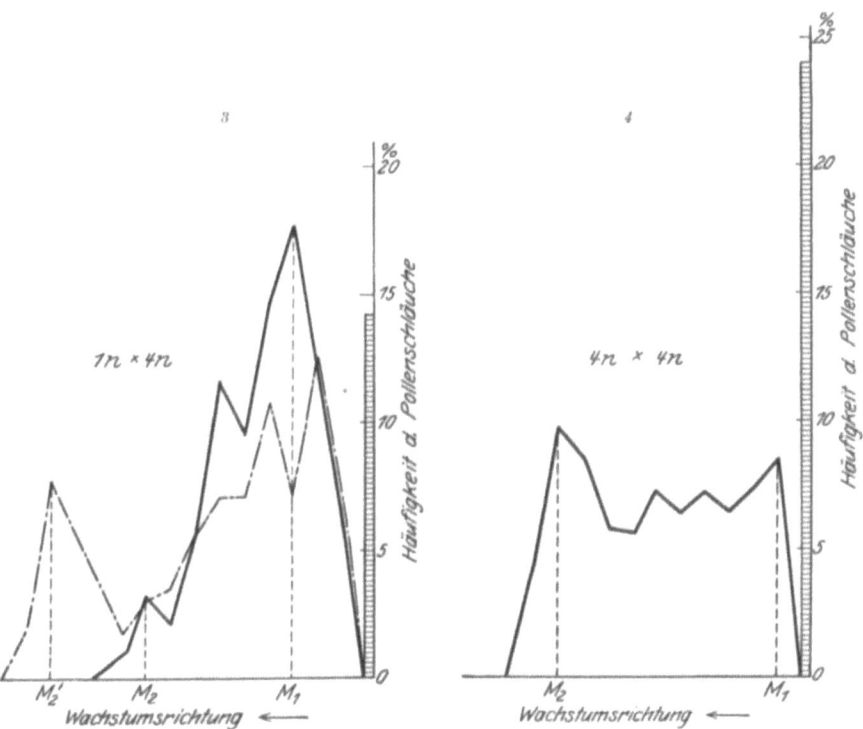

Abb. 82. 3, 4.

Abb. 82 1—4. Verteilungskurve aller Pollenschläuche nach der Bestäubung haploider (Fig. 3), diploider (Fig. 1), triploider (Fig. 2) und tetraploider Pflanzen (Fig. 4) von *Datura Stramonium* mit dem Pollen von tetraploiden Pflanzen. Rechts in jeder Kurve der Prozentsatz ungekeimter Pollenkörner. Wachstumsdauer 10—12 Stunden nach der Bestäubung. (Gezeichnet nach Angaben von BUCHHOLZ u. BLAKESLEE 1929.)

Die Parasterilität des Pollens tetraploider Datura-Pflanzen auf haploiden, diploiden und triploiden Pflanzen beruht also darauf, daß die Pollenschläuche in größerer Zahl und nach kürzerem Wachstum absterben als bei der Bestäubung tetraploider Pflanzen mit dem gleichen Pollen.

Für das Verständnis der Parasterilität polyploider Artbastarde mit den Elternarten ergibt sich damit der wichtige Schluß, daß es sich

248 Die Parasterilität der höheren Pflanzen.

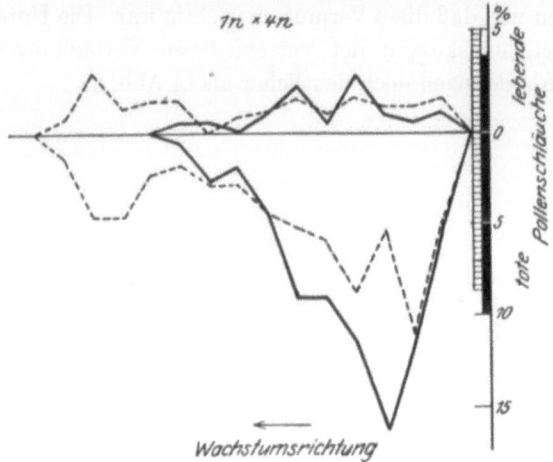

Abb. 83. Verteilungskurve der Pollenschläuche in der Verbindung ($1n \times 4n$) bei *Datura Stramonium*. Oben die Kurven lebender Pollenschläuche, unten diejenigen bereits abgestorbener Pollenschläuche. —— Wachstumsdauer 10 Std., --- Wachstumsdauer 12 Std. Rechts die entsprechenden Prozentsätze nicht gekeimter Pollenkörner. (Gezeichnet nach Angaben von BUCHHOLZ u. BLAKESLEE 1929.)

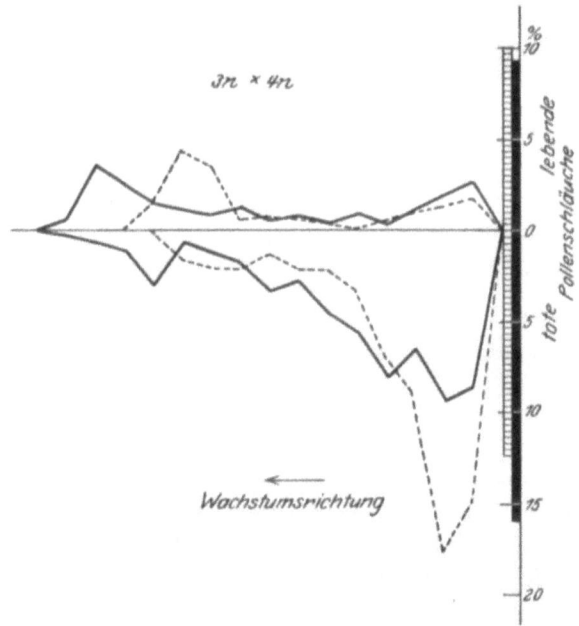

Abb. 85. Verteilungskurven der Verbindung ($3n \times 4n$). (Erklärung wie in Abb. 83). —— Wachstumsdauer 12 Std., --- Wachstumsdauer 10 Std. (Gezeichnet nach Angaben von BUCHHOLZ u. BLAKESLEE 1929.)

Parasterilität bei Artkreuzungen.

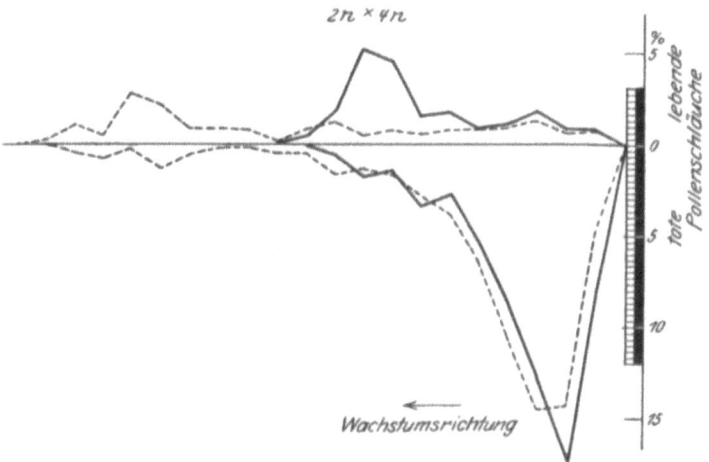

Abb. 84. Verteilungskurven der Verbindung $(2n \times 4n)$. (Erklärung wie bei Abb. 83.)
— Wachstumsdauer 12 Std., --- Wachstumsdauer 20 Std. (Gezeichnet nach Angaben von BUCHHOLZ u. BLAKESLEE 1929.)

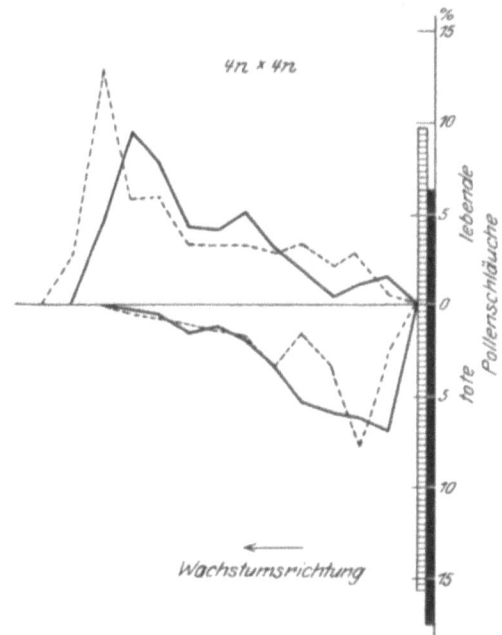

Abb. 86. Verteilungskurven der Verbindung $(4n \times 4n)$. (Erklärung wie in Abb. 83.)
— Wachstumsdauer 12 Std., --- Wachstumsdauer nicht angegeben. (Gezeichnet nach Angaben von BUCHHOLZ u. BLAKESLEE 1929.)

hierbei nicht um Besonderheiten handeln muß, die eine Folge der Bastardnatur der polyploiden Individuen ist [1].

γ) **Schlußbemerkung.** Wir sehen also, daß die Feststellung GÄRTNERS, daß ,,durch die Vermischung zweier Arten eine Veränderung in dem Verhältnis der Wahlverwandtschaft bewirkt wird, wodurch die innere Natur einer Art gebrochen ... wird" (1849, S. 203) richtig ist. Aber von einem genaueren Verständnis dieser Änderungen und der ,,Wahlverwandtschaft" überhaupt sind wir auch heute noch sehr weit entfernt.

III. Rückblick auf die Parasterilität der Blütenpflanzen.

1. Die Art der Entwicklungsstörungen,

die zu einer mehr oder minder ausgeprägten Parasterilität führen, können wir kurz folgendermaßen charakterisieren:

A. Die Übertragung des Pollens auf die Narbe wird bereits verhindert: *herkogame* und *dichogame Einrichtungen des Blütenbaues*.

B. Der Pollen gelangt auf die Narbe, kann sich dann aber nicht mehr normal weiterentwickeln: *Besonderheiten der Pollenphysiologie*. Und zwar sind entweder

1. bereits die Verhältnisse bei der Keimung der Pollenkörner auf der Narbe und bei dem Eindringen der Pollenschläuche in die Narbengewebe anormal, oder es ist

2. das Wachstum der Pollenschläuche in dem Leitgewebe der Narbe oder des Griffels gestört, oder es wird

3. der Pollenschlauch in der Fruchtknotenhöhle nicht durch die Samenanlagen angelockt, oder schließlich gelangt

4. der Pollenschlauch bis zu den Eiern in den Samenanlagen, aber die Befruchtung kann nicht durchgeführt werden, sei es, daß jede Plasmogamie unterbleibt oder nur die Karyogamie gestört wird.

2. Parasterilität und Sexualität.

In allen Fällen handelt es sich um eine Störung der normalen Beziehungen zwischen den männlichen und weiblichen Elementen. Es ist im Grunde genommen eine Frage der Begriffsbestimmung,

---

[1] M. NAWASCHIN (1929) fand, daß triploide Formen von *Crepis capillaris* leichter Bastarde mit anderen Arten gab als die diploiden. Worauf die Kreuzungssterilität dieser letzteren beruht wird aber nicht genau angegeben. Es könnte sich sowohl um eine zygotische Letalität als auch eine

ob wir in diesen Hemmungen eine Störung der sexuellen Spannungsverhältnisse im weitesten Sinne sehen wollen. Es ist jedoch vielleicht zweckmäßiger, nur die eigentliche Befruchtung, die Plasma- und Kernverschmelzung (Plasmogamie und Karyogamie) als die *eigentlichen sexuellen Vorgänge* zu betrachten und die Periode der Entwicklung des Pollens bzw. des Pollenschlauches in den ,,weiblichen" Geweben des Fruchtknotens als die *prägame Periode* zu bezeichnen.

Von den vier oben unter B unterschiedenen Formen der Parasterilität können wir daher die ersten drei als Störungen in der prägamen Periode der letzten (vierten) Stufe, den Störungen des Sexualaktes sensu stricto gegenüberstellen.

3. Intraspezieskreuzungen und Artkreuzungen.

Bei den Entwicklungsstörungen der oben unterschiedenen beiden Stufen der prägamen Parasterilität besteht kein Unterschied zwischen den Verhältnissen bei inter- und intraspezifischen Verbindungen. Störungen in der dritten Phase der prägamen Periode sind bisher nur bei Artkreuzungen gefunden worden. Bei den intraspezifischen Verbindungen gilt es als Regel, daß die Pollenschläuche, wenn sie erst einmal bis in die Fruchtknotenhöhle gelangt sind, auch immer von den Samenanlagen angelockt werden. Danach scheint es, als ob diese Anlockungsstoffe immer nur artspezifisch, aber nie sippen- oder gar individuell-spezifisch sind.

Eine Störung der sexuellen Vorgänge in diesem engeren Sinne fanden wir ebenfalls bisher nur bei Artkreuzungen, aber nicht bei intraspezifischen Kreuzungen. Bei diesen erfolgt vielmehr immer, wenn die Pollenschläuche mit den männlichen Geschlechtskernen bis zu den Samenanlagen und den Eiern gelangt sind, auch eine Befruchtung.

Wenn wir jedoch die weitgehende Parallelität der Parasterilitätserscheinungen bei interspezifischen und bei intraspezifischen Kreuzungen in Betracht ziehen, dann ist es nicht so unwahrscheinlich, daß man bei weiterer Untersuchung auch Fälle finden wird, in denen auch bei Selbstbestäubung oder bei Sippenkreuzung eine Störung der letzten prägamen sexuellen Prozesse eintritt.

gametrische Parasterilität handeln. Man wird daher eine genaue Aufklärung dieses Punktes abwarten müssen, ehe man die Befunde wird auswerten können.

Abgesehen von den eben erwähnten und wohl nur durch die Mangelhaftigkeit unserer Kenntnisse bedingten Ausnahmen können wir *die Regel* von der *Parallelität der Parasterilitätserscheinungen bei interspezifischen und bei intraspezifischen Kreuzungen aufstellen.*

4. Phylogenese der Parasterilitätserscheinungen.

Wenn wir die systematische Verwandtschaft der Arten, von denen in vorhergehenden Parasterilitätserscheinungen beschrieben worden, in Betracht ziehen, so kommen wir ohne weiteres zu der Feststellung, daß *gar keine Beziehungen zwischen der systematischen Stellung einer Art und den bei ihnen beobachteten Sterilitätserscheinungen besteht.* Es handelt sich dabei manchmal, so z. B. bei den Heterostylen, um recht auffallende Konvergenzerscheinungen. Es ist aber wohl kaum notwendig, auf Einzelheiten genauer einzugehen.

5. Entwicklungsphysiologische Folgerungen.

Wenn wir die Parasterilität der Selbstbestäubungen und der Fremdbestäubungen vergleichen — gleichgültig, ob es sich um Sippen- oder Artkreuzungen handelt —, so können wir feststellen, daß *durch ganz entsprechende entwicklungsphysiologische Prozesse in dem einen Falle die Vereinigung gleich konstituierter Gameten, in dem anderen die verschieden konstituierter Gameten verhindert wird.*

Als weitere allgemeine Schlußfolgerung können wir noch aussagen, daß *die gleichen entwicklungsphysiologischen Störungen in manchen Fällen phänotypisch, in anderen genotypisch determiniert sein können.*

Auch hier scheint mir eine genaue Begründung dieser Folgerungen nach dem bereits in den einzelnen Fällen Gesagten nicht mehr erforderlich.

B. Die Parasterilität bei den Metazoen.
I. Selbst-Parasterilität von Hermaphroditen.
1. Allgemeine Vorbemerkungen.

Eine Selbst-Parasterilität kann nur bei zweigeschlechtlichen Organismen, bei denen die männlichen und weiblichen Geschlechtsorgane auf dem gleichen Individuum entstehen, vorkommen. Da Hermaphroditen im Tierreich relativ selten sind, außerdem auch nur ein Teil von ihnen genauer untersucht wurde und von diesen wieder nur ein geringer Teil selbst-parasteril ist, so ist das Tatsachenmaterial, über das wir zu berichten haben, verhältnismäßig gering.

Bei den Blütenpflanzen konnten wir je nach der Bedingtheit der Parasterilität zwei Haupttypen unterscheiden. Es konnte bereits die Bestäubung verhindert sein, oder aber der Pollen gelangte zwar auf das „empfangende Organ", die Narbe, entwickelte sich aber dann nicht normal weiter, so daß der Transport der männlichen Geschlechtskerne zu den Eikernen nicht zu Ende geführt wurde. Ebenso kann bei den hermaphroditen Metazoen eine Selbst-Parasterilität dadurch bedingt sein, daß die Selbstbegattung, die der Bestäubung analog ist, nicht ausgeführt werden kann, oder daß Sperma und Eier zwar zusammenkommen, aber sich nicht befruchten können. Im ersten Falle handelt es sich also um Besonderheiten im Bau und der Entwicklung der Tiere selbst, im zweiten um Besonderheiten der Physiologie von Sperma und Eiern.

2. Herkogamie und Dichogamie bei den Tieren.

Das Hindernis, das der Selbstbegattung entgegensteht, kann wieder ein räumliches oder ein zeitliches sein. Im ersteren Falle, der der *Herkogamie* der Blütenpflanzen entspricht, ist „bei Tieren, wo die Befruchtung im mütterlichen Organismus vor sich geht und der Same durch Begattung eingeführt werden muß, die Lage der Geschlechtsöffnungen derart getrennt, daß ein

Überführen des Spermas in die weibliche Öffnung unmöglich ist, wie beim Regenwurm" (HESSE 1913, S. 505).

Auch für die *Dichogamie*, d. h. die zeitliche Verschiedenheit der Geschlechtsreife der zweierlei Geschlechtsorgane der Hermaphroditen, findet sich ein Beispiel im Tierreiche. Wie bei den Blütenpflanzen können wir hierbei wieder zwischen einer Protandrie und Protogynie unterscheiden. Die Dichogamie kann vollkommen oder unvollkommen sein, je nachdem die Zeiten der Geschlechtsreife der männlichen und weiblichen Geschlechtsorgane transgredieren oder nicht. Nach HESSE (1913) ist Protogynie weniger häufig als Protandrie. Sie findet sich z. B. bei Feuerwalzen (*Pyrosoma*) und bei den sozialen Aszidien. Protandrie wird von manchen Aszidien, Salpen, Muscheln (Austern) und von dem Insekt *Termitomyia*, von Schnur- und Fadenwürmern, Rundmäulern (*Myxine, Bellostoma*) und Knochenfischen (*Chrysophrys, Serranus*) angegeben.

Aber im allgemeinen spielt weder die Herkogamie noch die Dichogamie im Tierreich eine wesentliche Rolle.

3. Verhinderung der Befruchtung.

Mit wenigen Ausnahmen gilt es als Regel, daß in allen den Fällen, in denen das Sperma bis zu den Eiern gelangt, sei es nach einer Selbstbegattung oder nach Entleerung der Geschlechtszellen in das umgebende Medium, immer eine Befruchtung eintritt. Nur bei einigen Aszidien, vor allem bei *Ciona intestinalis*, bei der die reifen Eier und das Sperma zu gleicher Zeit in das umgebende Seewasser entleert werden, ist ein Ausbleiben der Selbstbefruchtung beobachtet worden. Es ist zwar nicht ganz ausgeschlossen, daß eine ähnliche Kopulationshemmung auch bei anderen tierischen Hermaphroditen festgestellt werden könnte, da noch nicht alle Hermaphroditen daraufhin untersucht worden sind. Die im folgenden zusammengestellten Fälle, in denen die Selbstfertilität der Hermaphroditen sicher nachgewiesen ist, geben jedoch ein Bild der weiten Verbreitung der Selbstfertilität und entsprechend der Seltenheit der Selbst-Parasterilität bei den Metazoen.

Bei einigen Arten ist eine Selbstbegattung oder eine gleichzeitige Entleerung des Spermas und der Eier beschrieben worden, so z. B. bei *Hydra viridis* (TANNREUTHER 1901), *Procerodes* (Tricladen, nach WILHELMI 1909), *Distomum cirrigerum* (ZADDACH 1881),

Anthobothrium musteli (PINTNER 1891), *Taenia depressa* (v. LIND-STOW 1897), *Stichostemma* und andere Nemertinen (COE 1904), *Pollicipes cornucopia* (Krebs, nach GRUVEL 1881), zwittrige Muscheln, einige Aszidien (GUTHERZ 1904) und Knochenfische (nach MEISENHEIMER 1921). Daß dann auch eine Selbstbefruchtung eintritt, wird allgemein angenommen, auch wenn kein ganz einwandfreier Nachweis erbracht ist. Eine Selbstbefruchtung muß bei den angeführten Bandwürmern und anderen Parasiten sicher eintreten, da sie oft nur einzeln in dem Wirtstiere vorkommen.

In einigen Fällen ist die Selbstfertilität der Zwitter in Kulturversuchen, zum Teil sogar über eine große Anzahl von Generationen hin, sicher nachgewiesen worden, z. B. bei dem Nematoden *Diplogaster maupasi* (POTTS 1910) und bei der Coccide *Icerya purchasi* (HUGHES-SCHRADER 1927).

Genaue Untersuchungen über das Vorkommen einer Selbstbefruchtung liegen bei den Schnecken vor, von denen ja viele Arten hermaphroditisch sind. Während bei *Limnaea-* und verwandten Gattungen, etwa im Gegensatz zu *Helix*, aus anatomischen Gründen eine Selbstbegattung durchaus möglich erscheint, ist eine solche nur mit Ausnahme einer Beobachtung von v. BAER (1835) an *Limnaea auricula* niemals festgestellt worden (COLTON 1908, DIVER, BOYCOTT and GARSTRANG 1925). Dagegen ist das Vorkommen gelegentlicher Selbstbefruchtung bei verschiedenen Arten experimentell nachgewiesen worden, wenn auch nicht immer die Entstehung parthenogenetischer Nachkommen ausgeschlossen erscheint (BOYCOTT and DIVER 1923, COLTON 1918, DIVER, BOYCOTT and GARSTRANG 1925, KÜNKEL 1911, LANG 1912, PELSENEER 1920).

Schließlich seien noch einige Arten genannt, bei denen in der Natur Selbstbefruchtung sicher sehr häufig oder gar immer eintritt. Bei Nacktschnecken findet sich, wie bereits erwähnt, Selbstbefruchtung häufiger. Sie ist die Regel bei Lungenschnecken (SIMROTH 1900, KÜNKEL 1916). Bei manchen Bryozoen werden Ei und Samenzellen zusammen in die Leibeshöhle entleert und dort befruchtet (PROUHO 1892, BRAEM 1897, CALVET 1900). Selbstbefruchtung findet sich auch noch bei Trematoden (LOOS 1893), Turbellarien (SEKERA 1906), Nematoden (POTTS 1910) u. a. m.

Die Fähigkeit zur Selbstbefruchtung ist schließlich noch bei gelegentlich aufgetretenen Zwittern von Arten, die normalerweise getrenntgeschlechtlich sind, festgestellt worden: bei Echinoideen (FUCHS 1914a, S. 161; PASPALEFF 1927) und beim Frosch (WITSCHI 1925).

Diesen zahlreichen Fällen von sicher nachgewiesener Selbstfertilität steht bisher ein einziger Fall von deutlicher Selbst-Parasterilität, die Parasterilität der frei lebenden Aszidie *Ciona intestinalis*, gegenüber. Sie wurde von CASTLE (1896) und GUTHERZ (1904) beschrieben und von MORGAN (1904, 1905, 1910, 1923, 1924a, 1924b) und FUCHS (1914a, 1914b, 1915) genauer untersucht. Wir können hier nicht auf alle Einzelheiten dieser interessanten Untersuchungen eingehen, sondern wollen uns auf die Besprechung der für das Parasterilitätsproblem wichtigen Fragen beschränken.

Der Grad der Selbst-Parasterilität schwankt bei verschiedenen Individuen und in gewissem Grade bei den Eiern und wohl auch dem Sperma eines Individuums. CASTLE (1896) beobachtete bei zwei Individuen, die 3 Tage isoliert gehalten waren und dann mit eigenem Sperma zusammengebracht wurden, bis zu 90% befruchtete Eier. MORGAN, welcher niemals einen hohen Prozentsatz selbstbefruchteter Eier erhielt, hält es im Gegensatz zu FUCHS für wahrscheinlich, daß hier ein Versuchsfehler vorliegt. Auch FUCHS (1914a) stellte fest, daß in manchen Individuen die Selbst-Parasterilität nur unvollkommen war. Aber die Fähigkeit des Spermas zur Selbstbefruchtung war wesentlich geringer als die Befähigung zur Kreuzbefruchtung, wie die Zahlen in Tabelle 56 zeigen.

Tabelle 56. **Erfolg der Befruchtungen bei Ciona** *Ciona intestinalis*, nach FUCHS (1914a, S. 175).

Selbst-befruchtung	Spermasuspension		Kreuz-befruchtung	Spermasuspension	
	5 Tropfen	4 ccm		5 Tropfen	4 ccm
A selbst	0	58	A × M	100	100
B selbst	0	22	B × M	100	100
C selbst	12	100	C × M	100	100
D selbst	0	36	D × M	100	100

FUCHS (1914) stellte weiter fest, daß die Ergebnisse der Versuche von Selbstbefruchtungen und Kreuzungen verschieden sein können, wenn Portionen von Eiern oder Sperma aus den verschiedenen Teilen des Ei- oder des Samenleiters verwandt wurden.

Auch Kreuzbefruchtungen können mehr oder minder parasteril sein. Zu diesem Ergebnis gelangte MORGAN (1904, 1905, 1910) bei der Untersuchung der Kreuzungsfertilität seiner streng selbstparasterilen Formen. Da FUCHS (1914) an MORGANs Versuchsergebnissen eine scharfe Kritik geäußert hat, untersuchte dieser neuerdings (1924) die Frage noch einmal eingehend und mit dem gleichen Endergebnis.

Die Selbst-Parasterilität beruht darauf, daß das Sperma nicht imstande ist, die Eihülle zu durchdringen. MORGAN (1904, 1905, 1910, 1923, 1924) versuchte durch experimentelle Eingriffe die Selbst-Parasterilität abzuschwächen oder aufzuheben. Nur wenige Versuche gaben das gewünschte positive Resultat. Die Zugabe von Äther zu der Flüssigkeit, in der sich Sperma und Eier befanden, verursachte eine deutliche feststellbare Selbstfertilität (1904). Obwohl eine Wiederholung der Versuche (1910) ein negatives Resultat ergab, glaubt MORGAN doch an die Richtigkeit seiner ersten Versuchsserien. Ein schwaches und daher nicht ganz gesichertes positives Resultat ergab sich auch, wenn die Eier vor der Befruchtung auf 0° C abgekühlt waren. Ein ganz eindeutiges Resultat ergaben aber Versuche, in denen die Eier vor der Befruchtung von den Eihüllen befreit wurden (1923).

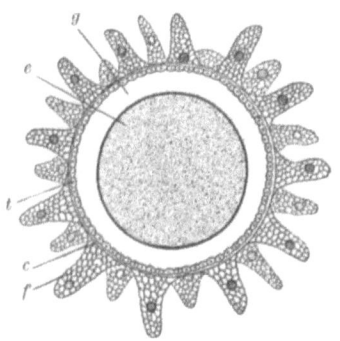

Abb. 87. Reifes Ei von *Ciona intestinalis*.
e: Ei; — *g*: Gallertsubstanz; — *t*: Testa; — *c*: Chorion; — *f*: Follikelzellen.
(Nach KUPFER aus CLAUS-GROBBEN.)

Schon in einer früheren Arbeit wurde durch Schütteln der Eier eine schwache Selbstfertilität und durch Zerquetschen der Eier eine deutliche Selbstfertilität der Eifragmente hervorgerufen. Aus allen diesen Versuchen leitet MORGAN (1923) den folgenden Schluß ab (vgl. hierzu Abb. 87): „It is obvious from these results that self-fertilization in *Ciona* is blocked either by the membrane, or by the follicle cells (these stand like a pallisade over the outer surface of the egg membrane) or by the testcells (that lie scattered between the surface of the egg and the membrane), or by some secretion produced by one or by both of these surrounding layers of cells. That the block is not caused by the membrane is evident since sections of eggs, inseminated by their own sperm, show that the spermatozoa pass to the inside of the membrane. Removal of the follicle cells by shaking them off had shown that such eggs cannot be fertilized. It follows that the block must be caused by the testcells or by some substance produced by them" (1923, S. 170).

Da die Testzellen mütterliches Gewebe und nicht etwa von dem Ei abgeschieden sind, so haben wir eine ganz ähnliche Situation, wie bei manchen selbst-parasterilen Blütenpflanzen vorliegt, worauf auch MORGAN (1923, S. 171) hinweist. Dort wird das Wachstum der Pollenschläuche durch Stoffe gehemmt, die von dem Gewebe der Narbe oder des Griffels abgeschieden werden. Hier werden die Samen durch die Hüllzellen an der Durchführung ihrer Befruchtung gehindert. Es handelt sich also in beiden Fällen um eine hemmende Wirkung, die von dem mütterlichen Gewebe ausgeht, welches das Sperma bzw. der Pollenschlauch durchdringen muß, um zu den Eiern vorzudringen. In beiden Fällen, sowohl bei *Ciona* wie bei den erwähnten Blütenpflanzen, erfolgt eine Befruchtung immer dann, wenn auf irgendeine Weise die Hemmung durch das vorgelagerte mütterliche Gewebe aufgehoben worden ist und das Sperma bzw. der Pollenschlauch bis zu den Eiern vorgedrungen ist.

Es ist nicht ausgeschlossen, daß auch noch andere Aszidien sich ähnlich wie *Ciona intestinalis* verhalten. Eine wenn auch nur unvollkommene Selbst-Parasterilität, die jedoch deutlich von der Kreuzungsfertilität absticht, hat MORGAN bei der verwandten *Cynthia partita* festgestellt.

II. Parasterilität intraspezifischer Kreuzungen.

Bei einigen Tieren, die in größerem Maßstabe als Versuchstiere benutzt werden, sind Beobachtungen gemacht worden, die auf ein Vorkommen einer Parasterilität schließen lassen.

1. Insekten.

Bei *Drosophila melanogaster* fand als erster MORGAN (1912) und später LYNCH (1919) und MOHR (1925) Sippen, die intrasteril waren. Die Männchen gaben mit den Weibchen anderer Stämme Nachkommen und die Weibchen waren in solchen Verbindungen etwas fertiler als bei Kreuzungen innerhalb der Sippe. Die ausführliche Untersuchung von LYNCH zeigt jedoch, daß es sich hier nicht um eine Parasterilität sondern eine echte Sterilität der Gameten, besonders der Eier und der Zygoten, handelt.

PLOUGH (1925) berichtete über den umgekehrten Fall. Er isolierte aus einem Ausgangsstamm drei Sippen, die jede durch mehrere verschiedene Gene charakterisiert war. Alle Sippen waren in sich „selbstfertil". Aber nur zwei waren auch kreuzungsfertil, während die dritte kreuzungssteril war. Ob es sich hier um eine Letalität der Zygoten oder um eine Parasterilität der Gameten handelt, kann auf Grund der kurzen Publikation PLOUGHs nicht entschieden werden[1].

LANCEFIELD (1925) fand eine neue wilde Rasse von *D. obscura*, die sich nur schwer mit der bereits in Kultur befindlichen Rasse kreuzen ließ, während beide Rassen in sich vollkommen fertil waren. Die Nachkommen der Rassenkreuzungen zeigten auch weiterhin Sterilitätserscheinungen. Auch in diesen Fällen scheint es sich eher um eine zygotische Sterilität zu handeln, nicht um eine Parasterilität.

Eine unvollkommene Parasterilität, die, ähnlich wie wir es oben bei Blütenpflanzen sahen, zu einer Gametenkonkurrenz führt, könnte sich in Tierversuchen, in denen nach einer „doppelten Begattung" zweierlei Sperma zur Befruchtung der Eier zur Verfügung steht, ergeben. (Vgl. S. 261.)

Auch bei *Drosophila* sind Versuche mit einer doppelten Begattung angestellt worden (NONIDEZ 1920, NACHTSHEIM 1928). Durch den besonderen Bau der Genitalien wird aber hier eine Konkurrenz der zweierlei Spermien ausgeschlossen. In Abb. 88 ist der Uterus eines *Drosophila*-Weibchens mit seinen Anhangsorganen nach NONIDEZ (1920) abgebildet. In dem Uterus selbst ist immer nur ein Ei anwesend. Sobald es befruchtet und entleert ist, rückt das nächste nach. Das Sperma, das bei der Begattung durch die Vagina in den Uterus gelangt, wandert in die Samenbehälter, und zwar wird zuerst das ventrale Rezeptakulum, nachher die beiden Spermatheken gefüllt. Die Spermatozoen, die in dem ventralen Rezeptakulum sich befinden, beginnen mit der Befruchtung der Eier, die nacheinander in den Uterus treten. Erst nach ihnen treten

---

[1] METZ und BRIDGES (1917) berichteten über einen Fall von Kreuzungsparasterilität („incompatibility") bei zwei Mutanten von *Drosophila-virilis*. METZ hat später (1920) diese Angaben dahin berichtigt, daß es sich hier um eine echte Sterilität der Weibchen handele.

die Spermatozoen aus den beiden Rezeptakeln in Funktion. Wenn nun ein Weibchen mit zwei Männchen nacheinander kopuliert, dann wandern die Spermatozoen des zuerst kopulierenden Männchens *A* in die Rezeptakeln und befruchten darauf die Eier. Nach der zweiten Kopulation mit dem Männchen *B* legt sich aber das *B*-Sperma über das *A*-Sperma in die Reservebehälter und, da die Befruchtung der Reihe nach vor sich geht, werden jetzt die Eier zunächst durch *B*-Spermatozoen befruchtet. Erst wenn alle *B*-Spermatozoen aufgebraucht sind, können die noch in den Rezeptakeln vorhandenen *A*-Spermatozoen wieder in Funktion treten.

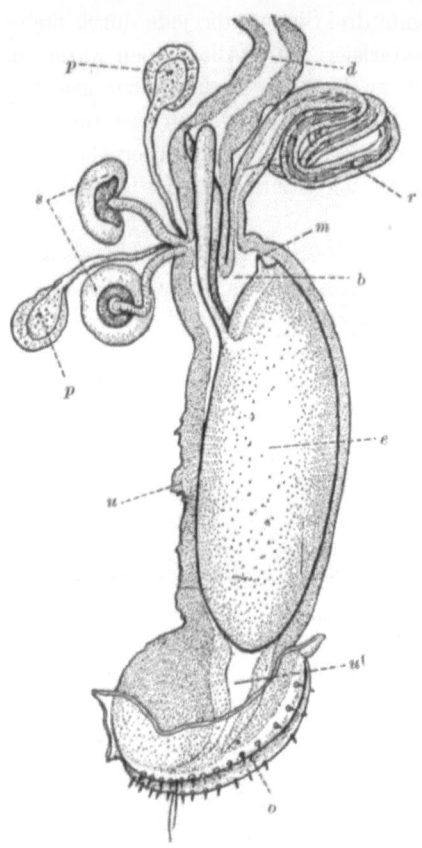

Abb. 88. Genitalien eines Weibchens von *Drosophila melanogaster*. *e*: Ei mit Anhangsorganen, die in den Ovidukt (*d*) hereinhängen, und der Mikropyle (*m*). — *o*: Öffnung der Vagina; — u^1: unterer (Vagina-)Teil, *u*: oberer Teil des Uterus; — *b*: Befruchtungshöhle; — *p*: Parovarien; — *s*: Spermatheken; — *r*: ventrales Rezeptakulum mit Spermatozoen. (Nach NONIDEZ 1920.)

Das Endergebnis einer solchen doppelten Kopulation ist also, daß die Eier erst vom Sperma des ersten Männchens, dann nach der zweiten Kopulation vom Sperma des zweiten Männchens und schließlich wieder in steigendem Maße auch vom Sperma des ersten Männchens befruchtet werden. Die Kurve in Abb. 189, der die Zahlen eines Versuches mit *D. simulans* von NACHTSHEIM zugrunde liegen, soll diese Verhältnisse genauer illustrieren. Es wurde ein Weibchen, das für die beiden rezessiven Gene für „scharlach"- und „pfirsich-"-farbene Augen homozygot war, zuerst mit einem Männchen der gleichen Konstitution gekreuzt und 8 Tage darauf mit einem anderen Männchen, das die Gene für die dominante rote Augenfarbe, die „Wildfarbe" besaß. Alle Eier, die vor der zweiten Kopulation abgelegt wurden, ergaben Nachkommen mit der rezessiven Augenfarbe. Nach der zweiten Kopulation traten zuerst nur Tiere mit der Wildfarbe auf. Später fanden sich

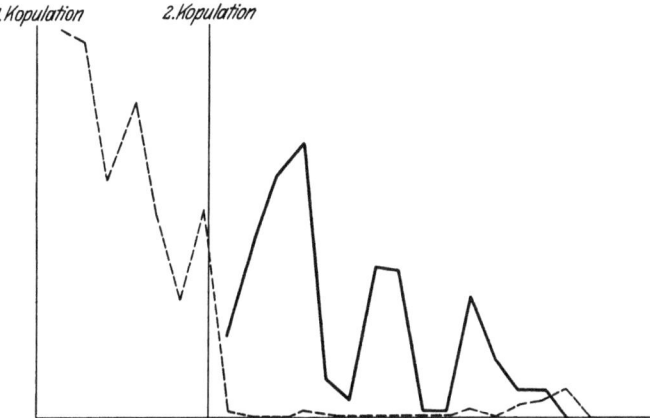

Abb. 89. Nachkommen eines Weibchens von *Drosophila* mit „scharlach"- und „pfirsich"-farbenen Augen nach einer doppelten Kopulation: zuerst mit einem Männchen mit den gleichen rezessiven Augenfarbe-Genen (———), nach 8 Tagen mit einem anderen Männchen mit dominant „wildfarbenen" Augen. (Nach Zahlenangaben von NACHTSHEIM 1928.)

wieder Nachkommen des ersten Typus, nämlich nachdem alles Sperma des „wildfarbenen" Männchens aufgebraucht war.

2. Wirbeltiere.

Bei den Wirbeltieren haben jedoch Versuche mit einer doppelten Begattung deutlich gezeigt, daß es hier Fälle von unvollkommener Parasterilität gibt, in denen die Parasterilität nur in Doppelbegattungen infolge der jetzt vorhandenen Konkurrenz festgestellt werden kann.

Wir wollen zuerst die ausführlichen Versuche von KING (1929) an Ratten besprechen. Es wurde die Spermakonkurrenz nach einer doppelten Begattung weiblicher Ratten durch albinotische und schwarze Männchen untersucht. Die Ergebnisse der ersten fünf Versuchsserien sind in Tabelle 57 zusammengestellt.

Tabelle 57. **Ergebnisse einer doppelten Begattung bei Ratten** (zusammengestellt nach Angaben von KING 1929).

Serie	Mutter	Väter	Anzahl Mütter	Nachkommen		
				Gesamtanzahl	schwarze Anzahl	Hybriden %
1	Albino	1 Albino + 1 Schwarz	57	335	197	58,81 ± 1,81
2	,,	2 Albino + 1 Schwarz	80	580	228	47,50 ± 1,54
3	,,	3 Albino + 1 Schwarz	37	240	121	50,42 ± 2,18
4	,,	4 Albino + 1 Schwarz	22	132	65	49,24 ± 2,93
1—4	Albino	Albino + Schwarz	196	1187	611	51,47 ± 0,98
5	Schwarz	1 Albino + 1 Schwarz	1	65	23	35,39 + 4,00

Wir wollen die Ergebnisse der 1. und 5. Versuchsserie miteinander vergleichen, in denen albinotische oder schwarze Weibchen mit je einem albinotischen und einem schwarzen Männchen gepaart wurden. In beiden Serien haben die Spermien der schwarzen und der albinotischen Rasse gleich gute Aussichten Eier zu befruchten. Trotzdem treten in der ersten Serie (albinotisches Weibchen) wesentlich mehr schwarze Nachkommen auf als erwartet, in der fünften (schwarzes Weibchen, dagegen wesentlich weniger. Die Differenz der beiden Serien beträgt 16,08 ± 4,39% und ist statistisch einwandfrei. Es sind also die Bastardnachkommen immer zu häufig.

In den Versuchsserien 2—4 sind die Spermien von 2—4 Albinos nur gerade imstande, mit dem Sperma einer schwarzen Ratte bei der Befruchtung der Eier einer Albinoratte so weit zu konkurrieren, daß annähernd gleichviel albinotische und hybride Nachkommen auftreten.

In einer letzten, sechsten Versuchsserie wurde je ein Albinoweibchen zunächst mit mehreren Albinomännchen in einem Käfig gehalten. Unmittelbar nachdem es von diesen begattet worden war, wurde an Stelle des weißen ein schwarzes Männchen in den Käfig getan, das im Laufe einer Stunde das Weibchen mehrmals deckte. Dann wurde es wieder durch Albinomännchen ersetzt. In fünf Würfen waren sowohl albinotische wie schwarze Nachkommen enthalten, und zwar machten die schwarzen Bastardnachkommen 69,77 ± 4,72% aus.

Nachdem KING (1929) andere Erklärungsmöglichkeiten, die außer der Annahme einer „selektiven Befruchtung" in Betracht kommen können, geprüft hat, kommt sie zu folgender Schlußfolgerung: „Die Ergebnisse dieser verschiedenen Versuchsserien scheinen auf einen Selektionsvorgang bei der Befruchtung hinzuweisen, der die Vereinigung von Gameten ungleicher Zusammensetzung begünstigt, wenn auch das Tatsachenmaterial nicht als endgültig beweisend angesehen werden kann" (1929, S. 218).

Beim Kaninchen sind auch Versuche mit doppelter Begattung durchgeführt worden. COLE und DAVIS (1914) fanden unter 109 Nachkommen albinotischer Weibchen, die von albinotischen und farbigen Böcken begattet worden waren, nur 24 Albinos. Auch hier war aber das „fremde" Sperma im Vorteil gegenüber dem „eigenen". Die Angaben von KOPEC (1923), der Himalayaweibchen mit Himalaya- und Silbermännchen paarte, sind zu ungenau, um etwas zu beweisen. Das gleiche gilt auch für die Angaben MARSHALLS (1922) über doppelte Begattung bei Hunden.

Die wichtigsten Ergebnisse der Versuche von CREW (1926) und DUNN (1927), die Hennen von zweierlei Hähnen kurz hintereinander begatten ließen, sind in Tabelle 58 zusammengestellt.

Tabelle 58. Ergebnisse doppelter Begattungen bei Hühnern.

Henne	Hähne	Anzahl befruchteter Eier	Muttergleiche Nachkommen		Autor
			Anzahl	Prozent	
Leghorn	Leghorn + Red Cap	89	72	81,0	CREW 1926
Leghorn	Leghorn + Hamburger Rosenkamm	237	212	89,5	DUNN 1927
Weiße Wyandotte	Weiße Wyandotte + Hamburger Silver-Spangled oder Pitt-Game-Erbsenkamm	107	92	86,0	DUNN 1927

In den Gesamtzahlen der drei Versuche sind die Bastardnachkommen immer seltener als die reinrassigen Nachkommen, wenn auch in den einzelnen Versuchen infolge der verschiedenen sexuellen Potenz der einzelnen Hähne Schwankungen eintreten, die im

Extrem (DUNN 1927, S. 206) sogar zu einem Überwiegen der Bastarde in der Nachkommenschaft führen können.

Wenn auch bei diesen Versuchen ähnlich wie bei den bereits besprochenen Untersuchungen an Ratten (KING 1929) nicht jede andere Möglichkeit ausgeschlossen ist, so spricht doch vieles dafür, daß es sich auch bei den Versuchen mit Hühnern um eine Zertation zwischen den zweierlei Spermien handelt, die von den beiden Hähnen in die Hennen übertragen wurden. *Während aber bei den Nagern (Ratten und Kaninchen) gerade die Vereinigung von Gameten verschiedener Konstitution gefördert war und vorwiegend Bastarde in der Nachkommenschaft auftraten, war bei den Hühnern umgekehrt die Vereinigung gleich konstitutionierter Gameten erschwert, und es überwogen die reinrassigen Nachkommen.*

III. Parasterilität extraspezifischer Kreuzungen.

1. Allgemeine Vorbemerkungen über den Befruchtungsvorgang.

a) Aktivierung des Eies und Koordination der elterlichen Kerne.

Nach der Definition, die wir eingangs gaben, verstehen wir unter der Bezeichnung „Parasterilität" die Erscheinung, daß an sich vollkommen funktionsfähige Gameten in bestimmten Kreuzungen ihre Funktion, die gegenseitige Befruchtung, nicht durchführen können. Wir haben es jedoch bisher im wesentlichen unterlassen können, genauer zu definieren, was wir unter „Befruchtung" verstehen. (Vgl. allerdings S. 54, 234 ff.)

Wir müssen zwei verschiedene Prozesse unterscheiden, die sich als eine Folge der Verschmelzung zweier Gameten einstellen und die zusammen mit der *Plasmogamie* das Zeichen einer erfolgreich durchgeführten Befruchtung sind: Erstens die durch die Verschmelzung ermöglichte Vereinigung der Erbqualitäten der beiden Eltern, die ihren äußeren Ausdruck in dem Zusammentreten, *der Koordination von Sperma und Eikern* findet. Und zweitens die durch das Eindringen des Spermas oder allgemein durch die Vereinigung zweier Gameten bedingte *Aktivierung der Entwicklungspotenzen.*

Bei der Mehrzahl der Pflanzen und Tiere entspricht der Vereinigung der elterlichen Gene bei der Befruchtung die morphologische Verschmelzung der beiden Geschlechtskerne. Es braucht jedoch nicht zu einer solchen Karyogamie zu kommen, sondern die beiden Kerne können noch mehr oder minder voneinander getrennt bleiben und ihre Teilungen zwar gleichzeitig (synchron) aber nicht in einer einheitlichen Kernspindel durchführen. Wir bezeichnen ein solches Verhalten als Gonomerie.

Bei vielen, wenn nicht allen Gymnospermen (Abb. 90, Fig. 3—4; vgl. TISCHLER 1921/22, S. 477) und im Tierreich z. B. bei *Ascaris*

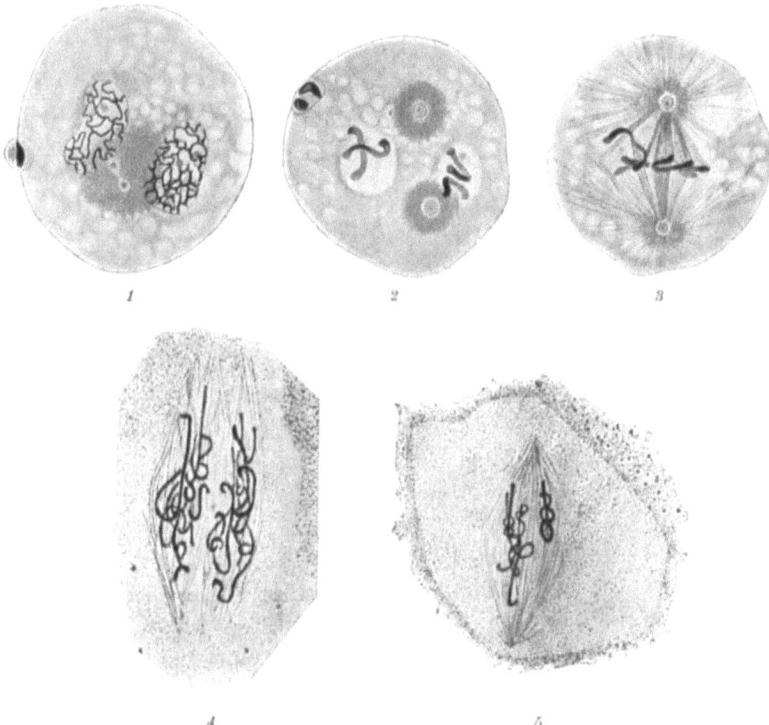

Abb. 90. Gonomerie während der ersten Teilungen des befruchteten Eies. Fig. 1—3 Furchungsteilung von *Ascaris* (nach BOVERI 1888); Fig. 4 erste und Fig. 5 zweite Teilung des befruchteten Eies von *Pinus*. (Nach FERGUSON 1901.)

(Abb. 90, 1—3) bilden die väterlichen und mütterlichen Chromosomen in der oder den ersten Teilungen nach der Befruchtung deutlich getrennte Spindeln. Die Teilung verläuft in beiden Spindeln vollkommen synchron.

In einigen anderen Fällen bleiben die beiden Kerne länger getrennt. Sie liegen nebeneinander und teilen sich vollkommen synchron, bis erst mehr oder minder kurz vor den Reifeteilungen die eigentliche Kernverschmelzung durchgeführt wird. Ein solches Verhalten finden wir bei dem Protisten *Amoeba diploidea* (HART-

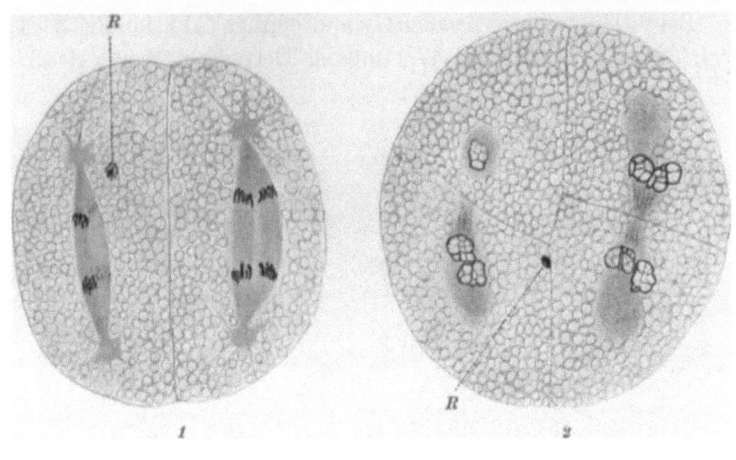

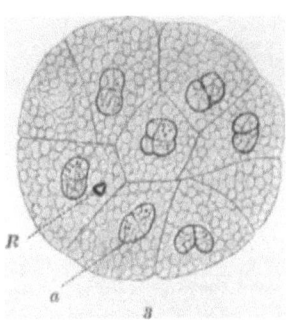

Abb. 91. Gonomerie bei *Cyclops strenuus*. *1* Anaphase der zweiten Furchungsteilung. — *2* Interphase zwischen der zweiten und dritten Furchungsteilung. — *3* Interphase im 32-Zellenstadium. In einigen Kernen (z. B. bei *a*) die väterlichen und mütterlichen Kernteile ganz verschmolzen. — *R*: im Ei verbliebene zweite Richtungskörper. (Nach RÜCKERT 1895.)

MANN und NÄGLER 1908), bei den folgenden Metazoen: *Cyclops* (HAECKER 1895, RÜCKERT 1895, ALVERDES 1921 u. a., vgl. Abbild. 91), *Crepidula* (CONKLIN 1902), *Raja batis* (BEARD 1900) und *Cryptobranchus* (B. G. SMITH 1919) und im Pflanzenreich durchgehend bei den Ascomyzeten und Basidiomyzeten.

Wie lange die Gonomerie dauert und wann die äußerlich sichtbare Karyogamie eintritt, ist für die Entwicklung der befruchteten Gameten nicht von Belang. Wichtig ist nur, daß bei der Befruchtung das Chromatin bzw. die Chromosomen der Eltern zusammengeordnet werden. Diese Koordination findet ihren äußeren Ausdruck in dem innerhalb geringer Grenzen synchronen Verhalten der Chromosomen bei den Kernteilungen, gleichgültig, ob die Kerne in einem Synkaryon oder einem gonomeren (konjugierten) Kernpaar vereint sind.

Die aktivierende Wirkung der Befruchtung läßt sich bei vielen Protisten und Thallophyten nicht nachweisen, da die Gameten zu parthenogenetischer Entwicklung im Falle eines Ausbleibens der Befruchtung befähigt sind. Bei den höheren Pflanzen und Tieren sind dagegen die Eier in der überwiegenden Mehrzahl der Fälle nur nach einer Befruchtung zur Weiterentwicklung befähigt. Die Frage, welche Beziehungen zwischen der Koordination der Kerne und der Aktivierung bestehen, brauchte bei den Metaphyten nicht diskutiert zu werden, da hier meistens beide Prozesse untrennbar miteinander verknüpft sind. Bei den Metazoen liegen die Verhältnisse dagegen anders.

O. HERTWIG (1875) nahm an, daß die Aktivierung des befruchteten Eies eine Folge der vorausgegangenen Karyogamie sei. BOVERI (1887) bezweifelte die Richtigkeit dieser Annahme. *Wir besitzen heute ein genügend großes und gesichertes Beweismaterial, um zu zeigen, daß die Aktivierung der Entwicklungspotenzen des Eies und die Koordinaten der elterlichen Kerne Teilprozesse der Befruchtung sind und zueinander in keinem kausalen Verhältnis stehen.*

Es sei hier zunächst auf die Erscheinung der *Gynogenesis* und *Androgenesis* (WILSON 1925) hingewiesen, bei der durch eine vorhergegangene Befruchtung das Ei aktiviert wird, jedoch ohne daß der Spermakern (Gynogenesis) oder der Eikern (Androgenesis) an der Entwicklung teilnimmt. Gynogenesis findet sich regelmäßig bei einigen *Rhabditis*-Arten (E. KRÜGER 1913, P. HERTWIG 1920, BELAR 1924) (vgl. auch das oben über Pflanzen Gesagte S. 54—55, 234—237). Eine Androgenese, bei der sich befruchtete Eier unter ausschließlicher Beteiligung des Spermakerns weiter entwickeln sollten, ist bisher nur bei einigen pflanzlichen Artbastarden festgestellt worden (vgl. S. 234). Sowohl die Gynogenesis wie auch die Androgenesis sind nach dem Vorgang O. HERTWIGs von einer Reihe verschiedener Autoren (vgl. P. HERTWIG 1927) experimentell dadurch hervorgerufen worden, daß durch experimentelle Eingriffe, z. B. durch Bestrahlung mit Radium, die Eier oder das Sperma vor der Befruchtung so geschädigt wurden, daß zwar die Befruchtung noch stattfinden konnte, die bestrahlten Kerne aber nicht weiter entwicklungsfähig waren. Mit der Androgenesis hat die Erscheinung der *Merogonie*, die Entwicklung kernloser, aber befruchteter Eifragmente, das gemein, daß die Entwicklung ohne vorausgegangene Karyogamie allein unter dem Einfluß des Spermakerns erfolgt (vgl. hierzu die neueren zusammenfassenden Darstellungen bei MORGAN 1924c, TAYLOR und TENNENT 1924, FRY 1927). Eine Kombination von normaler Befruchtung und Gynogenesis stellen die Fälle von *partieller Befruchtung* vor, bei denen nach der Befruchtung zunächst keine Koordination der Kerne stattfindet, sondern eine rein gynogenetische Entwicklung einsetzt. Der Spermakern degeneriert jedoch nicht, sondern verschmilzt später noch mit einem der Furchungskerne (vgl. HERBST 1926).

In den eben geschilderten Fällen wurden die Eier durch Eindringen der Spermatozoen *ohne* eine Koordination der Kerne, aktiviert. Die ausgedehnten Versuche über die *künstliche Auslösung der Parthenogenese* durch physikalisch-chemische Beeinflussung unbefruchteter Eier, die von R. HERTWIG (1896) und MORGAN (1896) begonnen und von einer großen Zahl von Forschern ausgebaut wurden (vgl. J. LOEB 1916, LILLIE und JUST 1924, WILSON 1925), haben dann weiter gezeigt, daß die Stoffwechselvorgänge, die gewöhnlich durch das Eindringen des Spermas ausgelöst werden, auch künstlich hervorgerufen werden können. Auch hier also erfolgt die Aktivierung, ohne daß eine Karyogamie vorausgegangen wäre.

An dritter Stelle sei zum Beweise der Unabhängigkeit der Aktivierung der Eier von einer vorausgehenden Koordination der elterlichen Kerne oder einer Karyogamie auf die Tatsache hingewiesen, daß bei vielen Metazoen die Eier in „unreifem" Zustande, d. h. vor der Durchführung beider Reifeteilungen nicht nur befruchtungsreif, sondern befruchtungsbedürftig werden. Sie nehmen ihre Weiterentwicklung erst nach der Befruchtung wieder auf. Es werden dann erst die Reifeteilungen zu Ende durchgeführt, ehe eine Koordination der Kerne erfolgen kann (vgl. S. 271 und Abb. 93).

Die Unabhängigkeit von Aktivierung des Eies und Koordination der elterlichen Kerne ist damit wohl einwandfrei nachgewiesen. Wir können uns nun von den Einzelprozessen, die den Vorgang der Befruchtung zusammensetzen, das folgende schematische Bild machen:

Befruchtung:

Plasmogamie
= Eindringen
des Spermas
in das Ei.
⤴ Aktivierung der Entwicklungspotenzen des Eies.
⤵ Koordination der elterlichen Kerne mit früher
oder später folgender Karyogamie.

Die Unterscheidung dieser drei Phasen des Befruchtungsvorganges im weiteren Sinne wird uns im folgenden bei der Besprechung der Parasterilitätserscheinungen extraspezifischer Kreuzungen von großem Nutzen sein. *Durch ein Versagen jedes der drei Teilprozesse kann eine Parasterilität der betreffenden Kreuzung bedingt sein.*

b) Der Ablauf des Befruchtungsvorganges bei den Metazoen.

Wir erwähnten eben schon kurz, daß der Entwicklungszustand des befruchtungsreifen Tiereies bei den verschiedenen Arten ein verschiedener ist. Man kann zwei Extremtypen unterscheiden, die jedoch durch eine große Reihe von Zwischentypen verbunden sind.

1. Der Verlauf der Befruchtung nach dem Seeigeltyp ist in Abb. 92 schematisch wiedergegeben. Das befruchtungsbedürftige Ei hat die beiden Reifeteilungen hinter sich und die Richtungskörper sind bereits abgeschieden (Fig. 1). Sobald ein Spermatozoon in ein solches Ei eingedrungen ist, wird die Befruchtungsmembran um das Ei abgeschieden, die das Eindringen weiterer Spermien verhindert. Der Spermakern wandert mit seinem Zentrosom nach der Mitte des Eies (Fig. 2), wo er mit dem Eikern zusammentrifft (Fig. 3). Während die beiden Kerne verschmelzen, teilt sich das Spermazentrosom (Fig. 4—5). Mit dieser Teilung ist dann auch die erste Furchungsteilung des Synkaryons eingeleitet (Fig. 6).

2. Bei dem *Ascaris*-Typ (Abb. 93) dringt das Sperma in das zwar befruchtungsbedürftige, aber noch unreduzierte Ei ein (Fig. 1). Es wird auch sofort eine Befruchtungsmembran abgeschieden. Während nun der Eikern die beiden Reifungsteilungen durchmacht und die Richtungskörper abgeschieden werden (Fig. 2), vergrößert sich der Spermakern beträchtlich und das Spermazentrosom teilt sich (Fig. 3). Sobald die Reifeteilungen beendet sind, treten Spermakern und reduzierter Eikern in der Eimitte

zwischen die Tochterzentrosomen des Spermazentrosoms (Fig. 4—5) und beginnen die erste Furchungsteilung (Fig. 6).

Auf die Verschiedenheit des Zeitpunktes der Karyogamie in den eben beschriebenen beiden Typen brauchen wir hier nicht einzugehen. Das Wichtigste ist, daß in *dem einen Falle (Seeigeltyp) das reduzierte Ei besamt wird, in dem anderen das noch unreduzierte.*

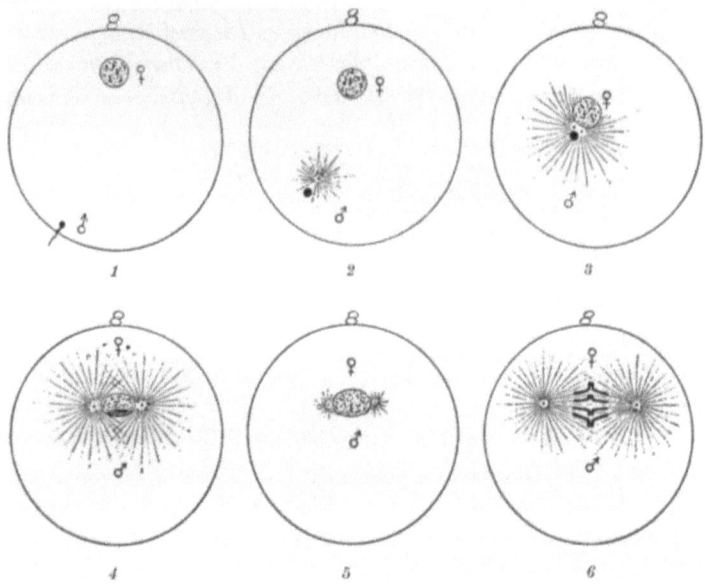

Abb. 92. Schema des Seeigeltyps der Befruchtung. *1* Eindringen des Spermatozoons in das reduzierte Ei; oben die beiden Richtungskörper. — *2* Auftreten der Spermastrahlung. — *3* Zusammentreten der Pronuclei. — *4* Teilung des Spermazentrosoms. — *5* Verschmelzung der Pronuclei. — *6* Erste Reifeteilung. — ♂ Spermakern; ♀ Eikern. (Nach NILSON 1925.)

Es gibt zwischen diesen beiden Extremen eine sehr große Zahl von Zwischentypen, bei denen das Ei auf den verschiedensten Stadien der ersten oder zweiten Reifeteilung seine Entwicklung zunächst einstellt und befruchtungsbedürftig wird. Immer wird dann durch die Plasmogamie das Ei wieder aktiviert und die Reifeteilungen werden zu Ende geführt (vgl. WILSON 1925, S. 400 bis 403).

Die Eier sind meistens von einer Reihe von Häuten umgeben, von denen uns hier nur die von dem Ei selbst abgeschiedenen sogenannten primären Hüllen und von diesen wieder die innerste interessieren. Unmittelbar auf die Plasmahaut des Eies folgt die „Befruchtungsmembran", die zwar meistens erst unmittelbar nach

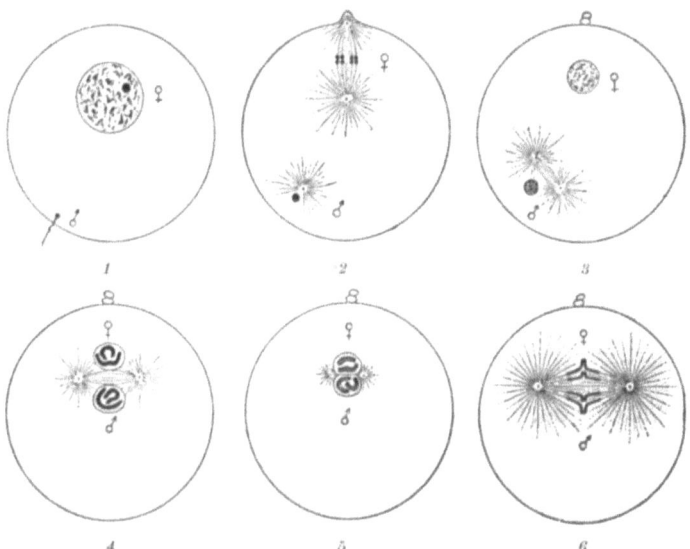

Abb. 93. Schema des *Ascaris*-Typus der Befruchtung. *1* Eindringen des Spermatozoons in das unreduzierte Ei. — *2* Erste Reifeteilung des Eies und Auftreten der Spermastrahlung. — *3* Beide Richtungskörper abgeschieden und Teilung des Spermazentrosoms. — *4* Zusammentreten der Pronuclei. — *5* Ruhestadium. — *6* Erste Furchungsteilung. — ♂ Spermakern; ♀ Eikern. (Nach WILSON 1925.)

dem Eindringen des Spermatozoons deutlich in Erscheinung tritt, aber manchmal auch schon vorher sichtbar ist und wohl immer

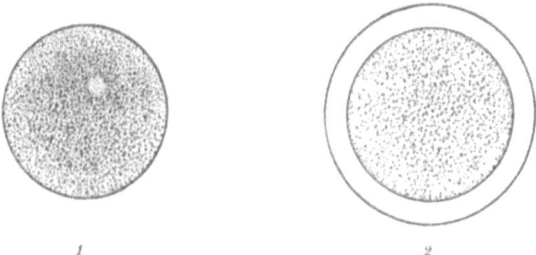

Abb. 94. Abheben der Befruchtungsmembran des Eies von *Strongylocentrotus purpuratus* *1* Unbefruchtetes Ei. — *2* Dasselbe Ei zwei Minuten nach dem Eindringen eines Spermatozoons. (Etwas verändert nach J. LOEB 1913).

präformiert ist. Wenige Minuten nach dem Eindringen des Spermatozoons in das Ei sehen wir diese Membran, the „vitelline membrane", allseits durch einen mit einer glashellen Flüssigkeit gefüllten Raum von dem eigentlichen Ei getrennt (Abb. 94, Fig. 1 u. 2). Das Abheben der Membran von der Eioberfläche erfolgt nicht gleichmäßig, sondern beginnt an der Stelle, an der das Sperma eindringt und breitet sich von dort rasch in „konzentrischen Wellen" über das ganze Ei aus (Abb. 95, Fig. 2—7). Nach

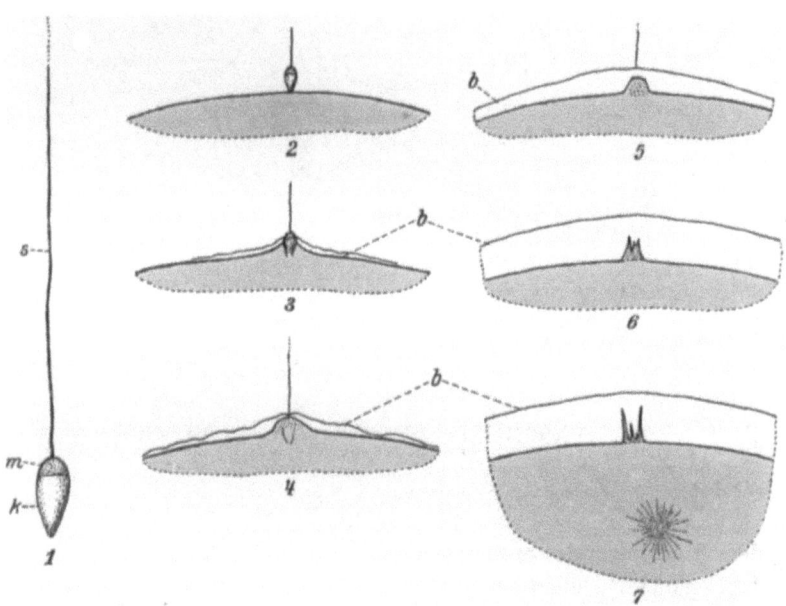

Abb. 95. Spermatozoon von *Toxopneustes variegatus*. *k*: Kopfstück, *m*: Mittelstück, *s*: Schwanzstück. — Fig. 2—7 Eindringen des Spermatozoons und Abheben der Befruchtungsmembran. Das Kopf- und Mittelstück dringen in das Ei und bilden den Spermakern (= Kopfstück) und das Spermazentrosom (= Mittelstück), während das Schwanzstück außerhalb bleibt (Fig. 3—5). (Nach WILSON und LEAMING 1895, etwas verändert.)

außen können dann noch weitere, teilweise gallertige Hüllen folgen, die die Spermatozoen durchqueren müssen.

In der Mehrzahl der Fälle gelangt das Spermatozoon durch aktive Bewegung bis auf die Oberfläche der Eihüllen (Abb. 95, Fig. 2). Das Eiprotoplasma wölbt sich dann dem Spermatozoon entgegen, indem es den Empfängnishügel bildet (Abb. 95, Fig. 3 u. Abb. 96, Fig. 2). Das Spermatozoon wird darauf, wohl passiv, durch Oberflächenkräfte, in das Eiprotoplasma hineingesaugt

(Abb. 95, Fig. 3—5 u. Abb. 96, Fig. 2—3) (vgl. WILSON 1925, S. 413—415; CHAMBERS 1923). Spermakern und Spermazentrosom

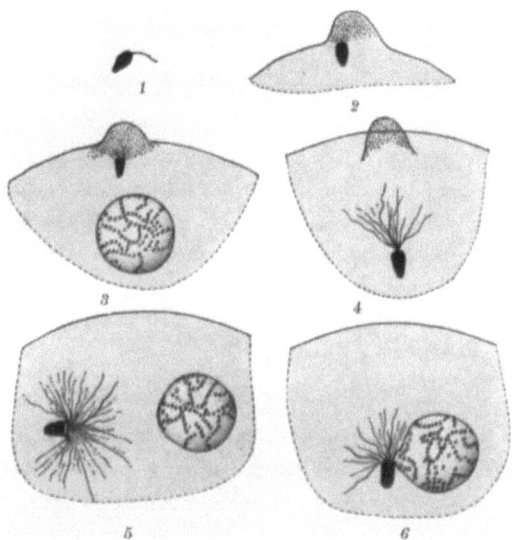

Abb. 96. Befruchtung bei *Arbacia punctulata*. *1* Spermatozoon. — *2* u. *3* Eindringen des Spermatozoons. — *4* Auftreten der Spermastrahlung. — *5* u. *6* Spermakern und Zentrosom nähern sich dem Eikern. (Nach WILSON und MATHEWS 1895, etwas verändert.)

dringen dann weiter in das Ei bis zu dem Eikern vor (Abb. 96, Fig. 3—6).

c) Auffinden der Eier durch das Sperma.

„What brings the sperm and the egg together is still imperfectly known" (WILSON 1925, S. 406). Diese Feststellung WILSONs läßt eine sehr kurze Behandlung der Frage, ob das tierische Sperma von den Eiern angelockt wird oder ob es diese nur durch den Zufall findet, berechtigt erscheinen. Zu der zuletzt genannten Auffassung kamen auf Grund ihrer Experimente und Beobachtungen die Mehrzahl der Forscher, die sich mit dieser Frage befaßt haben (DEWITZ 1885, 1886; MASSART 1888, 1889; V. DUNGERN 1902; BULLER 1902; J. LOEB 1906, 1916; YATSU 1909; MORGAN, PAYNE und BROWN 1910; CHAMBERS 1923 u. a. — WILSON 1925). Demgegenüber haben DE MEYER (1911), F. R. LILLIE (1913, 1914, 1915, 1919), DAKIN und FORDHAM (1924), LILLIE und JUST (1925) u. a. versucht, eine chemotaktische Anlockung der Spermatozoen nachzuweisen. Dieser Nachweis ist jedoch bisher in einwandfreier Form nicht erbracht.

Wenn wir uns der Ansicht WILSONS, daß die Spermatozoen von den Eiern nicht angelockt werden, sondern nur durch Zufall auf diese stoßen, anschließen, dann ergibt sich eine wichtige Konsequenz für die Parasterilitätsfragen: Bei den Metaphyten bestand ein Hauptgrund für die Parasterilität extraspezifischer Kreuzungen darin, daß artfremde Pollenschläuche von den Eiern bzw. den diese unmittelbar umgebenden Zellen nicht chemotaktisch angelockt wurden. Diese Ursache für eine Parasterilität fällt also bei den Metazoen weg. Abgesehen von einer durch eine Begattungsunfähigkeit bedingten Parasterilität *kommt bei diesen also nur noch eine durch eine Störung der eigentlichen Befruchtung bedingte Parasterilität in Betracht.*

2. Besprechung der Einzelfälle.

Bei der folgenden Besprechung der Einzelfälle wollen wir von den Fällen absehen, in denen eine Begattung aus zeitlichen („Dichogamie") oder strukturellen Gründen („Herkogamie") unmöglich ist. Sie beanspruchen kaum ein allgemeineres Interesse.

Es liegen eine große Anzahl experimenteller Untersuchungen über die Parasterilität der Kreuzungen von Arten vor, bei denen die Besamung und Befruchtung der Eier außerhalb des mütterlichen Organismus in Wasser oder Luft stattfindet. Hier beruht die Parasterilität auf einer Störung des Befruchtungsvorganges. Entweder kann das Sperma überhaupt nicht in die Eier eindringen oder es dringt ein, aber es unterbleibt dann jede weitere Entwicklung, oder schließlich kann auch noch eine Aktivierung der Potenzen des Eies erfolgen, jedoch ohne jede oder ohne eine vollständige Koordination der Kernelemente.

Auch bei viviparen Organismen werden sich ähnliche Parasterilitätserscheinungen finden. Es ist ja eine altbekannte Tatsache, daß sich die verschiedensten nicht verwandten Wirbeltiere begatten können (vgl. MEISENHEIMER 1921), anscheinend ohne daß eine Befruchtung eintritt. Die technischen Schwierigkeiten haben jedoch eine genauere Untersuchung dieser Fälle unmöglich gemacht.

a) Schneckenkreuzungen.

LANG (1908, 1911) machte bei den Kreuzungen verschiedener *Tachea-* (*Helix-*) Arten die Beobachtung, daß neben echten Bastardnachkommen auch rein mütterliche Individuen auftraten. Wenn LANG die beiden nahe verwandten Arten *Tachea hortensis* und *T. nemoralis* miteinander kreuzte, dann erhielt er entweder nur Bastardnachkommen (1908) oder nur rein mütterliche Nachkommen (1908, 1911). Bei der Kreuzung der Arten *T. hortensis* oder *T. nemoralis* mit der weiter verwandten *T. austriaca* erhielt er (1911) entweder gar keine oder nur rein mütterliche Nachkommen.

Die Ursache für dieses Auftreten rein mütterlicher Nachkommen konnte in einer Selbstbefruchtung in den hermaphroditen Muttertieren oder in einer induzierten parthenogenetischen Entwicklung der Eier beruhen, da der genetische (LANG 1911) wie auch der zytologische Befund (BALTZER 1913) eine Beteiligung des väterlichen Chromosomensatzes an der Bildung dieser Nachkommen ausschloß. LANG (1911) nahm nun zuerst an, daß es sich um eine durch das artfremde Sperma bedingte induzierte Parthenogenese handelt, da er bis dahin keine Selbstbefruchtung beobachten konnte. Da die mütterlichen Nachkommen der Artkreuzung eine MENDEL-Spaltung erkennen ließen, so vermutete LANG (1911) weiterhin, daß eine haploide Parthenogenese vorliegen müßte. Danach schien es also zunächst, als ob bei diesen *Tachea*-Artkreuzungen das artfremde Sperma wohl imstande wäre, die Entwicklungspotenzen der Eier zu aktivieren, während die Koordination der beiden artfremden Kerne unterbliebe.

Diese Annahme hat sich jedoch nicht als sicher begründet herausgestellt, nachdem die ursprüngliche Ansicht, daß die Lungenschnecken sich nicht selbst begatten könnten (LANG 1911, BURESCH 1911) als nicht zutreffend erkannt wurde (KÜNKEL 1911, 1916; LANG 1912). Die rein mütterlichen Nachkommen können sehr wohl durch eine Selbstbegattung mit folgender Selbstbefruchtung entstanden sein.

Die Frage, ob Selbstbefruchtung oder induzierte Parthenogenese vorliegt, ist bisher nicht einwandfrei entschieden. Es bleibt immer noch die auffallende Beobachtung LANGs (1912) zu erklären, daß isolierte *Tachea*-Individuen nur selten Nachkommen liefern, zwei zusammen eingeschlossene Individuen verschiedener Arten jedoch verhältnismäßig häufig artreine Nachkommen produzieren. ,,Es ist nun denkbar, daß die Vereinigung zweier artfremder Tacheenindividuen einen Reiz abgibt, welcher bewirkt, daß eigenes Sperma in irgendeiner Weise in das eigene Receptakulum gelangt''

(LANG 1912, S. 251). Es ist aber wohl ebenso denkbar, daß infolge einer beschränkten Befruchtungsfähigkeit der artfremden Spermatozoen eine parthenogenetische Entwicklung der Eier induziert wird.

b) **Bastardierungsversuche mit Echinodermeneiern.**

α) **Vorbemerkungen.** Die Anzahl der im Verlaufe der vergangenen letzten 50 Jahre angestellten Bastardierungsversuche mit Echinodermeneiern ist eine außerordentlich große. Eine Vorstellung geben die von TENNENT (1910, S. 121) aufgezählten erfolgreichen Kreuzungen. Der Grund, warum die Echinodermen beiderartigen Kreuzungsexperimenten im Vergleich zu anderen Tiergruppen so bevorzugt worden sind, liegt wohl ausschließlich in versuchstechnischen Verhältnissen.

Eine der wichtigsten Aufgaben, deren Lösung sich die meisten der neueren Arbeiten zum Ziele gesetzt haben, ist die Frage, ob die Charaktere der Bastardindividuen nur durch die Konstitution der Kerne oder auch durch die des Plasmas bedingt seien. Eine Besprechung dieses Problems ist für unsere Zwecke hier nebensächlich. Jedoch finden sich in den Einzelarbeiten zahlreiche Angaben über die Parasterilität der verschiedenen Kreuzungen verstreut, deren Einzelbesprechung sich kaum lohnt, und die im folgenden gegebenen Literaturzitate sollen es nur ermöglichen, die Spezialarbeiten herauszufinden.

Das Problem wurde mit verschiedenen experimentellen Methoden in Angriff genommen. Zunächst wurde in Kreuzungen, die reziprok leicht durchführbar waren, die Ausbildung der reziproken Bastarde untereinander und mit den Eltern verglichen (vgl. SHEARER, DE MORGAN und FUCHS 1913, KÖHLER 1916). Die zytologische Untersuchung ergab in einer ganzen Anzahl von Fällen, daß die durch die Kreuzbefruchtung erzielten Individuen nicht immer echte Bastarde waren, sondern daß entweder schon bei der Befruchtung oder später väterliche und in seltenen Fällen sogar mütterliche Kernanteile verloren gegangen waren. Bei diesen Individuen mußte zur Lösung der oben angegebenen Frage ein Vergleich zwischen den sichtbaren Charakteren der Nachkommen und dem Verhältnis der väterlichen und mütterlichen Kernanteile zueinander und zu dem Eiplasma durchgeführt werden. Eine Veränderung dieses Verhältnisses, wie sie in manchen Kreuzungen von selbst auftrat, konnte experimentell erzielt werden. Einen Extremfall dieses Versuches stellen die Merogonieversuche dar, bei denen kernlose Eifragmente der einen Art mit Sperma einer anderen befruchtet wurden (vgl. MORGAN 1924c, TAYLOR und TENNENT 1924, FRY 1927). Bei partiell befruchteten Eiern (BOVERI 1888b), bei denen der Spermakern nicht mit dem Eikern verschmilzt, sondern erst mit einem der Furchungskerne, konnte die Ausbildung der „thelykaryotischen" und der hybrid-karyotischen Teile desselben Individuums verglichen werden (HERBST 1926). Eine Verschiebung des Verhältnisses der Kernanteile ergab sich nach der Befruchtung von diploiden Rieseneiern mit normal haploidem Sperma (BOVERI 1914, HERBST 1914, 1926). Auf eine partielle Befruchtung oder eine Befruchtung diploider Eier kamen auch Versuche heraus, in denen die Eier vor der Befruchtung durch Chemikalien zu einer künstlichen Parthenogenese angeregt worden waren (HERBST 1906, 1913b, 1926; HINDERER 1914, LANDAUER 1922, JUST 1922a).

Nach dem, was wir oben allgemein über die Befruchtung der Metazoen sagten, können wir auch bei Echinodermen-Bastardierungen drei Formen der Kreuzungs-Parasterilität unterscheiden:

1. Die Befruchtung kann überhaupt unterbleiben, indem das Sperma gar nicht in das artfremde Ei eindringen kann. Diese Art der Parasterilität ist nicht so selten, und die Experimentatoren haben ihn dadurch zu umgehen versucht, daß sie durch chemische Beeinflussung das Eindringen des Spermas ermöglichten.

2. Ein Eindringen des artfremden Spermas in die Eier ohne darauffolgende Aktivierung des Eies ist nur selten beobachtet worden. Allerdings müssen wir hierbei berücksichtigen, daß sehr oft natürliche Befruchtung und chemische Beeinflussung in den Experimenten kombiniert wurden, so daß ein Ausbleiben der Aktivierung des Eies durch das Sperma infolge der künstlichen Entwicklungsanregung nicht zur Beobachtung kommen konnte.

3. Die Fälle, in denen die Parasterilität, die mehr oder minder vollkommen sein kann, durch eine Störung der Koordination der Kerne verursacht wird, werden wir besonders ausführlich besprechen.

β) **Parasterilität, bedingt durch Störungen der Beziehungen zwischen Sperma und Ei.** Ein vollkommen indifferentes Verhalten von Echinodermen-Spermatozoen artfremden Eiern gegenüber ist öfters beobachtet worden. So stellte z. B. VERNON (1900) bei der

Kreuzung von 8 Arten verschiedener Gattungen untereinander fest, daß von den 56 möglichen Kreuzungen 11 gar keinen Erfolg zeigten, während in den übrigen eine mehr oder minder weitgehende Entwicklung der Eier erfolgte. BALTZER (1910) erhielt nur in 3 Kreuzungen unter den 12 möglichen Verbindungen von 4 Arten eine Weiterentwicklung der Eier. Daß in diesen und ähnlichen Fällen das Spermatozoon gar nicht in das Ei eindringt, ist allerdings nicht sicher bewiesen, aber es ist deshalb anzunehmen, weil — mit ganz wenigen Ausnahmen, auf die wir noch zurückkommen werden — in allen untersuchten Fällen bei Echinodermen das Eindringen eines Spermatozoons immer von einer, wenn auch geringen Reaktion der Eier begleitet wurde. Die Umkehrung dieser Feststellung, also die Annahme, daß bei Ausbleiben jeder Veränderung der Eier auch kein Sperma eingedrungen ist, scheint daher durchaus berechtigt.

Drei allgemeine Regeln, die bereits O. und R. HERTWIG (1885) für tierische Artkreuzungen aufgestellt haben, finden sich in den zahlreichen Untersuchungen immer wieder bestätigt (vgl. S. 227):

1. „Das Gelingen oder Nichtgelingen der Bastardierung hängt nicht ausschließlich von dem Grade der systematischen Verwandtschaft der gekreuzten Arten ab" (1885, S. 32).

2. „In der Kreuzbefruchtung zweier Arten besteht sehr häufig keine Reziprozität" (1885, S. 33).

3. „Für das Gelingen oder Nichtgelingen der Bastardierung ist die jeweilige Beschaffenheit der zur Kreuzung verwandten Geschlechtsprodukte von Wichtigkeit" (1885, S. 33).

In einer sehr großen Zahl von Kreuzungen, die zunächst nicht durchführbar schienen, da Sperma und Eier nicht miteinander reagierten, hat eine Vorbehandlung der Eier mit Chemikalien, die eine mehr oder minder weitgehende Aktivierung der Eier auslösen, zu einem besseren Kreuzungserfolg geführt. In allen diesen Untersuchungen stellte sich immer wieder heraus, daß in den Kreuzungen bald die eine, bald die andere Art der Behandlung der Eier gute Resultate ergab. Mit dieser „Spezifität der Befruchtung" hat sich in neuerer Zeit TENNENT (1924) etwas eingehender befaßt. Er besamte unter anderem Eier von *Helicocidaris tuberculata* mit dem Samen von sieben anderen Echinidenarten. In fünf dieser Verbindungen war eine Vorbehandlung der Eier mit NaOH, NaCl oder einer Kombination dieser beiden Verbindungen notwendig, in zwei Verbindungen dagegen eine Vorbehandlung mit $BaCl_2$, $CaCl_2$ oder $SrCl_2$.

Aus diesen Angaben erkennt man, daß die interspezifischen Verbindungen leichter zustandekommen als diese extraspezifischen, bei denen erst eine besondere Vorbehandlung notwendig ist. Dies geht nun noch besonders deutlich aus Experimenten von LOEB (1915) und F. R. LILLIE (1921) hervor, die bei der Besamung von Gemischen der Eier von *Strongylocentrotus purpuratus* und *S. franciscanus* mit dem Samen einer der beiden Arten eine deutliche Bevorzugung der interspezifischen Verbindung feststellen konnten.

In allen diesen Kreuzungen artfremder Eier und Spermatozoen scheint zu einer erfolgreichen Befruchtung immer eine verhältnismäßig größere Spermamenge nötig zu sein als bei intraspezifischen Verbindungen. Wir finden bei verschiedenen Autoren die Angabe, daß trotz Benutzung einer sehr reichlichen Spermamenge in den extraspezifischen Kreuzungen oft nur ein Teil der Eier befruchtet wurde. Genauere Zahlenangaben geben LOEB (1904 b) und F. R. LILLIE (1921).

LOEB (1904 b) verglich die notwendige Samenmenge bei Befruchtung der Eier von *Strongylocentrotus* mit eigenem Samen in Seewasser und bei Besamung mit Samen von *Asterias ochracea* in Seewasser + NaOH. Er fand, ,,daß in geeigneter Lösung auch für die heterogene Hybridisation die Konzentration des Samens nicht viel höher zu sein braucht wie bei der reinen Befruchtung'' (S. 342).

Ein anderes Ergebnis erhielt F. R. LILLIE (1921) bei den Kreuzungen der beiden Arten *Strongylocentrotus purpuratus* und *S. franciscanus*. Hier war zu den interspezifischen Verbindungen immer wesentlich weniger Sperma notwendig als zu den extraspezifischen. Die Zahlenangaben schwanken allerdings beträchtlich bei verschiedenen Individuen. Zu der Befruchtung der *franciscanus*-Eier mit *purpuratus*-Sperma war 20—500mal so viel Sperma notwendig als zu der Befruchtung mit eigenem Samen, und zu der artfremden Befruchtung von *purpuratus*-Eiern 750mal so viel Sperma als zu der arteigenen Befruchtung. Über den Wert dieser Zahlenangaben schreibt LILLIE selbst: ,,It is of course doubtful how much validity such a form of expression possesses, but it is probably sufficient to emphasize the enormous difference that actually exists, which a reader who has not worked with the material might otherwise fail to appreciate" (1921, S. 12).

Daß eine Artspezifität der Beziehungen zwischen Sperma und Ei besteht, ist durch diese Beobachtungen eindeutig gezeigt. Dagegen kann über die Gründe dieser Spezifität noch nichts Definitives ausgesagt werden.

Da ja bei den in Frage kommenden Formen das Sperma erst nach der Entleerung aus dem väterlichen Organismus aktiviert wird, d. h. bewegungsfähig wird, so lag die Annahme nahe, daß diese *Aktivierung spezifisch* sein könne. LOEB (1915) fand, daß inaktives Sperma von Seeigeln oder Seesternen durch den Zusatz von arteigenen Eiern zu der Kulturflüssigkeit aktiviert wird. Es war hierbei gleichgültig, ob das Sperma überhaupt noch nicht aktiv gewesen war (Seestern) oder durch chemische Beeinflussung inaktiviert worden war (Seeigel). Diese Aktivierung war jedoch nicht ausgesprochen spezifisch. CLOWES und BACHMANN (1921a, b) fanden, daß auch das Destillat von Eiwasser des Seesterns und verschiedener Seeigel eine aktivierende Wirkung auf die Spermatozoen beider Formen besitzt, daß diese Wirkung also nicht spezifisch ist.

Eine andere Erklärung der Spezifität der Befruchtung geht von der Beobachtung LILLIES (1912) aus, daß durch das Eiwasser, d. h. durch Wasser, in dem die Eier einer Art längere Zeit sich aufgehalten haben, das arteigene Sperma zur *Agglutination* gebracht werden kann. Diese Verklebung der Spermien ist reversibel und nicht schädlich. Nach den Beobachtungen von POPA (1927) beruht sie wahrscheinlich darauf, daß „under the influence of some chemical substances included in the eggwater spermatozoa eliminate through the micropyle a sticky substance, which so long as it still adheres to the apex of spermatozoa keeps them agglutinated. After it is lost from the tip, the spermatozoa spread out again in the fluid" (S. 256). Neben der Agglutination arteigenen Spermas findet sich in einigen Kreuzungen eine Agglutination des artfremden Spermas. Nach LILLIE (1913, 1914) agglutiniert das Eiwasser von *Arbacia* die Spermatozoen von *Nereis*, aber nicht umgekehrt *Nereis*-Eiwasser das Sperma von *Arbacia*. Diese „Heteroagglutinierung" ist irreversibel. Sie wird auch durch *Arbacia*-Blutserum hervorgerufen. Da es überdies möglich war, das Isoagglutinin von dem Heteroagglutinin zu trennen, scheint ihre verschiedene chemische Grundlage bewiesen zu sein.

JUST (1919b) stellte fest, daß das *Arbacia*-Eiwasser die Spermatozoen von *Echinarachnius* agglutiniert, während in der reziproken Verbindung keine Heteroagglutination eintritt. Auch hier gelang die Trennung des Iso- und des Heteroagglutinins mit einer sehr einfachen Methode, indem zunächst das Heteroagglutinin aus dem *Arbacia*-Eiwasser durch die Spermatozoen von *Echinarachnius* entfernt wurde und die Anwesenheit des Isoagglutinins dann durch *Arbacia*-Sperma nachgewiesen wurde.

LOEB (1914) fand, daß Eiwasser von *Strongylocentrotus purpuratus* arteigenes Sperma agglutiniert und außerdem auch, allerdings in schwächerem Grade, das Sperma von *S. franciscanus*. Umgekehrt hat *franciscanus*-Eiwasser nur eine Iso- und keine Heteroagglutination zur Folge. LILLIE (1921) konnte diese Beobachtungen im wesentlichen bestätigen. Er machte hierbei die Beobachtung, daß die Heteroagglutinierung des *purpuratus*-Eiwassers verschieden ausfallen oder ganz fehlen kann. Da die Isoagglutinierung immer das gleiche Ergebnis ergibt, schließt LILLIE auf eine verschiedene Natur des Hetero- und des Isoagglutinins.

In dem zuletzt angeführten Falle ist ein Vergleich zwischen der Agglutinierungsreaktion und der Durchführbarkeit der Kreuzung möglich. Während die Heteroagglutinierung reziprok verschieden erfolgt, sind beide reziproken Kreuzungen herstellbar. LILLIE und JUST (1924) glauben jedoch, ,,that the specifity of sperm agglutination is at least comparable to the specifities in fertilization" (S. 491). Einige Seiten später formulieren die beiden Autoren ihren Standpunkt noch schärfer: ,,We have shown (p. 491) that the specifity of agglutination of spermatozoa by egg secretion is of similar order of magnitude to that of cross-fertilization" (S. 515). Diese Schlußfolgerungen scheinen uns jedoch durch das vorliegende Beobachtungsmaterial nicht gerechtfertigt zu sein.

Zusammenfassend müssen wir feststellen, daß wir wohl eine deutliche Spezifität der Beziehungen zwischen artfremden Spermien und Eiern konstatieren können, daß wir aber über die Grundlagen dieser Artspezifität noch nichts aussagen können.

γ) **Parasterilität, bedingt durch eine Spezifität der Aktivierung der Eier.** In der Mehrzahl der untersuchten Fälle scheint die

Aktivierung der Echinodermeneier ein vollkommen unspezifischer Vorgang zu sein, der nicht nur durch arteigenes, sondern auch durch artfremdes Sperma, wie ja auch durch Chemikalien, ausgelöst werden kann. Es sind nur einige wenige Ausnahmen von dieser Regel bekannt geworden.

KUPELWIESER (1909, 1912) gibt an, daß Seeigeleier gelegentlich durch Sperma von Mollusken oder Anneliden in gewöhnlichem Seewasser „befruchtet" werden können, ohne daß durch das Eindringen der Spermatozoen eine weitere Entwicklung der Eier angeregt wird. Eine Aktivierung der Eier trat nur dann ein, wenn die Wirkung des Spermatozoons mit der einer stimulierenden Verbindung wie Buttersäure kombiniert wird.

BALTZER (1910) fand bei der Kreuzung *Paracentrotus lividus* × *Arbacia pustulosa*, daß „es nicht selten vorkommt, daß ein Spermium zwar eindringt, dann jedoch untätig liegen bleibt, und auch keine Sphären entwickelt werden. Dies kann in einzelnen Kulturen so allgemein geschehen, daß beinahe in jedem Ei außer dem Eikern noch ein mit Essigkarmin stark rot gefärbter Spermakern nachzuweisen ist und trotzdem sich kaum einige Kerne weiter entwickelt hatten" (S. 550).

JUST (1922b) stellte fest, daß Sperma von *Arbacia* bei Anwesenheit von *Arbacia*-Blutserum in die *Arbacia*-Eier eindringt, aber in der Rindenschicht des Eiplasmas liegen bleibt. Es kommt hierbei sehr oft zu einer starken Polyspermie, da keine Reaktion des Eies, keine Bildung der Befruchtungsmembran erfolgt. Wurde das Blut innerhalb von 2 Stunden ausgewaschen, dann setzte sofort eine normale Entwicklung ein (l. c. S. 416—417).

δ) **Störung der Kernkoordination nach Besamung von Echinideneiern durch Echinidensperma.** Die Bastarde zwischen verschiedenen Arten der Gattung *Echinus* (*Parechinus*), die SHEARER, DE MORGAN und FUCHS (1911, 1912, 1913) hergestellt haben, wurden von DONCASTER und GRAY (1911, 1913) genauer zytologisch untersucht. In diesen Kreuzungen treten im großen und ganzen keine Abweichungen von dem normalen Ablauf der Kernverschmelzung auf. Manchmal werden einige Chromosomen in der ersten Furchungsteilung eliminiert, oder es unterbleibt auch möglicherweise die Längsteilung einzelner Chromosomen. Die auffallendste Abweichung von dem normalen Entwicklungsgang sehen die Verfasser in dem Auftreten aufgeblasener Chromosomen, eine Erscheinung, die sie als „vesicle formation" bezeichnen (Abb. 97). Die Bedeutung dieser Änderung der Chromosomenstruktur ist jedoch nicht ganz klar. Sie wurde auch von GODLEWSKI (1911a, S. 210) beschrieben. Für uns scheint jedoch die Feststellung am wichtigsten, daß die Kernverhältnisse in manchen reziproken Bastarden verschieden sind. Die Zusammenstellung in Tabelle 59 (S.284) soll diese Unterschiede erläutern.

Auch bei den von BALTZER (1909, 1910) und TENNENT (1912a/c) untersuchten intrafamiliären Gattungskreuzungen ist das Verhalten der Kerne recht regelmäßig, wie die folgende Zusammenstellung (Tabelle 60, S. 284) zeigt; wenn auch in dem einen Falle die Verhältnisse bei den reziproken Verbindungen verschieden sind.

Eine ausgesprochene Störung der Kernkoordination finden wir schließlich bei den Kreuzungen zwischen Arten, die zu verschiedenen Familien gehören. Die Ergebnisse der zytologischen Untersuchungen von

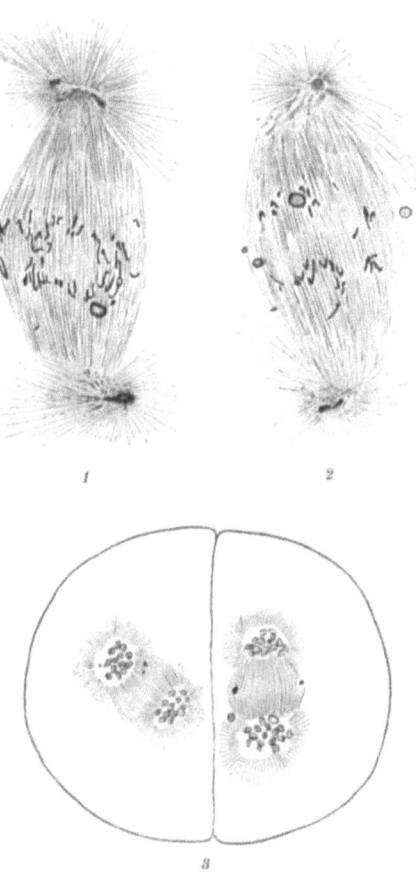

Abb. 97. Störungen der Furchungsteilung der Bastarde *Parechinus acutus* × *Parechinus esculentus*. *1* u. *2* Aufeinander folgende Schnitt durch eine Spindel der 2. Furchungsteilung; einige Chromosomen vakuolisiert. — *3* Telophase der 3. Furchungsteilung; einige Chromosomen außerhalb der Polgruppen eliminiert. (Nach DONCASTER und GRAY 1913.)

Tabelle 59. **Intragenerische Kreuzungen von Echinodermen** (zusammengestellt nach DONCASTER und GRAY, 1913).

E. acutus × E. miliaris n = 38 n = 34 Reziproke Verbindung	Einige Chromosomen Keine Vakuolisierung, aber schwache Eliminierung
E. acutus × E. esculentus n = 38 n = 38 Reziproke Verbindung	Einige Chromosomen vakuolisiert Keine Störung der Teilung
E. esculentus × E. miliaris n = 38 n = 34 Reziproke Verbindung	Keine Störung der Teilung Einige Chromosomen eliminiert

Tabelle 60. **Intrafamiliäre Gattungskreuzungen von Echinodermen** (nach BALTZER, 1910 und TENNENT, 1912a).

Parechinus microtuberculatus × *Paracentrotus lividus* Reziproke Verbindung	Keine Elimination Keine Elimination
Toxopneustes variegatus × *Hipponoe esculenta* Reziproke Verbindung	Nur selten mit schwacher Elimination Meist mit Elimination einiger Chromosomen

Tabelle 61. **Interfamiliäre Kreuzungen von Echinodermen** (zusammengestellt nach BALTZER, 1910 und TENNENT, 1912b).

Echinidae × *Toxopneustidae*.	
Parechinus microtuberculatus (n = 18) × *Sphaerechinus granularis* (n = 20) Reziproke Verbindung	Elimination auf 21 Chromosomen in der 1. Furchungsteilung Keine Elimination (38 Chromosomen)
Paracentrotus lividus (n = 18) × *Spaerechinus granularis* (n = 20) Reziproke Verbindung	Elimination auf 21 Chromosomen in der 1. Furchungsteilung Keine Elimination (38 Chromosomen)
Echinidae × *Arbaciidae*.	
Parechinus microtuberculatus (n = 18) × *Arbacia pustulosa* (n = 20) Reziproke Verbindung	Elimination im Blastulastadium Elimination auf 28—30 Chromosomen in der 1. Furchungsteilung
Paracentrotus lividus (n = 18) × *Arbacia pustulosa* (n = 20) Reziproke Verbindung	Elimination im Blastulastadium Elimination auf 28—30 Chromosomen in der 1. Furchungsteilung
Arbaciidae × *Toxopneustidae*.	
Arbacia punctulata × *Toxopneustes variegatus* Reziproke Verbindung	Elimination während der Furchungsteilung Elimination während der Furchungsteilung

BALTZER (1909, 1910) und TENNENT (1912b) sind, soweit sie für uns von Wichtigkeit sind, in der Tabelle 61 zusammengestellt. TENNENT (1907) hat auch einige Kreuzungen zwischen Vertretern der verschiedenen Unterordnungen der *Regulara* (*Toxopneustes* und *Arbacia*) und *Irregularia* (*Moira*; Fam. *Spatangidae*) zytologisch untersucht. Einige Angaben in der Arbeit lassen darauf schließen, daß auch in diesen Bastarden eine Elimination von Chromosomen in der ersten Furchungsteilung immer oder doch manchmal stattfindet.

In den eben aufgezählten Kreuzungen scheint zunächst der Befruchtungsvorgang vollkommen normal zu verlaufen: Das Sperma dringt in die artfremden Eier ein, die Eier werden dadurch aktiviert und furchen sich, und die beiden elterlichen Kerne verschmelzen miteinander. Die Entwicklungsstörungen treten erst bei der ersten Furchungsteilung (Abb. 98) oder gar noch später in Erscheinung (Abb. 99). So sieht es auf den ersten Blick unbegründet aus, daß wir diese Fälle unter der

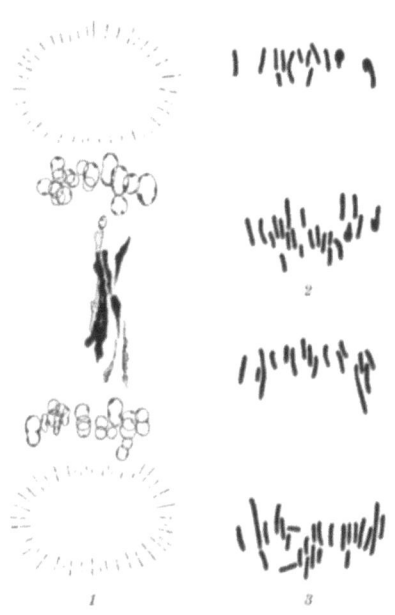

Abb. 98. *Paracentrotus lividus* × *Sphaerechinus granularis*. *1* Erste Furchungsspindel mit deutlicher Chromatinelimination. — *2* u. *3* Reziproke Verbindung. Spindel der 3. Furchungsteilung in zwei Schnitten; Chromosomenzahl in Fig. 1: 13—22, in Fig. 2: 25—16, im ganzen 38—38. (Nach BALTZER 1910.)

Überschrift „Parasterilität der Gameten" besprechen und sie nicht als Fälle einer „Zygotensterilität" registrieren. Die Beobachtungen, über die wir hier und in dem folgenden Abschnitt berichten wollen, lassen sich jedoch in eine Reihe anordnen, beginnend mit Fällen, in denen keine Kernverschmelzung erfolgt, bis zu solchen, bei denen nach einer anscheinend normalen Verschmelzung bei der ersten Teilung eine Elimination von Chromosomen erfolgt. Es erschien mir daher unangebracht, lediglich im

Interesse einer ganz strengen Durchführung der Disposition, zusammengehörende Tatsachen auseinander zu reißen.

Aus den besprochenen Echinidenkreuzungen lassen sich nun einige allgemeinere Folgerungen ableiten: Wir sehen zunächst, daß nicht die ganzen Chromosomensätze des einen oder des anderen Elters eliminiert werden, sondern daß sich die einzelnen Chromo-

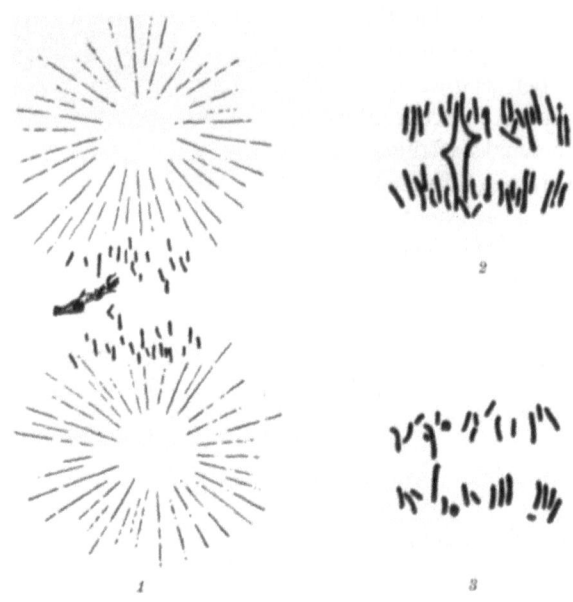

Abb. 99. *Parechinus microtuberculatus* × *Sphaerechinus granularis*. *1* Störungen der Spindel der 3. Furchungsteilung. — *2* u. *3* Reziproke Verbindung. Normale Furchungsspindel. in zwei auf einanderfolgenden Schnitten. Chromosomenzahl in Fig. 1: 22—22, in Fig. 2: 16—16, im ganzen 38—38. (Nach BALTZER 1910.)

somen unabhängig voneinander verhalten können, und einzelne eliminiert werden, andere nicht.

Die Unterschiede der reziproken Kreuzungen lassen ferner erkennen, daß die Chromosomenelimination nicht eine Folge einer Disharmonie innerhalb der Synkaryen ist, sondern daß auch das Eiplasma einen wesentlichen Einfluß auf das Verhalten der Chromosomen hat. Es läge nun nahe zu vermuten, daß dieser Einfluß des Eiplasmas dahin geht, daß immer einige oder alle väterlichen Chromosomen eliminiert würden.

Die Frage der Herkunft der eliminierten Chromosomen hat

als erster BALTZER (1910) zu lösen versucht. Auf Grund der Untersuchung dispermer und merogoner Eier der Kreuzung *Paracentrotus* × *Sphaerechinus* kommt er zu der Feststellung, daß sämtliche 18 mütterlichen Chromosomen in den Kernen bleiben, und daß von den 20 väterlichen Chromosomen nur vier (oder drei) die Teilungsvorgänge in normaler Weise mitmachen (S. 537/538). Auch für die reziproken Kreuzungen von *Parechinus* × *Sphaerechinus*, sowie die Verbindung *Arbacia* × *Sphaerechinus* nimmt BALTZER unter Berücksichtigung der Form der Chromosomen an, daß nur väterliche Chromosomen eliminiert werden.

TENNENT (1912b) vermutet dagegen, daß in der Kreuzung *Toxopneustes* × *Arbacia* zwar alle *Arbacia*-Chromosomen, in der reziproken Verbindung dagegen sowohl väterliche wie mütterliche Chromosomen eliminiert werden.

Danach würde also nicht das Eiplasma einen spezifischen schädigenden Einfluß auf die väterlichen Chromosomen ausüben, sondern die Störung der Harmonie zwischen Eiplasma und den väterlichen und mütterlichen Chromosomen führt zu einer Elimination von Ei- oder Spermachromosomen.

ε) **Störung der Kernkoordination nach Besamung von Echinideneiern mit Nicht-Echinidensperma.** Nachdem es als erstem LOEB (1903a) durch eine Kombination einer echten Befruchtung mit künstlicher Parthenogenese gelungen ist, Bastarde zwischen Seeigel und Seestern herzustellen, sind in einer ganzen Reihe von Arbeiten erfolgreiche Kreuzungen zwischen Echinideneiern und Sperma von Arten anderer Tiergruppen beschrieben worden (GODLEWSKI 1906, 1910, 1911a, 1911b; HAGEDORN 1909; KUPELWIESER 1906, 1909, 1911, 1912; LOEB 1903b, 1903c, 1904a, 1904b, 1907, 1908, 1912; LOEB, KING und MOORE 1910; SAMPSON 1926; TENNENT 1910, 1929). Aber nur in einer kleinen Anzahl von Fällen wurde die Koordination der elterlichen Kerne in diesen Bastarden zytologisch untersucht.

Ein Ausbleiben der Kernverschmelzung beobachtete KUPELWIESER (1909, 1912) nach der Befruchtung der Eier verschiedener Echinoiden mit dem Sperma von *Mytilus*-Arten (*Lamellibranchiata*). Die Spermien dringen normal in die Eier ein und der Spermakern wandert auf den Eikern zu. Zu der weiteren Entwicklung trägt das Sperma jedoch nur das Teilungszentrum bei, während der Kern inaktiv bleibt und allmählich resorbiert wird. Die „Bastarde" enthalten also lediglich den Eikern und seine Teilungsprodukte. (Abb. 100.)

Etwas weiter geht die Beteiligung des Spermakerns an der Entwicklung bei den Bastarden zwischen Echinoiden und dem Gastropoden *Dentalium* sowie dem Polychäten *Chaetopterus* nach den Untersuchungen von GODLEWSKI (1911a). Hier erfolgt zwar noch eine Verschmelzung der beiden elterlichen Kerne. Das Sperma-

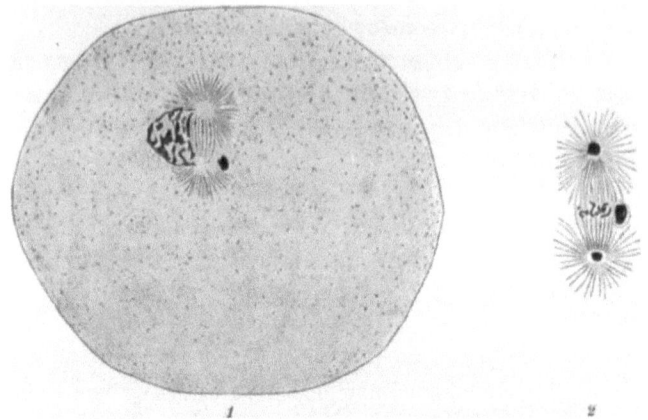

Abb. 100. *Parechinus microtuberculatus* × *Mytilus galloprovincialis*. *1* Beginn der 1. Furchungsteilung. Auflösung der Membran des Eikernes zwischen den Zentrosomen. Der Spermakern ganz dicht außerhalb der Spindel, dem unteren Spindelpol genähert. — *2* Metaphase der 1. Furchungsteilung. Spermakern unverändert dicht in der Äquatorialebene.
(Nach KUPELWIESER 1909.)

chromatin wird jedoch vor der ersten Furchungsteilung wieder ausgestoßen und dann allmählich vom Eiplasma resorbiert. (Abb. 101.)

Bei den Bastarden zwischen *Parechinus microtuberculatus* (*Echinoidea*) und *Audouinia filigera* (*Polychaeta*) oder mit *Patella* sp. (*Gastropoda*) wird das Spermachromatin nach KUPELWIESER (1911, 1912) noch etwas später eliminiert. Bei der Mehrzahl der Eier erfolgt diese Elimination erst während der ersten Furchungsteilung, bei der an verschiedenen Stellen der Spindel Chromatinbrocken auftreten, die nicht in die Tochterkerne mit einbezogen werden. Es kommt dabei auch meist zu einer Elimination einiger weniger mütterlicher Chromosomen, die sich entweder nicht längsteilen und ungeteilt in den einen Tochterkern wandern, oder die ganz eliminiert werden. In etwa einem Viertel aller befruchteten

Eier unterbleibt die Karyogamie vollkommen, wie in den oben beschriebenen Echinoiden-Lamellibranchier-Bastarden (Abb. 102).

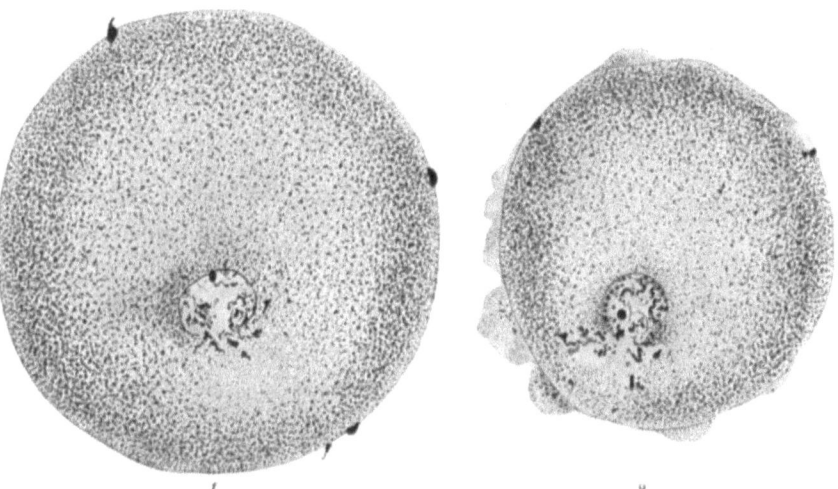

Abb. 101. *Sphaerechinus* × *Chaetopterus*. Elimination von Kernsubstanz aus dem Zygoten-(Furchungs-)kern. (Nach E. GODLEWSKI jun. 1911).

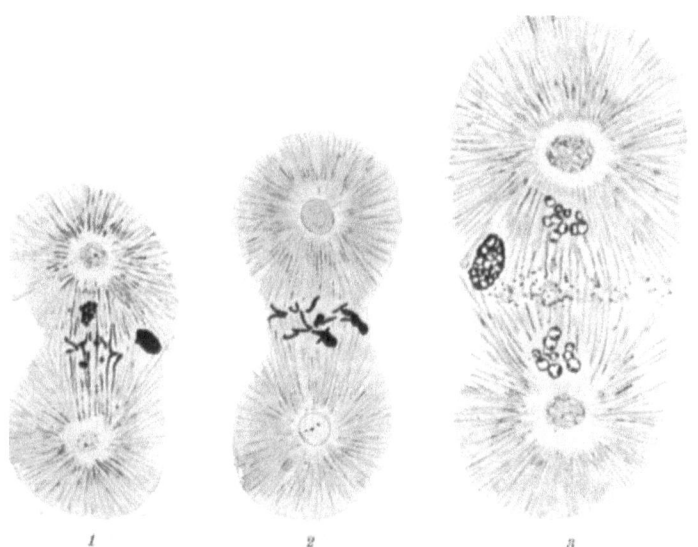

Abb. 102. *Parechinus microtuberculatus* × *Audouinia filigera*. *1* u. *2* Erste Furchungsspindeln in Metaphase bis Anaphase. Der Spermakern in einzelne dichte Brocken zerfallen. — *3* Telophase der 1. Furchungsteilung. Links der dichte Spermakern, der sich an der Teilung nicht beteiligt. (Nach KUPELWIESER 1912.)

Nur in einem Falle, nach der Befruchtung von Echinoideneiern durch das Sperma der Crinoiden *Antedon* beteiligt sich das gesamte Spermachromatin an der weiteren Entwicklung. Es konnten keine Anzeichen einer Chromatinelimination gefunden werden (GODLEWSKI 1906, BALTZER 1910) (Abb. 103).

ζ) **Rückblick über die Störungen der Kernkoordination bei den Echinodermenkreuzungen.** Wenn wir die oben geschilderten Verhältnisse noch einmal zusammenstellen, so können wir die folgenden allgemeinen Folgerungen ziehen:

Abb. 103. *Paracentrotus lividus* × *Antedon*. *1* u. *2*. Zwei Schnitte durch die Anaphase der 1. Furchungsspindel. Chromosomenzahl in Fig. 1: 20—21, in Fig. 2: 9—7, im ganzen: 29—28. (Nach BALTZER 1910.)

1. *Es besteht kein Zusammenhang zwischen dem Grade der Störung und der systematischen Verwandtschaft der gekreuzten Arten.* Hierbei gilt eine Störung für um so tiefgreifender, je eher sie einsetzt und je mehr Chromosomen betroffen werden.

Stufe 1. Unterbleiben jeder Karyogamie und Inaktivierung des gesamten väterlichen Kerns: *Echinoidea* × *Mytilus* (*Lamellibranchiata*).

Stufe 2. Karyogamie, aber Elimination des gesamten väterlichen Chromatins vor der ersten Furchungsteilung: *Echinoidea* × *Dentalium* (*Gastropoda*) und × *Chaetopterus* (*Polychaeta*).

Stufe 3. Karyogamie und normaler Beginn der Furchungsteilung, aber Elimination des gesamten väterlichen Chromatins während der ersten Furchungsteilung: *Echinoidea* × *Patella* (*Gastropoda*) und × *Audouinia* (*Polychaeta*);

oder mit Elimination einiger väterlicher Chromosomen, möglicherweise auch einzelner mütterlicher: *Echinidea* × *Toxopneustidae*, *Arbacidae* × *Echinidae*, und die reziproken Verbindungen zwischen *Arbaciidae* und *Toxopneustidae*;

oder schließlich nur mit Elimination einiger weniger väterlicher Chromosomen: *Echinidae* × *Echinidae*.

Stufe 4. Elimination des väterlichen Chromatins erst in Kernteilungen des Blastulastadiums: *Arbaciidae* × *Echinidae*.

Stufe 5. Gar keine Chromatinelimination, also vollkommen normale Koordination der Kerne: verschiedene intrafamiliäre Echinidengattungs- und -artkreuzungen; auch *Toxopneustidae* × *Echinidae*, und vor allem auffallenderweise *Echinoidea* × *Antedon* (*Crinoida*).

Bei der Kreuzung mancher Arten, die zu verschiedenen Unterordnungen der Echinoiden gehören, wird die Hauptmasse des väterlichen Chromatins während der ersten Furchungsteilung eliminiert, bei der Kreuzung zwischen Echinoiden und der Crinoiden *Antedon* tritt keine Elimination ein. Die mangelnde Parallelität zwischen Artverwandtschaft und Stärke der Entwicklungsstörung kann nicht schärfer betont sein.

Auf welcher Stufe man die Grenze zwischen einer Parasterilität des Spermas infolge einer unvollkommenen Kernkoordination und einer echten mehr oder minder vollkommenen Sterilität der Zygoten infolge einer Disharmonie der Zygotenkerne ziehen will, ist dabei von sekundärer Bedeutung.

2. *Die Ergebnisse reziproker Kreuzungen können ganz verschieden ausfallen.* Wir brauchen wohl nur noch einmal auf die Zusammenstellungen in den Tabellen 59 bis 61 hinzuweisen. Bei den intrafamiliären Art- und Gattungskreuzungen sind die Unterschiede noch gering, bei den interfamiliären Kreuzungen dagegen recht erheblich. Ob auch bei extrafamiliären Kreuzungen ähnliche Unterschiede bestehen, läßt sich nicht feststellen, da diese Kreuzungen immer nur in der einen Richtung, bei Benutzung von Echinoideneiern, durchgeführt werden konnten.

c) Bastardierungsversuche mit Teleostiern.

Die zahlreichen extraspezifischen Kreuzungen zwischen verschiedenen Teleostierarten, die von APPELÖF (1894/95), G. und P. HERTWIG (1914), KOSSWIG (1928/30), LOEB (1912), MOENKHAUS (1904, 1910), NEWMAN (1908, 1910, 1914, 1915), MORRIS (1914), PINNEY (1918) u. a. ausgeführt worden sind, haben vor allem die leichte Herstellbarkeit dieser Verbindungen gezeigt. Die Artspezifität, die in den meisten anderen Verwandtschaftskreisen eine Parasterilität der Kreuzungen weiter verwandter Arten bedingt, ist hier nach diesen Untersuchungen nur sehr schwach ausgeprägt. Es ließ sich daneben nur eine relativ kleine Anzahl von mehr oder minder parasterilen Verbindungen finden. Da diese Untersuchungen jedoch nichts prinzipiell Neues bringen, braucht kaum auf Einzelheiten näher eingegangen zu werden.

Es konnte wieder festgestellt werden, daß der mehr oder minder hohe Parasterilitätsgrad einzelner Kreuzungen in keiner Beziehung

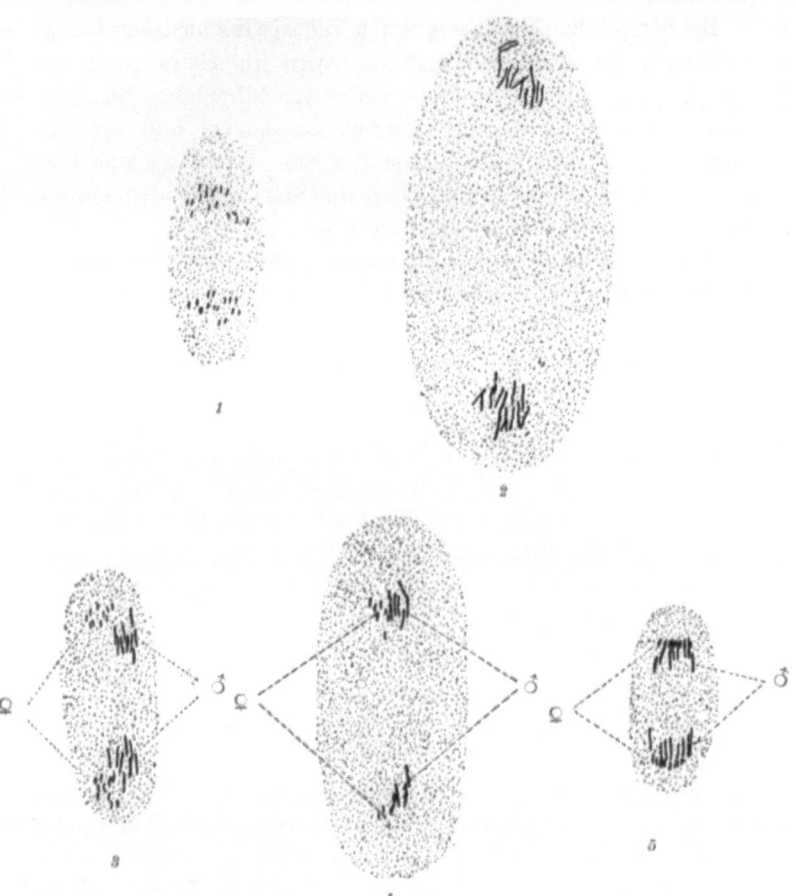

Abb. 104. *1* Erste Furchungsteilung von *Menidia notata* mit kleinen Chromosomen. — *2* Erste Furchungsteilung von *Fundulus heteroclitus* mit langen Chromosomen. — *3—5.* Erste (3), dritte (4) und eine spätere (5) Furchungsteilung des Bastardes (*Menidia* × *Fundulus*). Chromosomen von *Menidia*: ♀, von *Fundulus*: ♂. (Nach MOENKHAUS 1904.)

zu dem Verwandtschaftsgrad der gekreuzten Arten steht, und daß reziproke Kreuzungen verschiedene Resultate geben können. *Die Parasterilität beruht in diesen Kreuzungen auf dem Unvermögen der*

Spermatozoen, in die artfremden Eier einzudringen. In allen Fällen, in denen die Spermatozoen eindringen, werden auch die Eier aktiviert.

Die zytologischen Untersuchungen, die an einigen Kreuzungen ausgeführt wurden, zeigen ferner, daß die Befruchtung im wesentlichen normal verläuft und, auch eine vollkommene Koordinierung der elterlichen Kerne eintritt. G. und P. HERTWIG (1914) beobachteten immer einen vollkommen normalen Verlauf der ersten Furchungsmitosen.

Bei dem Bastard *Fundulus heteroclitus* × *Ctenolabrus adspersus* beobachtete MORRIS (1914) eine Gonomerie bis zum Ende der

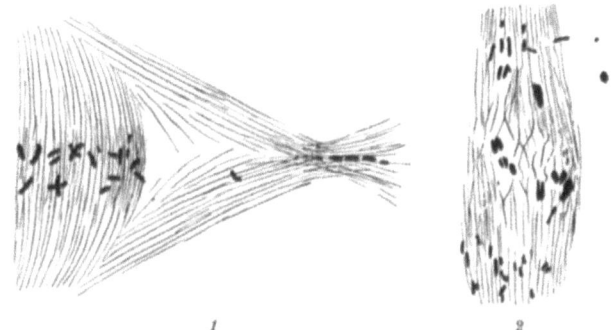

Abb. 105. *1 Fundulus heteroclitus* × *Ctenolabrus adspersus*. Chromosomenelimination in der 3. Furchungsspindel. — *2 Stenotomus chrysops* × *Ctenolabrus adspersus*. Chromosomenelimination in der Äquatorialebene der 1. Furchungsspindel. (Nach PINNEY 1918.)

ersten Furchungsmitose. Bei den reziproken Bastarden zwischen *Fundulus heteroclitus* und *Menidia notata* dauert die Gonomerie nach MOENKHAUS (1904) bis zur dritten Furchungsmitose. Bei den Zygoten der reinen Arten erfolgt dagegen immer eine vollkommene Karyogamie vor der ersten Furchungsteilung (Abb. 104).

PINNEY (1918) fand schließlich in manchen Kreuzungen Störungen der Mitosen, die zu einer Elimination von Chromosomen führten. Die Versuchsergebnisse dieser Autorin sind in der folgenden Tabelle 62 zusammengestellt (Abb. 105).

Ob wir in diesen Störungen der Mitosen *eine Störung der Kernkoordination oder eine Disharmonie in den Zygoten nach stattgehabter normaler Karyogamie* sehen wollen, ist ähnlich wie bei den Echinodermenkreuzungen eine Frage, die nicht einwandfrei entschieden werden kann.

Tabelle 62. **Unterschiede reziproker Artkreuzungen bei Teleostiern** (zusammengestellt nach PINNEY 1918).

Ctenolabrus adspersus × *Stenotomus chrysops*	Normale Mitosen
Reziproke Verbindung	Vorwiegend gestörte Mitosen
Ctenolabrus adspersus × *Menidia notata*	Normale Mitosen
Reziproke Verbindung	Gestörte Mitosen häufig
Ctenolabrus adspersus × *Fundulus heteroclitus*	Meist normale Mitosen
Reziproke Verbindung	Manchmal gestörte Mitosen

d) Bastardierungsversuche mit Amphibien.

Auch bei den Amphibien sind die verschiedensten Kreuzungen zwischen Angehörigen verschiedener Arten, Gattungen, Familien und sogar Ordnungen versucht worden. Auf die zahlreichen Einzelangaben, die bekannt geworden sind, können wir hier nicht genauer eingehen. (Vgl. BATAILLON 1906, 1909, 1919; BORN 1883, 1884, 1888; GEBHARD 1894; G. HERTWIG 1918; DE L'ISLE 1873; PFLÜGER 1882, 1883; PFLÜGER und SMITH 1883; POLL 1909; WOLTERSTORFF 1904.)

Wir können wieder die fehlende Parallelität von Artverwandtschaft und Parasterilitätsgrad und die Verschiedenheit reziproker Verbindungen feststellen.

Sehr häufig wird die Parasterilität dadurch bedingt, daß bei den extraspezifischen Verbindungen überhaupt jede Befruchtung unterbleibt. Nicht selten kommt es jedoch zu einer unvollständigen Befruchtung, indem das artfremde Spermatozoon in ein Ei eindringt und dort eine Aktivierung der Entwicklungspotenzen des Eies zur Folge hat, ohne daß das Sperma aktiv an der Entwicklung teilnimmt. Es kommt dann zu einer Entstehung rein mütterlicher haploider oder — nach eingeschobener Aufregulation — auch diploider Embryonen.

Auf drei verschiedenen Wegen wurde das passive Verhalten des Spermas bei der weiteren Entwicklung dieser Embryonen festgestellt.

BATAILLON (1906, 1909) beobachtete direkt, daß bei der Befruchtung von Eiern von *Pelodytes punctatus* oder *Bufo calamita* (Anuren) durch Sperma von *Triton alpestris* (Urodelen) das Sperma in der Nähe der Eimembran liegen bleibt.

G. HERTWIG (1918) stellte durch Messung der Kerngröße der „falschen Bastarde" in einer Anzahl von Familienkreuzungen verschiedener Anuren die haploide Natur der Embryonen fest und schließt daraus, daß bei ihnen der Spermakern inaktiv geblieben sein muß. Es handelt sich dabei um die Kreuzungen: *Bufo viridis* und *B. communis* × *Hyla arborea* (*Bufonidae* × *Hylidae*), — *Bufo communis* × *Pelobates fuscus* (*Bufonidae* × *Pelobatidae*), — *Rana esculenta* × *Bufo viridis* (*Ranidae* × *Bufonidae*) u. a. m. G. HERTWIG (1918) konnte auch den Vorgang, durch den die Aufregulierung der Chromosomenzahl bei diesen zunächst haploiden, rein mütterlichen Embryonen erfolgt, während der ersten Furchungsteilung beobachten.

In einer besonderen Reihe von Kreuzungsversuchen ging dann G. HERTWIG (1913, 1918) von der Überlegung aus, daß eine Schädigung des Spermatozoons durch Bestrahlung mit Radium in allen den Kreuzungen keine Änderung des Versuchsergebnisses bedingen dürfte, in denen der Spermakern sowieso schon inaktiv bleibt. Daß solche bestrahlten Spermatozoen wohl eine Entwicklungserregung der von ihnen befruchteten Eier verursachen können, aber sich selbst an der Entwicklung nicht mehr zu beteiligen vermögen, war durch andere Versuche bewiesen (vgl. P. HERTWIG 1929). Derartige Bestrahlungsversuche führte G. HERTWIG (1913) z. B. bei den Kreuzungen *Bufo viridis* × *Rana fusca* mit dem erwarteten Erfolge durch.

Ob in diesen Fällen die gesamten väterlichen Chromosomen eliminiert werden oder ob einzelne behalten werden können, ist noch nicht entschieden (vgl. G. HERTWIG 1913, S. 111).

3. Zusammenfassung.

Wenn wir noch einmal zurückblickend die allgemeineren Ergebnisse der verschiedenen extraspezifischen Kreuzungen von Metazoen überblicken, so finden wir zunächst wieder die beiden allgemeinen Regeln bestätigt:

Es besteht keine strenge Parallelität zwischen dem Grade der Parasterilität und dem Grade der systematischen Verwandtschaft der gekreuzten Arten, und ferner brauchen reziproke Kreuzungen durchaus nicht gleich auszufallen.

Es sind dies dieselben Feststellungen, die wir auch bei der Besprechung der Kreuzungen verschiedener Arten der höheren Pflanzen machen konnten, und die wohl zuerst GÄRTNER (1849) klar erkannt hat.

Bei den tierischen Artkreuzungen kann die Parasterilität, entsprechend dem Entwicklungsablauf des Befruchtungsvorganges, auf drei verschiedene Weisen verursacht werden.

1. Kann jede Reaktion zwischen den artfremden Eiern und Spermatozoen ausbleiben, so daß *überhaupt keine Befruchtung stattfindet*, oder

2. *die artfremden Spermatozoen dringen zwar in das Ei ein, aber sie lösen nicht die Aktivierung der Entwicklungspotenzen des Eies aus*, oder

3. *das Sperma dringt in die Eier ein und aktiviert diese auch, aber ohne sich an der weiteren Entwicklung selbst zu beteiligen. Die Koordination der Kerne fehlt ganz oder ist doch wenigstens mehr oder minder unvollkommen.*

Von den drei Teilprozessen der Befruchtung ist *das Eindringen des Spermas und die Koordination der Kerne weitgehend an die Spezifität von Sperma und Ei gebunden*. Dementsprechend sehen wir bei Artkreuzungen, gleichgültig, wie eng oder weit die Arten miteinander verwandt sind, sehr häufig die Parasterilität durch die Disharmonie von Ei und Sperma oder Eikern und Spermakern bedingt. *Die Aktivierung der Entwicklungspotenzen des Eies scheint dagegen bei den Echinodermen weitgehend und bei den Teleostiern und Amphibien vollkommen unspezifisch zu sein.* Das Eindringen irgendeines Spermatozoons löst ebenso wie ein chemischer oder mechanischer Eingriff (chemische oder traumatische Parthenogenese) die Entwicklung des Eies aus. Wie weit diese Entwicklung gehen kann, ist in diesem Zusammenhange eine nebensächliche Frage.

C. Parasterilität der Thallophyten und Protisten.
1. Allgemeine Vorbemerkungen.

Bei der Besprechung der Parasterilitätsverhältnisse der niederen Pflanzen, der Algen und Pilze, ergeben sich zunächst gewisse begriffliche Schwierigkeiten. Welches sind die Grenzen zwischen Parasterilität und Sexualität bzw. gibt es überhaupt solche Grenzen? Wenn wir an vollkommen isogame Formen, wie etwa manche Konjugaten, Diatomeen usw. denken, dann besteht der einzige Unterschied zwischen den sexuell differenzierten Gameten darin, daß nur Gameten verschiedenen Geschlechts miteinander kopulieren. Gameten gleichen Geschlechts kopulieren dagegen nicht miteinander: sie sind also miteinander parasteril. Die Definition des Begriffes Parasterilität liegt ja darin, daß an sich funktionsfähige Gameten in bestimmten Verbindungen miteinander nicht kopulieren. Bei vollkommen isogamen Formen wird also die Verschiedengeschlechtlichkeit nur mit Hilfe des Parasterilitätskriteriums festgestellt werden können.

2. Selbst-Parasterilität.
a) Vorbemerkungen.

Eine besondere Illustration der Regel, daß Gameten, die gleiches Geschlecht haben oder, mit anderen Worten, zu der gleichen Parasterilitätsgruppe gehören, nicht miteinander kopulieren, finden wir in einigen Fällen, in denen die bereits in sexuellem Sinne aktivierten und konjugierenden Zellen sich vor dem eigentlichen Sexualakt, der Plasmogamie, noch ein- oder mehrmals teilen. Solche Fälle finden sich bei Desmidiaceen, Diatomeen und bei Ciliaten.

Allen diesen hierher gehörigen Formen ist es also gemein, daß sich zunächst zwei Individuen paarweise zusammenlegen und miteinander in Verbindung treten, aber nicht verschmelzen, d. h. daß sie miteinander *konjugieren*. Darauf teilen sich die beiden Konjuganten oder auch nur ihre Kerne zwei bis mehrmals. Erst die so entstandenen Gameten und Gametenkerne sind zu dem eigentlichen Sexualakt befähigt und *kopulieren* miteinander. Wir haben es also hier mit zwei aufeinander folgenden Sexualvorgängen zu tun: der *Konjugation* und der *Kopulation*.

Es erhebt sich nun die Frage, in welchem Falle wir die Partner nur als *sexuell aktiviert* oder als *sexuell männlich oder weiblich determiniert* anzusehen haben. Wir können die Konjuganten als nur aktivierte Zwitter auffassen, die männliche und weibliche Ga-

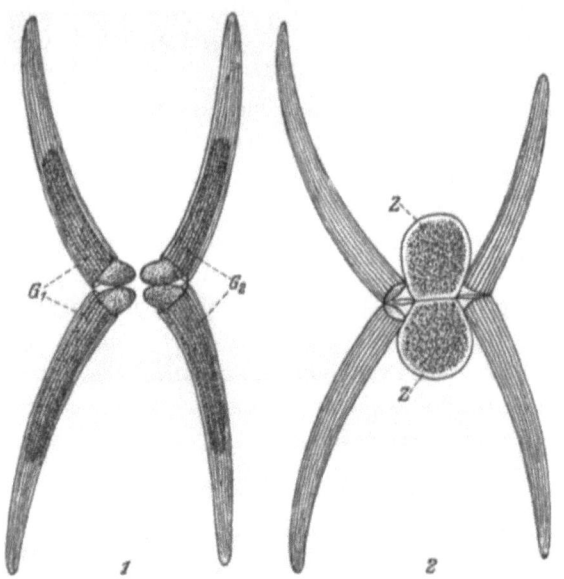

Abb. 106. Kopulation bei *Closterium lineatum*. *1* Schema. Die Gameten der beiden Gamonten (G_1 und G_2) wandern paarweise aufeinander zu. — *2* Die beiden Zygoten (*Z*). (1 nach OLTMANNS 1922, 2 nach RALFS 1848.)

meten oder Gametenkerne bilden. Die Unfähigkeit der von jedem Konjuganten gebildeten Geschwistergameten miteinander zu kopulieren, wäre die Folge einer Selbst-Parasterilität dieser Zwitter. Wenn aber bereits die Konjuganten sexuell in Männchen oder Weibchen determiniert sind, hätten die von einem Konjuganten gebildeten Gameten oder Gametenkerne gleiches Geschlecht, und ihre Sterilität wäre etwas Selbstverständliches. Wir werden sehen, daß bei nahe verwandten Formen beide Typen verwirklicht sind.

b) Desmidiaceen.

Bei verschiedenen *Desmidiaceen*-Arten kopulieren die beiden haploiden einzelligen Gamonten, die sich nebeneinandergelegt haben, ohne weiteres miteinander. Bei anderen Arten dagegen legen sich zwar zwei haploide Individuen nebeneinander, aber sie teilen sich noch einmal vor der Kopulation. Die so entstehenden Schwestergameten jedes Konjuganten kopulieren nun niemals miteinander, sondern nur die Tochterzellen verschiedener Konjuganten (Abb. 106). Die Schwesterzellen sind miteinander parasteril.

Da vollkommene Isogamie vorliegt und sich weder die Konjuganten noch die Gameten unterscheiden lassen, fehlt jede Möglichkeit der Feststellung des Zeitpunktes der sexuellen Determination.

c) Diatomeen.

Bei den *Diatomeen* liegen die Dinge im Prinzip ganz ähnlich, mit dem Unterschied, daß sich die Kerne der Konjuganten, die hier diploid sind, immer teilen, und zwar erfolgen immer die beiden Reifeteilungen. Es werden jedoch niemals dadurch vier Gameten gebildet, sondern nur einer oder höchstens zwei, während die restlichen Kerne zugrunde gehen. Da bei diesen Diatomeen bereits die beiden diploiden Zellen sich paarweise nebeneinanderlegen und damit erkennen lassen, daß sie bereits „sexuell aktiviert" sind, scheint es zunächst, daß es sich um eine phänotypische diplophasische Geschlechtsbestimmung handelt.

Die durch die Reifeteilung bei manchen Arten in jedem der beiden Konjuganten entstandenen Schwesterzellen kopulieren ebensowenig miteinander, wie die entsprechenden Zellen der Desmidiaceen. Auch hier können nur die Gameten verschiedener Herkunft miteinander verschmelzen.

Eine besondere Komplikation besteht nun bei manchen Diatomeen darin, daß die kopulierenden Tochterzellen der isogamen Konjuganten, zum mindesten scheinbar, anisogam sind und als männlich, bzw. weiblich bezeichnet werden können. Wir können zwei Typen unterscheiden: die isogamen und die anisogamen Arten.

α) **Isogame Arten.** In dem zuerst von KLEBAHN (1896) beschriebenen Falle von *Rhopalodia gibba* verhalten sich die Gameten vollkommen gleich. Die Gameten verschiedener Konjuganten

300 Parasterilität der Thallophyten und Protisten.

wandern paarweise aufeinander zu, und die Zygoten liegen in der Mitte zwischen den beiden Konjuganten (Abb. 107).

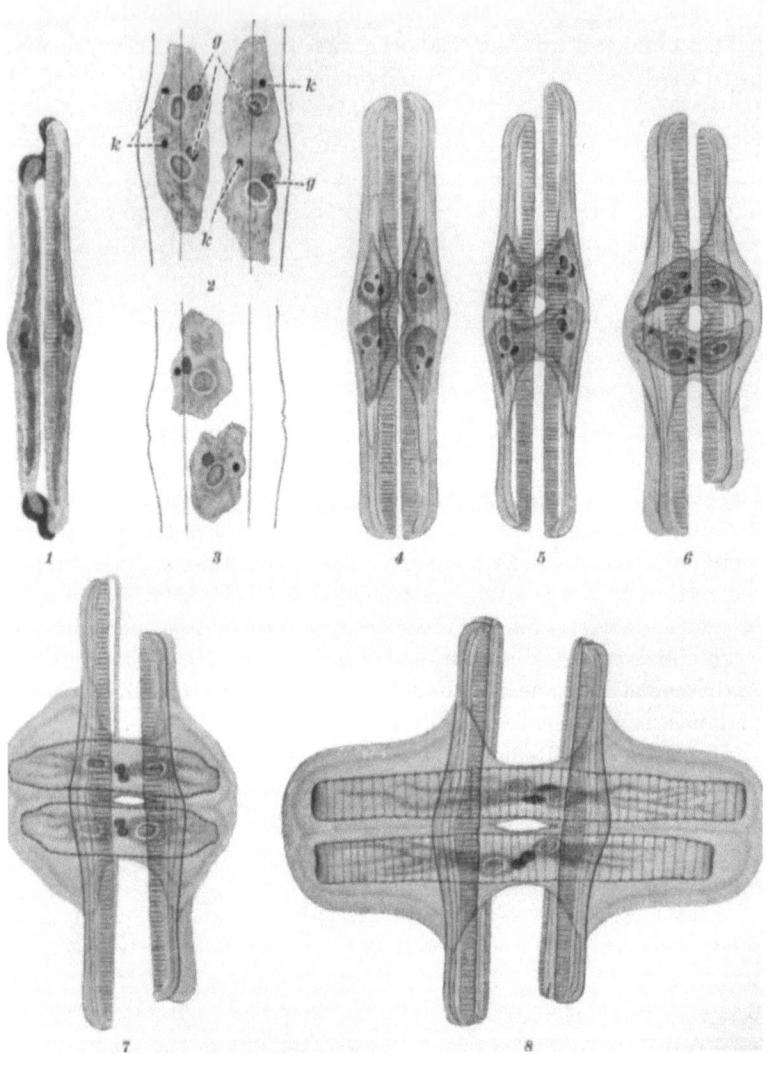

Abb. 107. Sexualvorgänge bei *Rhopalodia gibba*. *1* Die beiden Konjuganten mit den Zellenden verklebt. — *2* bis *4* Bildung von je 2 Gameten in jedem Konjuganten (in *3* nur der eine gezeichnet). Jeder Gamet erhält neben dem Pyrenoid (dunkel mit hellem Hof) einen Großkern, den eigentlichen Geschlechtskern *(g)*, und einen degenerierenden Kleinkern *(k)*. — *5* Paarweise Kopulation der Gameten. — *6—8* Weiterentwicklung der beiden Zygoten in Auxosporen. Die Kleinkerne bereits verschwunden. (Nach KLEBAHN 1896.)

β) **Anisogame Arten.** Anders liegen die Verhältnisse dagegen bei den von GEITLER (1928a, b, 1930) untersuchten Arten *Nitzschia subtilis* und *Gomphonema gracile* var. *naviculoides*. Auf die Verhältnisse bei *Cymbella lanceolata*, bei der GEITLER (1927) bisher nur fünf konjugierende Zellenpaare beobachten konnte, wollen wir nicht genauer eingehen. Bei *Nitzschia* und *Gomphonema* wandern nicht, wie bei *Rhopalodia*, die vier Gameten paarweise aufeinander zu, sondern zunächst wandert der eine Gamet des einen Konjuganten (a_2) zu dem ihm gegenüberliegenden Gameten

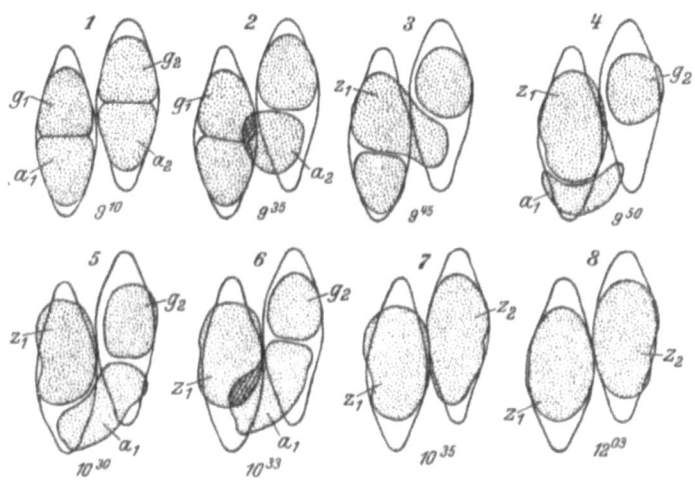

Abb. 108. Kopulation bei *Gomphonema gracile* var. *naviculoides*. 1 Die beiden Konjuganten mit je 2 Gameten. — 2—3 Kopulation des ersten Gametenpaares (g_1 und a_2) und Bildung der einen Zygote (z_1). — 4—7 Kopulation des zweiten Gametenpaares (g_2 und a_1) und Bildung der zweiten Zygote (z_2). — 8 Die beiden Zygoten. Im Leben verfolgt. (Nach GEITLER 1930.)

des anderen Konjuganten (g_1 und bildet eine Zygote. Darauf wandert nun der andere Gamet (a_1) des zweiten Konjuganten zu dem noch unbefruchteten Gameten (g_2) hinüber und bildet mit ihm auch eine Zygote (Abb. 108). Die beiden Schwestergameten eines und desselben Konjuganten verhalten sich also verschieden, der eine wandert aktiv (a), der andere verhält sich rein passiv bis zur Befruchtung (g). GEITLER (1928a) sieht nun in diesem verschiedenen Verhalten das Anzeichen einer Geschlechtsdifferenzierung. Die aktiven Gameten sollen die „männlichen", die passiven die „weiblichen" sein. „Das Aneinanderlegen der diploiden Mutterzellen ist (nach GEITLER) *nicht* der Ausdruck eines Geschlechtsunterschiedes ... Eine Kopulationsstimmung muß eben noch nicht der Ausdruck eines Geschlechtsunterschiedes sein. Sie ist nur *eine* Teilerscheinung des komplexen Sexualphänomens, die *manchmal* mit der Auseinanderlegung der Geschlechter zusammenfällt" (l. c. S. 438).

Nach den Untersuchungen von CHOLNOKY (1928) verläuft der Geschlechtsakt bei *Anomoenoneis sculpta* E. CL. ganz ähnlich. Zunächst legen sich zwei Zellen nebeneinander und umgeben sich mit einer gemeinsamen Gallerte. Diese beiden Zellen sind meistens Schwesterzellen. Dann teilen sich die Kerne der beiden Konjuganten zweimal, wobei die Chromosomenreduktion erfolgt. Nur zwei Kerne bleiben am Leben, während die anderen beiden degenerieren. Die Konjuganten teilen sich in zwei Gametenzellen, die mehr oder weniger verschieden groß, aber niemals gleich groß sind. Dann wandert anscheinend zuerst die kleine Gamete des einen Konjuganten zu der größeren des anderen und danach die kleine des zweiten Konjuganten zu der größeren des ersten hinüber. Auch hier bilden also nur die Gameten der verschiedenen Konjuganten Zygoten miteinander, während die Schwestergameten nicht miteinander kopulieren können.

Wenn wir uns der Auffassung dieser Autoren anschließen, müssen wir *die Konjuganten der anisogamen Arten als Zwitter auffassen. Ihre meist strenge Selbst-Parasterilität verhindert eine Kopulation der Geschwistergameten.* Nur selten wird diese Parasterilität durchbrochen und die Gameten eines Konjuganten kopulieren miteinander (GEITLER 1930).

d) Ciliaten.

α) **Allgemeines.** Bei dem Sexualakt der *Ciliaten* konjugieren erst zwei diploide Zellen miteinander. Dann teilen sich die Mikronuklei der Konjuganten ein- bis viermal, wobei wahrscheinlich immer die Chromosomenreduktion durchgeführt wird. Von den auf diese Weise gebildeten Kernen bleiben immer nur zwei funktionsfähig. Diese Kerne sind die eigentlichen Geschlechtskerne. Je einer dieser Kerne der Konjuganten wandert in den anderen Konjuganten als sogenannter männlicher oder Wanderkern hinüber und befruchtet den dort verbliebenen sogenannten weiblichen oder stationären Kern. Dann trennen sich die auf diese Weise befruchteten Konjuganten wieder voneinander, ohne daß eine Plasmogamie erfolgt wäre (vgl. Abb. 109).

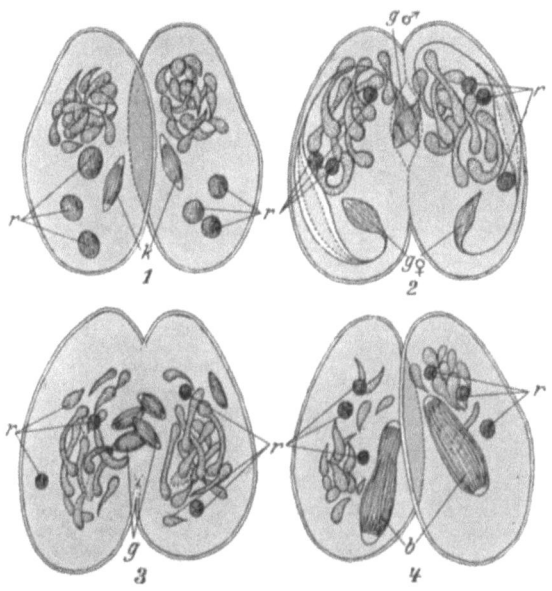

Abb. 109. Konjugation von *Paramaecium putrinum*. *1* In jedem Konjuganten 3 degenerierende Mikronuklei (*r*) und ein vierter Mikronukleus (*k*), der sich zu der letzten progamen Teilung anschickt. — *2* Die letzte progame Teilung ist durchgeführt. Je ein Tochterkern, der stationäre Kern (*g* ♀), ist in der Mutterzelle geblieben, der andere, der Wanderkern (*g* ♂), wird über die Plasmabrücke in den anderen Konjuganten geschoben. — *3* Alle vier Gametenkerne nebeneinander in der Plasmaverbindung. — *4* In jedem Konjuganten ist eine große Befruchtungsspindel (*b*) entstanden. *k*: Pronuklei; — *g*: Geschlechtskerne; — *b*: Befruchtungsspindel; *r*: Reste der degenerierenden drei Mikronuklei. Die übrigen Inhaltskörper sind die Reste der zerfallenen Makronuklei. (Etwas verändert nach DOFLEIN aus DOFLEIN-REICHENOW 1927.)

β) **Anisogamie der Konjuganten.** Während nun aber bei den Diatomeen die Konjuganten meist gleich groß waren und sich gleich verhielten, finden wir bei manchen Ciliaten charakteristische Verschiedenheiten der Konjuganten.

Bei einer ganzen Reihe von Arten, z. B. bei *Chilodon uncinatus* nach ENRIQUES (1907), sind die Konjuganten gleich groß.

Bei *Paramaecium putrinum* fand DOFLEIN (1907) und bei *Stentor coeruleus* MULSOW (1913), daß die Hälfte aller konjugierenden Zellenpaare aus gleich großen Konjuganten, die andere aus verschieden großen Konjuganten bestanden. Das gleiche beobachtete DOGIEL (1925) bei 300 Pärchen von *Cycloposthium bipalmatum*. Es gelang ihm auch, die Entwicklungsgeschichte genauer zu untersuchen. Die Mutterzellen der Konjuganten bilden die konjugierenden Zellen durch eine inäquale Querteilung. Die größere Vorderhälfte bildet die großen Konjuganten, die kleinere Hinterhälfte kleine. Diese beiden Konjugantensorten verhalten sich aber bei der Konjugation ganz gleich. Es konjugieren also ebenso häufig gleich große oder gleich kleine Konjuganten miteinander, als ver-

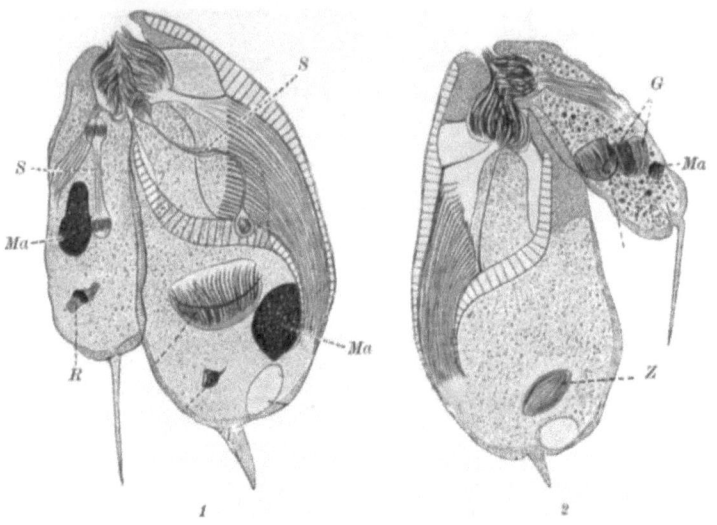

Abb. 110. Konjuganten bei *Opisthotrichum janus*. In Fig. *1* der Mikrokonjugant links, der Makrokonjugant rechts; in Fig 2 umgekehrt. Fig. 1 Mikronuklei in der letzten progamen Teilung begriffen. Die Spindel (S) im Makrokonjuganten schon sehr stark gestreckt. — *2* Befruchtung. Im Makrokonjuganten die Kerne zum Zygotenkern (Z) verschmolzen. Im Mikrokonjuganten die beiden Gametenkerne (G) noch getrennt nebeneinander. — S: letzte progame Spindel; — G: Gametenkerne; — Z: Zygotenkern; — R: Reste degenerierter Mikronuklei; — Ma: Reste des Makronukleus. (Nach DOGIEL 1925.)

schieden große. Gleichgültig, wie groß die Konjuganten sind, immer wandert je ein Kern aus dem einen in den anderen Konjuganten, und immer werden beide Konjuganten normal befruchtet. Eine ähnliche, nur scheinbare Verschiedenheit der Konjuganten tritt auch bei einigen weiteren Ciliaten auf, worauf hier jedoch nicht weiter eingegangen werden soll (vgl. DOGIEL 1925, S. 426/427).

Einen Schritt weiter in der Geschlechtsdifferenzierung der Konjuganten geht *Opisthotrichum janus* nach DOGIEL (1925) (Abb. 110). Auch hier entstehen wieder durch eine inäquale Querteilung aus den Mutterzellen zwei verschieden große Konjuganten. In der Mehrzahl der Fälle konjugieren aber auch verschieden große Konjuganten. Die Konjugation erfolgt in der üblichen Weise durch den Übertritt der Wanderkerne, und beide Konjuganten, sowohl die befruchteten Makro- wie die befruchteten Mikrokonju-

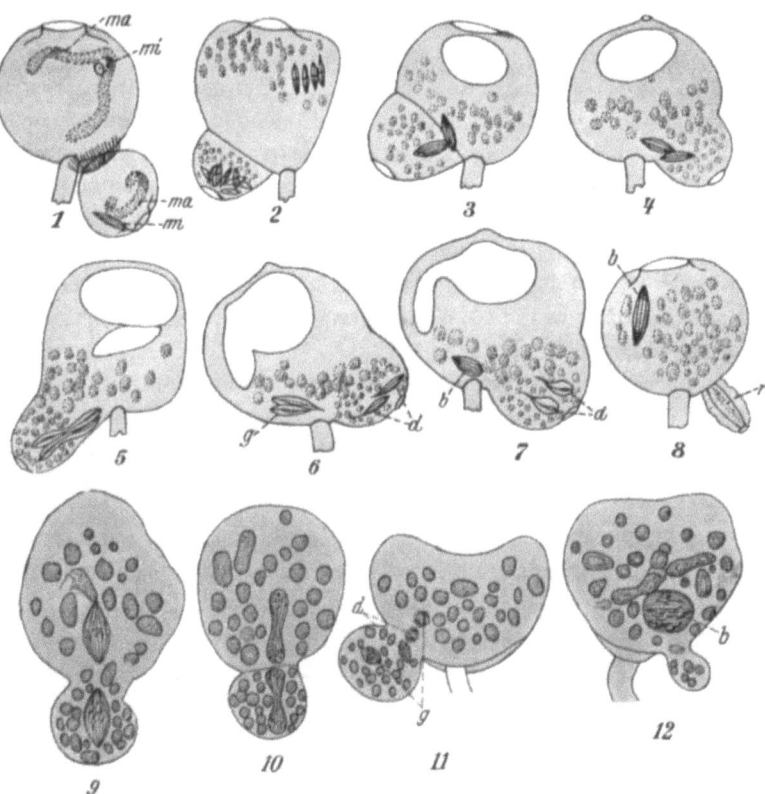

(Abb. 111. Konjugation von *Vorticella monilata* (*1—8*) und von *Cankesium polypinum* (*9—12*). Die beiden Konjuganten haben sich eben zusammengelegt. Makronukleus (*ma*) und Mikronukleus (*mi*) noch unverändert. — *2* Makronukleus zerfallen. Mikronukleus im Makrokonjuganten in 4, im Mikrokonjuganten in 8 Kerne geteilt. — *3*, *4* Alle Mikronuklei bis auf je einen degeneriert. — *5*, *6* und *9—11* letzte progame Teilung. In jedem Konjugantenpaar degenerierende Kerne (*d*) und es bleiben zwei Geschlechtskerne (*g*) übrig. — *7*, *8* und *12* Bildung der Befruchtungsspindel (*b*). Der Mikrokonjugant wird abgestoßen *8*, *r*) oder resorbiert (*12*). (Etwas verändert, *1—8* nach MAUPAS 1889, *9—12* nach POPOFF 1908.)

ganten, entwickeln sich normal weiter. Nur in etwa 16% aller Fälle konjugieren zwei Makrokonjuganten miteinander. Aber auch hier ist die Weiterentwicklung ganz normal. Dagegen geht den Mikrokonjuganten offenbar die Fähigkeit, miteinander zu kopulieren, ab.

Das letzte Glied der Reihe bilden nach den Untersuchungen von MAUPAS 1889, POPOFF 1908, KALTENBACH 1916 u. a. die Peritrichen, bei denen wieder Makro- und Mikrokonjuganten gebildet werden. Aber hier können nur verschieden große Konjuganten miteinander konjugieren. Die Konjuganten bilden nun in normaler Weise die beiden Gametenkerne, ganz wie bei den übrigen Ciliaten. Der „Wanderkern" des Mikrogameten tritt in den Makrogameten über und befruchtet dort den stationären Kern. Der „Wanderkern" des Makrokonjuganten tritt in den Mikrokonjuganten und degeneriert. Auch der unbefruchtet bleibende stationäre Kern des Mikrokonjuganten geht zugrunde und mit ihm der ganze Mikrokonjugant (Abb. 111, *1—8*). In anderen Fällen allerdings ist eine Unterscheidung zwischen Wanderkern und stationärem Kern dagegen unmöglich (Abb. 111, *9—12*).

Wir können also bei der Geschlechtsdifferenzierung der Konjuganten der Ciliaten eine Reihe von vollkommener „Isogamie" über „anisogame" Zwischenstadien bis zu einer typischen „Oogamie" aufstellen.

γ) **Anisogamie der Geschlechtskerne.** Es kommt aber noch als weitere Komplikation hinzu, daß die Konjuganten sich, was die eigentliche Kopulation anbelangt, wie Zwitter verhalten. Sie bilden je zwei Geschlechtskerne, und die Tochterkerne jedes Konjuganten sind untereinander immer parasteril, mit den Geschlechtskernen des anderen Konjuganten aber paarweise fertil. Das verschiedene Verhalten der Geschlechtskerne bei der Kopulation läßt nun schon auf eine „Anisogamie" der Kerne schließen. Nach dem üblichen Sprachgebrauch wäre es berechtigt, den Wanderkern als männlich, den stationären Kern als weiblich zu bezeichnen.

Bei einigen Arten findet sich auch eine schwache morphologische Anisogamie der Kerne. Bei *Didinium nasutum* stellte PRANDTL (1906) fest, daß die Polkappen der Wanderkerne wesentlich stärker ausgebildet sind als bei den stationären Kernen. Bei *Stentor*-Arten sind nach MULSOW (1913) (vgl. Abb. 112) die stationären Kerne groß und locker gebaut, die Wanderkerne dagegen klein und dicht.

Bei den Ophryoscoleciden hat DOGIEL (1925) eine viel weitergehende „Anisogamie" der Geschlechtskerne gefunden. Der Wanderkern, der sich durch seine Form deutlich von dem stationären Kern

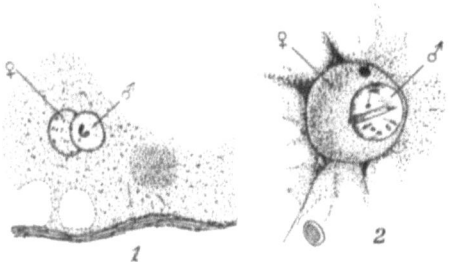

Abb. 112. *1 Stentor coeruleus.* Der hellere Wanderkern (♂) in Kontakt mit dem dichteren stationären Kern (♀). — *2 Stentor polymorphus.* Der locker gebaute Wanderkern (♂) in Kontakt mit dem körnig-dichten stationären Kern (♀). (Nach MULSOW 1913.)

unterscheidet, wandert nicht, wie bei den anderen Ciliaten, durch eine Plasmabrücke aus dem einen in den anderen Konjuganten

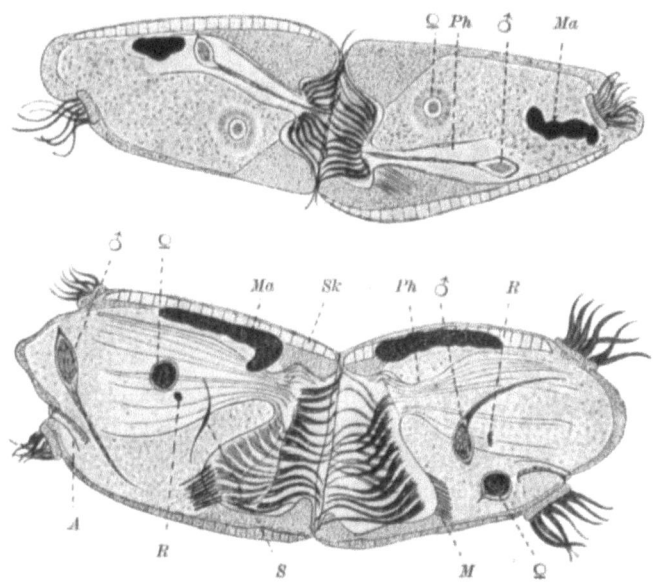

Abb. 113. Konjugation bei *Cycloposthium bipalmatum.* *1* Die „Spermien" (♂) sind bereits durch den Pharynx (*Ph*) in den anderen Konjuganten übergetreten. — *2* Die Spermien (♂) wandern durch das Plasma auf die stationären Kerne (♀) zu. Bei der Bewegung der Spermien ist der keulige Teil das Kopfstück, immer vorn. ♂: Spermium; ♀: stationärer Kern; — *R*: Reste der degenerierten Mikronuklei; — *Ma*: Reste des Makronukleus; — *Ph*: Pharynx; — *A*: After; — *Sk*: Skelettplatte; — *M*: Myonema, die den Wimperapparat retrahieren. (Nach DOGIEL 1925.)

hinüber, sondern er durchquert, umgeben von einer Plasmahülle, einen freien Raum zwischen den beiden Konjuganten. Dieses Gebilde hat äußerlich Ähnlichkeit mit den Spermien der Metazoen (Abb. 113). Wir finden also bei diesen Ciliaten eine deutliche morphologische Verschiedenheit der „Gameten" bzw. der Geschlechtskerne. Die Ciliaten verhalten sich also in gewissem Grade ähnlich wie die hermaphroditen höheren Pflanzen und Tiere, bei denen neben der geschlechtlichen Differenzierung der eigentlichen haploiden Gameten noch eine geschlechtliche Differenzierung des diploiden Somas eintreten kann. Diese Auffassung ist wohl zuerst von SCHAUDINN (1905) geäußert worden und dann vor allem von M. HARTMANN (zuletzt 1929) vertreten worden (vgl. auch DOBELL 1914) im Gegensatz zu R. HERTWIG (1912) und auch G. HERTWIG (1921).

e) Zusammenfassung.

Die eben besprochenen Fälle von Desmidiaceen, Diatomeen und Ciliaten haben alle das gemeinsam, daß die geschlechtlich aktivierten Konjuganten sich nach der Konjugation noch teilen und je zwei Gameten oder wenigstens Gametenkerne bilden. Diese Schwestergameten können isogam oder anisogam sein; aber niemals kopulieren Schwestergameten miteinander, sondern sie sind immer miteinander parasteril. Vom Standpunkte der Konjuganten aus gesehen, liegt also eine Selbst-Parasterilität vor.

3. Selbstparasterilität verbunden mit intraspezifischer Kreuzungsparasterilität.

a) Vorbemerkungen.

Bei isogamen oder schwach anisogamen Arten, wie sie sich unter den niederen Pflanzen gar nicht selten finden, beruht das einzige oder hauptsächliche Kriterium einer sexuellen Verschiedenheit der Gameten (Gamonten, Gametangien usw.) darauf, ob sie miteinander sexuell reagieren oder nicht. Das Nichtreagieren ist das Zeichen der Zugehörigkeit zu dem gleichen Geschlecht oder mit anderen Worten: *gleichgeschlechtliche Gameten sind miteinander parasteril.*

Die Verwendung des Begriffes „Parasterilität" in diesem Zusammenhange ist vollkommen unbedenklich, da mit ihm keine irgendwie gearteten Theorien verknüpft sind. Nach der eingangs gegebenen Definition ist er vielmehr rein deskriptiv abgegrenzt und bezeichnet jedes Nicht-Funktionieren-Können an sich normal funktionsfähiger Gameten in gewissen Verbindungen, und zwar in Kreuzungen sowohl als Selbstungen. Eine Betonung des Parasterilitätskriteriums bei der Unterscheidung der Geschlechtszellen ausgesprochen anisogamer oder gar oogamer Formen ist überflüssig, da diese durch ihre Form (bei sogenannter „morphologischer Anisogamie") oder ihr Verhalten (bei „physiologischer Anisogamie") eindeutig charakterisiert sind. Bei isogamen Arten sind wir dagegen auf das Parasterilitätskriterium angewiesen.

Zwischen der Sexualität und der Parasterilität besteht nun aber ein wichtiger Unterschied. Es gibt immer nur eine Zweigeschlechtlichkeit. Nur zwei Gameten kopulieren und bilden eine Zygote, abgesehen von selten auftretenden dreifachen Befruchtungen. Die Sexualität ist daher notwendigerweise immer „bipolar".

Anders dagegen die Parasterilität. Jeder sexuell aktivierte Gamont oder Gamet kann mit anderen Gamonten oder Gameten parasteril sein oder nicht. Wir können drei Stufen der Parasterilität unterscheiden:

Wenn jeder Gamont oder Gamet mit jedem beliebigen anderen kopulieren kann, *so fehlt jede Parasterilität*. Derartige Verhältnisse finden sich vielleicht bei isogam monözischen Formen.

Wenn wir dagegen zwei Gruppen von Gamonten unterscheiden können, die sich dadurch unterscheiden, daß nur die zu verschiedenen Gruppen gehörigen Gamonten miteinander sexuell reagieren können, während die Gamonten der gleichen Gruppe untereinander parasteril sind, dann haben wir es mit der weit verbreiteten *bipolaren Parasterilität* zu tun, die sich mit der „bipolaren" Sexualität deckt.

Schließlich gibt es Fälle, in denen mehrere Gruppen unterschieden werden können, die intrasteril und interfertil sind. Hier handelt es sich dann um eine *multipolare Parasterilität*.

Wir lassen hier zunächst bewußt jede Berücksichtigung der Theorie der Sexualitätsverhältnisse außer Betracht. Es ist sehr wohl möglich, daß die Parasterilitätserscheinungen mit der eigentlichen sexuellen Spannung zweier Gameten oder Gamonten nicht unmittelbar verknüpft sind. Man könnte mit JOLLOS (1926) „einen Unterschied machen zwischen ‚sexueller Affinität', d. h. den das

Zusammenkommen der Gameten bedingenden Faktoren und ‚sexueller Konstitution der Gameten'" (S. 288) oder mit KNIEP zwischen „kopulationsbedingenden Faktoren" und den eigentlichen Geschlechtsfaktoren. „Diese kopulationsbedingenden Faktoren", schreibt KNIEP (1928, S. 264), „sind an und für sich nicht identisch mit denjenigen Faktoren, die das hervorrufen, was man Geschlechtsunterschiede nennt. Da der Kopulationsprozeß ein Geschlechtsakt ist, läßt es sich allerdings rechtfertigen, daß man die Faktoren, die ihn bedingen, Geschlechtsfaktoren nennt. In Anbetracht der Diskussion, die sich neuerdings an die hier zu behandelnde Frage angeknüpft hat, soll dieser Ausdruck aber, um Mißverständnissen vorzubeugen, vermieden werden. Eine sichtbare geschlechtliche Differenzierung ist nur bei den Formen vorhanden, die wir anisogame nennen. Die Faktoren, die sie hervorrufen, können allgemein als Geschlechtsdifferentiatoren bezeichnet werden, wobei auch hier zunächst ganz davon abgesehen werden soll, ob die Geschlechtsdifferenzierung erblich festgelegt ist oder nicht." Die Parasterilität beruht also auf einem Versagen der kopulationsbedingenden Faktoren von KNIEP.

Demgegenüber vertritt HARTMANN (1929) den Standpunkt, daß die Parasterilitätserscheinungen nur ein Teilphänomen der Sexualität seien, die ihrerseits immer „bipolar" ist. Während hier die Erscheinungen der bipolaren Parasterilität keinerlei Schwierigkeiten machen, bereiten die Fälle einer multipolaren Parasterilität gewisse, aber überwindliche Schwierigkeiten.

Mit diesen kurzen Hinweisen soll hier die Diskussion der Frage: Sterilität versus Sexualität abgebrochen werden. Eine genauere Besprechung der Literatur und der Ansicht anderer Forscher würde hier auch viel zu weit führen. Es genügt, die Ansichten der beiden Autoren, die die Frage von entgegengesetztem Standpunkte in neuester Zeit ausführlich diskutiert haben, KNIEP (1928) und HARTMANN (1929), etwas genauer charakterisiert zu haben, da für die vorliegende Darstellung die Entscheidung dieser Streitfrage auch nicht von prinzipieller Wichtigkeit ist. Die Tatsache, daß die Gamonten oder Gameten einer Art in gar keine, in zwei oder in viele Parasterilitätsgruppen zerfallen, die intraparasteril und interfertil sind, wird damit nicht betroffen, nur ihre Interpretation.

Da „es nun eine außerordentlich weit verbreitete Erscheinung ist, daß die kopulationsbedingenden Faktoren mit den Geschlechtern aufs engste liiert sind" (KNIEP 1928, S. 464), würde eine ins einzelne gehende Besprechung der Parasterilitätserscheinungen der niederen Pflanzen, besonders bei bipolarer Parasterilität, auf eine Besprechung ihrer geschlechtlichen Fortpflanzungen hinauskommen. Auf eine solche können wir jedoch unter Hinweis auf die zusammenfassenden Werke von OLTMANNS (1922/23), GÄUMANN (1926), KNIEP (1928) und HARTMANN (1929) verzichten. Wir wollen uns darauf beschränken, nur einige Hauptpunkte ausführlicher zu diskutieren.

Von Wichtigkeit für das genauere Verständnis erscheint jedoch eine Besprechung der Durchbrechungskopulationen oder mit anderen Worten der „Pseudofertilität", auf die wir besonders eingehen werden.

b) Fehlen jeder Kreuzungsparasterilität.

Ob es eine „omnipolare Sexualität", die also durch die Fähigkeit der Gameten, mit jedem anderen Gameten zu kopulieren, charakterisiert ist, d. h. also durch das Fehlen jeder Parasterilität, tatsächlich gibt, ist eine Frage, die zur Zeit kaum entschieden werden kann. Auch bei monözischen isogamen Formen ist es immer möglich, daß die Gameten im Laufe der Ontogenie phänotypisch bipolar determiniert werden. Wenn Gameten einer solchen Art nicht kopulieren, wie es bei einigen Algen vorkommt, so kann das ebensogut an einer Parasterilität dieser Gameten untereinander, als auch an einer durch die besonderen Versuchsbedingungen hervorgerufenen absoluten Sterilität, d. h. einer vollkommenen Kopulationsunfähigkeit der Gameten liegen.

c) Bipolare und multipolare Parasterilität.

Eine genotypisch oder phänotypisch determinierte bipolare Parasterilität findet sich bei der überwiegenden Mehrzahl der Algen und Pilze. Bei den Basidiomyzeten finden wir sowohl genotypisch bedingte bipolare als auch multipolare Parasterilität. Diese Verhältnisse sollen kurz an Hand einiger Beispiele besprochen werden.

Bei *genotypisch bedingter Bipolarität* müssen die durch die Reduktionsteilung gebildeten Sporen der Fruchtkörper zwei gleich große Parasterilitätsgruppen bilden. Die aus den Genen sich entwickelnden Haplomyzelien kopulieren nur dann miteinander, wenn sie zu verschiedenen Parasterilitätsgruppen gehören. Dieser Fall ist im Schema (Tabelle 63) veranschaulicht, in dem die Geschlechtsreaktionen von 10 Haplomyzelien, die aus Sporen eines Fruchtkörpers des Pilzes *Coprinus comatus* isoliert worden sind, wiedergegeben sind. Man erkennt deutlich, daß zwei Parasterilitätsgruppen auftreten, die interfertil und intrasteril sind.

Tabelle 63. Bipolare Parasterilität bei *Coprinus comatus* (nach KNIEP 1928, S. 399).

♀\♂	1	2	3	4	5	6	7	8	9	10
1	−	−	−	−	−	+	+	+	+	+
2	−	−	−	−	−	+	+	+	+	+
3	−	−	−	−	−	+	+	+	+	+
4	−	−	−	−	−	+	+	+	+	+
5	−	−	−	−	−	+	+	+	+	+
6	+	+	+	+	+	−	−	−	−	−
7	+	+	+	+	+	−	−	−	−	−
8	+	+	+	+	+	−	−	−	−	−
9	+	+	+	+	+	−	−	−	−	−
10	+	+	+	+	+	−	−	−	−	−

Bei anderen Arten von Basidiomyceten treten zwei Paare von Parasterilitätsallelen auf, so daß jeder Diplont im ganzen 2×2 oder 4 Parasterilitätsgene enthält. Da nur solche Haplomyzelien miteinander kopulieren können, die sich in allen Parasterilitätsgenen unterscheiden, solche, die auch nur einen Faktor gemein haben, dagegen miteinander parasteril sind, so treten in der Nachkommenschaft eines Fruchtkörpers vier Parasterilitätsgruppen auf. Wie das Schema (Tabelle 64) zeigt, haben wir es in einem solchen Falle mit einer „*tetrapolaren*" *Parasterilität* zu tun.

Es hat sich nun aber herausgestellt, daß in manchen Fällen die festgestellte Bipolarität oder Tetrapolarität nur eine scheinbare ist. Die Nachkommen *eines* Fruchtkörpers geben zwar bei diesen Arten zwei bzw. vier Parasterilitätsgruppen und zeigen dadurch das Vorhandensein von einem Paar von Allelen ($A:a$) oder zwei Paaren ($A:a$) und ($B:b$) an. Wenn man dagegen die Haplomyzelien *verschiedener* Fruchtkörper miteinander vergleicht, dann stellt sich oft heraus, daß die Parasterilitätsgruppen der verschiedenen Fruchtkörper nicht die gleichen sind. Es gibt nicht nur zwei oder vier Sorten von Haplomyzelien, sondern wesentlich mehr. So fand BRUNSWIK (1924) bei dem scheinbar bipolaren *Co-*

Tabelle 64. Tetrapolare Parasterilität bei *Schizophyllum commune* (nach KNIEP, 1928, Tab. 16).

		1	4	6	7	14	17	20	24	5	8	15	19	22	2	10	11	16	23	3	9	12	13	18	21	25
AB	1	−	−	−	−	−	−	−	−	+	+	+	+	+	−	−	−	−	−	−	−	−	−	−	−	−
	4	−	−	−	−	−	−	−	−	+	+	+	+	+	−	−	−	−	−	−	−	−	−	−	−	−
	6	−	−	−	−	−	−	−	−	+	+	+	+	+	−	−	−	−	−	−	−	−	−	−	−	−
	7	−	−	−	−	−	−	−	−	+	+	+	+	+	−	−	−	−	−	−	−	−	−	−	−	−
	14	−	−	−	−	−	−	−	−	+	+	+	+	+	−	−	−	−	−	−	−	−	−	−	−	−
	17	−	−	−	−	−	−	−	−	+	+	+	+	+	−	−	−	−	−	−	−	−	−	−	−	−
	20	−	−	−	−	−	−	−	−	+	+	+	+	+	−	−	−	−	−	−	−	−	−	−	−	−
	24	−	−	−	−	−	−	−	−	+	+	+	+	+	−	−	−	−	−	−	−	−	−	−	−	−
ab	5	+	+	+	+	+	+	+	+	−	−	−	−	−	−	−	−	−	−	−	−	−	−	−	−	−
	8	+	+	+	+	+	+	+	+	−	−	−	−	−	−	−	−	−	−	−	−	−	−	−	−	−
	15	+	+	+	+	+	+	+	+	−	−	−	−	−	−	−	−	−	−	−	−	−	−	−	−	−
	19	+	+	+	+	+	+	+	+	−	−	−	−	−	−	−	−	−	−	−	−	−	−	−	−	−
	22	+	+	+	+	+	+	+	+	−	−	−	−	−	−	−	−	−	−	−	−	−	−	−	−	−
Ab	2	−	−	−	−	−	−	−	−	−	−	−	−	−	−	−	−	−	−	+	+	+	+	+	+	+
	10	−	−	−	−	−	−	−	−	−	−	−	−	−	−	−	−	−	−	+	+	+	+	+	+	+
	11	−	−	−	−	−	−	−	−	−	−	−	−	−	−	−	−	−	−	+	+	+	+	+	+	+
	16	−	−	−	−	−	−	−	−	−	−	−	−	−	−	−	−	−	−	+	+	+	+	+	+	+
	23	−	−	−	−	−	−	−	−	−	−	−	−	−	−	−	−	−	−	+	+	+	+	+	+	+
aB	3	−	−	−	−	−	−	−	−	−	−	−	−	−	+	+	+	+	+	−	−	−	−	−	−	−
	9	−	−	−	−	−	−	−	−	−	−	−	−	−	+	+	+	+	+	−	−	−	−	−	−	−
	12	−	−	−	−	−	−	−	−	−	−	−	−	−	+	+	+	+	+	−	−	−	−	−	−	−
	13	−	−	−	−	−	−	−	−	−	−	−	−	−	+	+	+	+	+	−	−	−	−	−	−	−
	18	−	−	−	−	−	−	−	−	−	−	−	−	−	+	+	+	+	+	−	−	−	−	−	−	−
	21	−	−	−	−	−	−	−	−	−	−	−	−	−	+	+	+	+	+	−	−	−	−	−	−	−
	25	−	−	−	−	−	−	−	−	−	−	−	−	−	+	+	+	+	+	−	−	−	−	−	−	−

prinus comatus neun verschiedene Haplomyzelien, die alle untereinander fertil waren und damit ebensovielen Parasterilitätsgruppen entsprechen; und bei dem scheinbar tetrapolaren *Coprinus fimetarius* fand er sogar 27 verschiedene Parasterilitätsgruppen. Es liegt hier eine deutliche *multipolare Sexualität* vor.

Die genetische Erklärung für diese auffallenden Tatsachen sehen wir mit KNIEP (1922) darin, daß wir es mit Reihen von multiplen Parasterilitätsgenen zu tun haben. Bei den scheinbar bipolaren Formen existiert nur eine solche Serie von Allelen A_1, A_2 ... Jeder einzelne diploide Fruchtkörper enthält immer nur zwei Allele dieser Serie (z. B. $A_1 A_2$). Daher geben die aus einem Fruchtkörper isolierten Haplomyzelien immer das Bild einer bipolaren Parasterilität. Bei den scheinbar tetrapolaren Arten haben wir es mit zwei Serien von Allelen zu tun, A_1, A_2 ... und B_1, B_2 ..., die miteinander kombiniert werden. In jedem diploiden Fruchtkörper sind im ganzen vier Parasterilitätsfaktoren anwesend, je zwei von jeder Allelenserie (z. B. $A_1 A_2 B_1 B_2$). Dementsprechend finden wir in der Nachkommenschaft eines einzelnen diploiden Fruchtkörpers das charakteristische „Viererschema" der tetrapolaren Parasterilität. Erst wenn man die Haplomyzelien aus verschiedenen Fruchtkörpern miteinander kombiniert, stellt sich die tatsächlich vorhandene Multipolarität heraus.

Man nahm lange Zeit an, daß die Unterschiede dieser multiplen Allele qualitativer Art wären. Nur Gameten mit Allelen verschiedener qualitativer Wirkung sollten imstande sein, miteinander zu kopulieren. In neuester Zeit haben KNIEP (1928) und HARTMANN (1929) im Anschluß an die GOLDSCHMIDTsche Theorie der quantitativen Grundlage der Verschiedenheiten der Genwirkung die Ansicht vertreten, daß auch die Unterschiede der Wirkung der multiplen Parasterilitätsfaktoren bei den Pilzen quantitativer Natur wären. Gameten mit Allelen gleicher Wirkungsstärke sind miteinander parasteril, solche verschiedener Quantität dagegen immer fertil. Der Unterschied der Anschauungen der beiden Autoren liegt darin, daß HARTMANN in den verschiedenen Genen die männlichen bzw. weiblichen Realisatoren sieht, KNIEP dagegen nur kopulationsbedingende Faktoren.

Ein Nachweis des tatsächlichen Vorhandenseins derartiger Quantitätsunterschiede liegt bisher ebensowenig vor, wie ein zwingender Beweis für das Vorkommen qualitativer Unterschiede der Wirkung der Parasterilitätsallele. Die quantitative Interpretation hat jedoch von genetischen Gesichtspunkten aus den Vorteil, daß man leicht die Multipolarität auf die Bipolarität zurückführen kann. Wir können die multiplen Allele nach ihrer Wirkungsstärke in einer Reihe anordnen, die von einem Extrem, dem einen Pol, zu einem Gegenpol führt.

Wir kommen damit wieder zu der gleichen Frage, die wir oben bereits für die höheren Pflanzen diskutiert haben: Sind die Unterschiede der Stoffe, die die Parasterilität hervorrufen, pualitativer oder quantitativer Art? Eine definitive Entscheidung läßt sich bisher nicht treffen. Ein direkter Vergleich der Verhältnisse bei der multipolaren Sexualität der Basidiomyceten mit dem oben (S. 64—78) besprochenen Personatenschema, dessen Durchführung von einigen Autoren versucht worden ist (BRUNSWICK 1924, F. v. WETTSTEIN 1924, MORGAN 1926, BRIEGER 1926) ist vollkommen unberechtigt. Das einzige Vergleichsmoment wäre ja das Vorhandensein multipler Allele.

d) Kreuzungsparasterilität geographischer Rassen.

Einen Gegensatz zu den bisher referierten Angaben, daß Haplomyzelien, die sich in den Parasterilitätsfaktoren unterscheiden, miteinander kreuzungsfertil sind, bilden die neuen Befunde von VANDENDRIES (1927). Bei der Kombination einer Anzahl standortfremder Haplomyzelien von *Coprinus micaceus* von sehr verschiedenen Standorten ergaben die meisten Kombinationen eine vollkommene Kreuzungsparasterilität. Einige wenige, über das Material regellos verteilte Verbindungen waren schwach oder ganz fertil.

Da wir nicht annehmen können, daß alle diese Myzelien die gleichen Faktoren enthalten, muß man diese Verhältnisse durch besondere Annahmen zu erklären suchen. VANDENDRIES (1929) nimmt an, daß es neben den bisher besprochenen Faktoren noch weitere, diesen übergeordnete Gene gibt. Nur wenn zwei Myzelien in diesen Genen gleich sind, kann eine sexuelle Reaktion stattfinden, vorausgesetzt, daß es die sonstige Konstitution erlaubt. Sind dagegen die übergeordneten Faktoren verschieden, dann ist die Kreuzung auf jeden Fall parasteril. Das Vorhandensein eines solchen übergeordneten Parasterilitätsfaktors ist zwar durchaus möglich, aber ein Beweis für diese Annahme von VANDENDRIES fehlt noch. KNIEP (1929) sucht die Verhältnisse in anderer Weise zu erklären. Er geht von der oben besprochenen Annahme aus, daß Parasterilität oder Fertilität auf dem Vorhandensein von kopulationskontrollierenden Erbfaktoren gleicher oder verschiedener Wirkungsstärke beruht. Nur wenn sie verschieden ist, kann eine Kopulation erfolgen. Die Parasterilität der angegebenen Standortsformen von VANDENDRIES soll nun darauf beruhen, daß die Wirkungsstärke *zu* verschieden geworden ist. ,,Positive Reaktionen können nur dann stattfinden, wenn die Verschiedenheit der kopulationsbedingenden Faktoren innerhalb eines gewissen Größenbereiches liegt. Wird dieser nach unten oder oben überschritten, so bleibt die Reaktion aus" (S. 425, 1929). Die Verbindung ist in beiden Fällen parasteril.

e) Abgeschwächte Parasterilität (Pseudofertilität).

Ebenso wie in dem vorhergehenden Kapitel wollen wir auch in diesem nach Möglichkeit von einer Diskussion der Beziehungen zwischen Parasterilität und Sexualität absehen. Wir werden daher in die folgende Besprechung ohne weitere Diskussion auch die Fälle von „relativer Sexualität" nach HARTMANN einbeziehen. Die entwicklungsphysiologische Frage, die in den meisten Fällen auch kaum entscheidbar wäre, ob die Unvollkommenheit der Parasterilität auf einer gelegentlichen Abschwächung einer Kopulationshemmung oder einem gelegentlichen Auftreten einer Kopulationsstimmung beruht, soll nicht diskutiert werden.

α) **Algen: Dasycladus clavaeformis.** Nach den Untersuchungen von BERTHOLD (1880) und OLTMANNS (1922/23) galt die Grünalge *Dasycladus clavaeformis* als streng haplo-diözisch. JOLLOS (1926) untersuchte an einem großen Material in Neapel die Kopulationsverhältnisse und kam dabei zunächst zu der gleichen Feststellung. Die aus der Natur gesammelten Einzelindividuen produzierten in großer Zahl zweigeißelige Gameten, die nicht miteinander kopulierten: *Die Einzelindividuen waren selbst-parasteril.* Nach ihrem Verhalten ließen sich die Individuen in zwei intrasterile, aber interfertile Gruppen teilen. Es lag also eine deutliche Diözie vor. Neben dieser physiologischen „Anisogamie" konnte JOLLOS noch einen zweiten Unterschied der Gameten feststellen. Die Gameten der als + bezeichneten Gruppe verloren eher ihre Kopulationsfähigkeit als die der anderen.

JOLLOS stellte nun aber gleich bei seinen ersten Versuchen fest, daß die Gruppensterilität nicht sehr streng war, da öfters die Kombinationen von Gameten zweier Individuen der gleichen Gruppe fertil ausfielen. Die Stärke der Sexualreaktionen schwankte ebenso wie die der echt fertilen. Besonders auffällig waren die Fertilitätserscheinungen bei einer letzten Versuchsreihe, deren Ergebnisse tabellarisch in Tabelle 65 wiedergegeben sind. Während bisher immer — trotz gelegentlicher Neigung zu Pseudo-Kreuzungsfertilität — die Individuen streng selbst-parasteril waren, traten jetzt auch selbstfertile Individuen auf, die wir also als monözisch zu bezeichnen hätten, und zwar waren von den 20 untersuchten Individuen mehr als die Hälfte (11) selbstfertil. Ferner zeigt die Tabelle, daß die Individuen zwar deutlich in zwei Sterilitätsgruppen zerfallen, daß aber der Grad der Kreuzungs-Pseudofertilität recht hoch ist.

Über die Bedingungen, die diese Selbst-Pseudofertilität verursacht haben, lassen sich höchstens Vermutungen äußern. Unter

Selbstparasterilität mit intraspezifischer Kreuzungsparasterilität. 317

Tabelle 65. **Selbst- und Kreuzungsparasterilität bei** *Dasycladus clavaeformis* (nach Angaben von JOLLOS 1926).

	204	217	213	229	218	230	232	206	202	208	219	201	211	215	210	203	212	231	207	205
204	S	−	−	−	−	−	−	+	##	##	##	##	##	##	##	##	##	##	##	##
217		S	−	−	−	−	−	−	##	##	##	##	##	##	##	##	##	##	##	##
213			S	−	−	##	⊕	+	##	##	##	##	##	##	##	##	−	##	##	##
229				F	−	⊕	−	−	##	##	##	##	##	##	##	##	##	##	·	##
218					F	⊕	+	−	##	##	##	##	##	##	##	##	##	##	##	##
230						F	⊕	⊕	##	##	##	##	##	##	##	##	##	##	##	##
232							F	+	##	##	+	##	##	##	##	·	##	##	·	##
206								S	·	·	##	##	##	##	##	·	##	−	##	·
202									F	−	+	⊕	⊕	##	⊕	·	⊕	+	·	−
208										S	+	+	##	+	⊕	·	·	⊕	·	−
219											F	⊕	⊕	+	+	+	+	+	⊕	−
201												S	⊕	+	+	·	⊕	⊕	−	−
211													F	⊕	+	·	−	⊕	·	−
215														F	+	##	⊕	+	⊕	⊕
210															F	##	+	−	−	−
203																F	·	+	·	·
212																	S	⊕	−	−
231																		F	−	−
207																			S	·
205																				S

S: selbstparasteril; F: selbstfertil; − kreuzungsparasteril; ⊕, +, #, ##: kreuzungsfertil in verschiedener Stärke.

den in der Zeit von Anfang September bis Mitte Oktober untersuchten 147 Einzelindividuen waren nur drei Pflanzen selbst-pseudofertil, während unter den in den letzten Oktobertagen geprüften 33 Pflanzen 11 oder 33% selbst-pseudofertil waren. In der dazwischenliegenden Zeitspanne vom 12. bis 25. Oktober wurden überhaupt keine Gameten gefunden. Die Pflanzen waren alle entweder bereits zu alt oder noch ganz jung. Es erscheint vielleicht nicht ausgeschlossen, bei der gegen Ende der Vegetationszeit auftretenden Pseudofertilität an die „end-season-pseudofertility" mancher selbst-parasteriler Blütenpflanzen zu denken (vgl. S. 104). Eine Erklärung ist mit diesem Hinweis allerdings nicht gegeben, da wir auch bei den höheren Pflanzen nichts über die Zusammenhänge zwischen Vegetationszeit und Parasterilität wissen.

JOLLOS (1926) versuchte nun noch in einer Versuchsreihe künst-

Tabelle: 66. Erfolg der Kreuzungen bei *Ectocarpus siliculosus* (zusammengestellt nach HARTMANN 1925).

♂ \ ♀	55	32	31	30	5	61	60	39	53	34	43	42	41	37	23	14	13	7	4	→23	→52	→45	36	44	40	35	11	46	38	33	28	3
3	.	.	.	+	+	.	.	.	.	.	.	.	.	.	+	+	+	+	+	+	.	.	.	.	.	.	.	.	.	.	.	S
28	.	+	+	+	.	.	.	.	.	.	.	.	.	.	+	.	.	.	.	.	.	.	.	.	.	.	.	.	.	.	ǀS	
33	.	+	+	.	.	.	.	+	.	+	+	.	+	+	.	.	.	.	.	.	.	.	.	.	.	.	.	.	.	··S		
38	.	.	.	.	.	+	.	.	.	ǀ	.	.	.	+	.	.	.	.	.	.	.	.	.	.	.	.	.	.	ǀS			
46	.	.	.	.	+	.	+	.	+	.	.	+	.	+	.	.	+	.	+	+	.	.	.	.	.	.	.	····S				
11	.	+	+	.	+	.	.	+	.	+	+	+	+	+	.	ǀ	+	ǀ	+	.	.	.	.	.	.	.	ǀ····S					
35	.	+	+	.	.	.	+	+	+	+	+	.	.	+	.	.	.	.	.	.	.	.	.	.	.	··ǀ+··S						
40	+	.	.	.	.	.	.	.	.	.	.	.	.	.	.	.	.	.	.	.	.	.	.	.	··ǀǀǀ··ǀS							
44	.	.	.	.	.	.	.	.	.	.	.	.	.	.	.	.	.	.	.	.	.	.	.	··ǀ··ǀ·S								
36	.	.	.	.	.	.	+	.	.	.	.	+	.	+	.	.	+	.	.	.	.	.	··ǀ+··+ǀ·S									
→45	.	.	.	.	.	.	.	.	.	.	.	.	.	.	.	.	.	.	.	.	.	··········S										
→52	.	.	.	.	.	.	.	.	.	.	.	.	.	.	.	.	.	.	.	.	S											
→23	.	.	.	.	.	.	.	.	.	.	.	.	.	.	.	.	.	.	.	·S												
4	+	.	.	.	+	.	.	.	.	+	.	.	.	.	.	.	.	.	··S													
7	+	.	.	.	.	.	.	.	.	.	.	.	.	.	.	.	.	ǀS														
13	+	.	.	.	+	.	.	.	.	.	.	.	.	.	.	.	++S															
14	+	.	.	.	.	.	.	.	.	.	.	.	.	.	.	ǀǀǀ+S																
23	++	.	.	.	.	.	.	.	.	.	.	.	.	.	·····S																	
37	.	++	++	.	.	.	.	++	.	+	+	.	++	····S																		
41	.	+	.	.	.	.	.	.	.	.	.	.	···S																			
42	.	.	.	.	.	.	.	.	.	.	.	···S																				
43	.	+	.	.	.	.	.	.	.	.	···S																					
34	.	+ǀ	.	.	.	.	.	.	.	ǀ···S																						
53	.	.	.	.	.	.	.	+	ǀ··S																							
39	+	.	.	.	.	.	.	ǀǀS																								
60	.	.	.	.	.	.	+	ǀ·S																								
61	.	.	.	.	.	······S																										
5	+	.	.	.	+	ǀǀǀǀ····S																										
30	++	.	.	.	+····S																											
31	++	++	·····ǀ····S																													
32	++	·····ǀ····ǀS																														
55	+·+·········ǀǀǀ····S																															

lich Durchbrechungskopulationen hervorzurufen. Wir kommen auf diese Versuche noch später zurück (vgl. S. 324).

Ectocarpus siliculosus. Bei dieser Braunalge liegen die Dinge deshalb wesentlich komplizierter, weil hier eine deutliche ,,morphologische Anisogamie" mit der Bildung zweier Parasterilitätsgruppen einhergeht. Gleichzeitig mit dem Auftreten der Kreuzungspseudofertilität ändert sich hier das Verhalten der Gameten bei der Kopulation.

Die Anisogamie besteht übereinstimmend nach den Angaben BERTHOLDS (1880), OLTMANNS' (1899) und HARTMANNs (1925) darin, daß die männlichen Gameten in großer Zahl immer je einen weiblichen Gameten umschwärmen.

Eine scharfe Diözie fanden übereinstimmend BERTHOLD (1880) und HARTMANN (1925) an Neapler Material, während OLTMANNS (1899) auch das Vorkommen von Monözie angibt. Da es oft sehr schwierig ist im Einzelfalle festzustellen, ob ein Einzelindividuum oder einige eng verwachsene Individuen vorliegen, hält HARTMANN (1925) diese Angaben nicht für einwandfrei.

HARTMANN (1925) untersuchte nun die Kopulationsfähigkeit der Gameten verschiedener Individuen miteinander. Die Versuchsergebnisse sind in Tabelle 66 zusammengefaßt. Die scheinbare Lückenhaftigkeit der Angaben beruht darauf, daß der Übersichtlichkeit halber die Ergebnisse einer größeren Anzahl einzelner Versuchsserien HARTMANNs in einer Tabelle zusammengestellt wurden.

Aus der Tabelle ersieht man, daß eine deutliche Gruppierung in zwei Parasterilitätsgruppen vorliegt. Nach ihrem Verhalten bei der Kopulation kann die eine als die ,,männliche", die andere als die ,,weibliche" bezeichnet werden. Fernerhin erkennt man, daß nicht alle Verbindungen zweier Individuen der gleichen Gruppe parasteril sind, sondern daß einzelne Verbindungen pseudofertil sind. Wie bereits erwähnt, ändert sich hierbei auch das Verhalten der Gameten der einen Pflanze. Bei der Kopulation der Gameten zweier ,,männlicher" Individuen werden die des einen ,,weiblich", und umgekehrt bei der Kopulation der Gameten zweier ,,weiblicher" Individuen die des einen ,,männlich". Über die Bedingtheit dieser Pseudofertilität bzw. ,,relativen Sexualität" wissen wir nichts Näheres.

β) **Phykomyzeten:** *Dictyuchus monosporus.* Bei der Saprolegniacee *Dictyuchus monosporus* wies COUCH (1926) mit ziemlicher Sicherheit eine scharfe Haplodiözie nach. Während eine ganze Reihe von Kombinationen des aus der Natur gewonnenen Materials vollkommen negativ ausfielen, d. h. nicht kopulierten, zeigte sich in den erfolgreichen Versuchen eine Geschlechtertrennung. Es konnten zwei Gruppen von Individuen unterschieden werden. Nur wenn Vertreter verschiedener Gruppen zusammengebracht wurden, dann traten auf dem einen Individuum Antheridien, auf dem anderen Oogonien auf, die sich dann auch befruchteten. Die Stärke dieser Geschlechtsreaktion schwankte bei verschiedenen Myzelien und auch bei verschiedenem Alter der einzelnen Myzelien. Aber immer reagierte ein Myzel entweder nur als Männchen oder nur als Weibchen, wenn es überhaupt reagierte. Die Diözie scheint daher fest determiniert zu sein. Ob es sich hierbei um genotypische oder phänotypische Determination handelt, kann jedoch nach den bisher vorliegenden Angaben nicht einwandfrei entschieden werden.

Ein Myzel und seine Nachkommen verhielt sich dagegen anders wie die übrigen. Es war zunächst regelmäßig parthenogenetisch. D. h. es traten Oogonien auf, deren Eier sich parthenogenetisch weiter entwickelten. Diese Eigenschaft fand sich auch mit wenigen Ausnahmen bei den Nachkommen des Ausgangsmyzels, die sich aus Zoosporen oder den parthenogenetischen Eiern entwickelten, wieder. Wurden nun diese Myzelien mit normalen männlichen oder weiblichen Testpflanzen kombiniert, so trat meistens gar keine Geschlechtsreaktion ein. In einigen Fällen (etwa 15%) wurden die männlichen Testmyzelien zu der Bildung von Antheridien angeregt, sehr selten (etwa 25%) bildeten die weiblichen Tester Oogonien und die parthenogenetischen Pflanzen einige Antheridien.

Die scharfe Trennung in zwei Parasterilitätsgruppen wurde also durch die Individuen des parthenogenetischen Stammes durchbrochen. Diese konnten mit Vertretern beider Gruppen reagieren.

Auch die im einzelnen noch nicht recht klaren Verhältnisse bei dieser Art können wir hier nicht näher eingehen.

γ) **Basidiomyzeten.** Durchbrechungskopulationen finden sich auch bei einigen ,,bipolaren" und ,,tetrapolaren" Basidiomyzeten, ebenso wie die umgekehrte Erscheinung einer erhöhten Kreuzungs-Parasterilität von Haplomyzelien aus verschiedenen Gruppen.

Eine solche erhöhte Parasterilität fand KNIEP (1920, 1928) mehrfach bei dem normalerweise tetrapolaren *Schizophyllum commune*. Diese Unregelmäßigkeiten waren bei den zuerst untersuchten Einspor-Kulturen aus einem Fruchtkörper so zahlreich, daß das charakteristische Viererschema nicht gefunden werden konnte.

Ähnliche Unregelmäßigkeiten fand VANDENDRIES (1923, 1924, 1926) bei *Panaeolus campanulatus*, *P. separatus* L. und *Coprinus micaceus* (BULL.) FR. Seine Befunde zeigen ziemlich eindeutig das Vorhandensein zweier Parasterilitätsgruppen. Aber es ist auch ganz deutlich, daß einzelne Kreuzungen von Individuen derselben Gruppe fertil und umgekehrt andere zwischen Individuen verschiedener Gruppen parasteril sind.

BRUNSWIK (1924) beobachtete bei *Coprinus micaceus* (BULL.) FR. eine deutliche tetrapolare Parasterilität. Wie aber Tabelle 67 erkennen läßt, sind eine ganze Reihe von Verbindungen, die para-

Tabelle 67. Fertilität (+), Parasterilität (−) und Pseudofertilität (⊕) verschiedener Myzelien von *Coprinus micaceus* mit Testmyzelien (nach BRUNSWICK, 1924).

Tester	AB						Ab					aB					ab	
	16	20	21	30	39	43	17	18	23	32	37	19	24	25	48	50	22	42
AB	−	−	−	−	−	−	−	−	−	−	−	⊕	⊕	−	−	−	+	+
Ab	−	−	−	−	−	−	−	−	−	−	−	+	+	+	+	+	−	⊕
aB	−	−	−	−	−	−	+	+	+	+	+	−	−	−	−	−	−	−
ab	+	+	+	+	+	+	−	−	−	⊕	⊕	−	−	−	−	−	−	−

steril sein sollten, fertil. Im ganzen sind etwa ein Viertel aller erwartungsgemäß parasterilen Verbindungen pseudofertil. Das Auftreten der unerwarteten Fertilität zeigt nun aber eine gewisse Regelmäßigkeit. Infolge des Auftretens des tetrapolaren Schemas unter den aus einem diploiden Fruchtkörper gewonnenen haploiden Einspormyzelien können wir auf eine bifaktorielle Grundlage der Parasterilität schließen. Wir nehmen an, der Ausgangsfruchtkörper habe die Konstitution $AaBb$ und die entstehenden vier Haplontentypen die Konstitution AB, Ab, aB und ab. Da in der Regel nur solche Haplomyzelien kopulieren können, die keinen Faktor gemein haben, so müßten die Fertilitätsbeziehungen dem „Viererschema" entsprechen. Wenn wir dann in ein typisches „Viererschema" die pseudofertilen Verbindungen bei *C. micaceus* eintragen, dann erhält man ein abweichendes Bild (Abb. 114), aus dem man die folgende auffallende Gesetzmäßigkeit ableiten kann. Eine Gengleichheit der Faktoren des einen Allelenpaares (sagen wir etwa des Paares *A—a*) bedingt immer Parasterilität. Eine Gengleichheit des anderen Allelenpaares, also *B—b*, erlaubt dagegen eine *gewisse* Pseudofertilität. BRUNSWIK deutet diese Verhältnisse als einen Übergang aus dem Zweier- zu dem Viererschema.

Bei einer anderen *Coprinus*-Art, bei *C. fimetarius*, fand BRUNSWIK (1924) in etwa 2% aller Fälle Durchbrechungskopulationen.

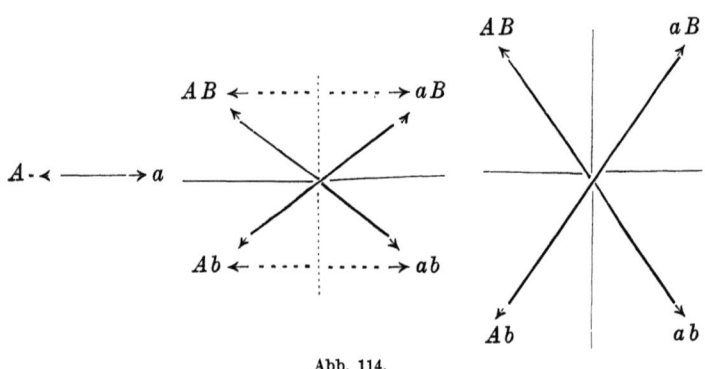

Abb. 114.

Infolge der geringeren Häufigkeit der Durchbrechungskopulationen wird bei dieser Art das Viererschema nicht wesentlich gestört.

Von besonderem Interesse ist es nun aber, daß bei beiden Arten die Durchbrechungskopulationen besonders häufig bei jungen Haplomyzelien auftreten, weniger oft bei den gleichen Myzelien in älteren Stadien. Wir finden also wie bei den Blütenpflanzen und vielleicht bei *Dasycladus* eine Beziehung zwischen dem Alter der Individuen und dem Grade der Parasterilität. Auf diese Ähnlichkeit weist BRUNSWIK bereits hin.

Das Auftreten von Durchbrechungskopulationen sucht KNIEP (1928) neuerdings dadurch zu erklären, daß er entsprechend der Vorstellungen von den quantitativ abgestimmten Wirkungen der Parasterilitätsgene annimmt, daß eine Kopulation zweier Haplomyzelien auch dann stattfindet, wenn die Wirkung der Parasterilitätsfaktoren modifikativ abgeändert ist und damit die „Quantitäten" sich hinreichend unterscheiden.

Es wird also angenommen, daß die „Quantität" von B oder b bei jedem Individuum (des oben besprochenen *Coprinus micaceus*) gewissen Schwankungen um eine mittlere Lage unterliegt, ferner daß diese mittlere Lage bei den einzelnen Individuen (eventuell vorübergehend) verschieden sein kann. Je nach den jeweiligen Werten von B und b ist dann eine Verbindung fertil oder nicht.

Ähnlich lautet auch die Erklärung HARTMANNS (1929), nur mit dem Unterschied, daß es sich bei ihm um quantitative Änderungen der Wirkungen der Männlichkeit und Weiblichkeit bedingenden Gene handelt. Dementsprechend spielen die Durchbrechungskopulationen im Rahmen der HARTMANNschen allgemeinen Sexualitätslehre eine wichtige Rolle als relativer Sexualität.

δ) **Ustilagineen:** *Ustilago longissima*. In einer im Druck befindlichen Arbeit, die mir durch die Liebenswürdigkeit des Autors zugänglich war, berichtet BAUCH (1930) über Pseudofertilitätserscheinungen bei *Ustilago longissima typica* und *var. macrospora*. Das Grundschema ist auch hier wieder das einer tetrapolaren Parasterilität. Zwei Serien von multiplen Faktoren — A_1 bis A_9 und B_1 bis B_3 — kontrollieren die Sexualität. Bei Verschiedenheit der A- und B-Faktoren erfolgt eine normale Sexualreaktion, eine „Suchfadenkopulation". Bei dieser treten die beiden Sporidien durch einen kurzen, meist geraden Kopulationsschlauch in Verbindung. Aus der Mitte dieses Schlauches wächst dann ein Faden heraus, in den das Plasma beider Sporidien übertritt und der sich wiederholt querteilt: der „Suchfaden".

Daneben gibt es aber noch eine andere Art der Kopulation: die Wirrfadenkopulation, die sich immer dann einstellt, wenn zwei Sporidien sich nur in einem Faktor der B-Serie (nach der Faktorenterminologie von BAUCH) unterscheiden, aber das gleiche Allel der A-Serie enthalten. Hier wachsen von jeder Sporidie mehrere — nicht nur ein einziger Faden wie im vorigen Falle — wellig gebogene Schläuche aus, von denen nur wenige einen Kopulationspartner finden. Wenn zwei solche „Wirrfäden" sich treffen und in Verbindung treten, so wird ein kurzer Suchfaden gebildet, der auch wellig gekrümmt ist. Besonders wichtig ist, daß „ein Übertritt der beiderseitigen Protoplasten meist ausbleibt und damit auch das weitere Wachstum des Fadens entfällt".

Wenn man diese ausgesprochen gehemmte und unvollkommene Sexualreaktion mit der Suchfadenkopulation gleichstellt, was bei flüchtiger Untersuchung des Materials leicht möglich scheint, dann würden wir bei *Ustilago longissima* an Stelle des tatsächlich vorhandenen tetrapolaren Schemas nur ein bipolares finden. BAUCH diskutiert daher auch die Frage, ob nicht etwa alle Fälle von bipolarer Parasterilität (Sexualität) auf einer derartigen falschen Beurteilung nur pseudofertiler, aber nicht echt fertiler Kopulation beruhen könnten.

ε) **Eine experimentelle Abschwächung oder Änderung der Parasterilität** ist neuerdings in einer Reihe von Fällen beschrieben worden. Wir wollen uns hierbei nur auf eine kurze Besprechung von Fällen nicht-erblicher Änderungen beschränken. Die Mutationen der kopulations- bzw. parasterilitätsbedingenden Faktoren hat KNIEP (1929) vor kurzem ausführlich besprochen.

Die ersten hierher gehörigen Versuche führte JOLLOS (1926) an *Dasycladus* durch. Die von ihm angewandte Methode bestand darin, daß er die Gameten von Individuen in filtriertes Wasser brachte, in dem sich vorher Gameten von + - Individuen befunden hatten, und umgekehrt. Auf diese Weise konnte er tatsächlich eine mehr oder minder deutliche Fertilität Gameten auslösen. Besonders interessant ist es, daß er die Gameten einer deutlich selbstfertilen „monözischen" Pflanze auf diese Weise in + -und in — - Gameten verwandeln konnte.

Bei diesen Umstimmungsversuchen wurde aber nur der Grad der Parasterilität geändert, nicht aber das zweite „Geschlechts"-Kriterium, die verschiedene Dauer der Kopulationsfähigkeit. Aus dem Befunde, daß „nicht die ganze sexuelle Konstitution der betreffenden Gameten" abgewandelt wurde, leitet JOLLOS den folgenden Schluß ab: „Wir müssen somit einen Unterschied machen zwischen ‚sexueller Affinität', d. h. den das Zusammenkommen der Gameten bedingenden Faktoren und ‚sexueller Konstitution' der Gameten" (1926, S. 288).

In letzter Zeit hat dann HELDMAIER (1929) bei den beiden Basidiomyceten *Schizophyllum commune* und *Collybia velutipes* Versuche unternommen, die Parasterilität der Verbindung von Myzelien, die einen Faktor gemeinsam haben, durch die Kulturbedingungen aufzuheben. Bei *Collybia* sind die Fertilitäts- und

Sterilitätsverhältnisse unter normalen Kulturbedingungen ganz konstant, während sich hier bei *Schizophyllum* auch bereits, wenn auch nur selten, Unregelmäßigkeiten beobachten lassen. In beiden Fällen läßt sich eine tetrapolare Parasterilität feststellen. Die Versuche ergaben nun, daß ein Giftzusatz zum Substrate am ehesten Durchbrechungskopulationen auslöste. Weniger wirksam

Tabelle 68. **Durch Veränderungen der Außenbedingungen hervorgerufene Pseudofertilität bei Basidwingaben** (zusammengestellt nach HELDMAIER, 1929).

		Kreuzung		Veränderte Außenbedingungen			Normale Außenbedingungen	
		Nr.	Konstitution	Anzahl Kombination	Fertile Kombination Jahr	%	Anzahl Kombination	Fertile Kombination
Schizophyllum	(A, a) gemeinsam	3×19	AB×Ab	49	1	2	6	0
		9×11	AB×Ab	49	0	0	6	0
		10× 6	ab×aB	49	0	0	6	0
		12×25	ab×aB	49	0	0	6	0
		20×12	aB×ab	85	5	6	6	0
		17×10	aB×ab	49	1	2	6	0
	(B, b) gemeinsam	3× 6	AB×aB	49	13	27	6	1
		9×25	AB×aB	49	34	68	10	2
		10×19	ab×Ab	49	15	30	6	0
		12×11	ab×Ab	49	11	22	6	1
	a und B gemeinsam	20× 6	aB×aB	49	0	0	6	0
		27×25	aB×aB	49	0	0	6	0
Collybia	(A, a) gemeinsam	3× 6[1]	Ab×AB	50	2	4	6	0
		13× 8[1]	Ab×AB	50	1	2	6	0
		20× 8[1]	Ab×AB	50	0	0	6	0
		22×15[1]	Ab×AB	50	0	0	6	0
		25×15[1]	Ab×AB	50	0	0	6	0
		10×12	ab×aB	50	0	0	6	0
	(B, b) gemeinsam	12× 6[1]	aB×AB	50	4	8	6	0
		12×13[1]	aB×AB	50	1	2	6	0
		3×10	Ab×ab	50	4	8	6	0
		13×10	Ab×ab	50	2	4	6	0
		22×15[1]	Ab×ab	50	0	0	6	0
		25×10	Ab×ab	50	1	2	6	0
		10×22	ab×Ab	50	6	12	6	0

waren extrem hohe oder niedrige Temperaturen. Ganz unwirksam waren Röntgenstrahlen.

Die Häufigkeit der ausgelösten Durchbrechungskopulationen gehen aus den in Tabelle 68 zusammengestellten Ergebnissen hervor. Auf die Einzelheiten kann hier jedoch nicht eingegangen werden. Die dort zusammengestellten Daten erwecken den Anschein, als ob sowohl bei *Schizophyllum* wie auch bei *Collybia* immer die Parasterilität der A-Faktoren sehr fest ist, die der B-Faktoren dagegen leicht beeinflußt werden kann. Daß hier wie auch bei BRUNSWICK u. a. die weniger wirksamen Faktoren als die B-Faktoren bezeichnet werden, ist wohl nur eine Folge der willkürlichen Festlegung der Faktorenbezeichnung. Die A-Faktoren oder die B-Faktoren verschiedener Arten sind nicht miteinander homolog.

Die von HELDMAIER ausgelösten Modifikationen klingen nach einigen Überimpfungen wieder ab.

4. Parasterilität von Artkreuzungen.

Artbastarde von Thallophyten sind in der Literatur zwar mehrfach beschrieben worden. Planmäßige Bastardierungsversuche liegen jedoch in den allerwenigsten Fällen vor. Aus der relativen Seltenheit der Artbastarde in der freien Natur können wir jedoch mit ziemlicher Sicherheit auf eine weitgehende Parasterilität von Artkreuzungen schließen, da die Möglichkeit zu Artkreuzungen ja bei dem Durcheinanderwachsen der verschiedensten Arten doch wohl gegeben wäre. Allerdings mag die Lebensunfähigkeit oder zum mindesten die Schwächlichkeit der Bastarde selbst dazu beitragen, daß sie selten gefunden werden.

a) Algen.

Verschiedene Autoren haben Kreuzungsversuche mit Fucaceen angestellt, die sich zu solchen Experimenten besonders gut eignen.

THURET (1854/55) erhielt Bastardkeimlinge aus der Kreuzung *Fucus vesiculosus* $\times$ *F. serratus*, aber nicht aus der reziproken Verbindung. Die Kreuzung zwischen *Fucus serratus* und *Ascophyllum nodosum* gelang dagegen nicht. Die Spermatozoen wurden zwar von den artfremden Eiern angelockt und hafteten an ihrer Oberfläche in normaler Weise fest, aber eine Befruchtung trat anscheinend nicht ein. WILLIAMS (1923) erhielt dagegen in der Kreuzung *Fucus vesiculosus* $\times$ *Ascophyllum nodosum* eine geringe Anzahl (etwa 5%) von Bastardkeimlingen. Die reziproke Kreuzung war jedoch parasteril.

In neuerer Zeit versuchte KNIEP (1925), die drei Helgoländer *Fucus*-Arten: *F. vesiculosus*, *F. serratus* und *F. platycarpus* miteinander zu bastardieren. Die Kreuzung der beiden zuerst genannten diözischen Arten war nur selten möglich. Trotzdem die Eier von den artfremden Spermatozoen umschwärmt wurden, unterblieb in der Mehrzahl der Fälle jede Befruchtung. Nur 2 bzw. 4% aller Eier entwickelten sich zu Bastardkeimlingen. Die Kreuzung der diözischen Art *F. vesiculosus* mit der monözischen Art *F. platycarpus* war jedoch reziprok fast vollkommen fertil.

In großem Stile versuchte dann MOSER (1929) Artkreuzungen zwischen verschiedenen marinen Braunalgen durchzuführen. Bei den Braunalgen werden die in Meerwasser entleerten Eier in der Regel von den Spermatozoiden umschwärmt, bis ein Spermatozoid die Befruchtung durchführt. Daraufhin treten sogleich besondere Veränderungen der Eioberfläche ein, die vor allem in der Ausscheidung einer Gallerthülle und der Befruchtungsmembran bestehen. Später folgt dann die Keimung der Zygoten. MOSER beobachtete nun sowohl, daß die Eier bei Artkreuzungen vom artfremden Sperma nur schwach oder gar nicht umschwärmt wurden und daß auch oft die Befruchtung ausbleibt. Eine Beziehung zwischen der Stärke der Anlockung der Spermatozoiden und der Anzahl der befruchteten Eier besteht jedoch nicht. Bei den Kreuzungen von *Pelvetia canaliculata* (♂) mit *Fucus*-Arten werden die *Fucus*-Eier nur schwach umschwärmt, trotzdem wurden in dieser Kreuzung in zwei von zehn Versuchen 1—5% der Eier und in einem dritten Versuche sogar 30—50% der Eier befruchtet. Bei der Kreuzung *Fucus serratus* $\times$ *Cystosira ericoides* wurden die Eier von den Spermatozoiden auch kaum beachtet. Trotzdem wurden 20—40% der Eier befruchtet.

In einer ganzen Reihe von Kreuzungen gibt MOSER an, daß eine Befruchtung stattfindet, daß aber die Zygoten bald zugrunde gehen. Es wird hier sehr interessant sein, zu sehen, ob bei diesen Kreuzungen, ähnlich wie bei den oben diskutierten Echinidenkreuzungen, nur die Plasmogamie normal erfolgte, nicht aber die folgende Koordination der Kerne. Leider fehlen zur Zeit die notwendigen zytologischen Untersuchungen.

Besonders interessant ist auch, daß wieder die Ergebnisse reziproker Verbindungen ganz verschieden sein können. Die Versuchsergebnisse von MOSER sind in Tabelle 69 zusammengestellt.

Es besteht auch keine Beziehung zwischen Verwandtschaftsgrad und Parasterilitätsgrad.

Tabelle 69. **Unterschiede reziproker Artkreuzungen von Phalophyceen-Bastarden (zusammengestellt nach Angaben von Moser, 1929).**

Art 1	Namen der Arten Art 2	1♀×2♂	2♀×1♂
	Intragenerische Artkreuzungen		
Fucus vesiculosus	×serratus	3–10% befruchtete Eier	vereinzelt befr. Eier
„ „	×platycarpus	80–100% „ „	80–100%
F. platycarpus	×serratus	20–40% „ „	keine Befruchtung
Cystosira barbata	×C. anuntacea	keine Befruchtung	bis zu 5% befr. Eier
	Gattungskreuzungen		
Ascophyllum nodosum	×Fucus vesiculosus	keine Befruchtung	einige befr. Eier
„ „	×F. serratus . . .	„ „	keine Befruchtung
„ „	×F. platycarpus .	„ „	„ „
Pelvetia canaliculata	×F. vesiculosus . .	„ „	„ „
„ „	×F. serratus . . .	„ „	„ „
„ „	×F. platycarpus . .	„ „	0–5 (bis 50) %
Helminthalia nivea	×F. vesiculosus . . .	„ „	keine Befruchtung
„ „	×F. serratus	„ „	„ „
„ „	×F. platycarpus . . .	„ „	„ „
„ „	×Ascoph. nodosum .	„ „	„ „
„ „	×Pelvetia canaliculata	„ „	„ „
Cystosira ericoides	×F. vesiculosus . . .	„ „	„ „
„ „	×F. serratus . . .	„ „	20–40% befr. Eier
„ „	×F. platycarpus . . .	„ „	keine Befruchtung
„ „	×Ascoph. nodosum . .	„ „	„ „

b) Phykomyzeten.

Über die Parasterilität von Artkreuzungen bei den Phykomyzeten haben Blakeslee (1904, 1915, 1920), Blakeslee und Cartledge (1927) und Burgeff (1925) ausgedehnte Untersuchungen angestellt.

Bei den von Blakeslee und seinen Mitarbeitern (vgl. Blakeslee und Cartledge 1927) versuchten Art- und Gattungskreuzungen wurden niemals Zygoten erhalten. Es wurde wohl in einer ganzen Reihe von Fällen eine sexuelle Reaktion der beiden artfremden Myzelien beobachtet, aber diese wurde nur sehr selten vollkommen durchgeführt. Wie weit diese Kopulationsvorbereitungen gingen, ist auch in den einzelnen Fällen verschieden. Der Übersichtlichkeit halber wollen wir in der folgenden Besprechung zwischen den Kreuzungen diözischer Arten untereinander und den

Kreuzungen einer monözischen und einer diözischen Art unterscheiden. Bei der zuerst genannten Gruppe von Kreuzungen handelt es sich ja ausschließlich um die Frage der Stärke der Kopula-

Tabelle 70. **Verhalten zwittriger Arten von Phykomyzeten in Kreuzungen mit diözischen Arten** (zusammengestellt von HARTMANN 1929).

Art der Kreuzung	Verhalten des Zwitters
Mucor V. (= *hiemalis* v.) ♀ × *Zygorrhynchus Vuilleminii* v. *agama* (♂⚥)	♂ normal (BLAK.)
,, ,, ,, ♀ × ,, *Vuilleminii* (♂⚥)	♂ normal, leicht erweit. (BLAK.)
,, ,, ,, ♀ × ,, *Moelleri* (♂⚥)	♂ normal, leicht erweit. (BLAK.)
,, *hiemalis* ♀ × ,, *exponens* (♂⚥)	♂ normal, stark erweit. (BURG.)
,, *V.* (= *hiemalis* v.) ♀ × ,, *heterogamus* (♂⚥)	0 (BBAK.)
,, ,, ,, ♀ × *Absidia spinosa* (♂⚥)	♂ normal, leicht erweit. (BLAK.)
,, ,, ,, ♀ × ,, *glauca* ♂	normal, stark (BURG.)
Absidia glauca ♀ × *Absidia spinosa* (♂⚥)	♂ normal (BURG.)
,, ,, ♀ × *Zygorrhynchus exponens* (♂⚥)	♂ normal, leicht erweit. (BURG).
Zygorrhynchus Vuilleminii v. × *Mucor V.* (= *hiemalis* v.) ♂ *agama* (♂⚥)	0 (BLAK.)
,, *Vuilleminii* (♂⚥) × ,, ,, ,, ♂	0 (BLAK.)
,, *Moelleri* (♂⚥) × ,, ,, ,, ♂	0 (BLAK.)
,, *exponens* (♂⚥) × ,, *hiemalis* ♂	0 (BURG.)
,, *heterogamus* (♂⚥) ×[1] *V.* (= *hiemalis* v.) ♂	♂ anormal (BLAK.)
Absidia spinosa (♂⚥) × ,, ,, ,, ♂	♂ normal (BLAK.)
,, *glauca* ♀ × ,, ,, ,, ♂	normal (BURG., BLAK.)
Absidia spinosa (♂⚥) × *Absidia glauca* ♂	♀ normal (BURG.)
Zygorrhynchus exponens (♂⚥) × ,, ,, ♂	♀ normal, leicht erweit. (BURG.)
Absidia spinosa (TEND.) (♂⚥) ♀ × *Zygorrhynchus exponens* (TEND.) (♂⚥)	♂ normal (BURG.)
,, ,, (♂⚥) ♀ × ,, ,, (♂⚥)	♀ 0 (BURG.)

[1] Abnorme Kopulation.

tionshemmung, in der zweiten kommen aber infolge der Besonderheiten der monözischen Formen noch besondere Komplikationen hinzu.

Die Kreuzungsergebnisse der diözischen Arten untereinander, sind in Tabelle 70 wiedergegeben. Die Versuchsergebnisse von Artkreuzungen, bei denen homothallische Arten verwandt wurden, sind auf Grund der Untersuchungen BLAKESLEES s. o. und BURGEFFs (1925) in Tabelle 70 im Anschluß an HARTMANN (1929) zusammengestellt. Aus diesen Tabellen kann man zweierlei Schlüsse ableiten:

1. Reziproke Artkreuzungen können eine verschieden weitgehende Hemmung der Kopulation ergeben. Diese Verschiedenheiten können hier jedoch darauf beruhen, daß die +- und —- Stämme der einzelnen Arten verschiedenen Rassen angehören. Es ist ja eine alte Erfahrung, auf die wir bereits oben hinwiesen, daß sich Sippen in Artkreuzungen ganz verschieden verhalten können.

2. Es besteht keine Beziehung zwischen der systematischen Verwandtschaft und der Stärke der Parasterilität. Die Kreuzung von Arten einer Gattung *Coprinus* untereinander kann parasteriler sein als eine Gattungskreuzung.

Nur einmal wurde eine schwach fertile Artkreuzung von BURGEFF (1925) gefunden. Es handelt sich um die reziproken Kreuzungen der Arten *Phycomyces nitens* und *Ph. Blakesleanus*, bei denen BURGEFF etwa 10% keimfähige Bastardzygoten erhielt. Bei den Angaben anderer Autoren über fertile Artbastarde (SAITO und NAGANISHI 1915) handelt es sich vermutlich nur um Varietätenkreuzungen. BLAKESLEE und CARTLEDGE (1927) gehen sogar so weit, allgemein festzustellen „that it is most convenient at least to consider races which form zygospores with each other as belonging to the same species" (1927, S. 51).

c) Basidiomyzeten.

Bei der Besprechung von Artkreuzungen bei den Hutpilzen können wir uns sehr kurz fassen. Alle Untersucher (vgl. die Zusammenstellung bei KNIEP 1928) sind sich darin einig, daß bei den Hutpilzen Artkreuzungen immer vollkommen parasteril sind. Die artfremden Haplomyzelien regen sich niemals zu sexuellen Reaktionen an.

5. Rückblick auf die Parasterilitätserscheinungen bei den Thallophyten und Protozoen.

Ähnlich wie bei den Blütenpflanzen können wir auch hier wieder zwischen der *eigentlichen Sexualreaktion*, der Verschmelzung der Gameten oder der ihnen gleichwertigen Gebilde (Gametangien usw.) und den vorausgehenden Vorbereitungen der *prägamen Phase*, bzw. der sexuellen Determination unterscheiden. Die prägame Phase besteht in manchen Fällen (z. B. den Algen) in der Anlockung der Gameten zueinander, in anderen in der Ausbildung der Sexualorgane (z. B. den Pilzen, bei denen die Gametangien erst infolge einer Wechselwirkung der Haplomyzelien entstehen).

Eine Störung der sexuellen Vorgänge s. str. findet sich auch bei den Thallophyten nach unseren bisherigen Kenntnissen nur bei Artkreuzungen. Bei intraspezifischen Kreuzungen wird eine einmal eingeleitete Kreuzung auch bis zu Ende durchgeführt, wenn die äußeren Bedingungen es gestatten. *Im übrigen besteht aber kein prinzipieller Unterschied zwischen der Parasterilität von interspezifischen und intraspezifischen Kreuzungen.*

Auch die zweite bei dem zusammenfassenden Rückblick über die Parasterilitätserscheinungen bei den Blütenpflanzen gemachte Feststellung können wir hier bestätigen. *Durch ganz entsprechende Vorgänge wird in manchen Fällen die Vereinigung gleich konstituierter Gameten, in anderen gerade die verschieden konstituierter Gameten verhindert.* Bei intraspezifischen Kreuzungen verhindert meist zu große Ähnlichkeit die Kopulation, bei anderen intraspezifischen Kreuzungen und bei den interspezifischen Verbindungen umgekehrt zu große Verschiedenheit.

Schließlich können wir wieder darauf hinweisen, daß *die gleichen entwicklungsphysiologischen Störungen in manchen Fällen phänotypisch, in anderen genotypisch determiniert sein können, und daß der Parasterilitätsgrad durch die Außenbedingungen mehr oder minder leicht modifiziert werden kann.*

Allgemeine Schlußkapitel.
I. Die Zweckmäßigkeitsfrage.
1. Allgemeines.

Die Frage nach der „biologischen Bedeutung" der Parasterilitätserscheinungen, insbesondere die Diskussion der Zweckmäßigkeit der Selbst-Parasterilität vieler Blütenpflanzen und der Kreuzungs-Parasterilität zahlreicher Artkreuzungen, hat besonders in der Literatur des vorigen Jahrhunderts eine solche Rolle gespielt, daß wir sie hier nicht übergehen dürfen.

Sie erledigt sich zwar insofern schon von selbst, als entsprechend unserer heutigen wissenschaftlichen Einstellung das anthropomorph-teleologische Moment in der Diskussion biologischer Fragen ausgeschaltet ist. Wir begnügen uns mit einer möglichst weitgehenden und dadurch zugleich unser Bedürfnis nach der Aufdeckung der Kausalzusammenhänge möglichst befriedigenden Beschreibung der tatsächlichen Verhältnisse in der Natur und im Experiment. Das alte Zweckmäßigkeitsprinzip und das Ausnutzungsprinzip ist durch das Mannigfaltigkeitsprinzip abgelöst, nach dem es zahllose Möglichkeiten gibt, durch die sich die einzelnen Formen mit ihren Eigenheiten erhalten und fortpflanzen können, ohne daß die einen besser oder schlechter ausgerüstet wären als die anderen.

Eine philosophische oder besser wissenschafts-theoretische Begründung dieses Standpunkts würde den Rahmen der vorliegenden Arbeit weit überschreiten. Wir würden auch bei dem Versuch eines solchen Beweises erkennen, daß das Endergebnis weitgehend von den unbeweisbaren Grundvoraussetzungen abhängt, von denen wir ausgehen. Wir wollen uns vielmehr auf die Diskussion der in den vorhergehenden Kapiteln im einzelnen besprochenen Erscheinungen beschränken und dabei zeigen, daß sich erstens kein allgemein durchgehender „Zweck" der Parasterilität finden läßt und daß zweitens die den einzelnen Parasterilitätsformen, insbesondere der Selbst-Parasterilität zugeschriebene Zweckmäßigkeit sich nicht verteidigen läßt.

2. Die Uneinheitlichkeit der Parasterilitätserscheinungen.

Unter Hinweis auf die oben beschriebenen Einzelfälle können wir uns hier sehr kurz fassen. Der mit voller Kreuzungsfertilität verbundenen Selbst-Parasterilität von *Tolmiea Menziesii* (S. 60) steht die mit voller Selbstfertilität verbundene Kreuzungs-Parasterilität von *Zea mays everta* gegenüber (S. 125). Auch bei der unvollkommenen Parasterilität der Blütenpflanzen lernten wir Fälle kennen, in denen die Kombination gleicher Gameten oder umgekehrt die Verbindung ungleicher Gameten erschwert war. Im Tierreich sind nach doppelter Begattung bei Ratten und Kaninchen die sippenfremden Spermatozoen im Vorteil, bei Hühnern umgekehrt die sippeneigenen (S. 261). Es fehlt also jede Einheitlichkeit.

3. Selbst-Parasterilität und Inzuchtsdegeneration.

a) Allgemeines.

Seit langem sieht man die „biologische Bedeutung" der Selbst-Parasterilität, die ja bei den zwittrigen Blütenpflanzen sehr weit verbreitet ist, darin, daß dadurch das Auftreten einer Inzucht verhindert wird. Eine Inzucht sollte ja allgemein schädlich sein und daher eben in der Natur möglichst vermieden werden. Den Nachweis, daß diese Vorstellungen nicht richtig sind, werden wir auf folgende Weise erbringen: Zunächst soll gezeigt werden, daß die Bedingtheit der Degenerationserscheinungen, die sich — oft, aber nicht immer — bei einer strengen Inzucht einstellen, mit den Parasterilitätserscheinungen nichts zu tun hat. Dann können wir beweisen, daß durch andauernde Kreuzbefruchtung die Grundlage dafür geschaffen wird, daß bei nachher erzwungener Inzucht Degenerationserscheinungen auftreten müssen. Die Parasterilität also hat nicht die Aufgabe, eine Inzuchtsdegeneration zu verhindern, sondern sie schafft vielmehr erst die Grundlage für die Degenerationserscheinungen. Die Selbst-Parasterilität ist das Primäre und bedingt erst die Inzuchtsdegeneration.

b) Theorie der Inzuchtsdegeneration.

Man sah früher die Degenerationserscheinungen, die sich bei vielen Pflanzen und Tieren bei strenger Inzucht einstellen, als ähnliche physiologische Depressionszustände an, wie sie sich in alternden Organismen finden.

a) **Homozygosis-Heterozygosis-Theorie.** Es ist das Verdienst von EAST und SHULL, diese etwas vagen Vorstellungen durch eine mendelistische Erklärung ersetzt zu haben. Ihre Theorie hat auch den Vorteil, zwei verschiedene Phänomene durch eine Grundannahme zu erklären, die Inzuchtsdegeneration und das Luxurieren von Bastarden. Die Üppigkeit von F_1-Bastarden soll durch den Grad ihrer Heterozygotie bedingt sein und wird dementsprechend als „Heterosis" bezeichnet. Da diese F_1-Individuen meist stärker heterozygot sind als die Eltern und immer mehr heterozygot als ihre Nachkommen, so war es nach der Heterosis- oder Heterozygosistheorie verständlich, daß sie sich besonders üppig entwickeln. Diese Üppigkeit äußert sich meist in der Größe und Anzahl aller Organe, vor allem der Blätter, in der raschen Entwicklung und dem infolgedessen frühzeitigen Beginn der Blüten u. a. m. Bei Inzucht eines solchen maximal heterozygoten Bastards nimmt nur die Homozygotie ständig zu und gleichzeitig die Üppigkeit der Entwicklung ab, bis sich schließlich Degenerationserscheinungen einstellen, die bei vollkommener Homozygotie ihr Maximum erreichen (Homosis im Gegensatz zu der Heterosis).

Daß die F_1-Bastarde weitgehend homozygoter, nicht verwandter Eltern sehr stark heterozygot sein können, ist ohne weiteres verständlich. Daß sie es häufig sind, zeigt die Spaltung, die sich meist in ihrer Nachkommenschaft findet.

Die Zunahme der Homozygotie im Laufe einer strengen Inzucht kann leicht formelmäßig unter Zugrundelegung der MENDEL-Gesetze abgeleitet werden. Unter Hinweis auf die einschlägigen Zusammenfassungen (EAST und JONES 1919; FEDERLEY 1928) sei nur ein Spezialfall hier diskutiert, die strenge Inzucht durch Selbstbestäubung.

Die Nachkommenschaft einer monofaktoriellen Heterozygoten (Aa) wird in 50% Heterozygoten (Aa) und 50% Homozygoten (AA und aa) aufgespalten. In der nächsten Generation spalten die Heterozygoten wieder auf, so daß wir im ganzen nur noch 25% Heterozygoten auf 75% Homozygoten finden. In der dritten Inzuchtsgeneration sinkt der Prozentsatz weiter auf 12,5% $= \dfrac{100}{2^3}\%$, in der vierten auf $\frac{100}{24} = 6{,}25\%$, ... in der n-ten Generation schließlich auf $\frac{100}{2n}\%$.

In der Nachkommenschaft einer bifaktoriellen Heterozygoten ($AaBb$) finden wir eine Spaltung nach der Formel:

$$(1A + 1a)^2 (1B + 1b)^2 = 1AABB + 2AABb + 4AaBb$$
$$+ 1AAbb + 2aaBb$$
$$+ 1aaBB + 2AaBB$$
$$+ 1aabb + 2Aabb$$

$$= 4 \text{ doppelte} + 8 \text{ einfache} + 4 \text{ doppelte}$$
$$\text{Homozygoten} \quad \text{Heterozyg.} \quad \text{Heterozygoten}$$
$$(25\%) \quad\quad (50\%) \quad\quad (25\%)$$

Tabelle 71. **Prozentsatz einfacher und doppelter Heterozygoten in der Nachkommenschaft einer spaltenden doppelten Heterozygote bei strenger Inzucht. Die Pfeile geben die Art der Aufspaltung an.**

	Homozygoten %	Einfache Heterozygoten %	Doppelte Heterozygoten %	Heterozygoten im ganzen %
I_1	25,00	50,00	25,00	75,00
I_2	25,00			
	25,00	25,00		
	6,25	12,50	6,25	
im ganzen	56,25	37,50	6,25	75,25
I_3	56,25			
	18,75	18,75		
	1,56	3,13	1,56	
im ganzen	76,56	21,88	1,56	43,44
I_4	76,56			
	10,94	10,94		
	0,39	0,78	0,39	
im ganzen	87,89	11,72	0,39	12,11

Wir erhalten also in der F_1-Generation 25% Homozygoten auf 75% Heterozygoten. Von diesen spalten in den nächsten Generationen die doppelten Heterozygoten wieder ¹/₄ Homozygoten, ¹/₂ einfache und ¹/₄ doppelte Heterozygoten ab, während die einfachen Heterozygoten zur Hälfte in Homozygoten und in einfache Heterozygoten aufspalten. Die Prozentzahl der Homozygoten und Heterozygoten ändert sich daher in folgender Weise (s. Tab. 71).

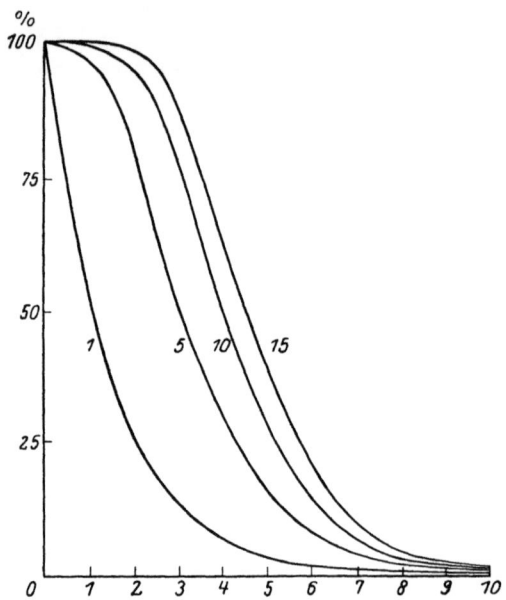

Abb. 115. Abnahme der Heterozygoten (¹/₁) in aufeinanderfolgenden Generationen ingezüchteter einfacher, 5-, 10- und 15-facher Heterozygoten. (Nach EAST und JONES 1919.)

In Abb. 115 ist die Abnahme der Heterozygoten in den Nachkommenschaften einer einfachen und von mehrfachen Heterozygoten abgebildet. Der Unterschied der Kurven beruht darauf, daß im zweiten Falle die Abnahme des Prozentsatzes der Heterozygoten so lange langsam erfolgt, als noch die mehrfachen Heterozygoten überwiegen. Die Anzahl der Heterozygoten nimmt so lange nur langsam ab, bis die mehrfachen Heterozygoten fast ganz in Homozygoten und einfache Heterozygoten aufgespalten sind. Dann geht die Abnahme rasch (Abb. 115), bis die Mehrzahl der Heterozygoten überhaupt eliminiert ist, um dann wieder an

Geschwindigkeit abzunehmen. Die Abnahme der mehrfachen Heterozygoten und dann die der einfachen Heterozygoten bedingt die zwei Wendepunkte der Kurven.

Wenn man nun diese Ableitungen zur Erklärung der tatsächlichen Verhältnisse bei Inzuchtsexperimenten benutzen will, so darf man ein wichtiges Moment nicht übersehen. Die Wahrscheinlichkeit, daß man in einer bestimmten Inzuchtsdegeneration tatsächlich den errechneten Homozygotiegrad findet, hängt von der Anzahl der in dieser Generation aufgezogenen und untersuchten Familien ab. Wenn beispielsweise in einer I_3-Generation wirklich 23,4% der Pflanzen heterozygot und 76,6% homozygot sind, dann besteht in der folgenden I_4-Generation unter n Familien die Wahrscheinlichkeit, daß man eine homozygote vor sich hat,

$$76{,}6\% \pm \sqrt{\frac{23{,}4 \times 76{,}6}{n}} = 23{,}4\% \pm 13{,}40\%,$$

wenn wir die Zahl der in I_3 geselbsteten Individuen gleich 10 setzen. Wenn wir so wenige Nachkommenschaften in I_4 aufziehen, dann ist der Versuchsfehler außerordentlich groß.

Die Größe des Fehlers hängt allgemein von zwei Variabeln ab: der Anzahl in der in jeder Generation aufgezogenen Nachkommenschaften und zweitens dem Heterozygotiegrad, der wieder seinerseits sich mit der Anzahl der Inzuchtsgenerationen ändert. Mit zunehmender Anzahl der Inzuchtslinien, d. h. mit zunehmendem Werte von n sinkt die Größe des Fehlers. Sie sinkt ferner mit abnehmendem Heterozygotiegrad, d. h. mit zunehmender Zahl der Inzuchtsdegenerationen. Mit zunehmendem n wächst der Nenner des Bruches $\frac{100p\% \; 100q\%}{n}$ und mit abnehmendem Heterozygotiegrad ($100p\%$) nimmt der Zähler des Bruches ab und nähert sich dem Grenzwert 0.

Je nach den Versuchsbedingungen kann man also in Inzuchtsversuchen eine weitgehende Homozygotie mit einiger Sicherheit durch Aufzucht sehr vieler Familien in wenigen Generationen oder durch die Kultur weniger Familien in sehr vielen Generationen erzielen.

Das Kriterium für den tatsächlich erreichten Homozygotiegrad bildet die Einheitlichkeit der Inzuchtsfamilien. Um ein Beispiel zu nennen, sei auf die von East begonnenen und von Jones (1924) weitergeführten Inzuchtsexperimente mit Mais hingewiesen.

JONES wies durch folgendes Experiment nach acht Generationen strenger Inzucht noch eine recht beträchtliche Heterozygotie nach. Er ging von vier Maislinien aus, die zunächst acht Generationen ingezüchtet wurden. Dann wurde in jedem Stamm in je zwei getrennten Familien die Inzucht weitere 8—9 Generationen durchgeführt. In zwei der Ausgangslinien waren die getrennten Geschwisterlinien einander ganz gleich, in der dritten unterschieden sie sich in der Kornfarbe und in der vierten wiesen sie eine ganze Reihe von Unterschieden auf. Dementsprechend ergab sich auch nach einer Kreuzung der Geschwisterlinien der zuerst genannten Stämme eine geringe Heterosis, in dem letzten Falle jedoch eine sehr deutliche Heterosis.

Wenn auch die Homozygosis-Heterozygosistheorie einen zweifellosen Fortschritt gegenüber den ganz vagen früheren Anschauungen bedeutet, so darf man nicht übersehen, daß auch sie mit einem an sich ganz neuen Grundprinzip rechnet, nämlich einer prinzipiell verschiedenen Wirkung der Gene im homozygoten und im heterozygoten Zustand.

β) **Dominanztheorie. Historischer Rückblick.** KEEBLE und PELLEW (1910) gingen nun noch einen Schritt weiter und versuchten, zunächst einen Spezialfall, die Wuchshöhe verschiedener Sippen der Erbse, ihrer Bastarde und deren Nachkommen, und davon ausgehend das Luxurieren der Bastarde überhaupt streng mendelistisch zu erklären, ohne eine Zuhilfenahme besonderer Hilfsvorstellungen. Diese Theorie wird meist als die Dominanztheorie bezeichnet. Sie nahmen an, daß „the greater height and vigor which the F_1 generation commonly exhibit may be due to the meeting in the zygote of dominant growth factors of more than one allelomorphic pair, one (or more) provided by the gametes of one parent, the other (or others) by the gametes of the other parent". Gegen diese Dominanztheorie sind von verschiedenen Seiten zunächst Einwände vorgebracht worden, von denen zwei auch weiterhin aufrecht erhalten wurden. EAST und JONES (1919) weisen darauf hin, daß

1. „in generations after the first it ought to be possible to obtain some strains having all the dominant factors ... Any such race could be rendered homozygous; thereafter, self-fertilization would not result in a less vigorous progeny (S. 171) und

2. daß „if heterosis were due solely to dominance of independant factors, the distribution of the second generation would be unsymmetrical in respect to those characters in which an increase was shown in the first generation. This criticism has its basis in the familiar fact that Mendelian expectation in the second hybrid generation where there is complete dominance is always an expansion of the form $(3 + 1)$ to a power represented by the number of factors" (S. 172). Wir werden aber noch sehen, daß dieser Einwand nur bedingt stichhaltig ist.

Um diese Einwände zu vermeiden, hat JONES (1917, 1918) und EAST und JONES (1919) die Theorie durch die Annahme erweitert, daß die dominanten Faktoren, die durch ihre Anhäufung in F_1 das Luxurieren, durch ihr allmähliches teilweises Verlorengehen bei der Spaltung in den Inzuchtsgenerationen eine Degeneration bedingen, miteinander gekoppelt sind. Wir wollen auf diese Form der Theorie, die *Theorie der gekoppelten dominanten Faktoren*, zunächst nicht näher eingehen.

Begründung der Dominanztheorie. Nach diesem kurzen historischen Rückblick soll nun die am besten begründete *Theorie der Inzucht*, die *Theorie der dominanten polymeren Faktoren* etwas eingehender besprochen werden. Wir betrachten das Luxurieren der Bastarde und das Auftreten der Inzuchtsdegeneration danach als einen Sonderfall eines polymeren Erbganges.

Wir müssen uns daher zunächst einmal ein Bild von der Vererbung polymer bedingter quantitativer Merkmale machen. Als Beispiel wählen wir die Höhe eines Organismus.

Bei Anwesenheit der rezessiven Allele $(a, b \ldots)$ erreichte der Organismus eine durchschnittliche Minimalhöhe (M). Werden diese Allele durch andere ersetzt, dann wird der Organismus höher. Bei intermediärem Allelismus bedingt jedes Gen a' einen Zusatz von z. B. 1 cm zur Minimalhöhe, so daß die Heterozygote $a a'$ die Höhe $M + 1$ und die Homozygote $a' a'$ die Größe $M + 2$ erreicht. Wenn dagegen vollkommene Dominanz besteht, dann erreichen die Heterozygote Aa wie auch die Homozygote AA die Maximalhöhe $M + 2$.

Bei dem Zusammenwirken der Allelenpaare miteinander können wir eine additive und eine komplementäre Polymerie unterscheiden. Im ersten Falle addiert sich die Wirkung der Allelenpaare $(a, A$ oder $a')$, $(b, B$ oder $b') \ldots$, im anderen Falle müssen *alle* dominanten Faktoren $(A, B \ldots)$ anwesend sein, damit überhaupt eine Wirkung zu beobachten ist, während jedes Allel für sich wirkungslos ist.

Wir können dann folgende Einzelfälle unterscheiden:

1. Intermediäre additive Polymerie.

I. Die Allele auf beide Eltern verteilt

$$\text{Eltern: } \underbrace{aa\ bb\ c'c'\ d'd'}_{+4} \times \underbrace{a'a'\ b'b'\ cc\ dd}_{+4}$$

$$F_1: \underbrace{a'a\ b'b\ c'c\ d'd}_{+4}$$

$$F_2: \underbrace{aa\ bb\ cc\ dd}_{+0} \longleftrightarrow \underbrace{a'a'\ b'b'\ c'c'\ d'd'}_{+8}$$

II. Die fördernden Allelen nur in einem Elter vorhanden

$$\text{Eltern: } \underbrace{aa\ bb\ cc\ dd}_{+0} \times \underbrace{a'a'\ b'b'\ c'c'\ d'd'}_{+8}$$

$$F_1: \underbrace{a'a\ b'b\ c'c\ d'd}_{+4}$$

$$F_2: \underbrace{aa\ bb\ cc\ dd}_{+0} \longleftrightarrow \underbrace{a'a'\ b'b'\ c'c'\ d'd'}_{+8}$$

2. Dominante additive Polymerie.

I. Alle dominanten Gene verteilt auf beide Eltern

$$\text{Eltern: } \underbrace{AA\ BB\ cc\ dd}_{+4} \times \underbrace{aa\ bb\ CC\ DD}_{+4}$$

$$F_1: \underbrace{Aa\ Bb\ Cc\ Dd}_{+8} \qquad \textbf{Heterosis!}$$

$$F_2: \underbrace{aa\ bb\ cc\ dd}_{+0} \longleftrightarrow \underbrace{AA\ BB\ CC\ DD}_{+8}$$

II. Dominante Gene einseitig

$$\text{Eltern: } \underbrace{aa\ bb\ cc\ dd}_{+0} \times \underbrace{AA\ BB\ CC\ DD}_{+8}$$

$$F_1: \underbrace{Aa\ Bb\ Cc\ Dd}_{+8}$$

$$F_2: \underbrace{aa\ bb\ cc\ dd}_{+0} \longleftrightarrow \underbrace{AA\ BB\ CC\ DD}_{+8}$$

3. Komplementäre Polymerie.
I. Dominante Gene verteilt
Eltern: $\underbrace{AA\ BB\ cc\ dd}_{+0} \ldots \times \underbrace{aa\ bb\ CC\ DD}_{+0} \ldots$

F_1: $\underbrace{Aa\ Bb\ Cc\ Dd}_{+8} \ldots$ Heterosis.

F_2: $\underbrace{aa\ bb\ cc\ dd}_{+0} \longleftrightarrow \underbrace{AA\ BB\ CC\ DD}_{+8}$

II. Dominante Gene einseitig
Eltern: $\underbrace{aa\ bb\ cc\ dd}_{+0} \ldots \times \underbrace{AA\ BB\ CC\ DD}_{+8}$

F_1: $\underbrace{Aa\ Bb\ Cc\ Dd}_{\div 8}$

F_2: $\underbrace{aa\ bb\ cc\ dd}_{+0} \longleftrightarrow \underbrace{AA\ BB\ CC\ DD}_{+8}$

Wir wollen hier davon absehen, jeden der sechs unterschiedenen Grundtypen durch konkrete Beispiele zu erläutern und uns nur mit den beiden genauer befassen, bei denen die F_1-Generation üppiger ausfällt als die Eltern. Eine Heterosis findet sich bei dominanter additiver und komplementärer Polymerie, vorausgesetzt, daß die dominanten Gene auf beide Eltern verteilt sind.

Wir müssen nun noch sehen, inwieweit diese beiden einfachen Schemata auch die Inzuchtverhältnisse erklären können. Dabei sind vor allem die folgenden drei Punkte zu beachten:

1. In $F_2 (= I_1)$ und allen späteren Generationen wird die Üppigkeit der F_1-Individuen höchstens erreicht, aber niemals übertroffen. Dieser Bedingung genügen die beiden Schemata.

2. In $F_2 (= I_1)$ und allen späteren Generationen treten keine Stämme auf, die die Üppigkeit der F_1 konstant weiter vererben.

3. Die Verteilung der einzelnen Individuen in den Polygenerationen erfolgt symmetrisch um einen Mittelwert, der immer in jeder folgenden Generation niedriger liegt als in der vorausgegangenen.

Bei *komplementärer Polymerie* treten in der Nachkommenschaft nur zwei Klassen auf, kräftige Pflanzen mit allen dominanten Faktoren, die den F_1-Pflanzen gleichen, und elterngleiche schwächere Individuen. Je nach der Anzahl der Allelenpaare sind die kräf-

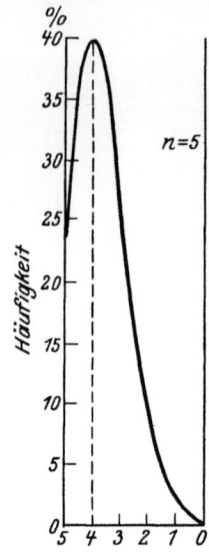
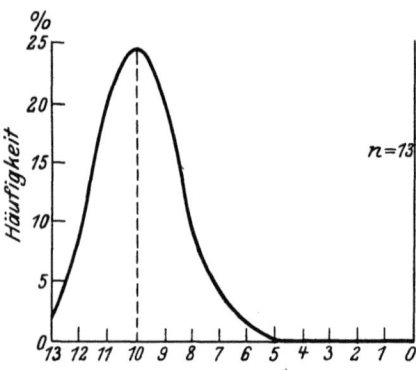

tigen Nachkommen zahlreicher in der spaltenden F_2-Generation: (9:7), oder die Elterngleichen: (27:37), (81:175) ... Da wir aber in F_2 immer mehr als nur zwei Klassen finden, scheidet die komplementäre Polymerie als Erklärungsprinzip zunächst aus.

Bei der Besprechung der *dominanten additiven Polymerie* ist immer wieder darauf hingewiesen worden, daß hier immer eine unsymmetrische Verteilung zugunsten der Dominanten erfolge. Dies ist zwar richtig, wie aus der Auflösung des Binomiums $(3A - + 1aa)^n$ folgt, aber die Asymmetrie wird dabei tatsächlich immer schwächer und sinkt bei genügender Zahl der Allelenpaare unter die Fehlergrenze. Wenn man die einfacheren Spaltungen dieser Art von Polymeren betrachtet:

Abb. 116. Aufspaltung 5-, 13-, 29-facher Heterozygoten nach Selbsten bei dominant additiver Polymerie. Auf der Abszisse ist die Anzahl dominanter Faktoren angegeben, bzw. ihre Wirkungsstärke, wenn die Grundwirkung jedes dominanten Faktors gleich 1 gesetzt wird.

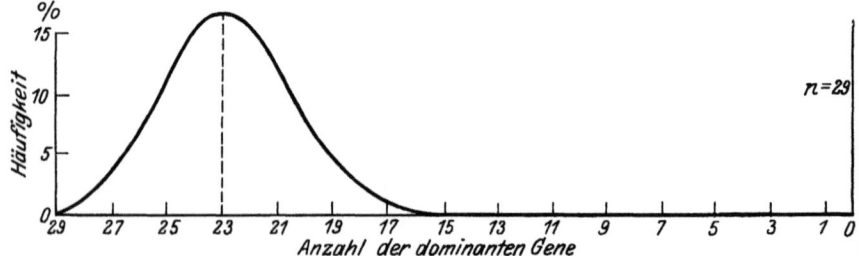

$n=1$ | $3:1$
$n=2$ | $9:6:1$
$n=3$ | $27:27:9:1$
$n=4$ | $81:108:54:12:1$
$n=5$ | $243:405:270:90:15:1$
$n=6$ | $729:1458:1215:540:135:18:1$
$n=7$ | $2187:5103:5103:2835:945:189:21:1$
$n=8$ | $6561:17496:30412:13608:5670:1512:252:24:1$
$n=9$ | $19683:59049:108732:71236:30618:10206:2268:324:27:1$,

so sieht man deutlich, daß der Gipfelpunkt der Verteilungskurve sich allmählich von dem äußersten linken Ende nach der Mitte zu verschiebt, und daß gleichzeitig die Frequenzen der extremen Klassen ständig abnehmen. Wenn die Anzahl der polymeren Faktoren weiter wächst, dann wird die Verschiebung immer stärker, wie die Kurven in Abb. 116 zeigen. Bei 5 Faktorenpaaren ist die Asymmetrie noch zu erkennen, bei 15 Paaren ist sie schon so weit verringert, daß sie praktisch kaum mehr nachweisbar sein wird. Die Abweichungen von einem symmetrischen Verlauf sind praktisch kleiner als die Versuchsfehler.

Wenn wir also die Existenz zahlreicher dominanter polymerer additiver Faktoren annehmen, dann bekommen wir in F_2 praktisch eine symmetrische Variationskurve, deren Gipfelpunkt zwischen den Eltern und F_1 liegt. In dieser Verteilungskurve sind die homozygoten, vollständig dominanten oder rezessiven Typen so selten, daß sie praktisch nicht gefunden werden.

Eine multifaktorielle, dominante additive Polymerie liefert also eine einwandfrei mendelistische Grundlage zur Erklärung von Heterosis und Inzuchtsdegeneration.

Damit soll aber durchaus nicht gesagt sein, daß dieses Schema das einzig mögliche mendelistische Schema darstellt. Wahrscheinlich werden wir tatsächlich in den meisten Fällen eine Kombination additiver und komplementärer Polymerie finden. Denn nicht nur die Annahme einer recht großen Anzahl additiver Faktoren, sondern auch das Vorhandensein komplementärer Polymerie bringt eine Verschiebung des Gipfelpunktes und damit eine Abschwächung der Asymmetrie der F_2-Kurve mit sich (Tab. 72).

Die gleiche Verschiebung hat schließlich, wie JONES (1917, 1918) und EAST und JONES (1919) ausführlich gezeigt haben, die Annahme einer Koppelung rezessiver und dominanter additiver Faktoren zur Folge. Daß eine solche Koppelung auch vorhanden sein

Tabelle 72. **Aufspaltung einer 6- und 8 fachen Heterozygoten nach Selbsten bei verschiedenen Formen der Polymerie.** In der ersten Reihe jeweils die angenommene Wirkungsstärke der Faktoren (Grundstärke: + 2), in der zweiten die Häufigkeit (%) der betreffenden Kombinationen.

Anzahl der Faktoren	Dominante additive Polymerie					Komplementäre Polymerie		Additive und komplementäre Polymerie				
je 3 Paare	+6	+4	+2	+0		+2	+0	+8	+6	+4	+2	+0
	42,2	42,2	14,0	1,6		42,2	58,8	17,7	42,1	30,3	8,9	0,9%
je 4 Paare	+8	+6	+4	+2	+0	+2	+0,1	+10	+8	+6	+4	+2 +0
	31,6	42,1	21,1	4,8	0,4	31,3	68,7	10,0	34,9	35,4	16,0	3,4 0,3%

muß, ist bei der Annahme einer größeren Anzahl multipler Faktoren eine Selbstverständlichkeit.

Durch welche Faktorenschemata wir im einzelnen Falle Heterosis und Inzuchtsdegeneration erklären wollen, ist an sich nebensächlich. Für uns genügt die Feststellung, daß man diese Erscheinungen durch die Annahme dominanter polymerer Faktoren erklären kann, mit oder ohne Hinzunahme einer komplementären Polymerie und einer Berücksichtigung der Faktorenkoppelung.

Die Dominanztheorie hat gegenüber den älteren Vorstellungen den großen Vorteil, daß sie nur mit bekannten Grundprinzipien arbeitet. Hier liegt lediglich die Voraussetzung zugrunde, daß die Gene, die die Entwicklung günstig beeinflussen, dominant sind, und daß die schädlichen Allele rezessiv sind. Dies ist auch in der überwiegenden Mehrzahl der Fälle, die einwandfrei faktoriell analysiert werden konnten, richtig, wenn man auch, allerdings selten, mit einem umgekehrten Verhältnis rechnen müßte. So ist z. B. beim Tabak nach JOHNSON (1919) die geringere Blattanzahl des Havannatabaks („Cuba" 15 Blätter) fast vollkommen dominant über die der Varietät „Little Dutch" (im Mittel 17,8 Blätter). Die mittlere Blattzahl beträgt in F_1 15,6 und in F_2 15,7 Blätter.

Zusammenfassung. Damit wollen wir aber diese Diskussion abbrechen und die heute wohl allgemein angenommene Dominanztheorie der Heterosis und Inzucht (vgl. EAST und JONES 1919; JONES 1928, FEDERLY 1928) noch einmal kurz charakterisieren.

1. Durch die Kombination zahlreicher dominant polymerer Faktoren, die die Entwicklung günstig beeinflussen und die auf die

beiden Eltern verteilt waren, wird die Entwicklung der F_1-Bastarde wesentlich gefördert: *Heterosis*.

2. Bei der Spaltung dieser hochgradig heterozygoten Bastarde treten in F_2 die verschiedensten Typen auf, von schlecht entwickelten Individuen bis zu Formen, die ebenso üppig wie die F_1-Pflanzen sind. Der Mittelwert dieser Verteilungskurve liegt tiefer als der Wert von F_1 und höher als der der Eltern. Die Kurve ist praktisch symmetrisch, da die unter Umständen theoretisch zu erwartende Asymmetrie jenseits der Grenze der sicheren Wahrnehmbarkeit liegt.

3. Vollkommen dominante homozygote Individuen sind so selten, daß sie praktisch nicht gefunden werden.

4. Bei fortgesetzter Inzucht entstehen allmählich homozygote Stämme, die sowohl dominante als auch rezessive Faktoren enthalten, und deren Entwicklung daher immer schlechter ist als die der Pflanzen der F_1-Generation, die alle dominanten Faktoren besitzen.

5. Sobald bei einem gewissen Homozygotiegrad das Verhältnis der dominanten und rezessiven Genpaare festgelegt ist, ist das für die betreffende Linie entgültige Inzuchtsminimum erreicht.

6. In dieser Theorie der Heterosis und der Inzuchtsdegeneration spielen Parasterilitätsverhältnisse keine Rolle.

γ) **Selbst-Parasterilität und Heterozygotie.** Nachdem, was wir im vorigen Kapitel über die Bedingtheit der Inzuchtsdegeneration auseinandergesetzt haben, ist die Verbindung zwischen Selbst-Parasterilität und Inzuchtsdegeneration leicht verständlich. Jede Fortpflanzungsart, die eine Erschwerung der Selbstbefruchtung und eine Begünstigung der Kreuzbefruchtung bedingt, schafft dadurch die Grundlagen für eine Inzuchtsdegeneration. Schädliche rezessive Erbfaktoren können sich in heterozygoter Form erhalten, bis sie bei erzwungener Selbstbefruchtung in homozygotem Zustande herausspalten und damit eine Inzuchtsdegeneration verursachen.

Wir setzten oben auseinander, daß strenge Inzucht zu einer Zunahme der Homozygotie führt. Wir wollen nun kurz an Hand zweier Beispiele zeigen, daß strenge Kreuzzucht eine Erhaltung der Heterozygotie bedingt.

Wir wollen zunächst von einer Population von 100 Individuen

ausgehen, die für einen rezessiven Letalfaktor heterozygot sind, und feststellen, wie sich der Prozentsatz der Heterozygoten bei dauernder Kreuzzucht oder Inzucht und bei gleichzeitiger vollständiger Elimination der rezessiven Homozygoten ändert.

Bei strenger Inzucht nimmt, wie wir bereits oben sahen, die Heterozygotie schnell ab. Die Abnahme geht im vorliegenden Falle infolge der Elimination eines Teils der Homozygoten allerdings etwas langsamer. Ohne Elimination sind nur noch 50% der Nachkommen der Heterozygoten wieder heterozygot, mit Elimination dagegen noch 66,7%.

Bei strenger Kreuzzucht geht die Abnahme der Heterozygoten in der ersten Generation noch ebenso schnell wie bei Inzucht, da es ja gleichgültig ist, ob wir die 100 Heterozygoten selbsten oder kreuzen. Von der zweiten Generation ist aber die Abnahme geringer, da ja auch die Homozygoten nach Kreuzung mit Heterozygoten wieder neue Heterozygoten abspalten.

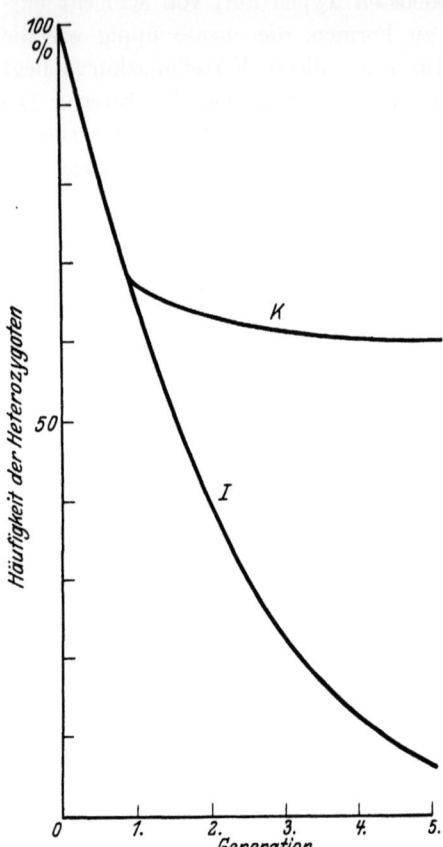

Abb. 117. Abnahme der Heterozygoten (%) in den Nachkommenschaften einer Ausgangspopulation von je 100 Individuen, die alle für einen rezessiven Letalfaktor heterozygot waren. K bei Kreuzzucht, I bei Inzucht. Immer 100 Individuen pro Generation.

Die Prozentsätze der Heterozygoten in den ersten Generationen nach Inzucht und Kreuzzucht lassen sich leicht berechnen. Sie sind den Kurven in Abb. 117 zugrunde gelegt. Die beiden Kurven zeigen deutlich, daß die Abnahme der Heterozygotie bei Kreuzzucht zwar auch eintritt, aber viel langsamer als bei Inzucht. Diese Kurven zeigen aber noch nicht, wie gering diese Abnahme schließlich wird.

In unserem zweiten Beispiele wollen wir von einer Population von 100 000 Individuen ausgehen, unter denen 1% für einen rezessiven Letalfaktor, der etwa durch Mutation neu entstanden ist, heterozygot sind. Man kann sich wieder leicht mit Hilfe der Spaltungsregeln ausrechnen, wie groß der Prozentsatz der Heterozygoten in den folgenden Generationen nach Kreuzzucht und Inzucht ist.

Bei strenger Inzucht nimmt die Zahl der Heterozygoten in jeder Generation um ein Drittel ab, sinkt also von 1% auf 0,677%, 0,444%, 0,273% usw. (vgl. Abb. 118, I).

Bei strenger Kreuzzucht ist diese Abnahme viel langsamer, da wir doppelt so oft eine Kreuzbefruchtung zwischen homozygot ♀ × heterozygot ♂ bzw. umgekehrt zwischen heterozygot o × homozygot o eintreten wird, als Kreuzbefruchtungen zwischen homozygot × homozygot oder heterozygot × heterozygot. Die tatsächliche Abnahme beträgt in den ersten Generationen nur 0,005% und wird langsam noch kleiner. Wenn nach rund 1000 Generationen der Prozentsatz auf 0,500% gesunken ist, dann beträgt die weitere Abnahme pro Generation nur noch etwa 0,002% (vgl. Abb. 118, K).

Die Kurven, die auf Grund dieser Zahlen gezeichnet sind, zeigen den Unterschied zwischen Kreuzzucht und Inzucht außerordentlich deutlich.

Die Abnahme der Heterozygoten bei Kreuzzucht ist so gering, daß sie vernachlässigt werden kann. Sie beträgt nur noch wenige tausendstel Prozent und wird daher wohl meist durch die normale Mutationsrate wieder wett gemacht. *Ein bestimmter Prozentsatz einer Population wird also bei Kreuzbefruchtung für ein bestimmtes Gen dauernd hetorozygot sein.* Wenn man zahlreiche Gene in die Diskussion einbezieht, die sich zufallsmäßig über die Glieder der Population verteilen, dann kann man sagen, daß *jedes Individuum einer dauernd kreuzbefruchteten Linie für einen oder mehrere rezessive Faktoren, die die Entwicklung in irgendeiner Weise schädlich beeinflussen, heterozygot sein wird, während die Individuen dauernd selbstbefruchteter reiner Linien sämtlich homozygot sein müssen. Bei Kreuzbefruchtung bleiben einmal aufgetretene rezessive*

Letal-, Semiletal- oder sonstige schädigende Erbfaktoren in homozygotem Zustand dauernd erhalten; bei dauernder Inzucht werden sie dagegen eliminiert.

„If undesirable characters are shown after inbreeding, it is

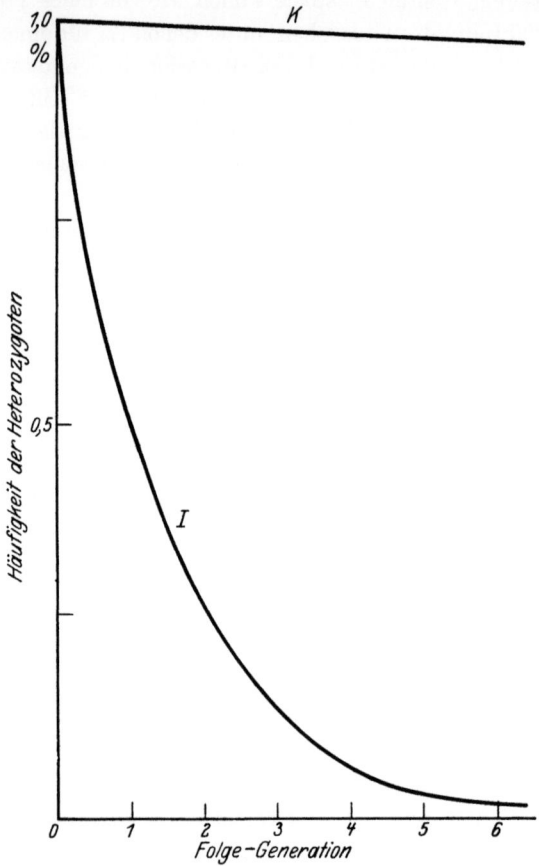

Abb. 118. Abnahme der Heterozygoten in einer Population von je 100 000 Individuen pro Generation, wenn in der Ausgangsgeneration (*0*) 1% der Individuen für einen rezessiven Letalfaktor hetrozygot und der Rest homozygot dominant war. *K* bei Kreuzzucht; *I* bei Inzucht.

only because they already existed in the stock and were able to persist for generations under the protection of more favorable characters which dominated them and kept them from sight. The powerful hand of natural selection was thus stayed until inbreeding tore aside the mask and the unfavorable characters were shown up in all their weakness, to stand or fall on their own merits. If evil is brought to hight, inbreeding is no more to be blamed than the detective who unearthes crime" (EAST und JONES 1919, S. 140). Und, um in dieser Darstellungsform fortzufahren, das Verbrechen, das Hervorbringen schädlicher Erbfaktoren durch Mutation, wird beschützt und verheimlicht durch alle Vorrichtungen, die eine dauernde Kreuzbefruchtung bedingen.

Damit ist wohl das Verhältnis der Einrichtungen, die dauernde Kreuzbefruchtung verursachen, zu den Erscheinungen der Inzuchtsdegeneration klargestellt. Die durch Selbst-Parasterilität der verschiedensten Art erzwungene Kreuzbefruchtung bedingt die Erhaltung der an sich schädlichen, aber in heterozygotem Zustande unschädlich gemachten Mutantengene, die bei erzwungener Inzucht dann herausspalten.

Von einem teleologischen Gesichtspunkte aus wäre daher die Selbst-Parasterilität direkt unzweckmäßig, da sie eine Erhaltung von Erbeigenschaften mit sich bringt, die für die Erhaltung der Art schädlich werden könnten.

II. Sexualität und Parasterilität.

Die allgemein angewandte Methode, die Kausalzusammenhänge eines normalen Entwicklungsablaufes zu analysieren, besteht darin, daß man mehr oder minder tiefgehende Abweichungen von dem Normalverlaufe genau studiert und von diesen Rückschlüsse zieht. In diesem Sinne hat die Untersuchung der Parasterilitätserscheinungen eine sehr große Bedeutung für das Verständnis des Befruchtungsvorganges im weitesten Sinne. Nach der eingangs gegebenen Definition (S. 1) fassen wir ja unter der Bezeichnung Parasterilität alle diejenigen Fälle zusammen, in denen an sich vollkommen funktionstüchtige Geschlechtszellen an der Durchführung ihrer Funktion, d. h. einer vollkommenen Befruchtung gehindert sind. Aus der großen Mannigfaltigkeit der Parasterilitätserscheinungen können wir auf die Kompliziertheit der Sexualvorgänge schließen. Der Ablauf der Befruchtung im allerweitesten Sinne wird durch die verschiedensten Bedingungen und durch die verschiedensten Erbfaktoren kontrolliert. Ein Eingehen von Einzelheiten würde eine vollkommene Wiederholung des vorangegangenen speziellen Teiles bedeuten.

Diese Verknüpfung von Parasterilität und Ablauf des Sexualaktes legt die Frage nach etwaigen Beziehungen zwischen der Determination der Parasterilität und der Geschlechtsbestimmung nahe. Bei den höheren Pflanzen und Tieren besteht nun sicher keine solche Beziehung. Alle Theorien der Geschlechtsdetermination bei diesen Organismen beziehen sich auf die Ausbildung der Geschlechtscharaktere, aber nicht auf den Ablauf des Sexualaktes. Die Geschlechtsdetermination muß also bereits durchgeführt sein, ehe sich Parasterilitätserscheinungen einstellen können.

Anders liegen die Verhältnisse dagegen bei den niederen Organismen. In dem Maße, wie wir im System abwärts steigen, verschwinden die einzelnen Geschlechtscharaktere mehr und mehr, bis sich schließlich die Sexualvorgänge auf die Befruchtung selbst beschränken. Dann bedeutet aber jede Störung der Befruchtung, jede Parasterilität, gleichzeitig eine Störung der Geschlechtsbestimmung.

Die Grundvorstellung jeder Theorie der Geschlechtsbestimmung bildet die Annahme, daß jede Zelle, mag sie selbst geschlechtlich aktiviert sein oder nicht, alle Geschlechtsanlagen enthält und daß es von den Außenbedingungen bei phänotypischer Determination oder von besonderen Genen bei genotypischer Determination abhängt, wann und welche Geschlechtspotenzen realisiert werden. Diese Auffassung kommt besonders deutlich in der neuesten CORRENSschen Formulierung, die HARTMANN (1929) auf die Protisten und Thallophyten ausgedehnt hat, zum Ausdruck. Die Formeln GOLDSCHMIDTs (1912, vgl. 1929) können prinzipiell in gleicher Weise ausgedeutet werden (vgl. CORRENS 1928, S. 76.) Da sie aber vor allem auf die Verhältnisse bei den Metazoen zugeschnitten sind, wollen wir sie den folgenden Ausführungen nicht zugrunde legen (vgl. allerdings 1929).

Nach CORRENS (zuletzt 1928) können wir zunächst die verschiedenen Geschlechts-*Anlagen* unterscheiden. Darunter verstehen wir besondere Gene oder Genkomplexe, die die Art der Geschlechtscharaktere (und zwar den Komplex A für das männliche Geschlecht und den Komplex G für das weibliche Geschlecht) und den Zeitpunkt der Ausbildung dieser Charaktere (den Komplex Z) bestimmen. In der Regel sind diese Gene oder Komplexe homozygot. Diploide Organismen haben also die Formel: ($AA\ GG\ ZZ$) und haploide die Formel: ($A\ G\ Z$). Diese Formeln gelten gleichzeitig für die phänotypische Geschlechtsdetermination.

Daß es sich hierbei um Genkomplexe handelt, kann man unter anderem aus der Tatsache schließen, daß bei verschiedenen Arten mit phänotypischer Determination Mutantensippen auftreten, die durch Gene charakterisiert sind, welche die Determination abwandeln. CORRENS (1928) stellt eine Reihe solcher Fälle zusammen, wie etwa die „*stigmatanthera*"-Sippen verschiedener Arten, die durch kleine Narben, also weibliche Organe, auf den Staubbeuteln charakterisiert sind. Hierher sind auch Erbfaktoren zu rechnen, die eine teilweise oder vollkommene Unterdrückung der Organe des einen Geschlechts oder gar ihren Ersatz durch Organe des anderen hervorrufen (vgl. z. B. die entsprechenden Gene beim Mais (EMERSON 1924, SHARP 1925).

Bei genotypisch determinierter Diözie kommt nun zu diesen Geschlechtsanlagen ein besonderes Genpaar hinzu, die *Geschlechtsdifferentiatoren* oder *-realisatoren* (α, γ), die die Ausbildung der Charaktere des einen, die Unterdrückung der Charaktere des anderen Geschlechtes bedingen. Die phylogenetische Entstehung der Realisatoren können wir uns wohl so vorstellen, daß nach einer Mutation ein Genpaar aus dem Komplex der Anlagengene durch ihre nun stark epistatische Wirkung herausgehoben wird.

Auch bei den niederen Organismen haben wir guten Grund, die Existenz von Anlagengenen anzunehmen. Manche Charaktere haben bald mit der Geschlechtsbestimmung nichts zu tun, bald sind sie ein Geschlechtscharakter, wie etwa die verschiedene Größe der Gamonten oder Gameten bei „morphologischer Anisogamie" oder die Gruppenbildung der Gameten mancher Algen mit „physiologischer" Anisogamie. Die Erbfaktoren, die der Ausbildung dieser Charaktere zugrundeliegen, gehören bei manchen Arten zu dem Komplex der Geschlechtsanlagen ($A\ GZ$) und sind bei anderen unabhängig von ihm. Je tiefer wir im System herabsteigen, um so kleiner wird der Wirkungsbereich des Komplexes ($A\ GZ$), bis schließlich nur noch das Verhalten der Gameten bei dem Sexualakt durch ihn bestimmt wird. Diese Determination kann dann wieder wie bei den höheren Pflanzen und Tieren phänotypisch oder genotypisch erfolgen.

Daß man bei den Metazoen und Metaphyten die Parasterilitätsfaktoren weder zu den Geschlechtsanlagen noch zu den Realisatoren zu rechnen hat, kann nun nicht zweifelhaft sein. Erst muß ja die Geschlechtsbestimmung durchgeführt und die Geschlechtszellen ausgebildet sein, ehe ihre Funktionsfähigkeit zur Diskussion steht. Die sämtlichen Parasterilitätserscheinungen liegen also außerhalb der Wirkungssphäre der Geschlechtsanlagen und ihrer Realisatoren.

Bei denjenigen niederen Organismen, bei denen sich die Geschlechtsbestimmung lediglich in dem Verhalten der Geschlechtszellen bei dem Sexualakt äußert, ist dagegen eine Unterscheidung zwischen Geschlechtsdetermination und Parasterilitätsbestimmung kaum durchführbar. Es liegt nahe, sich zugunsten einer einheitlichen Theorie der Geschlechtsbestimmung zu entscheiden, wie es HARTMANN (1929) tut. Es ist aber ebenso berechtigt, im Interesse einer allgemeinen Analyse der Entwicklungsphysiologie des Sexualaktes das Sterilitätsphänomen in den Vordergrund zu stellen und mit KNIEP von „kopulationsbedingenden Faktoren" zu sprechen. Je nachdem, wie man sich entscheidet, wird man die „Durchbrechungskopulationen" als eine „relative Sexualität" im Sinne HARTMANNs in Analogie zu der Intersexualität der höheren Tiere und Pflanzen oder als Fälle einer unvollkommenen Parasterilität ansehen (BRUNSWICK 1924).

Eine objektive Entscheidung dieser Alternative scheint mir jedoch nicht möglich. *Im Interesse einer möglichst umfassenden Darstellung wird man daher am besten die strittigen Fälle sowohl bei einer allgemeinen Besprechung der Fragen der Geschlechtsbestimmung wie auch bei einer Behandlung der Entwicklungsphysiologie des Befruchtungsvorganges im weitesten Sinne berücksichtigen.*

Literaturverzeichnis.

ALDERMAN, W. H.: Experimental work on self-sterility of the apple. Proc amer. Soc. Hort. Sci. **1917**, 94—101.

ALVERDES, F.: Das Verhalten des Kernes der mit Radium behandelten Spermatozoen von *Cyclops* nach der Befruchtung. Arch. Entw.-mechan. **47**, 375—398 (1921).

AMICI, J. B.: Observations microscopiques sur diverses espèces de plantes. III. Du pollen. Ann. des Sci. natur. **3**, 65—70 (1824).

— Note sur la mode d'action du pollen sur le stigmate (Extrait d'une lettre de M. AMICI à M. MIRBEL). Ann. des Sci. natur. **21**, 329 bis 332 (1830).

ANDERSON, E.: Studies on self-sterility. VI. The genetic basis of cross-sterility in *Nicotiana*. Genetics **9**, 13—40 (1924).

APPELLÖF, A.: Über einige Resultate der Kreuzbefruchtung bei Knochenfischen. Bergens Museum Aarbog **1894/95**, Nr 1, 1—17.

ASPLUND, E.: Studien über die Entwicklungsgeschichte der Blüten einiger Valerianaceen. Kon. Sv. vet. Akad. Hdl. **61**, Nr 3 (1920).

AUCHTER, E. C.: Apple pollen and pollination studies in Maryland. Proc. amer. Soc. Hort. Sci. **1921**, 51—80 (1922).

— & A. L. SCHRADER: Cross-fertilization of the Arkansas apple. Ebenda **1925**, 96—105.

AXELL, S.: Om anordningarna för fanerogama våxternas befruktning. Stockholm 1869.

BACKHOUSE, W. O.: Self-sterility in plums. Gard. Chron. **50**, 299 (1911).

v. BAER, K. E.: Selbstbefruchtung an einer hermaphroditischen Schnecke (*Limnaea auricularis*) beobachtet. Müllers Arch. Anat., Physiol. u. wiss. Med. **1835**, 224.

BAILLON, H.: La polyembryonie du Dompte-Venin. Bull. mens. Soc. Linn. Paris (Sitzung vom 4. X.), **1882**, 336.

BALLS, W. L.: Cotton investigations in 1909 and 1910. Cairo Sci. J. **5** (1911).

BALTZER, F.: Über die Entwicklung der Echinidenbastarde, mit besonderer Berücksichtigung der Chromatinverhältnisse. Zool. Anz. **35**, 5 bis 15 (1909).

— Über die Beziehung zwischen dem Chromatin und der Entwicklung und Vererbungsrichtung bei Echinodermenbastarden. Arch. Zellforschg. **5**, 497—621 (1910).

— Über die Chromosomen der *Tachea* (*Helix*) *hortensis*, *T. austriaca* und der sogenannten einseitigen Bastarde *T. hortensis* × *T. austriaca*. Ebenda **11**, 151—168 (1913).

BANCROFT, FR. W.: Heredity of pigmentation in *Fundulus* hybrids. J. of exper. Zool. **12**, 153—178 (1912).

BARLOW, N.: Preliminary note on heterostylism in *Oxalis* and *Lythrum*. J. Genet. **3**, 53—65 (1913).
— Inheritance of the three forms in trimorphic species. Ebenda **13**, 133 bis 146 (1923).
BATAILLON, E.: Imprégnation et fécondation. C. r. Acad. Sci. Paris (Sitzung vom 11. Juni 1906) **142**, 1351—1353 (1906).
— L'imprégnation hétérogène sans amphimixie nucléaire chez les Amphibiens et les Echinodermes (à propos du récent travail de H. KUPELWIESER). Arch. Entw.-mechan. **28**, 43—48 (1909).
— Analyse de l'activation par la technique des œufs nus et la polyspermie expérimentale chez les Batraciens. Ann. des Sci. natur. (Zool.) X. sér., **3**, 1—39 (1919).
BATESON, W. & R. P. GREGORY: On the inheritance of heterostylism in *Primula*. Proc. roy. Soc. Lond. (B) **76**, 581—586 (1905).
BAUCH, R.: Über multipolare Sexualität bei *Ustilago longissima*. Arch. Protistenkde **70**, 417—466 (1930).
BAUR, E.: Einführung in die experimentelle Vererbungslehre. Berlin: Gebrüder Borntraeger 1911. Spätere Auflagen: 1914, 1919, 1922.
— Ein Fall geschlechtsbegrenzter Vererbung bei *Melandrium album*. Z. Abstammgslehre **8**, 335—336 (1912).
— Über Selbststerilität und über Kreuzungsversuche einer selbstfertilen und selbststerilen Art in der Gattung *Antirrhinum*. Ebenda **21**, 48—52 (1919).
BEACH, S. A., BOOTH, N. O. & O. M. TAYLOR: The apples of New York. Rep. N. Y. Agricult., Exper. Stat. **2** (1905).
BEARD, J.: The morphological continuity of the germ cells in *Raja batis*. Anat. Anz. **18**, 465—485 (1900).
BEATON, D.: On Amaryllids. J. Hort. Soc. **5**, 132—136 (1850).
BEATUS, R.: Über die Selbststerilität von *Cardamine pratensis*. (Vorl. Mitt.) Ber. dtsch. bot. Ges. **47**, 189—198 (1929).
BEHRENS, W. J.: Untersuchungen über den anatomischen Bau des Griffels und der Narbe einiger Pflanzenarten. Diss. Göttingen, 46 S., 1875.
BĚLAŘ, K.: Die Cytologie der Merospermie bei freilebenden *Rhabditis*-Arten. Z. Zellenlehre **1**, 1—21 (1924).
— Die cytologischen Grundlagen der Vererbung. Handbuch der Vererbungswissenschaft, herausgeg. von E. BAUR u. M. HARTMANN, Lfg. 5, 1, 412 S. Berlin: Borntraeger 1928.
BELLING, J. & A. F. BLAKESLEE: The distribution of chromosomes in tetraploid *Daturas*. Amer. Naturalist **58**, 60—70 (1924).
BERTHOLD, G.: Die geschlechtliche Fortpflanzung von *Dasycladus clavaeformis* AG. Bot. Ztg **38**, 648—651 (1880).
— Die geschlechtliche Fortpflanzung der eigentlichen Phäosporeen. Mitt. Zool. Stat. Neapel **2**, 401—414 (1881).
BLAKESLEE, A. F.: Sexual reproduction in the Mucorineae. Proc. amer. Acad. Arts a. Sci. **40**, 205—319 (1904).
— Sexual reactions between hermaphroditic and diœcious Mucors. Biol. Bull. (Mar. biol. Labor. Woods Hole) **29**, 87—102 (1915).
— Sexuality in Mucors. Science N. S. **51**, 375—382, 403—409 (1920).

BLAKESLEE, A. F., BELLING, J. & M. E. FARNHAM: Inheritance in tetraploid *Daturas*. Bot. Gaz. **76**, 329—373 (1923).
— & J. L. CARTLEDGE: Sexual dimorphism in *Mucorales*. II. Interspecific reactions. Bot. Gaz. **84**, 51—58 (1927).
BOBILOFF-PREISSER, W.: Zur Physiologie des Pollens. Beih. Bot. Zbl. **34**, I, 459—492 (1917).
BODMER, H.: Beiträge zum Heterostylie-Problem bei *Lythrum salicaria*. Flora (Jena) **122**, 306—341 (1927).
BOND, C. J.: The influence of pollen maturity and restricted pollination on a simple mendelian ratio in the pea. J. Genet. **17**, 269—281 (1927).
BORN, G.: Beiträge zur Bastardierung zwischen den einheimischen Anurenarten. Pflügers Arch. **32**, 453—518 (1883).
— Über die inneren Vorgänge bei der Bastardbefruchtung der Froschcier. Breslau. ärztl. Z. 1884, Nr 16, 1—10.
— Biologische Untersuchungen. II. Weitere Beiträge zur Bastardierung zwischen den einheimischen Anuren. Arch. mikrosk. Anat. **27**, 192—271 (1888).
BOVERI, TH.: Zellenstudien. 2. Die Befruchtung und Teilung des Eies von *Ascaris megalocephala*. (5 Tafeln.) S. 1—198. Jena: Gustav Fischer (1888 a).
— Über partielle Befruchtung. Sitzgsber. Ges. Morph. u. Physiol. Münch. **4**, 64—72 (1888 b).
— Über die Charaktere von Echiniden-Bastarden bei verschiedenem Mengenverhältnis mütterlicher und väterlicher Substanzen. Verh. physik.-med. Ges. Würzburg, N. F. **43**, 117—135 (1914).
BOYCOTT, A. E. & C. DIVER: On the inheritance of sinistrality in *Limnaea peregra*. Proc. roy. Soc. Lond. (B) **95**, 207—213. (1923).
BRAEM, F.: Geschlechtliche Entwicklung von *Pulmatella fungosa*. Zoologica **1897**, H. 23.
BRAUN, M.: Zur Frage der Selbstbegattung bei den Zwitterschnecken. Humboldt 8, 18—20 (1889).
BRIEGER, F.: Mendelian factors producing selective fertilization. Amer. Naturalist **60**, 183—191 (1926).
— Über genetische Pseudofertilität bei der selbststerilen *Nicotiana Sanderae hort*. Biol. Zbl. **47**, 122—128 (1927a).
— Über die Genetik und Physiologie der Selbststerilität. Naturwiss. **15**, 734—749 (1927b).
— Über die Vermehrung der Chromosomenzahl bei dem Bastard *Nicotiana tabacum* L. × *N. Rusbyi* BRITT. Z. Abstammgslehre **47**, 1—53 (1928).
— Die Selbststerilität der Blütenpflanzen und ihre züchterische Bedeutung. Züchter **1**, 101—111 (1929a).
— Vererbung bei Artbastarden unter besonderer Berücksichtigung der Gattung *Nicotiana*. Ebenda **1**, 140—152 (1929b).
— & A. J. MANGELSDORF: Linkage between a flower color factor and self-sterility factors. Proc. nat. Acad. Sci. U. S. A. **12**, 248—255 (1926).
— — Linkage between morphological characters and factors for self-sterility. Mem. Hortic. Soc. New York **3**, 369—371 (1927).

BRINK, R. A.: The physiology of pollen. Amer. J. Bot. 11, 218—228, 283—294, 351—364, 417—436 (1924).
— Mendelian ratios and the gametophyte generation in Angiosperms. Genetics 10, 359—394 (1925).
— Studies on the physiology of a gene. Quart. Rev. Biol. 4, 520—543 (1929).
— & C. R. BURNHAM: Differential action of the sugary gene in maize on two alternative classes of male gametophytes. Genetics 12, 348—378 (1927).
BRONGNIART, M. A.: Mémoire sur la génération et le développement de l'embryon dans les végétaux phanérogames. Ann. des Sci. natur., 1. Sér., 12, 14—53, 145—172, 225—296 (1827).
BROWN, R.: On the organs and modes of fecundation in Orchideae and Asclepiadeae. Trans. Linnean Soc. Lond. (1833).
BRUNSWIK, H.: Untersuchungen über die Geschlechts- und Kernverhältnisse bei der Hymenomyzetengattung *Coprinus*. Bot. Abh. 5, 152 S. Jena: Gustav Fischer 1924.
BUCHHOLZ, J. T. & A. F. BLAKESLEE: Pollen-tube growth at various temperature. Amer. J. Bot. 14, 358—369 (1927a).
— — Pollen-tube behavior with reference to sterility in *Datura*. Mem. Hortic. Soc. New York 3, 245—260 (1927b).
— — Abnormalities in pollen-tube growth in *Datura* due to the gene „Tricarpel". Proc. nat. Acad. Sci. U. S. A. 13, 242—249 (1927c).
— — Pollen-tube growth in crosses between balanced chromosomal types of *Datura stramonium*. Genetics 14, 538—568 (1929).
BULLER, A. H. R.: Is chemotaxis a factor in the fertilization of the eggs of animals? Quart. J. microsc. Sci. 46, 145—176 (1902).
BURESCH, I.: Untersuchungen über die Zwitterdrüse der Pulmonaten. I. Die Differenzierung der Keimzellen bei *Helix arbustorum*. Arch. Zellforschg 7, 314—343 (1911/12).
BURGEFF, H.: Untersuchungen über Variabilität, Sexualität und Erblichkeit bei *Phycomyces nitens* KUNZE. II. Flora (Jena) 108, 353—448 (1915).
— Über Arten und Artkreuzung in der Gattung *Phycomyces* KUNZE. Ebenda (GOEBEL-Festschrift) 118/119, 40—46 (1925).
— Variabilität, Vererbung und Mutation bei *Phycomyces Blakesleeanus* BGFF. Z. Abstammgslehre 49, 26—94 (1929).
BURKILL, J. H.: On the fertilization of some species of *Medicago* L. in England. Proc. Cambridge philos. Soc. 8, 141 (1894).
CALVET, L.: Histoire naturelle des Bryozoaires ectoproctes marines. (Thèse de Paris) Montpellier (1900).
CAMERARIUS, R. J.: Epistola ad D. MICH. BERN. VALENTINI de sexu plantanum. (Abgedruckt in: Opuscula botanici argumenti collegit et edidit JOHANN CHRISTIAN MIKAN. Praguae VI, 224 S., 1797.) Tuebingae VIII, 110 S., 1694.
CAMMERLOHER, H.: Studien über die Samenanlagen der Umbelliferen und Araliaceen. Österr. bot. Z. 60, 289—300, 356—360 (1910).

CAPUS, G.: Anatomie du tissu conducteur. Ann. des Sci. natur. (Bot.), VI. sér., **7**, 209—291 (1878).
CASTLE, W. E.: The early embryology of *Ciona intestinalis* FLEMMING (L.). Bull. Mus. Comp. Zool. Harvard Univ. **27**, 201—280 (1896).
CHAMBERS, R.: The mechanism of the entrance of sperm into the starfish egg. J. gen. Physiol. **5**, 821—829 (1923).
CHAO, L. F.: The disturbing effect of the glutinous gene in rice on a Mendelian ratio. Genetics **13**, 191—225 (1928).
CHITTENDEN, F. J.: Pollination in orchards. III. Self-fruitfullness and self-sterility in apples. J. roy. Hortic. Soc. **39**, 615—628 (1914).
— Sterility in fruits: A summary of twenty years of study at the royal Horticultural Society's Garden. Mem. Hortic. Soc. New York **3**, 79 bis 86 (1927).
v. CHOLNOKY, B.: Über die Auxosporenbildung der *Anomoeoneis sculpta* E. CL. Arch. Protistenkde **63**, 23—57 (1928).
CLAUSEN, R. E.: Interspecific hybridization and the origin of species in *Nicotiana*. Z. Abstammgslehre **46**, 25 (1927).
— Interspecific hybridization in *Nicotiana*. VII. The cytology of hybrids of the synthetic species, *digluta*, with its parents, *glutinosa* and *tabacum*. Univ. California Publ. Bot. **11**, 177—211 (1928a).
— Interspecific hybridization and the origin of species in *Nicotiana*. Verh. V. Internat. Vererbungskongreß Berlin 1927. Z. Abstammgslehre, Suppl. **1**, 547—553 (1928b).
— & T. H. GOODSPEED: Interspecific hybridization in *Nicotiana*. II. A tetraploid *glutinosa-tabacum* hybrid, an experimental verification of WINGE's hypothesis. Genetics **10**, 278—284 (1925).
— & W. E. LAMMERTS,: Interspecific hybridization in *Nicotiana* X. Haploid and diploid merogonie. Amer. Naturalist **63**, 279—282 (1929).
CLOSE, C. P.: Pollination of pears, peaches and apples. Del. Agricult. Exper. Stat. Rep. **14**, 99—102 (1903).
CLOWES, G. H. A. & E. BACHMANN: On a volatile sperm-stimulating substance derived from marine eggs. Proc. Soc. exper. Biol. a. Med. **18**, 120—121 (1921 a).
— — On a volatile sperm-stimulating substance derived from marine eggs. J. of biol. Chem. **46** (1921b).
COE, R. W.: Terrestrial Nemertians of Bermuda. Proc. Boston Soc. Nat. Hist. **31** (1904a).
— The anatomy and development of the terrestrial nemertean *(Geonemertes agricola)* of Bermuda. Proc. Boston Soc. Nat. Hist. **31**, 531 bis 570 (1904b).
COLE, L. J. & C. L. DAVIS: The effect of alcohol on the male germ cells, studied by means of double matings. Science N. S. **39** (1914).
COLLINS, G. N. & J. H. KEMPTON: Inheritance of waxy endosperm in hybrids of Chinese maize. IV. Confér. Internat. Génétique, Paris, 347—357 (1911).
— — Patrogenesis. J. Hered. **7**, 106—118 (1916).

COLTON, H. S.: *Limnaea columella* and self-fertilization. Proc. Acad. natur. Sci. Philad. **64**, 173—183 (1908).
— Self-fertilization in the air-breathing pond snails. Biol. Bull. (Mar. biol. Labor. Woods Hoole) **35**, 48—49 (1918).
COMPTON, R. H.: Preliminary note on the inheritance of sterility in *Reseda odorata*. Proc. Cambridge philos. Soc. **17**, 7 (1912).
— Phenomena and problems of self-sterility. New Phytologist **12**, 197 bis 206 (1913).
CONKLIN, E. G.: Karyokinesis and cytokinesis in the maturation, fertilization and cleavage of *Crepidula* and other Gastropods. J. Acad. natur. Sci. Philad. **12** (1902).
CONNORS, C. H.: Sterility in peaches. Mem. Hortic. Soc. New York **3**, 215 bis 222 (1927).
CORRENS, C.: Kulturversuche mit dem Pollen von *Primula acaulis* LAM. Ber. dtsch. bot. Ges. **7**, 265—272 (1889).
— Scheinbare Ausnahmen von der MENDELschen Spaltungsregel für Bastarde. (Ges. Abh. Berlin: J. Springer. S. 287—299.) Ebenda **20**, 157—159 (1902).
— Selbststerilität und Individualstoffe. (Ges. Abh. S. 727—759.) Festschr. med.-naturwiss. Ges., 84. Vers. dtsch. Naturforsch. u. Ärzte, Münster (Westf.), 1912, 186—217. — Abgedruckt: Biol. Zbl. **33**, 389—423 (1913).
— Individuen und Individualstoffe. (Ges. Abh. S. 797—821.) Naturwiss. **4**, 183—187, 193—198, 210—213 (1916).
— Ein Fall experimenteller Verschiebung des Geschlechtsverhältnisses. (Ges. Abh. S. 849—879.) Sitzgsber. preuß. Akad. Wiss., Physik.-math. Kl. **LI**, 685—717 (1917).
— Fortsetzung der Versuche zur experimentellen Verschiebung des Geschlechtsverhältnisses. (Ges. Abh. S. 925—949.) Ebenda **L**, 1175 bis 1200 (1918).
— Versuche, bei Pflanzen das Geschlechtsverhältnis zu verschieben. (Ges. Abh. S. 1088—1108.) Hereditas (Lund) **2**, 1—24 (1921a).
— Zweite Fortsetzung der Versuche zur experimentellen Verschiebung des Geschlechtsverhältnisses. (Ges. Abh. S. 1109—1132.) Sitzgsber. preuß. Akad. Wiss., Physik.-math. Kl. **XVIII**, 330—354 (1921b).
— Zahlen- und Gewichtsverhältnisse bei einigen heterostylen Pflanzen. (Ges. Abh. S. 1075—1087.) Biol. Zbl. **41**, 97—109 (1921c).
— Geschlechtsbestimmung und Zahlenverhältnisse beim Sauerampfer (*Rumex acetosa*). (Ges. Abh. S. 1165—1182.) Ebenda **42**, 465—480 (1922).
— Das Zahlenverhältnis der Geschlechter. Sitzgsber. preuß. Akad. Wiss., Physik.-math. Kl. **XXXVI**, 1—10 (1923).
— Über den Einfluß des Alters der Keimzellen. I. Dritte Fortsetzung der Versuche zur experimentellen Verschiebung des Geschlechtsverhältnisses. Ebenda **IX**, 70—104 (1924a).
— Lang- und kurzgriffelige Sippen bei *Veronica gentianoides*. (Ges. Abh. S. 1212—1232.) Biol. Zbl. **42**, 610—630 (1924b).
— Neue Untersuchungen an selbststerilen Pflanzen. I. *Tolmiea Menziesii*. Ebenda **48**, 759—768 (1928a).

CORRENS, C.; Bestimmung, Vererbung und Verteilung des Geschlechts bei den höheren Pflanzen. Handbuch der Vererbungswissenschaft, herausgeg. von E. BAUR u. M. HARTMANN, **2**, Lfg. 3, 138 S. Berlin: Gebrüder Borntraeger 1928 b.
COUCH, J. N.: Heterothallism in *Dictyuchus*, a genus of the Water Moulds. Ann. of Bot. **40**, 849—881 (1926).
CRANDALL, C. S.: Results from self-pollination of apple flowers. Proc. amer. Soc. Hort. Sci. **1921**, 95—100 (1922).
CRANE, M. B.: Self-sterility and cross-incompatibility in plums and cherries. J. Genet. **15**, 301—322 (1925).
— Studies in relation to sterility in plums, cherries, apples and raspberries. Mem. Hortic. Soc. New York **3**, 119—134 (1927).
— & W. J. C. LAWRENCE: Genetical and cytological aspects of incompatibility and sterility in cultivated fruits. J. Pomol. a. Hortic. Sci. **7**, 276 bis 301 (1929).
CREW, F. A. E.: On fertility of the domestic fowl. Proc. roy. Soc. Edinburgh **46**, Teil 2, 230—238 (1926).
CURTIS, W.: Flora Londinensis. London. 70 fasc. (1777—1787).
DAHLGREN, K. V. O.: Eine *acaulis*-Varietät von *Primula officinalis* JACQ. und ihre Erblichkeitsverhältnisse. Sv. bot. Tidskr. **10**, 536—542 (1916a).
— Zytologische und embryologische Studien über die Reihen *Primulales* und *Plumbaginales*. Kon. Sv. vet. Akad. Hdl. **56**, Nr 4, 1—180 (1916b).
— Heterostylie innerhalb der Gattung *Plumbago*. Sv. bot. Tidskr. **12**, 362—372 (1918).
— Vererbung der Heterostylie bei *Fagopyrum* (nebst einigen Bemerkungen über *Pulmonaria*). Hereditas (Lund) **3**, 91—99 (1921).
— Selbststerilität innerhalb von Klonen von *Lysimachia nummularia*. Ebenda **3**, 200—210 (1922a).
— Vererbung der Heterostylie bei *Fagopyrum* (nebst einigen Notizen über *Pulmonaria*). Ebenda **3**, 91—99 (1922b).
— *Ceratostigma*, eine heterostyle Gattung. Ber. dtsch. bot. Ges. **41**, 35 bis 38 (1923).
— Kreuzungskleinigkeiten *Fagopyrum emarginatum*. Hereditas (Lund) **5**, 224—225 (1924).
— Anormal pollination (Bericht über einen Vortrag.) Sv. bot. Tidskr. **20**, 97 (1926).
— Die Befruchtungserscheinungen der Angiospermen. Eine monographische Übersicht. Hereditas (Lund) **10**, 169—229 (1927a).
— Die Morphologie des Nuzellus mit besonderer Berücksichtigung der deckzellosen Typen. Jb. Bot. **67**, 347—426 (1927b).
DAKIN, W. J. & M. G. C. FORDHAM: The chemotaxis of spermatozoa and its questioned occurrence in the animal kingdom. Brit. J. exper. Biol. **1**, 183—200 (1924).
DALMER, M.: Über die Leitung der Pollenschläuche bei den Angiospermen. Jena. Z. Naturwiss. **14**, N. F., 530—566 (1880).

DARWIN, CH.: On the two forms, or dimorphic condition, in the species of *Primula* and on their remarkable sexual relations. J. Linnean Soc. (Bot.) **6**, 77—96 (1862a).
— On various contrivances by which British and foreign orchids are fertilised by insects. VI u. 365 S. London, 1. Aufl. 1862b; 2. Aufl. 1877.
— On the existence of two forms and on their reciprocal sexual relation in several species of the genus *Linum*. J. Linnean Soc. (Bot.) **7**, 69—83 (1864).
— On the sexual relations of the three forms of *Lythrum salicaria*. Ebenda **8**, 169—196 (1865).
— On the character and hybrid-like natur of the offspring from the illegitimate unions of dimorphic and trimorphic plants. Z. Linnean Soc. **10**, 393—454 (1869).
— Fertilization of *Leschenaultia*. Gard. Chron. **1871**, 1166.
— Fertilization of *Fumariaceae*. Nature (Lond.) **9**, 460 (1874).
— Effects of cross- and self-fertilization in the vegetable kingdom. VIII u. 486 S. London, John Murray, 1. Aufl. 1876; 2. Aufl. 1878.
— Different forms of flowers on plants of the same species. 352 S. London, John Murray, 1. Aufl. 1877; 2. Aufl. 1880.
DELPINO, F.: Ulteriori osservazioni sulla dicogamia nel regno vegetale. Mailand: G. Bernardoni **1** (1868, 1869); **2** (1870, 1875). (Deutsch unter dem Titel: Über die Dichogamie im Pflanzenreiche. Glogau [1871]). Abgedruckt aus Atti Soc. ital. Sci. nat. Milano **11, 12, 13, 14, 16, 17** (1869 bis 1874).
DEMEREC, M.: Cross-sterility in maize. Z. Abstammgslehre **50**, 281—291 (1929).
DERX, H. G.: L'hétérothallie dans le genre *Penicillium*. (Note préliminaire.) Bull. Soc. mycol. France **41**, 375—381 (1925).
— Heterothallism in the genus *Penicillium*. (A preliminary note.) Trans. Brit. mycol. Soc. **11**, 108—112 (1926).
DETJEN: Self-sterility in dew-berries and blackberries. N. Carolina Exper. Stat., Techn. Bull. **11** (1916).
DEWITZ, J.: Über die Vereinigung der Spermatozoen mit dem Ei. Arch. f. Physiol. **37**, 219—223 (1885).
— Über Gesetzmäßigkeit in der Ortsveränderung der Spermatozoen und in der Vereinigung derselben mit dem Ei. I. Ebenda **38**, 358—385 (1886).
DIVER, C., A. E. BOYCOTT & S. GARSTRANG: The inheritance of inverse symmetry in *Limnaea peregra*. J. Genet. **15**, 113—200 (1925).
DOBELL, C.: A commentary on the genetics of the ciliate Protozoa. Ebenda **4**, 131—190 (1914).
DOFLEIN, F.: Beobachtungen und Ideen über die Konjugation der Infusorien. Sitzgsber. Ges. Morph. u. Physiol. München **1907**, 1—8.
— & E. REICHENOW: Lehrbuch der Protozoenkunde, 5. Aufl., III Teile. Jena: Gustav Fischer 1927.
DOGIEL, V. A.: On sexual differentiation in the Infusoria. Quart. J. microsc. Sci. **67**, 219—323 (1923).

DOGIEL, V. A.: Die Geschlechtsprozesse bei Infusorien (speziell bei den Ophryosceleciden), neue Tatsachen und theoretische Erwägungen. Arch. Protistenkde **50**, 283—442 (1925).

DONCASTER, L. & J. GRAY: Cytological observations on cross-fertilized Echinoderm eggs. (Vorl. Mitt.) Proc. Cambridge philos. Soc. **16**, 415 bis 418 (1911).

— — Cytological observations on the early stages of segmentation of *Echinus* hybrids. Quart. J. microsc. Sci. **58**, 483—510 (1913).

v. DUNGERN, E.: Neue Versuche zur Physiologie der Befruchtung. Z. f. Physiol. **1**, 34—55 (1902).

DUNN, L. C.: Selective fertilization in fowls. Poultry Sci. **6**, 201—214 (1927).

EAST, E. M.: An interpretation of self-sterility. Proc. nat. Acad. Sci. U. S. A. **1**, 95—100 (1915 a).

— The phenomenon of self-sterility. Amer. Naturalist **49**, 77—87 (1915 b).

— Inheritance in crosses between *Nicotiana Langsdorffii* and *Nicotiana alata*. Genetics **1**, 311—333 (1916).

— The explanation of self-sterility. J. Hered. **8**, 203—207 (1917).

— Intercrosses between self-sterile plants. Brooklyn Bot. Gard. Mem. **1**, 141—153 (1918).

— Studies on self-sterility. III. The relation between self-fertile and self-sterile plants. Genetics **4**, 341—345 (1919).

— Studies on self-sterility. IV. Self-sterility and selective fertilization. Ebenda **4**, 346—355 (1919).

— Studies on self-sterility. V. A family of self-sterile plants wholly cross-sterile *inter se*. Ebenda **4**, 356—363 (1919).

— Genetical aspects of self- and cross-sterility. Amer. J. Bot. **10**, 468 bis 473 (1923).

— The physiology of self-sterility in plants. J. gen. Physiol. **8**, 403—416 (1926).

— Inheritance of trimorphism in *Lythrum salicaria*. Proc. nat. Acad. Sci. U. S. A. **13**, 122—124 (1927a).

— The inheritance of heterostylisme in *Lythrum salicaria*. Genetics **12**, 393—414 (1927b).

— Peculiar genetic results due to active gametophyte factors. Hereditas (Lund) **9**, 49—58 (1927c).

— The genetics of trimorphism in *Lythrum salicaria*. Verh. V. internat. Kongr. Vererbungswiss., Berlin 1927. Z. Abstammgslehre, Suppl. **2**, 618—624 (1928a).

— The genetics of the genus *Nicotiana*. Bibliogr. Genetica **4**, 243—320 (1928 b).

— Self-sterility. Ebenda **5**, 331—368 (1929).

— & D. F. JONES: Inbreeding and outbreeding. Philadelphia u. London: G. B. Lipincott Co., 285 S., 1919.

— & A. J. MANGELSDORF: A new interpretation of the hereditary behavior of self-sterile plants. Proc. nat. Acad. Sci. U. S. A. **11**, 166—171 (1925).

— — Studies on self-sterility. VII. Heredity and selective pollen-tube growth. Genetics **11**, 466—481 (1927a).

EAST, E. M. & A. J. MANGELDORF: The genetics and physiology of self-sterility in *Nicotiana*. Mem. Hortic. Soc. New York **3**, 321—323 (1927b).
— & J. B. PARK: Studies on self-sterility. I. The behavior of self-sterile plants. Genetics **2**, 505—609 (1917).
— — Studies on self-sterility. II. Pollen-tube growth. Ebenda **3**, 353—366 (1918).
— & S. H. YARNELL: Studies on self-sterility. VIII. Self-sterility allelomorphs. Ebenda **14**, 455—487 (1929).
EGHIS, S. A.: Experiments on interspecific hybridization in the genus *Nicotiana*. 1. Hybridization between the species *N. rustica* L. and *N. Tabacum* L. (Russisch mit engl. Zusammenfassung.) Bull. Appl. Bot. Gen. and Plant Breeding. **17**, 151—190. (1927).
EMERSON, R. A.: A genetic view of sex expression in the flowering plants. Science (N. S.) **59**, 176—182 (1924).
— A possible case of selective fertilization in maize hybrids. Abstract in Anat. Rec. **29**, 136 (1925).
ENRIQUES, P.: La coniugazione e il differenziamento sessuale negli Infusori. I. Arch. Protistenkde **9**, 195—296 (1907).
— Die Konjugation und sexuelle Differenzierung der Infusorien. II. Wiederkonjugante und Hemisexe bei *Chilodon*. Ebenda **12**, 213—276 (1908).
ERLENMEYER, E.: Über die Fermente in den Bienen, im Bienenbrot und in Pollen. Sitzgsber. Akad. Wiss. Münch., Math.-physik. Kl. **4**, 204 bis 207 (1874).
ERNST, A.: Vererbung und Bedeutung der Heterostylie. Verh. schweiz. naturforsch. Ges., 105. Jahresvers., 2. Teil, 174—176. Luzern 1924.
— Genetische Studien über Heterostylie bei *Primula*. Arch. d. J. Klaus-Stiftung **1**, 13—62 (1925a).
— Über Vererbung mit Faktorenkoppelung und Faktorenaustausch Vjschr. naturforsch. Ges. Zürich **70**, 157—200 (1925 b).
— Zur Genetik der Heterostylie. Verh. V. internat. Kongreß f. Vererbungswiss., Berlin 1927. Z. Abstammgslehre, Suppl. **2**, 635—665 (1928a).
— Zur Vererbung der morphologischen Heterostyliemerkmale. Ber. dtsch. bot. Ges. **46**, 573—588 (1928b).
ERRERA, L.: Sur la structure et les modes de fécondation des fleurs et en particulier sur l'hétérostylie du *Primula elatior*. I. Avec un appendice sur les *Pentstemon gentianoides* et *Pentstemon Hartwegi*. Bull. Soc. roy. bot. Belg. **17**, 5—214 (1878).
— Sur les caractères hétérostyliques secondaires des Primevères. Rec. Inst. Bot. Bruxelles **6**, 223—255 (1905).
EWERT, R.: Blütenbiologie und Tragbarkeit der Obstbäume. Landw. Jb. **35**, 259—287 (1906).
— Förderung der Fruchtbarkeit der Obstbäume durch Bienenzucht. Ebenda **57**, 76—79 (1922).
FEDERLEY, H.: Das Inzuchtproblem. Handbuch der Vererbungswissenschaft, herausgeg. von E. BAUR u. M. HARTMANN, **2**, Liefg. 4, 1—42 (1928).

FERGUSON, M. C.: The development of the egg and fertilization in *Pinus Strobus*. Ann. of Bot. **15**, 435—479 (1901).
FILZER, P.: Die Selbststerilität von *Veronica syriaca*. Z. Abstammgslehre **41**, 137—197 (1926).
FITTING, H.: Die Beeinflussung der Orchideenblüten durch die Bestäubung und durch andere Umstände. Z. Bot. **1**, 1—86 (1909).
FLETCHER, S. W.: Pollination in orchards. Cornell Univ. Agricult. Exper. Stat. Ithaca, N. Y. Hortic. Div. Bull. **181** (1900).
— Pollination of Bartlett and Kiefer pears. Vir. Agricult. Exper. Stat. Ann. Rep. **1909/10**, 213—224 (1911).
FLORIN, E. H.: Pollinering och fruktsättning hos päronsorter. Medd. Perm. Komm. f. Fruktodlingsförsok **5**, 1—39 (1925).
— R.: Zur Kenntnis der Fertilität und partiellen Sterilität des Pollens bei Apfel- und Birnensorten. Acta Horti Bergiani **7**, 1—39 (1920).
— Pollen production and incompatibilities in apples and pears. Mem. Hortic. Soc. New York **3**, 87—118 (1927).
FOCKE, W, O.: Die Pflanzen-Mischlinge. IV u. 569 S., Berlin: Gebrüder Borntraeger 1881.
— Versuche und Beobachtungen über Kreuzung und Fruchtansatz bei Blütenpflanzen. Abh. nat. Ver. Bremen **11**, 413—421 (1890).
FRY, H. J.: The cross-fertilization of enucleated *Echinarachnius* eggs by *Arbacia* sperm. Biol. Bull. (Mar. biol. Labor. Woods Hole) **53**, 173 bis 178 (1927).
FUCHS, H. M.: On the conditions of self-fertilization in *Ciona*. Arch. Entw.mechan. **40**, 157—204 (1914 a).
— The action of egg-secretions on the fertilizing power of sperm. Ebenda **40**, 205—252 (1914 b).
— Studies in the physiology of fertilization. J. Genet. **4**, 215—301 (1915).
GAIN, E.: Sur l'hétérostylie de la Pulmonaire officinale. Rev. gén. Bot. **17**, 272—276 (1905).
— Sur le dimorphisme des fleurs de la première et la deuxième floraison chez *Primula officinalis* JACQU. C. r. Assoc. Franç Avanc. d. Sci. 35. Session, Lyon **1906**. Note et Mém. 421—423 (1906).
— Sur les variations de la fleur et l'hétérostylie de *Primula grandiflora* LAM. et du *Primula officinalis* JACQU. Ebenda 36. Sess. Reims **1907**, 472, bis 489 (1907).
GARDNER, V. R.: A preliminary report on the pollination of the sweet cherry. Oregon Agricult. Exper. Stat., Bull. **116**, 1—40 (1913).
GÄRTNER, C. F.: Versuche und Beobachtungen über die Befruchtungsorgane der vollkommneren Gewächse und über die natürliche und künstliche Befruchtung durch den eigenen Pollen. Beiträge zur Kenntnis der Befruchtung. I. X u. 644 S. Stuttgart: Schweizerbarth 1844.
— Versuche und Beobachtungen über die Bastarderzeugung im Pflanzenreich. XVI u. 790 S. Stuttgart: Hering 1849.
GÄUMANN, E.: Vergleichende Morphologie der Pilze. 626 S. (398 Fig.). Jena 1926.
GEBHARDT, W.: Über die Bastardierung von *Rana esculenta* mit *Rana arvalis*. Diss. Breslau 1894.

GEERTS, J. M.: Beiträge zur Kenntnis der Cytologie und der partiellen Sterilität von *Oenothera Lamarckiana*. Rec. Trav. bot. néerl. 5, 91 bis 206 (1909).
GEITLER, L.: Die Reduktionsteilung und Kopulation von *Cymbella lanceolata*. Arch. Protistenkde 58, 465—507 (1927).
— Kopulation und Geschlechtsbestimmung bei einer *Nitzschia*-Art. Ebenda 61, 419—441 (1928a).
— Neue Untersuchungen über die Sexualität der pennaten Diatomeen. Biol. Zbl. 48, 648—663 (1928b).
— Studien über den Formwechsel der pennaten Diatomeen. Ebenda 50, 65—78 (1930).
GEMMILL, J. F.: On some cases of hermaphroditism in the Limpet (*Patella*). Anat. Anz. 12, 392—395 (1896).
v. GLEICHEN, F. W. gen. RUSSWORM: Das Neueste aus dem Reich der Pflanzen oder mikroskopische Untersuchungen und Beobachtungen der geheimen Zeugungsteile der Pflanzen usw. IX u. 40 S. Nürnberg: Launoy 1764.
GOEBEL, K.: Die Entfaltungsbewegungen der Pflanzen und deren teleologische Deutung. 1. Aufl., VII u. 483 S. (1920); 2. Aufl. Jena: Gustav Fischer 1924.
GODLEWSKI, E. jun.: Untersuchungen über die Bastardierung der Echiniden- und Crinoidenfamilie. Arch. Entw.-mechan. 20, 579—643 (1906).
— Über den Einfluß des Spermas der Annelide *Chaetopterus* auf die Echinideneier und über die antagonistische Wirkung des Spermas fremder Tierklassen auf die Befruchtungsfähigkeit der Geschlechtselemente. (Vorl. Mitt.) Bull. Acad. Sci. Krakau. Cl. Sci. Math. et Nat., Ser. B, Sci. Nat. 1910, 796—803.
— Studien über die Entwicklungserregung. I. Kombination der heterogenen Befruchtung mit der künstlichen Parthenogenese. Arch. Entw.-mechan. 33, 196—233 (1911a).
— Studien über die Entwicklungserregung. II. Antagonismus der Einwirkung des Spermas von verschiedenen Tierklassen. Ebenda 33, 233 bis 254 (1911b).
— Sur l'inactivation du sperme d'oursin par le sperme d'espèces étrangères. C. r. Soc. Biol. Paris 91, II, 84—86 (1924).
GOLDSCHMIDT, R.: Geschlechtsbestimmungen im Tier- und Pflanzenreich. Biol. Zbl. 49, 641—647 (1929).
GOLDSCMIDT. V.: Vererbungsversuche mit den biologischen Arten des Antherenbrandes (*Ustilago violacea* PERS.). Ein Beitrag zur Frage der parasitären Spezialisierung. Z. Bot. 21, 1—90 (1928).
GOWEN, J. W.: Self-sterility and cross-sterility in the apple. Maine Agricult. Exper. Stat. Bull. 287 (1920).
GREEN, J. R.: On the occurrence of diastase in pollen. Ann. of Bot. 5, 511 bis 512 (1891).
— Germination of pollen-grain and nutrition of pollen-tube. Ann. of Bot. 8, 225—229 (1894).
GREGORY, R. P.: Note on the inheritance of heterostylism in *Primula acaulis*. J. of Genet. 4, 303—304 (1915).

GRUBER, F.: Über Selbststerilität und Selbstfertilität bei *Antirrhinum*. Dissertation, Landw. Hochschule Berlin 1930 (im Druck).

GRUVEL, A.: Contributions à l'étude des Cirripèdes. Archives de Zool., 3. Sér., 1, 403—610 (1881).

GUÉGUEN, F.: Recherches sur le tissu collecteur et conducteur des Phanérogames. (Notes préliminaires.) J. de Bot. 14, 140—148, 165—172 (1900).

— Anatomie comparée du tissue conducteur du style et du stigmate des Phanérogames. Ebenda 15, 265—300; 16, 15—30, 48—65, 167—180, 280—286, 300—313 (1901/1902).

GUÉRIN, P.: Reliquiae Treubianae. I. Recherches sur la structure de l'ovule et de la graine des Thyméléacées. Ann. Jard. bot. Buitenzorg 29, 3—35 (1915).

GUIGNARD, M. L.: Sur les effets de la pollinisation chez les orchidées. C. r. Acad. Sci. Paris 103, 219—221 (1886a).

— Sur la pollinisation et ses effets chez les orchidées. Ann. des Sci. natur., sér. 7, 4, 202—240 (1886b).

— Sur les anthérozoïdes et la double copulation sexuelle chez les végétaux angiospermes. C. r. Acad. Sci. Paris 128, 864—871 und Rev. gén. Bot. 11, 129—135 (1899).

GUTHERZ, S.: Selbst- und Kreuzbefruchtung bei solitären Ascidien. Arch. mikrosk. Anat. 64, 111—120 (1904).

HABERLANDT, G.: Zur Zytologie und Physiologie des weiblichen Gametophyten von *Oenothera*. Sitzgsber. preuß. Akad. Wiss., Physik.-math. Kl. VII, 33—47 (1927).

HÄCKER, V.: Über die Selbständigkeit der väterlichen und mütterlichen Kernbestandteile während der Embryonalentwicklung von *Cyclops*. Arch. mikrosk. Anat. 46, 579—618 (1895).

HAGEDOORN, A. L.: On the purely motherly character of the hybrids produced from eggs of *Strongylocentrotus*. Arch. Entw.-mechan. 27, 1—20- (1909).

HÅKANSON, A.: Studien über die Entwicklungsgeschichte der Umbelliferen. Lunds Univ. Årsskr., N. F. Avd. 2, 18, Nr 7 (1923).

HARTMANN, M.: Untersuchungen über relative Sexualität. I. Versuche an *Ectocarpus siliculosus*. Biol. Zbl. 45, 449—467 (1925).

— Fortpflanzung und Befruchtung als Grundlage der Vererbung. Handbuch der Vererbungswissenschaft, herausgeg. von E. BAUR u. M. HARTMANN 1, Liefg 6, 103 S. Berlin: Gebrüder Borntraeger 1929.

— Verteilung, Bestimmung und Vererbung des Geschlechts bei den Protisten und Thallophyten. Ebenda 2, Liefg 9, 115 S. (1929).

— & NÄGLER, K.: Kopulation bei *Amoeba diploidea* n. sp. mit Selbständigbleiben der Gametenkerne während des ganzen Lebenszyklus. Sitzgsber. Ges. naturforsch. Freunde Berl. 4, 3—15 (1908).

HARVEY, W. H. & O. W. SONDER: Flora Capensis 1, 318ff. Dublin: Hodges, Smith & Co 1859—1860.

HEDWIG: Sammlung von Abhandlungen und Beobachtungen über botanisch-ökonomische Gegenstände. 2, 121 (1793).

HEIMERL, A.: Beiträge zur Anatomie der Nyctagineen. I. Zur Kenntnis des Blütenbaues und der Fruchtentwicklung einiger Nyctagineen (*Mirabilis Jalapa* L. und *longiflora* L., *Oxybaphus nyctagineus* SWEET.). Denkschr. Akad. Wiss. Wien, Math.-naturwiss. Kl. 33, 2. Abt., 61—78 (1887).

HEINICKE, A. J.: Some factors to be considered in the practical application of sterility studies of fruits. Mem. Hortic. Soc. New York 3, 135—138 (1927).

HELDMAIER, C.: Über die Beeinflußbarkeit der Sexualität von *Schizophyllum commune* (FR.) und *Collybia velutipes* (CURT.). Z. Bot. 22, 161 bis 220 (1929).

HENSCHEL, A.: Von der Sexualität. Nebst einem historischen Anhang von F. J. SCHELVER. XXVIII u. 644 S. Breslau 1820.

HENSLOW, G.: On the self-fertilization of plants. Trans. Linnean Soc. Lond., Ser. II (Bot.) 1, 317—398 (1877).

HERBERT, W.: Amaryllidaceae. VI u. 428 S. London: Ridgway Sons 1837.

HERBST, C.: Vererbungsstudien. IV. Das Beherrschen des Hervortretens der mütterlichen Charaktere (Kombination von Parthenogenese und Befruchtung). Arch. Entw.-mechan. 24, 473—497 (1906).

— Vererbungsstudien. VI. Die cytologischen Grundlagen der Verschiebung der Vererbungsrichtung nach der mütterlichen Seite. (1. Mitt.) Ebenda 27, 266—308 (1909).

— Vererbungsstudien. VII. Die cytologischen Grundlagen der Verschiebung der Vererbungsrichtung nach der mütterlichen Seite. (2. Mitt.) Ebenda 33, 1—89 (1912).

— Vererbungsstudien. VIII. Die Bastardierung von Eiern mit ruhenden Riesenkernen. Sitzgsber. Heidelberg. Akad. Wiss., Math.-naturwiss. Kl., Abt. B, 8. Abh., 3—16 (1913a).

— Vererbungsstudien. IX. Der Einfluß der Behandlung der Geschlechtsprodukte mit Ammoniak auf ihre Fähigkeit, die elterlichen Eigenschaften zu übertragen. Ebenda, 8. Abh., S. 17—32 (1913b).

— Vererbungsstudien. X. Die größere Mutterähnlichkeit der Nachkommen aus Rieseneiern. Arch. Entw.-mechan. 39, 617—650 (1914).

— Die Physiologie des Kernes als Vererbungssubstanz. Handbuch der normalen u. pathologischen Physiologie 17, 991—1039 (1926).

HERIBERT-NILSSON, N.: Pollenslangarnas tillväxthastighet hos *Oenothera Lamarckiana* och *gigas*. Bot. Notiser 1911, 19—28.

— Die Spaltungserscheinungen der *Oenothera Lamarckiana*. Lunds Univ. Årsskr., N. F. 12, 1, Avd. 2, 131 S. (1915).

— Populationsanalysen und Erblichkeitsversuche über die Selbststerilität, Selbstfertilität und Sterilität bei dem Roggen. Z. Pflantenzüchtg 4, 1 bis 44 (1916).

— Zuwachsgeschwindigkeit der Pollenschläuche und gestörte Mendelzahlen bei *Oenothera Lamarckiana*. Hereditas (Lund) 1, 41—67 (1920).

— Zertationsversuche mit Durchschneidung des Griffels bei *Oenothera Lamarckiana*. Ebenda 4, 177—190 (1923).

HERIBERT-NILSSON, N.: Multiple monofaktorielle Reduplikation als der Ausdruck partialer Heterogamie bei *Oenothera fallax*. Hereditas (Lund) 5, 1—13 (1924).
— Das Ausbleiben der dominanten Homozygoten in bezug auf die Nervenfarbe bei *Oenothera Lamarckiana*. Ebenda 6, 387—391 (1925).
HERTWIG, G.: Parthenogenesis bei Wirbeltieren, hervorgerufen durch artfremden radiumbestrahlten Samen. Arch. mikrosk. Anat. 81, Abt. II, 87—127 (1913).
— Kreuzungsversuche an Amphibien. 1. Wahre und falsche Bastarde. Ebenda 91, 203—271 (1918).
— Das Sexualitätsproblem. Biol. Zbl. 41, 49—87 (1921).
— & P.: Kreuzungsversuche an Knochenfischen. Ebenda 84, Abt. II, 49—88 (1914).
HERTWIG, O. & R.: Experimentelle Untersuchungen über die Bedingungen der Bastardbefruchtung. 45 S. Jena: Gustav Fischer 1885.
— — Über den Befruchtungs- und Teilungsvorgang des tierischen Eies unter dem Einfluß äußerer Agentien. 156 S. Jena: Gustav Fischer 1887.
HERTWIG, P.: Abweichende Form der Parthenogenese bei einer Mutation von *Rhabditis pellio*. Eine experimentell-zytologische Untersuchung. Arch. mikrosk. Anat. 94, 303—337 (1920).
— Partielle Keimesschädigungen durch Radium- und Röntgenstrahlen. Handbuch der Vererbungswissenschaft, herausgeg. von E. BAUR u. M. HARTMANN 3, Lfg. E. 1, 48 S. Berlin: Gebrüder Borntraeger 1927.
HERTWIG, R.: Über die Entwicklung des unbefruchteten Seeigeleies. Festschrift für GEGENBAUR, S. 23—104. Leipzig: Wilhelm Engelmann 1896.
— Über den derzeitigen Stand des Sexualitätsproblems. Biol. Zbl. 32, 1—45, 65—111, 129—146 (1912).
HESSE, R.: Der Tierkörper als selbständiger Organismus. In: R. HESSE u. F. DOFLEIN, Tierbau- und Tierleben 1, 789 S. Berlin-Leipzig: Teubner 1910.
HILDEBRAND, F.: Die Fruchtbildung der Orchideen, ein Beweis für die doppelte Wirkung des Pollens. Bot. Ztg 21, 329—333, 337—345 (1863).
— Ergebnisse von Bastardierungen an Orchideen. Vorl. Mitteilung. Verh. naturhist. Ver. preuß. Rheinl. u. Westf. 22, 117—118 (1865a).
— Bastardierungsversuche an Orchideen. Bot. Ztg 23, 245—249 (1865b).
— Über die Notwendigkeit der Insektenhilfe bei der Befruchtung von *Corydalis cava*. Jb. Bot. 5, 359—363 (1866a)
— Über den Trimorphismus der Blüten in der Gattung *Oxalis*. Mber. Akad. Wiss. Berlin, S. 352—374 (1866b).
— Die Geschlechter-Verteilung bei den Pflanzen, und das Gesetz der vermiedenen und unvorteilhaften stetigen Selbstbefruchtung. 92 S. Leipzig: Wilhelm Engelmann 1867.
— Über die Bestäubungsvorrichtungen bei den Fumariaceen. Jb. Bot. 7, 423—471 (1869/70).
— Experimente und Beobachtungen an einigen trimorphen *Oxalis*-Arten. Bot. Ztg 29, 414—425, 431—442 (1871).
— Experimente über die geschlechtliche Fortpflanzungsweise der *Oxalis*-Arten. Bot. Ztg 45, 1—6, 17—23, 33—40 (1887).

HILDEBRAND, F.: Über einige Pflanzenbastardierungen. IV. Bastardierungen innerhalb der Gattung *Oxalis*. Jena. Z. Naturwiss. **23**, 460 bis 548 (1889).
— Über die Heterostylie und Bastardierungen bei *Forsythia*. Bot. Ztg **52**, 191—200 (1894).
— Einige biologische Beobachtungen. I. Über Selbststerilität bei einigen Cruciferen. Ber. dtsch. bot. Ges. **14**, 324—327 (1896).
— Einige biologische Beobachtungen. III. Über einige Fälle von Selbststerilität. Ebenda **23**, 375—378 (1905).
HINDERER, TH.: Über die Verschiebung der Vererbungsrichtung unter dem Einfluß von Kohlensäure. Arch. Entw.-mechan. **38**, 187—209 (1914).
HIORTH, G.: Zur Kenntnis der Homozygoten-Eliminierung und der Pollenschlauch-Konkurrenz bei *Oenothera*. Z. Abstammgslehre **43**, 171—237 (1927).
HOFFMANN, H.: Kulturversuche über Variation: *Primula officinalis*. Bot. Ztg. **45**, 736—746 (1887).
HOFMEISTER, W.: Untersuchungen des Vorganges bei der Befruchtung der Oenotheren. Ebenda **5**, 785—792 (1847).
— Die Entstehung des Embryo der Phanerogamen. Leipzig 1849.
— Neue Beiträge zur Kenntnis der Embryobildung der Phanerogamen. II. Monokotyledonen. Abh. kgl. sächs. Ges. Wiss., Math.-physik. Kl. **7**, 629—760 (1861).
HUGHES-SCHRADER, S.: Origin and differentiation of the male and female germ cells in the hermaphrodite of *Icerya purchasi* (Coccidae). Z. Zellforschg **6**, 509—540 (1927).
HUIE, L. H.: On some protein-crystalloids and their probable relation to the nutrition of the pollen-tube. Cellule **11**, 81—92 (1895).
HURST, C. C.: Notes on some curiosities of orchid breeding. (Abgedr. in Exp. in Genetics, Cambridge 1925, 6—44.) J. roy. Hort. Soc. **21**, 442—486 (1898).
ISHIKAWA, M.: Studies on the embryo sac and fertilization in *Oenothera*. Ann. of Bot. **32**, 279—317 (1918).
DE L'ISLE, A.: Hybridation chez les Amphibies. Ann. des Sci. natur. (Paris) **5**. Sér.: Zool., **17**, Art. 3, 24 S. (1873).
JACQUIN, N. J.: *Oxalis*. Monographia iconibus illustrata. 119 S. Wien: Wappler 1794.
JOHNSON, A. M.: The mid-styled form of *Piaropus paniculatus*. Bull. Torrey bot. Club **51**, 25—28 (1924).
JOLLOS, V.: Untersuchungen über die Sexualitätsverhältnisse von *Dasycladus clavaeformis*. Biol. Zbl. **46**, 279—295 (1926).
JONES, D. F.: Dominance of linked factors as a means of accounting for heterosis. Genetics **2**, 466—479 (1917).
— The effects of inbreeding and cross-breeding upon development. Conn. Agricult. Exper. Stat. Bull. **207**, 1—100 (1918).
— Selective fertilization as an indicator of germinal differences. Science N. S. **55**, 59—60 (1922a).

JONES, D. F.: Selective fertilization and the rate of pollen-tube growth. Biol. Bull. (Mar. biol. Labor. Woods Hole) 43, 167—174 (1922 b).
— Selective fertilization among the gametes from the same individuals. Proc. nat. Acad. Sci. U. S. A. 10, 218—221 (1924a).
— The attainment of homozygosity in inbred strains of maize. Genetics 9, 405—418 (1924b).
— Selective fertilization. 163 S. Univ. Chicago Press 1928.
JØRGENSEN, C. A.: The experimental formation of heteroploid plants in the genus *Solanum*. J. Genet. 19, 133—211 (1928).
JOST, L.: Zur Physiologie des Pollens. Ber. dtsch. bot. Ges. 23, 504—515 (1905).
— Über die Selbststerilität einiger Blüten. Bot. Ztg. 65, 1. Abt., 77—117 (1907).
JUEL, H. O.: Studien über die Entwicklungsgeschichte von *Saxifraga granulata*. Nova acta Soc. Sci. Upsaliensis 4. ser., 1, Nr. 9 (1907).
— Beiträge zur Blütenanatomie und zur Systematik der Rosaceen. Kon. Sv. vet. Akad. Hdl. 56, Nr 5 (1918).
JUST, E. E.: The fertilization reaction in *Echinarachnius parma* I. Cortical response of the egg to insemination. Biol. Bull. (Mar. biol. Labor. Woods Hole) 36, 1—10 (1919 a).
— The fertilization reaction in *Echinarachnius parma*. II. The role of fertilizin in straight and cross-fertilization. Ebenda 36, 11—38 (1919 b).
— The fertilization reaction in *Echinarachnius parma*. III. The nature of the activation of the egg by butyric acid. Ebenda 36, 39—53 (1919 c).
— Initiation of development in the egg of *Arbacia*. II. Fertilization of eggs in various stages of artificially induced mitosis. Ebenda 43, 401 bis 410 (1922a).
— Initiation of development in the egg of *Arbacia*. III. The effect of *Arbacia* blood on the fertilization reaction. Ebenda 43, 411—422 (1922b).
KALTENBACH, R.: Die Konjugation von *Ophrydium versatile*. Arch. Protistenkde 36, 67—71 (1916).
KAMMAN, O.: Zur Kenntnis des Roggen-Pollens und des darin enthaltenen Heufiebergiftes. Beitr. chem.-physik. Path. 5, 346—354 (1904).
KAPPERT, H.: Ist das Alter der zu Kreuzungen verwandten Individuen auf die Ausprägung der elterlichen Merkmale bei den Nachkommen von Einfluß? Biol. Zbl. 42, 223—231 (1922).
KARPETSCHENKO, G. D.: Polyploid hybrids of *Raphanus sativus* L. × *Brassica oleracea* L. (Russisch mit engl. Zusammenfassung.) Bull. Appl. Bot. Gen. a. Plant Breeding 17, 205—410 (1927).
— Polyploid hybrids of *Raphanus sativus* L. × *Brassica oleracea* L. Z. Abstammgslehre 48, 1—85 (1928).
KATZ, E.: Über die Funktion der Narbe bei der Keimung des Pollens. Flora (Jena) 120, 243—281 (1926).
KEARNEY, T. H.: Self-fertilization and cross-fertilization in Pima cotton. U. S. Dept. Agricult., Bull. Nr 1134 (1923).
— & G. J. HARRISON: Selective fertilization in cotton. J. agricult. Res. 27 (1924).

KEEBLE, F. & C. PELLEW: The mode of inheritance of stature and of time of flowering in peas (*Pisum sativum*). J. Genet. **1**, 47—56 (1910).
KEMPTON, J. H.: Inheritance of waxy endosperm in maize. U. S. Dept. Agricult. Bull. Nr 754, 1—99 (1919).
KERNER v. MARILAUN, A.: Die Bedeutung der Dichogamie. Österr. bot. Z. **40**, 1—7 (1890).
— Pflanzenleben. **2**. Die Pflanzengestalt und ihre Wandlungen (Organlehre und Biologie der Fortpflanzung). III. Aufl. bearbeitet von HANSEN. XII. u. 543 S. Leipzig-Wien: Bibliogr. Institut 1913.
KIKUCHI, A.: Self- and cross-sterility in the Japanese pear. Mem. Hortic. Soc. New York **3**, 233—242 (1927).
KING, H. D.: Selective fertilization in the rat. Arch. Entw.-mechan. **116**, 202—219 (1929).
KIRCHNER, O.: Über die Wirkung der Selbstbestäubung bei den Papilionaceen. Naturwiss. Z. Land- u. Forstw. **3**, 1—16, 49—64, 77—111 (1905).
— Blumen und Insekten, ihre Anpassungen aneinander und ihre gegenseitige Abhängigkeit. 436 S. Berlin u. Leipzig: B. G. Teubner 1911.
— Über Selbstbestäubung bei Orchideen. Flora (Jena) **115**, 103—129 (1922).
KIRKWOOD, J. E.: The comparative embryology of the Cucurbitaceae. Bull. New York Bot. Gard. **3**, 313—402 (1905).
— The pollen-tube in some of the Cucurbitaceae. Bull. Torrey bot. Club **33**, 327—342 (1906).
— Some features of pollen formation in the Cucurbitaceae. Ebenda **34**, 221—242 (1907).
KLEBAHN, K.: Beiträge zur Kenntnis der Auxosporenbildung. I. *Rhopalodia gibba* (EHRENB.) O. MÜLLER. Jb. wiss. Bot. **29**, 595—654 (1896).
KNIEP, H.: Über morphologische und physiologische Geschlechtsdifferenzierung (Untersuchungen an Basidiomyceten). Verh. physik.-med. Ges. Würzburg **46**, 1—18 (1920).
— Über Geschlechtsbestimmung und Reduktionsteilung. Ebenda **47**, 1 bis 28 (1922).
— Über erbliche Änderungen von Geschlechtsfaktoren bei Pilzen. Z. Abstammgslehre **31**, 170—183 (1923).
— Über *Fucus*-Bastarde. Flora (Jena) **118/119**, 331—338 (1925).
— Über Artkreuzungen bei Brandpilzen. Z. Pilzkde, N. F. **5**, 217—247 (1926).
— Die Sexualität der niederen Pflanzen. 544 S. Jena: Gustav Fischer 1928.
— Vererbungserscheinungen bei Pilzen. Bibliogr. Genetica ('sGravenhage) **5**, 371—478 (1929).
KNIGHT, L. J.: Physiological aspects of self-sterility in the apple. Proc. amer. Soc. Hortic. Sci. **14**, 101—105 (1917).
KNOLL, F.: Insekten und Blumen. 1. Zeitgemäße Ziele und Methoden für das Studium der ökologischen Wechselbeziehungen. Abh. zool.-bot. Ges. Wien **12**, 1—16 (1921).
— Insekten und Blumen. 6. Die Erfolge der experimentellen Blütenökologie. Ebenda **12**, 567—615 (1926).

KNUTH, P.: Handbuch der Blütenbiologie 1, 400 S. Leipzig: Wilhelm Engelmann 1898.
KNY, L.: Untersuchungen über Geotropismus, Photo- und Thigmotropismus der Pollenschläuche. Sitzgsber. bot. Ver. Provinz Brandenburg, 1881, 12. Juli.
KOEHLER, O.: Über die Ursachen der Variabilität bei Gattungsbastarden von Echiniden, insbesondere über den Einfluß des Reifegrades der Gameten auf die Vererbungsrichtung. I/II. Z. Abstammgslehre 15, 1 bis 163, 177—295 (1916).
KÖLREUTER, J. G.: Vorläufige Nachricht von einigen das Geschlecht der Pflanzen betreffenden Versuchen und Beobachtungen, nebst Fortsetzungen 1, 2 und 3 (Ostwalds Klassiker, Nr. 46, 266 S. Leipzig: Wilhelm Engelmann). 1761/66.
KOPEČ, S.: On the offspring of rabbit-does mated with two sires simultaneously. J. Genet. 13, 371—382 (1923).
KOSSWIG, C.: Über Kreuzungen zwischen den Teleostiern *Xiphophorus Helleri* und *Platypoecilus maculatus*. Z. Abstammgslehre 47, 150—158 (1928).
— Die Geschlechtsbestimmung bei den Bastarden von *Xiphophorus Helleri* und *Plathypoecilus maculatus* und deren Nachkommen. Ebenda 54, 263—267 (1930).
KOSTOFF, D.: Pollen-growth in *Lythrum salicaria*. Proc. nat. Acad. Sci. U. S. A. 13, 253—255 (1927).
— An androgenic *Nicotiana* hybrid. Z. Zellforschg 9, 640—642 (1929).
KRAUS, E. J.: The self-sterility problem. J. Hered. 6, 549—557 (1915).
KRÜGER, E.: Fortpflanzung und Keimzellenbildung von *Rhabditis aberrans* nov. spec. Z. Zool. 105, 87—124 (1913).
KUHN, E.: Pseudogamie und Androgenesis bei Pflanzen. Züchter 2, H. 5 (1930) (im Druck).
KUHN, M.: Einige Bemerkungen über *Vandellia* und den Blütenpolymorphismus. Bot. Ztg 25, 65—67 (1867).
KÜNKEL, K.: Ein bisher unbekannter, grundlegender Faktor für die Auffindung eines Vererbungsgesetzes bei den Nacktschnecken. Verh. Ges. dtsch. Naturforsch. u. Ärzte, Karlsruhe; Abt. Zool. u. Entomol. 1911, 437 bis 448.
— Zur Biologie der Lungenschnecken. 440 S. Heidelberg: C. Winter 1916.
KUPELWIESER, H.: Versuche über Entwicklungserregung und Membranbildung bei Seeigeleiern durch Molluskensperma. (Vorl. Mitt.) Biol. Zbl. 26, 744—748 (1906).
— Entwicklungserregung bei Seeigeleiern durch Molluskensperma. Arch. Entw.-mechan. 27, 434—462 (1909).
— Entwicklungserregung durch stammfremde Spermien. (Vorl. Mitt.) Sitzgsber. Ges. Morph. u. Physiol. München 1911, S. 1—5.
— Weitere Untersuchungen über Entwicklungserregung durch stammfremde Spermien, insbesondere über die Befruchtung der Seeigeleier durch Wurmsperma. Arch. Zellforschg. 8, 352—395 (1912).

Kusano, S.: Experimental studies on the embryonal development in an Angiosperm. J. Agricult. Coll. Tokyo **6**, 7—120 (1915).
Laibach, F.: Über Heterostylie bei *Linum*. Verh.-Ber. 1. Jahresvers. dtsch. Ges. Vererbungswiss. Z. Abstammgslehre **27**, 245—247 (1921).
— Die Abweichungen vom „mechanischen" Zahlenverhältnis der Lang- u. Kurzgriffel bei heterostylen Pflanzen. Biol. Zbl. **43**, 148—157 (1923).
— Frucht und Samenbildung bei heterostylen *Linum*-Arten. Verh.-Ber. 3. Jahresvers. dtsch. Ges. Vererbungswiss. Z. Abstammgslehre **33**, 267—269 (1924).
— Zum Heterostylieproblem. Biol. Zbl. **45**, 170—179 (1925).
— Zur Vererbung der physiologischen Heterostylieunterschiede. Ber. dtsch. bot. Ges. **46**, 181—189 (1928).
— Die Bedeutung der homostylen Formen für die Frage nach der Vererbung der Heterostylie. Ebenda **47**, 584—596 (1929).
Lancefield, D. E.: An interracial cross in *Drosophila obscura* producing partially fertile hybrids. Anat. Rec. **31**, 346 (1925).
Landauer, W.: Über die Verschiebung der Vererbungsrichtung bei Echinodermenbastarden unter dem Einfluß von Ammoniak. Arch. Entw.-mechan. **52**, 1—94 (1922).
Lang, A.: Über Vorversuche zu Untersuchungen über die Varietätenbildung bei *Helix hortensis* Müller und *Helix nemoralis* L. Festschrift zum 70. Geburtstag von Ernst Haeckel, S. 439—506. Jena 1904.
— Über die Bastarde von *Helix hortensis* Müller und *Helix nemoralis* L. Eine Untersuchung zur experimentellen Vererbungslehre. Jubiläumsschrift, 120 S. Jena 1908.
— Fortgesetzte Vererbungsstudien. III. Falsche einseitige Bastarde von *Tachea*-Arten. Z. Abstammgslehre **5**, 127—138 (1911).
— Vererbungswissenschaftliche Miszellen. II. Parthenogenesis oder Selbstbefruchtung bei *Tachea*. Ebenda **8**, 249—251 (1912).
Lehmann, E.: Vererbungsversuche mit *Veronica syriaca* Roem. et Schult. Ber. dtsch. bot. Ges. **35**, 611—619 (1917).
— Über die Selbststerilität von *Veronica syriaca*. Z. Abstammgslehre **21**, 1—47 (1919).
— Über die Selbststerilität von *Veronica syriaca*. II. Ebenda **27**, 161—177 (1921).
— The heredity of self-sterility in *Veronica syriaca*. Mem. Hortic. Soc. New York **3**, 313—320 (1927a).
— Individualstoffe, Heterostylie. Handbuch der Vererbungswissenschaft, herausgeg. von E. Baur u. M. Hartmann **2**, Lfg 4, 43 S. Berlin: Gebrüder Borntraeger 1927b.
Leitmeier-Bennesch: Beiträge zur Anatomie des Griffels. Sitzgsber. Akad. Wiss. Wien, Math.-naturwiss. Kl. **131**, I, 339—356 (1923).
Levitsky, G. A.: Biometrisch-geographische Untersuchungen der Heterostylie bei *Anchusa officinalis* L. (s. l.). (Verh. V. internat. Kongr. Vererbungswiss., Berlin 1927.) Z. Abstammgslehre, Suppl. **2**, 987—1005 (1928).
Lewis, C. J. & C. C. Vincent: Pollination of the apple. Ore. Agricult. Exper. Stat. Bull. **104**, 40 S. (1909).

LIDFORSS, B.: Zur Biologie des Pollens. Jb. Bot. **29**, 1—38 (1896).
— Über den Chemotropismus der Pollenschläuche. Ber. dtsch. bot. Ges. **17**, 236—242 (1899a).
— Weitere Beiträge zur Biologie des Pollens. Jb. Bot. **33**, 232—312 (1899b).
— Untersuchungen über die Reizbewegungen der Pollenschläuche. I. Chemotropismus. Z. Bot. **1**, 443—496 (1909).
LILLIE, F. R.: The production of sperm iso-agglutinins by ova. Science N. S. **36**, 527—530 (1912).
— Studies of fertilization. V. The behavior of the spermatozoa of *Nereis* and *Arbacia* with special reference to egg-extractives. J. of exper. Zool. **14**, 515—574 (1913).
— Studies of fertilization. VI. The mechanism of fertilization in *Arbacia*. Ebenda **16**, 523—590 (1914).
— The fertilizing power of sperm dilutions of *Arbacia*. (Vorl. Mitt.) Proc. nat. Acad. Sci. U. S. A. **1**, 156—160 (1915a).
— Studies of fertilization. VII. Analysis of variations in the fertilizing power of sperm suspensions of *Arbacia*. Biol. Bull. (Mar. biol. Labor. Woods Hole) **28**, 229—251 (1915b).
— Problems of fertilization. XII u. 278 S. Chicago Univ. Press **1919**.
— Studies of fertilization. VIII. On the measure of specifity in fertilization between two associated species of the sea-urchin genus *Strongylocentrotus*. Biol. Bull. (Mar. biol. Labor. Woods Hole) **40**, 1—22 (1921).
— & E. E. JUST: Fertilization. In: E. V. COWDRY, General Cytology. Chicago Univ. Press S. 449—536, (1924).
LINDFORS, TH.: Om pollination och fruktsättning hos Gravensteiner och Akerö. Sveriges Pom. Fören Arsskr. **23**, 172—176 (1922).
v. LINSTOW: Helminthologische Mitteilungen. Arch. mikrosk. Anat. **48**, 375—397 (1897).
LIST, J. H.: Über Bastardierungsversuche an Knochenfischen (Labriden). Biol. Zbl. **7**, 20—21 (1887).
LOEB, J.: The fertilization of the egg of the Sea-urchin by the sperm of the Star-fish. (I. Mitt.) Univ. California Publ. Physiol. **1**, 39—53 (1903a).
— Über die Befruchtung von Seeigeleiern durch Seesternsamen. (II.Mitt.) Pflügers Archiv **99**, 323—356 (1903b).
— Über die Reaktion des Seewassers und die Rolle der Hydroxylionen bei der Befruchtung der Seeigeleier. Ebenda **99**, 637—638 (1903c).
— Further experiments on the fertilization of the egg of the Sea-urchin with the sperm of various species of Star-fish and Holothurian. Univ. California Publ. Physiol. **1**, 83—85 (1904a).
— Weitere Versuche über die heterogene Hybridisation bei Echinodermen. Pflügers Arch. **104**, 325—350 und Univ. Califorinia Publ. Physiol. **2**, 5—30 (1904b).
— Dynamics of living matter. New York 1906.
— Über Hervorrufung der Membranbildung beim Seeigelei durch das Blut gewisser Würmer (Sipunculiden). Pflügers Arch. **118**, 36—41 (1907).

Loeb, J.: Über die Natur der Bastardlarve zwischen dem Echinodermenei (*Strongylocentrotus franciscanus*) und Molluskensamen (*Chlorostoma funebrale*). Arch. Entw.mechan. **26**, 476—482 (1908).
— Heredity in heterogeneous hybrids. J. of Morph. **23**, 1—15 (1912).
— Cluster formation of spermatozoa caused by specific substances from eggs. J. of exper. Zool. **17**, 123—140 (1914).
— On the nature of the conditions which determine or prevent the entrance of the spermatozoa into the egg. Amer. Naturalist **49**, 257—285 (1915).
— The organism as a whole from a physico-chemical viewpoint. 379 S. New York u. London: Putnam's Sons, 1916.
—, King, W. O. & A. R. Moore: Über Dominanzerscheinungen bei den hybriden Pluteen des Seeigels. Arch. Entw.-mechan. **29**, 354—362 (1910).
Loew, E.: Blütenbiologische Floristik des mittleren und nördlichen Europa sowie Grönlands. 424 S. Stuttgart: F. Enke 1894.
— Einführung in die Blütenbiologie auf historischer Grundlage. 432 S. Berlin, 1895.
Lonay, H.: Contribution à l'étude des relations entre la structure des differents parties de l'ovule et la nutrition générale de celui-ci avant et après la fécondation. Bull. Classe Sci. Acad. roy. Belg., 5. sér., **8**, 24—45 (1922).
Longo, B.: Ricerche sopra una varietà di *Crataegus Azarolus* L. Ad ovuli in gran parte sterili. Nuovo Giorn. bot. ital. **21**, 5—14 (1914).
Looss, A.: Ist der Laurersche Kanal der Trematoden eine Vagina? Zbl. Bakter. I **13**, 808—819 (1893).
Lotsy, J. P.: Hybrides entre espèces d'*Antirrhinum*. IV. Congr. internat. de Génétique, Paris S. 416—428 (1911).
— Versuche über Artbastarde und Betrachtungen über die Möglichkeit einer Evolution trotz Artbeständigkeit. Z. Abstammgslehre **8**, 325 bis 333 (1912).
Lowig, E.: Beiträge zu Sterilitätsfragen, unter besonderer Berücksichtigung einiger „guter Arten", wie *Secale montanum* Gussone und verschiedener *Iris*. Flora (Jena) **123**, 62—103 (1928).
Lynch, C. J.: Analysis of certain cases of intra-specific sterility. Genetics **4**, 501—533 (1919).
MacDaniels, L. H.: Pollination studies with certain New York State apple varieties. Proc. amer. Soc. Hortic. Sci. **1925**, 87—96 (1926).
— An evaluation of certain methods used in the study of the pollination requirement of orchard fruits. Mem. Hortic. Soc. New York **3**, 139 bis 150 (1927).
MacDougall, M. St.: Cytological observations on gymnostomatous ciliates, with a description of the maturation phenomena in diploid and tetraploid forms of *Chilodon uncinatus*. Quart. J. microsc. Sci. **69**, 361 bis 384 (1925).
Macoun, W. J.: Preliminary report on self-pollination studies. Rep. Dominion Hortic. **1922**, 13—15 (1923).
Mangelsdorf, P. C.: The relation between length of styles and Mendelian segregation in a maize cross. Amer. Naturalist **63**, 139—150 (1929).

MANGELSDORF, P. C.: & D. F. JONES: The expression of Mendelian factors in the gametophyte of maize. Genetics 11, 423—455 (1926).
MANGIN, L.: Recherches sur le pollen. Bull. Soc. bot. France 33, 337—348, 512—517 (1886).
— Observations sur la membrane du grain de pollen mûr. Ebenda 2. sér. 36, 274—384 (1889).
— Sur la callose, nouveau substance fundamentale existant dans la membrane. C. r. Acad. Sci. Paris 110, 644—647 (1890).
MARSHALL, F. H. A.: The physiology of reproduction. 2. Aufl. London 1922.
MASSART, J.: Sur l'irritabilité des spermatozoïdes de la grenouille (comm. prél.). Bull. Acad. roy. Belg., 3. sér., 15, 750—754 (1888).
— Sur la pénétration des spermatozoïdes dans l'œuf de la grenouille. Ebenda, 3. sér., 18, 215—220 (1889).
MATHEWSON, C. A.: The behavior of the pollen tube in *Houstonia coerulea*. Bull. Torrey bot. Club 33, 487—493 (1906).
MAUPAS, E.: La rajeunissement karyogamique chez les ciliés. Archives de Zool., II. sér., 7, 149—517 (1889).
MEISENHEIMER, J.: Geschlecht und Geschlechter im Tierreiche. I. Die natürlichen Beziehungen. XIV u. 896 S. Jena: Gustav Fischer 1921.
METZ, C. W.: Observations on the sterility of mutant hybrids in *Drosophila virilis*. Proc. nat. Acad. Sci. U. S. A. 6, 421—423 (1920).
— & C. B. BRIDGES: Incompatibility of mutant races in *Drosophila*. Ebenda 3, 673—678 (1917).
MEUNISSIER, A.: Observations sur l'hérédité du caractère „Pois à trois corses" et du caractère „Pois Chenille". Genetica ('sGravenhage) 4, 279—320 (1922).
MEURMAN, O.: Über den Einfluß des Alters auf die Vererbung einiger Samenmerkmale bei Erbsen. Kritische Nachprüfung. Hereditas (Lund) 5, 97—128 (1924).
DE MEYER, J.: Observations et expériences relatives à l'action éxcercée par des extraits d'œufs et d'autres substances sur les spermatozoïdes. Archives de Biol. 26, 65—101 (1911).
MIRBEL: Précis d'un mémoire sur l'anatomie des fleurs (présenté par M. DESFONTAINES). Ann. Mus. Hist. Nat. 9, 448—468 (1807).
MIYOSHI, M.: Über Reizbewegungen der Pollenschläuche. Flora (Jena) 78, 76—93 (1894).
MODILEWSKI, J.: Zur Embryobildung einiger Onagraceen. Ber. dtsch. bot. Ges. 27, 287—292 (1909).
MOENKHAUS, W. J.: The development of the hybrids between *Fundulus heteroclitus* and *Menidia notata* with especial reference to the behavior of the maternal and paternal chromatin. Amer. J. Anat. 3, 29—65 (1904).
— Cross-fertilization among fishes. Proc. Indian Acad. Sci. 1910, 353—393.
MOHR, O. L.: A minute like III chromosome recessive in *Drosophila melanogaster*. Brit. J. exper. Biol. 2, 189—198 (1925).
— Über Letalfaktoren mit Berücksichtigung ihres Verhaltens bei Haustieren und beim Menschen. (5. Jahresversammlung d. dtsch. Ges. f. Vererbgswiss.) Z. Abstammgslehre 41, 59—109 (1926).

MOLISCH, H.: Über die Ursachen der Wachstumsrichtungen bei Pollenschläuchen. Anzeiger ksl. Akad. Wiss. Math.-naturwiss. Kl. **26**, 11—13 (1889).
— Zur Physiologie des Pollens, mit besonderer Rücksicht auf die chemotropischen Bewegungen der Pollenschläuche. Sitzgsber. Akad. Wiss. Wien, Math.-naturwiss. Kl. **102**, Abt. I, 423—448 (1893).

MORGAN, T. H.: The fertilization of non-nucleated fragments of Echinoderm eggs. Arch. Entw.-mechan. **2**, 268—280 (1896).
— Self-fertilization induced by artificial means. J. of exper. Zool. **1**, 135 bis 178 (1904).
— Some further experiments on self-fertilization in *Ciona*. Biol. Bull. (Mar. biol. Labor. Woods Hole) **8**, 313—330 (1905).
— Cross and self-fertilization in *Ciona intestinalis*. Arch. Entw.mechan. **30**, II, 206—235 (1910).
— A modification of the sex ratio and of other ratios in *Drosophila* through linkage. Z. Abstammgslehre **7**, 323—345 (1912).
— Removal of the block to self-fertilization in the ascidian *Ciona*. Proc. nat. Acad. Sci. U. S. A. **9**, 170—171 (1923).
— Self-fertility in *Ciona* in relation to cross-fertility. J. of exper. Zool. **40**, 301—305 (1924a).
— Dilution of sperm suspensions in relation to cross-fertilization in *Ciona*. Ebenda **40**, 307—310 (1924b).
— The development of egg fragments. Sci. Monthly **18**, 561—579 (1924c).
— Recent results relating to chromosomes and genetics. Quart. Rev. of Biol. **1**, 186—211 (1926).
— , PAYNE, F. & E. N. BROWN: A method to test the hypothesis of selective fertilization. Biol. Bull. (Mar. biol. Labor. Woods Hole) **18**, 76—78 (1910).

MORRIS, M.: The behavior of the chromatin in the hybrids between *Fundulus* and *Ctenolabrus*. J. of exper. Zool. **16**, 501—511 (1914).

MORRIS, O. M.: Studies in apple pollination. Washington Agricult. Exper. Stat. Bull. **1921**, 163.

MOSER, F.: Bastardierungs- und Merogonieversuche mit Fucaceen. Arch. Julius-Klaus-Stiftung Zürich **4**, 123—182 (1929).

MÜLLER, F.: Selbststerilität bei Orchideen (*Oncidium* und *Notylia*). Aus Briefen an CH. DARWIN vom 1. XII. 1866; 1. I. 1867; 1. IV. 1867 (Ges. Abhandl. **2**, 99—100, 103—106, 109—110, 122. Jena: Gustav Fischer 1915). (1866—1867).
— Notizen über die Geschlechtsverhältnisse brasilianischer Pflanzen. (Aus einen Brief an F. HILDEBRAND.) (Ges. Abh., **1**, 324—326. Bot. Ztg **26**, 113—116 (1868).
— Über einige Befruchtungserscheinungen. (Ges. Abhandl. **1**, 349—350.) Bot. Ztg **27**, 224—226 (1869).
— Über den Trimorphismus der Pontederien. (Ges. Abhandl. **1**, 400—403.) Jena. Z. Naturwiss. **6**, 74—78 (1871).
— Bestäubungsversuche an *Abutilon*-Arten. Jena. Z. Med. u. Naturwiss. Ges. Abh. S. 405—423, **7**, 22—45, 441—450 (1873).

MÜLLER, H.: Die Befruchtung der Blumen durch Insekten und die gegenseitigen Anpassungen beider. VIII u. 478 S. Leipzig 1873.
MÜLLER-THURGAN, H.: Die Folgen der Bestäubung bei Obst- und Rebenblüten. Ber. schweiz. bot. Ges., H. 13, Anhang, 45—63 (1903).
— Weitere Untersuchungen über die Befruchtungsverhältnisse bei den Obstbäumen. Landw. Jb. d. Schweiz 22, 755—758 (1908).
MULSOW, W.: Die Conjugation von *Stentor coeruleus* und *Stentor polymorphus*. Arch. Protistenkde 28, 363—388 (1913).
MUNRO, R.: On the reproduction and cross-fertilization of Passifloras. Bot. Soc. Edinburgh 9, 399—402 (1868).
NACHTSHEIM, H.: Eine Methode zur Prüfung der Lebensdauer genotypisch verschiedener Spermien bei *Drosophila*. Verh. V. Internat. Kongr. Vererbungswiss. Berlin 1927. Z. Abstammgslehre Suppl. 2, 1143—1147 (1928).
NÄGELI, C.: Mechanisch-physiologische Theorie der Abstammungslehre. VI u. 822 S. München-Leipzig: R. Oldenbourg 1884.
NAMIKAWA, I.: Growth of pollen tubes in self-pollinated apple flowers. Bot. Gaz. 76, 302—310 (1923).
NAWASCHIN, M.: Ein Fall von Merogonie infolge Artkreuzung bei Compositen. Ber. dtsch. bot. Ges. 45, 115—126 (1927).
— Studies on polyploidy. I. Cytological investigations on triploidy in *Crepis*. Univ. California Publ. Agricult. Sci. 2, 377—400 (1929).
NAWASCHIN, S.: Neue Beobachtungen über Befruchtung bei *Fritillaria tenella* und *Lilium martagon*. Sitzgsber. Bot. Sektion Naturforsch. Vers., Kiew 1898. Referat: Bot. Zbl. 77, 62 (1899).
— & FINN, V.: Zur Entwicklungsgeschichte der Chalazogamen. *Juglans regia* und *Juglans nigra*. Mem. Acad. imp. Sci. St.-Pétersbourg VIII. sér. 31, Nr 9, 59 S. (1913).
NEWMAN, H. H.: The process of heredity as exhibited by the development of *Fundulus*-hybrids. J. of exper. Zool. 5, 503—561 (1908).
— Further studies of the process of heredity in *Fundulus*-hybrids. Ebenda 8, 143—161 (1910).
— Modes of inheritance in teleost hybrids. Ebenda 16, 447—500 (1914).
— Development and heredity in heterogenetic teleost hybrids. Ebenda 18, 511—576 (1915).
NOGUCHI, Y.: Cytological studies on a case of pseudogamy in the genus *Brassica*. Proc. imp. Acad. Tokyo 4, 617—619 (1928).
NONIDEZ, J. F.: The internal phenomena of reproduction in *Drosophila*. Biol. Bull. (Mar. biol. Labor. Woods Hole) 39, 207—230 (1920).
OEHLKERS, FR.: Erblichkeitsforschung an Pflanzen. VIII u. 203 S. Leipzig: Verlag Steinkopff 1927.
OLIVER, F. W.: On *Sarcodes sanguinea*. Ann. of Bot. 4, 303—326 (1891).
OLTMANNS, FR.: Über die Sexualität der Ectocarpeen. Flora (Jena) 86, 86—99 (1899).
— Morphologie und Biologie der Algen, 3 Bde. 2. Aufl. Jena: Gustav Fischer 1922/1923.
OVERHOLSER, E. L.: Pollination of apples. Rep. Univ. California Agricult. Exper. Stat. 1918/1919, S. 28—29.

OVERHOLSER, E. L.: Apple pollination studies in California. Mem. Hortic. Soc. New York **3**, 151—164 (1927).
PARNELL, F. R.: Note on the determination of segregation by examination of the pollen of rice. J. Genet. **11**, 209—212 (1921).
PASHKEVITCH, W.: Studies on the sterility of the fruit trees in Russia. Mem. Hortic. Soc. New York **3**, 175—190 (1927).
PASPALEFF, G.: Über zwei Fälle von funktionellem Hermaphroditismus bei Echinoideen (*Echinocardium sordatum* und *Paracentrotus lividus*). (Bulgarisch mit deutscher Zusammenfassung.) Jb. Univ. Sofia **23**, 133—155 (1927).
PATON, J. B.: Pollen and pollen enzymes. I. The theoretical and practical aspects of the occurrence of enzymes. Amer. J. Bot. **8**, 471—501 (1921).
PÉCHOUTRE, F.: Contribution à l'étude du développement de l'ovule et de la graine des Rosacées. Ann. des Sci. natur., 8. sér., Bot., **16**, 1—158 (1902).
PELLEW, C.: Note on gametic reduplication in *Pisum*. J. Genet. **3**, 105 bis 106 (1913).
PELSENEER, P.: Les variations et leur hérédité chez les Mollusques. Brüssel 1920.
PERRIRAZ, J.: Étude biologique et biométrique de *Primula vulgaris*. Bull. Soc. Vaud. Sci. natur., V. sér., **44**, 311—319 (1908).
PFLÜGER, E.: Die Bastardzeugung bei den Batrachiern. Pflügers Arch. **29**, 48—75 (1882).
— Untersuchungen über Bastardierung der anuren Batrachier und die Prinzipien der Zeugung. II. Zusammenstellung der Ergebnisse und Erörterung der Prinzipien der Zeugung. Ebenda **32**, 542—580 (1883).
— & W. J. SMITH: Untersuchungen über Bastardierung der anuren Batrachier und die Prinzipien der Zeugung. I. Experimente über Bastardierung der anuren Batrachier. Ebenda **32**, 519—541 (1883).
PINNEY, E.: A study of the relation of the behavior of the chromatin to heredity and development in Teleost hybrids. J. of Morphol. **31**, 225 bis 292 (1918).
PINTNER, TH.: Begattungsakt bei Bandwürmern. Arb. zool. Inst. Wien **9** (1891).
PIROTTA, R. & B. LONGO: Osservazione e ricerche sulle Cynomoriaceae EICH. Annuar. Ist. bot. Roma **9**, 97—115 (1900).
PLANCHON, J. E.: Sur la famille des Linnées. Hooker's Lond. J. Bot. **6**, 588—603 (1847); **7**, 165—186, 473—501, 507—528 (1848).
PLOUGH, H. H.: A self-fertile strain of *Drosophila* which is partially sterile in outcrosses. Anat. Rec. **29**, 149 (1925).
POLL, H.: Mischlinge von *Triton cristatus* LAM. und *Triton vulgaris* L. Biol. Zbl. **29**, 30—31 (1909).
POPA, T. G.: The distribution of substances in the spermatozoon (*Arbacia* and *Nereis*). Biol. Bull. (Mar. biol. Labor. Woods Hole) **52**, 238—257 (1927).
POPOFF, M.: Die Gametenbildung und die Konjugation von *Carchesium polypinum* L. Z. Zool. **89**, 478—524 (1908).

POTTS, F. A.: Free living Nematods. Quart. J. microsc. Sci., N. S., 55 (1910).
PRANDTL, H.: Die Konjugation von *Didinium nasutum* O. F. MEYER. Arch. Protistenkde 7, 229—258 (1906).
PRELL, H.: Das Problem der Unbefruchtbarkeit. Naturwiss. Wschr., N. F. 20, 440—446 (1921 a).
— Anisogametie, Heterogametie und Aëthogametie als biologische Wege zur Förderung der Amphimixis. Arch. Entw.-mechan. 49, 463—490 (1921 b).
PROUHO, H.: Histoire des Bryozoaires. Archives de Zool., 2. sér., 10, 557—656 (1892).
RAUNKIAER, C.: Sur la transmission par hérédité dans les espèces hétéromorphes. Oversigt over det Kgl. Danske Videnskab. Selsk. Forh. 1906, 31—39.
RAVES, A. N.: Self-fertility and self-sterility in plums. J. roy. Hortic. Soc. 46, 353—356 (1921).
REINKE, J.: Über den Bau der Narbe. Nachr. kgl. Ges. Wiss. Göttingen, Math.-physik. Kl. 1874, II, S. 195.
RENNER, O.: Versuche über die gametische Konstitution der Oenotheren. Z. Abstammgslehre 18, 121—294 (1917).
— Zur Biologie und Morphologie der männlichen Haplonten einiger Oenotheren. Z. Bot. 11, 305—380 (1919).
— Das Rotnervenmerkmal der Oenotheren. Ber. dtsch. bot. Ges. 39, 264 bis 270 (1921).
— Untersuchungen über die faktorielle Konstitution einiger komplex heterozygotischer Oenotheren. Bibliotheca Genetica 9, 168 S. (1925).
RIMPAU, W.: Die Selbststerilität des Roggens. Landw. Jb. 6, 1073—1076 (1877).
RITTINGHAUS, P.: Einige Beobachtungen über das Eindringen der Pollenschläuche ins Leitgewebe. Verh. naturhist. Ver. preuß. Rheinl. 43, 105—122 (1886).
ROTMISTROW, W.: Eine der Ursachen der Mannigfaltigkeit in der Natur. Z. Abstammgslehre 37, 343—357 (1925).
RIVIÈRE, M.: Über *Oncidium Cavendishianum*. Zitiert in: LECOQ, H., De la fécondation naturelle et artificielle des végétaux et de l'hybridation. Paris 1862.
ROWLE, W. W.: The stigmas and pollen of *Arisaema*. Bull. Torrey bot. Club 23, 369—370 (1896).
RÜCKERT, J.: Über das Selbständigbleiben der väterlichen und mütterlichen Kernsubstanz während der ersten Entwicklung des befruchteten *Cyclops*-Eies. Arch. mikrosk. Anat. 45, 339—396 (1895).
RUEHLE, K.: Beiträge zur Kenntnis der Gattung *Prunus*. Bot. Arch. 8, 224—249 (1924).
RYBIN, V. A.: Polyploid hybrids of *Nicotiana tabacum* L. × *Nicotiana rustica* L. (Prel. comm.). (Russisch mit englischer Zusammenfassung.) Bull. appl. Bot. Gen. a. Plant Breeding 17, 191—240 (1927).
SACHS, J.: Geschichte der Botanik vom 16. Jahrhundert bis 1860. XII u. 612 S. München: R. Oldenbourg 1870.

SAITO, K. & H. NAGANISHI: Bemerkungen zur Kreuzung zwischen verschiedenen *Mucor*-Arten. Bot. Mag. Tokio **29**, 149—154 (1915).
SAMPSON, M. M.: The parthenogenetic effect of sperm filtrates, concentrated sperm suspensions, and serum of chitons on the ova of *Strongylocentrotus franciscanus*. Biol. Bull. (Mar. biol. Labor. Woods Hole) **50**, 202—206 (1926).
SANDSTEN, E. P.: Some conditions which influence the germination and fertility of pollen. Wisconsin Agricult. Exper. Stat. Res. Bull. **4**, 149 bis 172 (1909).
SAWYER, M. L.: Pollen-tube and spermatogenesis in *Iris*. Bot. Gaz. **64**, 159—164 (1917).
SAX, K.: Sterility relationships in Maine apple varieties. Maine Agricult. Exper. Stat. Bull **1922**, 307.
SCHAUDINN, F.: Neuere Forschungen über die Befruchtung bei Protozoen. Verh. dtsch. zool. Ges. **15**. Jahresvers., S. 16—35 (1905).
SCHNARF, K.: Beiträge zur Kenntnis des Blütenbaues von *Alangium*. Sitzgsber. Akad. Wiss. Wien, Math.-naturwiss. Kl., Abt. I, **131**, 199 bis 208 (1922).
— Embryologie der Angiospermen. Handbuch der Pflanzenanatomie, herausgeg. von K. LINSBAUER. XI u. 689 S. Berlin: Gebrüder Borntraeger 1929.
SCHÜRHOFF, P. N.: Über regelmäßiges Vorkommen zweikerniger Zellen an den Griffelkanälen von *Sambucus*. Biol. Zbl. **36**, 433—439 (1916).
— Drüsenzellen im Griffelkanal von *Lilium martagon*. Ebenda **38**, 188 bis 196 (1918).
SCHWEIGER, J.: Beiträge zur Kenntnis der Samenentwicklung der Euphorbiaceen. Flora (Jena) **94**, 339—379 (1905).
SCOTT, J.: Observations on the Functions and Structure of the Reproductive Organs in the *Primulaceae*. Linnean Soc. J. Lond. **8**, 78—126 (1865 a).
— On the individual sterility and cross-impregnation of certain species of *Oncidium*. Ebenda **8**, 162—167 (1865 b).
— Notes on the sterility and hybridization of certain species of *Passiflora, Disemma* and *Tacsonia*. Ebenda **8**, 197—206 (1865 c).
SEKERA, E.: Über die Verbreitung der Selbstbefruchtung bei den Rhabdocoeliden. Zool. Anz. **30**, 142—153 (1906).
SHARP, L. W.: The factorial interpretation of sex-determination. Cellule **35**, 192—235 (1925).
SHEARER, C. W., DE MORGAN & H. M. FUCHS: Preliminary notice on the experimental hybridization of Echinoids. J. Mar. biol. Assoc. **9**, 121 (1911).
— — — On paterna lcharacters in Echinoid hyb rids. Quart. J. microsc. Sci. **58**, 337—352 (1912).
— — — On the experimental hybridization of echinoids. Philos. Trans. roy. Soc. Lond. (B) **204**, 255—362 (1913).
SHULL, G. H.: Sex limited inheritance in *Lychnis dioica* L. Z. Abstammgs.-lehre **12**, 265—302 (1914).

SIMROTH, H.: Über Selbstbefruchtung bei Lungenschnecken. Verh. dtsch. zool. Ges., 10. Jahresvers. 1900, 143—147.
SINGLETON, R. W.: A case of doubling of chromosomes in the genus *Nicotiana*. (Vorl. Mitt.) Anat. Rec. 41, 93 (1929).
SIRKS, M. J.: Stérilité, auto-inconceptibilité et différentiation sexuelle physiologique. Arch. néerl. Sci. exact. et Nat., Sér. B, 3, 205—235 (1917).
— Die Verschiebung genotypischer Verhältniszahlen innerhalb Populationen laut mathematischer Berechnung und experimenteller Prüfung. Meded. Landbouwhoogeschool Wageningen 26, 40 S. (1923).
— Further Data on the self- and cross-incompatibility of *Verbascum phoeniceum*. Genetica ('sGravenhage) 8, 345—367 (1926 a).
— Mendelian factors in *Datura*. I. Certation. Ebenda 8, 485—500 (1926 b).
— The genotypical problems of self- and cross-incompatibility. Mem. Hortic. Soc. New York 3, 325—344 (1927).
— Zertationsversuche mit Erbsen. Rec. Trav. bot. néerl. 25 (A), 386 bis 394 (1928a).
— Mendelian factors in *Datura*. III. Separate factors for certation and their differential value. Genetica ('sGravenhage) 9, 257—266 (1928 b).
SKALINSKA, M.: Etudes sur la stérilité partielle des hybrides du genre *Aquilegia*. Verh. 5. internat. Kongreß f. Vererbungswiss. Berlin 1927, Z. Abstammgslehre Suppl. 2, 1343—1372 (1928).
SMITH, B. G.: The individuality of the germ-nuclei during the cleavage of the egg of *Cryptobranchus alleghaniensis*. Biol. Bull. (Mar. biol. Labor. Wods Hole) 37, 246—286 (1919).
SMITH, F. F.: Pseudo-fertility in *Nicotiana*. Ann. Missouri Bot. Gard. 13, 141—172 (1926).
SOUÈGES, R.: Recherches sur l'embryogénie des Polygonacées. Bull. Soc. bot. France 66, 168—199 (1919); 67, 1—11, 75—85 (1920).
SPRENGEL, C. K.: Das entdeckte Geheimnis der Natur im Bau und in der Befruchtung der Blumen. (Ostwaldts Klassiker Nr. 48, 49, 50, 51. Leipzig: Wilhelm Engelmann.) 443 S. Berlin: Fr. Vieweg d. Ältere 1793.
STOUT, A. B.: Self- and cross-pollinations in *Cichorium Intybus* with reference to sterility. Mem. N. Y. Bot. Gard. 6, 333—454 (1916).
— Fertility in *Cichorium Intybus*. The sporadic occurence of self-fertile plants among the progeny of self-sterile plants. Amer. J. Bot. 4, 375 bis 395 (1917).
— Fertility in *Cichorium Intybus*. Self-compatibility and self-incompatibility among the offspring of self-fertile lines of descent. J. Genet. 7, 71—103 (1918).
— Further experimental studies on self-incompatibility in hermaphroditic plants. Ebenda 9, 85—129 (1920).
— Sterility and fertility in *Hemerocallis*. Torreya 21, 57—62 (1921).
— Cyclic manifestation of sterility in *Brassica Pekinensis* and *B. chinensis*. Bot. Gaz. 73, 110—132 (1922 a).
— Sterilities in lilies. J. Hered. 13, 369—373 (1922 b).
— The physiology of incompatibilities. Amer. J. Bot. 10, 459—461 (1923a).

STOUT, A. B., Studies of *Lythrum Salicaria*. The efficiency of self-pollination. Ebenda **10**, 440—449 (1923 b).
— Studies of *Lythrum Salicaria*. II. A new form of flower in this species. (New York Bot. Gard. Nr 268) Bull. Torrey bot. Club **52**, 81—85 (1925 a).
— Self-incompatibility in wild species of apples. J. New York Bot. Gard. **26**, 25—31 (1925 b).
— Studies of the inheritance of self- and cross-incompatibility. Mem. Hortic. Soc. New York **3**, 345—352 (1927 a).
— Types of sterility in plant and their significance in horticulture. Ebenda **3**, 3—8 (1927 b).
STRASBURGER, E.: Neuere Untersuchungen über den Befruchtungsvorgang bei den Phanerogamen als Grundlage für eine Theorie der Zeugung. IX u. 176 S. Jena: Gustav Fischer 1884.
— Über fremdartige Bestäubung. Jb. Bot. **17**, 50—98 (1886).
— Zeitpunkt der Bestimmung des Geschlechtes, Apogamie, Parthenogenesis und Reduktionsteilung. Histol. Beitr. **7**, 124 S. Jena: Gustav Fischer 1909.
SUTTON, I.: Report on tests of self-sterility in plums, cherries, and apples at the John Innes horticultural Inst. J. Genet. **7**, 281—300 (1918).
TANNREUTHER, G. W.: Germ cells of *Hydra*. Biol. Bull. (Mar. biol. Labor. Woods Hole) **16** (1901).
TAYLOR, C. V. & D. H. TENNENT: Preliminary report on the development of egg fragments. Carnegie Inst. Yearbook, **1924**, Nr 23, 201—206.
TENNENT, D. H.: The chromosomes in cross-fertilized eggs. Biol. Bull. (Mar. biol. Labor. Woods Hole) **15**, 127—133 (1907).
— Echinoderm hybridization. Carnegie Inst. Washington Publ. **132**, 117 bis 151 (1910).
— The behavior of the chromosomes in cross-fertilized Echinoid eggs. J. of Morph. **23**, 17—29 (1912 a).
— Studies in cytology. II. The behavior of the chromosomes in *Arbacia-Toxopneustes* crosses. J. of exper. Zool. **12**, 396—405 (1912 b).
— The correlation between chromosomes and particular characters in hybrid Echinoid larvæ. Amer. Naturalist **46**, 68—75 (1912 c).
— Specifity in fertilization. Science N. S. **60**, 162—164 (1924).
— Activation of the eggs of *Echinometra Mathaei* by sperms of the crinoids *Comatula pectinata* and *Comatula purpurea*. Carnegie Inst. Washington Publ. **391**, 105—114 (1929).
TERAO, H.: On the inheritance of self-sterility (japanisch mit englischer Zusammenfassung). Jap. J. Genet. **2**, 144—155 (1923).
THURET: Recherches sur la fécondation des Fucacées suivies d'observations sur les anthéridies des Algues. Ann. des Sci. natur., sér. 4: Bot., **2**, 197—214 (1854); **3**, 1—28 (1855).
v. TIEGHEM, P.: Recherches physiologiques sur la végétation libre du pollen et de l'ovule et sur la fécondation directe des plantes. Ann. des natur. Sci., Bot., V. sér., **12**, 312—328 (1869).
— Inversion du sucre de canne par le pollen. Bull. Soc. bot. France **33**, 216—218 (1886).

TISCHLER, G.: Untersuchungen über den Stärkegehalt des Pollens tropischer Gewächse. Jb. Bot. **47**, 219—242 (1910).
— Pollenbiologische Studien. Z. Bot. **9**, 417—488 (1917).
— Das Heterostylieproblem. Biol. Zbl. **38**, 461—479 (1918a).
— Analytische und experimentale Studien zum Heterostylieproblem bei *Primula*. Festschrift zur Feier des 100jährigen Bestehens der kgl. württemberg. landw. Hochschule Hohenheim, S. 254—273 (1918b).
— Untersuchungen über den anatomischen Bau der Staub- und Fruchtblätter bei *Lythrum Salicaria* mit Beziehung auf das Illegitimitätsproblem. Flora (Jena) **111**, 162—193 (1918c).
— Allgemeine Pflanzenkaryologie. In: Handbuch Pflanzenanatomie, herausgeg. von K. LINSBAUER **2**, 899 S. Berlin: Gebrüder Borntraeger 1921/1922.
— Ein Beitrag zum Verständnis des Certationsproblems bei *Melandrium* Planta (Berl.) **1**, 332—341 (1925).
TOKUGAWA, Y.: Zur Physiologie des Pollens. J. Coll. Sci. imp. Univ. Tokyo **35**, 1—35 (1914).
TREUB, M.: Notes sur l'embryogénie de quelques Orchidées. Verh. k. Acad. Wetensch. Amsterdam **1879**, 50 S.
— Notes sur l'embryon, le sac embryonnaire et l'ovule. 4. L'action des tubes polliniques sur le développement des ovules chez les Orchidées. Ann. Jard. bot. Buitenzorg **3**, 122—127 (1883).
v. TSCHERMAK, E.: Über Varietäten und Specieshybriden bei Primeln. Internat. Tuinbouw Congres te Amsterdam (S. A., 15 S.) 1923.
TSCHIRCH, A.: Die tela conductrix (Autorreferat). Mitt. naturforsch. Ges. Bern. Sitzung vom 10. III. **1919**, S. LII—LIII (1920).
v. UBISCH, G.: Zur Genetik der trimorphen Heterostylie, sowie einige Bemerkungen zur dimorphen Heterostylie. Biol. Zbl. **41**, 88—96 (1921).
— Abweichungen vom mechanischen Geschlechtsverhältnis. Ebenda **42**, 112—118 (1922).
— Versuche über Vererbung und Fertilität bei Heterostylie und Blütenfüllung. Z. Bot. **15**, 193—232 (1923).
— Genetisch-Physiologische Analyse der Heterostylie. Bibliogr. Genetica ('sGravenhage) **2**, 287—342 (1925).
— Koppelung von Farbe und Heterostylie bei *Oxalis rosea*. Biol. Zbl. **46**, 633—645 (1926).
— Referat über E. LEHMANN, Selbststerilität, Heterostylie, Z. Abstammungslehre **48**, 347—348 (1928).
ULRICH: Die Bestäubung und Befruchtung des Roggens. Inaug.-Diss. (Jena), Halle a. S. 1902.
VANDENDRIES, R.: Recherches sur le déterminisme sexuel des Basidiomycètes. Mém. Acad. Belg. Cl. des Sci., 2. sér., **5**, 98 S. (1923).
— Nouvelles recherches sur la sexualité des Basidiomycètes. Bull. Soc. roy. bot. Belg. **56**, 73—97 (1924).
— La tétrapolarité sexuelle des Coprins. Ebenda **58**, 180—186 (1926).

VANDENDRIES, R.: Les mutations sexuelles, l'hétéro-homothallisme et la stérilité entre races geographiques de *Coprinus micaceus*. Mém. Acad. Belg. Cl. des Sci. **9**, 50 S. (1927).
— Comment résoudre le problème sexuel du Coprin micacé? Bull. Soc. roy. bot. Belg. **61**, 123—135 (1929).
— & G. ROBYN: Nouvelles recherches expérimentales sur le comportement sexuel de *Coprinus micaceus*. Mém. Acad. Belg., Cl. des Sci., 2. sér., **9**, 3—117 (1929).
VAUCHER, J. P.: Histoire Physiologique des Plantes de l'Europe **2**, 743 S. Paris: Marc Aurel fr. 1841.
VERNON, H. M.: Cross-fertilization among Echinoids. Arch. Entw.-mechan. **9**, 464—478 (1900).
DE VILMORIN, PH.: Recherches sur l'hérédité mendélienne. C. r. Acad. Sci. Paris **151** II, 548—551 (1910).
— & W. BATESON: A case of gametic coupling in *Pisum*. Proc. roy. Soc. Lond. (B) **84**, 9—11 (1912).
DE VRIES, H.: Gesellige Blumen. Kosmos **3**, 276—278 (1906).
WAITE, M. B.: Pollination of pear flowers. U. S. Dept. Agricult. Div. Veg., Path. Bull. **5**, 1—86 (1894).
v. WALDERDORFF, M.: Über Kultur von Pollenschläuchen und Pilzmyzelien auf festem Substrat bei verschiedener Luftfeuchtigkeit. Bot. Arch. **6**, 84—110 (1924).
WELLENSIEK, S. J.: Genetic monograph on *Pisum*. Bibliogr. Genetica ('sGravenhage) **2**, 343—476 (1925).
WELLINGTON, R.: Self-sterility and self-fertility of fruit varieties grown in New York. New York State Agricult. Exper. Stat., Circ. **71** (1923).
— An experiment in breeding apples. II. New York Stat Exper. Stat., Techn. Bull. **106**.
— The results of cross-pollination between different varieties of apples, plums, pears, and cherries. Mem. Hortic. Soc. New York **3**, 165—170 (1927).
v. WETTSTEIN, FR.: Über Fragen der Geschlechtsbestimmung bei Pflanzen. Naturwiss. **12**, 761—768 (1924).
WHITE, O. E.: Inheritance-Studies in *Pisum*. IV. Interrelation of the genetic factors of *Pisum*. J. agricult. Res. **11**, 167—190 (1917).
WILHELMI, J.: Tricladen. Fauna et Flora, Neapel. Monogr. **3** (1909).
WILLIAMS, MAY. M.: A contribution to our knowledge of the Fucaceae. Proc. Linnean Soc. N. S. Wales **48**, 634—646 (1923).
WILSON, E. B.: The cell in development and heredity. 3. Aufl. 1232 S. New York: MacMillan Co. (1925).
— & E. LEAMING: An atlas of the fertilization and karyokinesis of the ovum. 30 S. Columbia Univ. Press, New York: MacMillan Co. 1895.
— & A. P. MATHEWS: Maturation, fertilization, and polarity in the echinoderm egg. New light on the „quadrille of the centers". J. Morph. **10**, 319—342 (1895).
WIRTGEN, PH.: Über *Lythrum salicaria* und dessen Formen. Verh. naturhist. Ver. preuß. Rheinlande **5**, 7—14 (1848).

WITSCHI, E.: Studien über Geschlechtsumkehr und sekundäre Geschlechtsmerkmale der Amphibien. Arch. J. Klaus-Stiftung **1**, 127 bis 179 (1925).
WOLTERSTORFF, W.: *Triton blasii* DE L'ISLE, ein Kreuzungsprodukt zwischen *Triton marmoratus* und *Triton cristatus*. Zool. Anz. **28**, 82—86 (1904).
— Über *Triton blasii* DE L'ISLE und den experimentellen Nachweis seiner Bastardnatur. Zool. Jb., Abt. f. System., Geogr. u. Biol. **19**, 647—661 (1909).
YASUDA, S.: Physiological researches on the fertility in *Petunia violacea*. I. (Japanisch.) Botanic. Mag. Tokyo **41**, 17—27 (1927).
— Dasselbe. II. Ebenda **41**, 438—449 (1927).
— Dasselbe. IV. Ebenda **42**, 96—108 (1928a).
— Dasselbe. V. Ebenda **42**, 317—325 (1928b).
— Dasselbe. VI. Ebenda **43**, 156—169 (1929).
— & T. ARAI: Physiological researches on the fertility in *Petunia violacea*. III. (Japanisch.) Ebenda **41**, 553—559 (1927).
YATSU, N.: Observations on ookinesis in *Cerebratulus*. J. of Morph. **20**, 353—402 (1909).
ZADDACH, G.: Über die im Flußkrebs vorkommenden *Distomum cirrigerum* und *D. isostomum*. Zool. Anz. **4**, 398—404, 426—431 (1881).
ZEDERBAUER, E.: Zeitliche Verschiedenwertigkeit der Merkmale bei *Pisum sativum*. Z. Pflanzenzüchtg **2**, 1—27 (1914).
— Untersuchungen über das Gelingen von Bastardierungen zwischen ungleichaltrigen Individuen von *Pisum sativum*. Ebenda **3**, 63—67 (1915).
— Alter und Vererbung. Ebenda **5**, 257—259 (1917a).
— Alter, Vererbung und Fruchtbarkeit. Verh. k. k. zool.-bot. Ges. Wien **67**, 81—87 (1917b).
ZUCCARINI, J. G.: Monographie der amerikanischen *Oxalis*-Arten. Denkschrift Münch. Akad. **9**, 125—184 (1822/24).
— Nachtrag zu der Monographie der amerikanischen *Oxalis*-Arten. Abh. Münch. Akad. Wiss., Math.-naturwiss. Kl. **1**, 181—276 (1829/30).

Namen- und Sachverzeichnis[1].

Absidia glauca 329.
— *spinosa* 329.
Achimenes grandiflorus 232.
Additive Polymerie 339 bis 345.
Aechmea discolor 23.
Agapanthus umbellatus 232.
Agglutination 280, 281.
Agrostemma githago 231.
Aktivierung des tierischen Eies 264 bis 269, 281—282, 294.
Alsine verna 13.
Alters-Pseudofertilität 104—106, 162, 317, 322.
Althaea rosea 231.
ALVERDES 266.
AMICI 21, 31.
Amoeba diploidea 266.
Amphibien, Bastardierungsversuche 294 bis 295.
Anchusa officinalis 180, 185—188.
ANDERSON, E. 57, 68.
Androgenese 55, 235 bis 237, 267.
Anoda hastata 14.
Anomoioneis sculpta 302.
Antedon 290, 291.
Anthobothrium musteli 255.
Antirrhinum 12, 58, 60, 65, 71, 75—77, 82, 90, 100, 122, 124, 238.
Apfelsorten, Selbst-Parasterilität 92, 93.
Apocynaceen 14.
APPELÖF 291.
Aquilegia chrysantha 53, 54.
— Dichogamie 11.
— *vulgaris* 53, 54.
Arbacia 280—282, 285, 287.
— *punctulata* 273, 284.
— *pustulosa* 282, 284.
Arbacidae 284, 290.
Arisaema triphyllum 25.
Artkreuzungen, Parasterilität von 227, 250, 264—295, 326 bis 330.
Ascaris, Gonomerie 265.
Ascaris-Typus der Befruchtung 269—271.
Ascomyzeten, Gonomerie 266.
Ascophyllum nodosum 326, 328.
Asphodelus albus 10.
ASPLUND 25.
Asterias ochracea 279.
Ascidien 254, 255.
Atropa Belladonna 23.
Audouinia filigera 288, 289, 290.
Ausnützung, Prinzip der 18, 332.
Austern 254.
AXEL 7.
Azalea procumbens 13.
v. BAER 255.
BAILLON 25.
BALLS 133.
BALTZER 275, 278, 282 bis 287, 290.
BARLOW 182, 183.
Basidiomyzeten, Artkreuzungen 330.
— bipolare Parasterilität 312.
— Durchbrechungskopulationen 320 bis 323.
— geographische Rassen 315.
— Gonomerie 266.
— tetrapolare Parasterilität 313.
BATAILLON 294.
BATESON u. GREGORY 180, 181, 190, 194, 195.
BAUCH 323. 324.
Baumwolle 133, 134, 156, 159, 175.
BAUR 65, 71, 75, 82, 118, 122, 124, 174.
BEARD 266.
BEATUS 61, 117.
Befruchtung bei Pflanzen 54, 55.
— bei Tieren 264 bis 274.

[1] Es sei hier auch auf das ausführliche Inhaltsverzeichnis auf S. VIII—XI verwiesen.

Namen- und Sachverzeichnis.

Befruchtung, partielle 268.
— Störung bei Artkreuzungen 234 bis 238, 277—295.
Befruchtungsmembran 271, 272, 327.
Begattung, doppelte 259—264, 333.
BEHRENS 21, 23.
BĚLAŘ 267.
BELLING 242—245.
Bellostoma 254.
BERTHOLD 316, 319.
Bestäubung, legitime und illegitime 209 bis 221.
— reichliche 137—141.
— spärliche 137—141.
— verschiedener Zeitpunkt der 157.
Betula alba 27.
BLAKESLEE 175, 242, 243, 328, 329, 330.
—, BELLING u. CARTLEDGE 328, 330.
—, BELLING u. FARNHAM 243, 244, 245.
Borraginaceae 180.
BOVERI 265, 267, 277.
BOYCOTT 255.
BRAEM 255.
Brassica 121.
— campestris 236.
— chinensis 118.
— oleracea 241, 242.
— — var. gemmifera 236.
— pekinensis 117, 118, 121, 122.
BRIEGER 38—40, 57, 65, 81, 102, 103, 107, 111, 113, 115, 117, 126, 239, 314, 339.
— u. A. J. MANGELSDORF 80, 81.

BRINK 19, 37, 38, 39, 42, 48, 49, 146, 151, 172.
BRINK u. BURNHAM 173.
BROGNIART 21.
BROWN, R. 27.
BRUNSWIK 312, 314, 321, 322, 326, 352.
Bryozoen 255.
BUCHHOLZ u. BLAKESLEE 39, 40, 41, 45 bis 47, 233, 244, 245, 246, 248.
Bufo calamita 294.
— communis 295.
— viridis 295.
BULLER 273.
BURCK 31.
BURESCH 275.
BURGEFF 328—330.
BURKILL 32.

CALVET 255.
CAMERARIUS 20.
CAMMERLOHER 25.
Cannabis sativa 12.
CAPUS 21.
Carchesium polypinum 305.
Cardamine pratensis 57, 58, 61—65, 67, 84, 85, 98, 99, 117.
Cassia 38.
CASTLE 256.
Ceratostigma 180.
Chaetopterus 288—290.
Chalazogamie 26.
CHAMBERS 273.
CHAO 173.
Chemische Untersuchung des Pollens 37, 38.
Chemotaxis des Spermas 273, 274.
Chemotropismus der Pollenschläuche 47 bis 54, 233—234.
Chilodon uncinatus 303.

Chionodoxa 37.
CHOLNOKY 302.
Chrysophyrs 254.
Cichorium intybus 90, 91, 99, 121, 122.
Ciliaten, Konjugation 297, 302—308.
Ciona intestinalis 254, 256—258.
CLAUSEN, R. E. 55, 236, 237, 241.
Closterium lineatum 298.
CLOWES u. BACHMANN 280.
COE 255.
Coelogyne cristata 34.
— fimbriata 35.
COLE u. DAVIS 263.
COLLINS u. KEMPTON 172, 237.
Collybia velutipes 324 bis 326.
COLTON 255.
COMPTON 122, 123.
CONKLIN 266.
Convallaria majalis 233.
Coprinus 330.
— comatus 312, 313.
— fimetarius 313, 322.
— micaceus 315, 321 bis 323.
CORRENS 51—53, 57, 58, 60—67, 84, 90, 91, 98, 99, 117, 136 bis 139, 141, 143, 144, 147, 152—154, 158, 159, 171, 173, 174, 180, 185—187, 207, 210, 222, 350, 351.
Corydalis cava 33, 34.
— lutea 33.
— ochroleuca 34.
COUCH 320.
CRANE 92, 93, 95—97, 100.
Crepidula 266.

25*

Crepis alpina 237.
— *capillaris* 250.
— *tectorum* 237.
CREW 263.
Crinoida 291.
Cruciferentypus 58, 61 bis 64, 98, 99.
Cryptobranchus 266.
Ctenolabrus adspersus 293, 294.
CURTIS 179.
Cycloposthium bipalmatum 303, 307.
Cyclops, Gonomerie 266.
Cymbella lanceolata 301.
Cynthia partita 258.
Cypripedium parviflorum 233.
Cystosira anuntacea 328.
— *barbata* 328.
— *ericoides* 327, 328.
Cytisus Laburnum 32.

DAHLGREN 25, 50, 180, 196, 222.
DAKIN 273.
DALMER 21.
DARWIN, CH. 16, 18, 33, 43, 56, 58, 100, 123, 178, 180, 190—192, 206, 207, 209, 210, 212—217, 221, 224, 226.
DARWIN-KNIGHTsches Naturgesetz 7.
Dasycladus clavaeformis 316, 317, 322, 324.
Datura 41—47, 139, 155, 175, 233, 242 bis 250.
DELPINO 8, 18, 206.
DEMEREC 42, 126—130.
Dentalium 288, 290.
Desmidiaceen, Konjugation 297, 299.
DEWITZ 273.

Dianthus 229, 239.
Diatomeen, Konjugation 297, 299.
Dichogamie 7—14, 253, 254, 274.
Dichorisandra ovalifolia 23.
Dictyuchus monosporus 320.
Didinium nasutum 308.
Dimorphismus 176 bis 226.
Diplogaster maupasi 255.
Diplophasische Letalität 2.
— Sterilität 3.
Distomum cirrigerum 254.
DIVER 255.
DOBELL 308.
DOFLEIN 303.
DOGIEL 303, 304, 306, 307.
Dominanztheorie der Inzucht 338—345.
DONCASTER u. GRAY 282—284.
Doppelte Begattung 259 bis 264, 333.
Drosophila, doppelte Begattung 258—261.
— Genitalien der Weibchen 260.
v. DUNGERN 273.
DUNN 263, 264.

EAST 35, 38, 43, 56, 57, 59, 64, 65, 67, 75, 89, 99, 100, 101, 113, 117, 121, 123, 124, 125, 182, 184, 222, 234, 334.
— u. JONES 334, 336, 338, 339, 343, 344, 349.
— u. A. J. MANGELSDORF 64

bis 73, 75, 76, 80 bis 84, 88, 90, 99, 106, 111.
EAST u. PARK 35, 39 bis 41, 44, 47, 56, 59, 63, 65, 100, 104—106, 121.
— u. YARNELL 74, 75, 117.
Echinarachnius 281.
Echinodermen 276 bis 291.
Echinus siehe *Parechinus.*
Echte Sterilität 1, 4.
Ectocarpus siliculosus 318, 319.
EGHIS 241.
Ei, Aktivierung 264 bis 269, 281, 282.
Eier, Auffinden der 47 bis 54, 233, 273, 274.
Ektotropes Wachstum 23.
Elterliche Kerne, Koordination 55, 234 bis 237, 264—269, 282—295.
Embryosack 48.
EMERSON, R. A. 171, 351.
Endotropes Wachstum 23.
ENRIQUES 303.
Epilobium angustifolium 8, 9.
Epipactis latifolia 15.
Eremurus caucasicus 10.
ERLENMEYER 38.
ERNST 179—181, 190, 197—202, 213, 214, 217—219, 224, 225.
ERRERA 205, 206.
Eschscholzia californica 100, 178.
Euchlaena mexicana 237.
Euphorbiaceen 25.

Fadenwürmer 254.
Fagopyrum 180, 206.
Faktoren, kopulations-
bedingende 310, 311,
314, 315, 352.
FEDERLEY 334, 344.
FERGUSON 265.
FILZER 57, 64—78, 90,
100.
FITTING 35.
FORDHAM 273.
Forsythia 180, 206.
Fritillaria persica 29,
233, 234.
Fruchtknoten, Stellung
der Samen im 51,
52, 158, 159.
FRY 268, 277.
FUCHS 256, 257.
Fucus platycarpus 327,
328.
— *serratus* 326, 327,
328.
— *vesiculosus* 326, 327,
328.
Fundulus heteroclitus
291, 293, 294.

GAIN 185, 204.
GARSTRANG 255.
GÄRTNER, C. F. 21, 151,
179, 227, 228, 229,
238, 239, 250, 296.
GÄUMANN 311.
GEBHARD 294.
GEERTS 50.
GEITLER 301, 302.
Geitonogamie 8.
Gekoppelte dominante
Faktoren, Inzuchts-
theorie der 339,
343, 344.
Geographische Rassen
bei Pilzen 315.
Geschlechtsrealisator
163.

GLEICHEN 21.
GODLEWSKI 283, 287,
288, 289, 290.
GOEBEL 18.
GOLDSCHMIDT, R. 314,
350.
Gomphonema gracile
301.
Gonomerie 265, 266,
293.
GOODSPEED 241.
Gossypium 133, 134,
156, 159, 175, 232.
GRAF 27.
GREEN 37, 38.
GREGORY 180, 181, 190,
194, 195.
Griffelkanal 22.
GRUBER 75—77.
Grundlagen, anatom.-
physiologische 19
bis 55, 203—209,
229—238, 264 bis
274.
GRUVEL 255.
GUÉGUEN 21, 36.
GUÉRIN 25.
GUIGNARD 21, 27, 28,
30, 55.
GUTHERZ 255.
Gymnospermen, Gono-
merie 265.
Gynogenese 55, 235
bis 237, 267.

HABERLANDT 50.
HAECKER 266.
HAGEDORN 287.
HÅKANSON 25.
Haplophasische Sterili-
tät 1, 3.
HARRISON 133, 156.
HARTMANN, M. 308,
310, 311, 314, 316,
318, 319, 322, 329,
330, 350, 352.
HARTMANN u. NÄGLER
266.

HEIMERL 25.
HELDMAIER 324, 325,
326.
*Helianthemum mari-
folium* 6.
Heliocidaris tuberculata
278.
Helix (siehe *Tachea*).
Helminthalia nivea 328.
Hemerocallis 60, 90 bis
92, 98, 99.
HENSCHEL 151.
HENSLOW 204.
HERBERT 151.
HERBST 268, 277.
HERIBERT-NILSSON 40,
118, 119, 120, 135,
139, 151, 152, 154,
155, 160, 175.
Herkogamie 7, 13—17,
253—254, 274.
Hernimeris urticifolia
151.
HERTWIG, G. 294, 295,
308.
— G. und P. 291, 293.
— O. 267, 278.
— P. 267, 295.
— R. 268, 278, 308.
HESSE 254.
Heterantherie 176.
Heterostylie 176—227.
HILDEBRAND 9, 10, 14,
18, 27, 29, 33, 34,
58, 60, 61, 100, 179,
180, 206, 212—215,
233, 234.
HINDERER 277.
HIORTH 139, 160.
Hipponoe esculenta 284.
Historischer Überblick
7—8, 20—21, 56 bis
59, 178—179, 227
bis 228.
HOFFMANN 204.
HOFMEISTER 21, 25, 35.
Homogamie 7, 11.
Homomorphie 189 bis

195, 197—203, 216 bis 221, 226.
Homozygosis—Heterozygosistheorie 334 bis 338.
Hottonia palustris 178, 206, 214.
HUGHES-SCHRADER 255.
Hühner, doppelte Begattung 263, 264.
HUIE 25.
HURST 34, 35.
Hydra viridis 254.
Hyla arborea 295.

Icerya purchasi 255.
Ilex aquifolium 232.
Individualstoffhypothese 57, 58.
Induzierte Parthenogenese 55, 236.
Inzuchtsdegeneration, Theorie der 333 bis 349.
Irregularia 285.
DE l'ISLE 294.

JACQUIN 178.
JOHANNSEN 57, 122.
JOHNSON 180, 344.
JOLLOS 309, 316, 317, 324.
JONES, D. F. 130, 133, 145, 146, 171, 334, 336—339, 343, 344, 349.
JÖRGENSEN 55, 235, 236.
JOST 22, 31, 32, 33, 35, 43, 45, 56, 58, 61, 98, 120, 179, 222, 223, 224.
JUEL 23, 25.
JUST, E. E. 277, 281, 282.

KALTENBACH 306.
KAMMAN 38.
Kaninchen, doppelte Begattung 263.
KAPPERT 163.
KARPESCHENKO 241, 242.
KATZ 31.
KEARNEY 133, 134, 156, 175, 232.
— u. HARRISON 133, 159, 175, 232.
KEEBLE u. PELLEW 338.
Keimung der Pollenkörner 20, 30, 31 bis 35, 65, 133—135, 230—232, 246 bis 250.
KEMPTON 172.
Kerne, elterliche, Koordination 55, 234 bis 237, 264—269, 282—295.
KERNER 8, 10, 11, 12.
KERNER-HANSEN 6, 9, 10, 15, 17, 25.
KING 261—264.
KIRCHNER 16, 17, 34, 35.
KIRKWOOD 36, 42, 50.
Kirschen, Parasterilität 93.
KLEBAHN 299, 300.
KNIEP 63, 64, 310 bis 315, 321, 322, 324, 327, 330, 352.
KNIGHT 37.
Knochenfische, Artkreuzungen 254, 255.
KNOLL 18, 19.
Knospenbestäubung bei *Nicotiana* 32, 106 bis 113.
Knospen-Pseudofertilität 106—113.

KNUTH 59, 180.
KNY 48.
KÖLREUTER 8, 21, 56, 58, 84, 100, 227, 238, 239.
Komplementäre Polymerie 339—344.
Konjugation bei Ciliaten 298, 302—308.
— bei Desmidiaceen 299.
— bei Diatomeen 299 bis 302.
Koordination der elterlichen Kerne 55, 234—237, 264 bis 269, 282—295.
KOPEČ 263.
Kopulationsbedingende Faktoren 310, 311, 314, 315, 352.
KÖHLER 276.
KOSSWIG 291.
KOSTOFF 38, 40, 44, 55, 221, 234, 236, 237.
KREBS 255.
KRÜGER, E. 267.
KUHN, E. 180.
KÜNKEL 255, 275.
Künstliche Auslösung der Parthenogenese 268, 277, 282.
KUPELWIESER 282, 287, 288, 289.
KUPFER 257.

Laburnum vulgare 33.
LAIBACH 179, 180, 190, 192, 193, 202, 207, 210, 211, 219, 225, 226.
Lamellibranchiata 287.
LAMMERTS 55, 236, 237.
LANCEFIELD 259.
LANDAUER 277.
LANG 255, 274, 275 bis 276.

LAWRENCE 92, 97, 100.
Legitime und illegitime Bestäubung 209 bis 221.
LEHMANN 56, 57, 64 bis 78, 99.
Leitgewebe 21—23, 25, 26.
LEITMEIER-BENNESCH 22.
Lepidum Draba 11.
Letalität 1—3.
LEWITZKY 180, 186 bis 188.
LIDFORS 48.
Lilium 44, 45, 60, 121, 233.
— *auratum* 44, 45.
— *Hansoni* 45.
— *martagon* 43, 55.
— *speciosum* 45.
LILLIE, F. R. 273, 279 bis 281.
— F. R. u. JUST, E. E. 268, 273, 281.
Limnaea auricula 255.
Limnanthemum indicum 206.
Linaria 90, 98, 99, 121.
v. LINDSTOW 255.
Linienstoffe 57, 61—84, 98—100.
Linum 65, 178—180, 190, 193, 203, 204, 207.
— *angustifolium* 33.
— *austriacum* 192, 193, 220, 225.
— *flavum* 206.
— *grandiflorum* 206, 207, 209—211, 221, 225.
— *hirsutum* 226.
— *perenne* 206, 221.
— *viscosum* 226.
Liparis latifolia 28, 29.
LOEB, J. 268, 271, 273,

279, 280, 281, 287, 291.
LOEB, KING u. MOORE 287.
LONAY 25.
LONGO 23, 50.
LOOSS 255.
LOTSY 82, 122, 124.
LOWIG 118.
Lungenschnecken 255.
Lupinus albus 32.
Luzula nivea 10.
Lychnis dioica 231.
LYNCH 258.
Lythraceae 180.
Lythrum salicaria 40, 44, 177, 179, 182 bis 184, 203, 204, 206, 207, 208, 209, 213, 215, 216, 221, 222.

Mais 126—130, 145 bis 151, 164—166, 169 bis 173, 202, 333.
Malope trifida 231.
MANGELSDORF, A. J. 64 bis 73, 75, 76, 80 bis 84, 88, 90, 99, 106, 111.
— P. C. 57, 75, 100, 145, 147, 148, 149, 171.
— P. C. u. JONES 164, 165, 169—172.
MANGIN 36, 37.
Mannigfaltigkeitsprinzip 332.
MARSHALL 263.
MASSART 273.
MATHEWSON 50.
MAUPAS 305, 306.
Maxillaria lepidota 34.
— *luteoalba* 35.
MEISENHEIMER 255, 274.
Melandrium 51—53,

137, 138, 141, 143, 144, 147, 152—154, 156, 158, 159, 163, 173—175.
Menidia notata 292 bis 294.
Menyanthes trifoliata 190, 206.
Mercurialis ovata 12.
— *perennis* 12.
Merogonie 55, 237, 268.
METZ u. BRIDGES 259.
MEUNISSIER 170.
MEURMANN 163.
DE MEYER 273.
Mirabilis Jalapa 11.
MIRBEL 21.
Mitchella repens 213, 214.
MIYOSHI 48.
MODILEWSKI 50.
MOENKHAUS 291, 292, 293.
MOHL 31, 37.
MOHR 1—3, 258.
Moira 285.
MOLISCH 31, 46, 48.
MORGAN, T. H. 256 bis 258, 268, 277, 314.
MORGAN, PAYNE u. BROWN 273.
MORRIS 291, 293.
MOSER 327, 328.
Mucor 329.
MÜLLER, F. 34, 35, 38, 58, 100.
— H. 32, 38, 206, 207, 214.
MULSOW 303, 306, 307.
MUNRO 56, 59.
Muscari botryoides 37.
Muscheln 254, 255.
Mytilus 287, 288, 290.
Myxine 254.

NACHTSHEIM 259—261.
Nacktschnecken 255.

NÄGELI 207.
NAMIKAWA 45.
Narbe, Bau der 22, 204 bis 205.
Narbensekret 31, 33.
Narcissus 49.
Naturgesetz, DARWIN-KNIGHTsches 7.
NAWASCHIN, M. 237, 250.
— S. 21, 26, 27,
NAWASCHIN, S. u. FINN 50.
Nematoden 255.
Nemertinen 255.
Nereis 280.
NEWMAN 291.
Nicotiana 12, 55, 60, 344.
— *alata* 60, 64, 101, 102, 104, 113, 123, 124.
— *angustifolia* 40, 44, 60.
— Artbastarde 234.
— *digluta* 236, 241.
— *Forgetiana* 60, 64, 101, 102, 113, 116, 123.
— *glutinosa* 236, 239 bis 242.
— Knospenbestäubung 32, 106—113.
— *Langsdorffii* 123, 124, 237, 239.
— *paniculata* 239, 241, 242.
— *Rusbyi* 239, 240.
— *rustica* 239, 241, 242.
— *Sanderae* 40—42, 44 bis 47, 57, 58, 60, 64—84, 89, 90, 99 bis 117, 121—124, 157, 161, 216.
— *silvestris* 237, 239, 240.
— *tabacum* 107, 236, 237, 239, 241, 242.

Nicoiiana tabacum angustifolia 239, 240.
— — *Cuba* 240.
— — *macrophylla* 237.
— *tomentosa* 239, 240.
Nitzschia subtilis 301.
Niveautheorie 224 bis 226.
NOGUCHI 236.
NONIDEZ 259, 260.
Notylia-Arten 35.
Nyctaginaceen 25.

Obstsorten, Parasterilität 92—98.
Obturator 25.
OEHLKERS 2, 3.
Oenothera 8, 23, 50, 175.
— *biennis* 140.
— *Lamarckiana* 50, 139 bis 141, 154 bis 156, 160, 163.
OLIVER 36.
OLTMANNS 298, 311, 316, 319.
Oncidium microchilum 35, 53.
Ophryoscoleciden 306.
Opisthotrichum janus 304.
Oppositionsfaktoren, Theorie der 64.
Orchideen 13, 15, 16, 27 bis 29, 34—35, 53, 233—234.
Orchis fusca 234.
— *latifolia* 232, 234.
— *mascula* 232—234.
— *militaris* 232.
— *morio* 231—234.
Oryza sativa 173.
OSTERWALDER 45.
Oxalidaceae 180.
Oxalis 178, 182—184, 203, 209, 213.
— *floribunda* 182, 194 bis 196.

Oxalis Regnelli 206, 213, 215.
— *rosea* 182.
— *valdiviana* 206, 215, 216.
— *speciosa* 215, 216.

Panaeolus campanulatus 321.
Paracentrotus 282, 284 bis 287.
Paramaecium putrinum 303.
Parechinus acutus 283, 284.
— *esculentus* 283, 284.
— *microtuberculatus* 284, 286, 288, 289.
— *miliaris* 284.
PARK 35, 39—41, 44, 47, 56, 57, 59, 63, 65, 100, 104—106, 121.
PARNELL 173.
Parthenogenese, induzierte 27, 55, 234 bis 237, 267, 268, 277.
Partielle Befruchtung 268, 277.
PASPALEFF 256.
Passiflora-Arten 56, 59.
Patella 288, 290.
PATON, 38.
PÉCHOUTRE 25.
PELLEW 170, 338.
Pelobates fuscus 295.
Pelodytes punctatus 294.
PELSENEER 255.
Pelvetia canaliculata 328.
PERRIRAZ 204.
Personatenschema 58, 64—84, 86—90, 91, 97—100, 109—117, 122, 124.
Petunia violacea 40, 43 bis 45, 117.
Pflaumen 94—96.

PFLÜGER 294.
Phänotypische Sterilität 3.
Phycomyces 330.
Phykomyzeten 320, 328.
Phyteuma spicatum 23.
Piaropus paniculatus 180.
PINNEY 291, 293.
PINTNER 255.
PIROTTA 23.
Pisum sativum 175.
PLANCHON 179.
Plantago media 10.
Plasmonisch bedingte Sterilität 3.
Pleiotropie 163.
PLOUGH 259.
Plumbaginaceae 25, 180.
Polemonium 8.
POLL 294.
Pollicipes cornucopia 255.
Polygonum 25.
Polymerie, additive 339—345.
— komplementäre 339 bis 345.
Polyploide Formen, Parasterilität 240 bis 250.
Pontederiaceae 180.
POPA 280.
POPOFF 305, 306.
Populus tremula 27.
Porogamie 26.
Potamogeton crispus 10
POTTS 255.
PRANDTL 306.
PRELL 5, 63, 64, 84.
Primäre Heterostyliemerkmale 204.
Primula 178, 180, 186, 204, 206, 207, 209, 213.
— acaulis 53.
— auricula 190, 214, 217.

Primula cortusioides 214.
— elatior 205, 214.
— farinosa 190, 214, 217.
— hortensis 190, 197 bis 200, 203, 213, 214, 217, 218.
— involucrata 214.
— malacoides 190, 192, 204, 214, 217.
— officinalis 190, 191, 196, 197, 203, 214, 217.
— sikkinensis 214.
— sinensis 180, 190, 191, 194, 195, 203, 214.
— viscosa 190, 197 bis 200, 203, 213, 214, 217, bis 219.
— vulgaris 213, 214.
Primulaceae 180.
Prinzip der Ausnützung 18, 332.
Procerodes 254.
Prohibition 160.
Protandrie 9—14, 254.
Protogynie 10—14, 254.
PROUHO 255.
Prunus 92.
Pseudofertilität 59, 61, 78, 100—122, 315 bis 326.
Pulmonaria 180, 186, 187, 204, 213.
— angustifolia 185, 206, 213, 214.
— officinalis 206, 213, 214.
Puschkinia 37.
Pyrosoma 254.

Raja batis 266.
RALFS 298.
Rana esculenta 295.
— fusca 295.

Raphanus sativus 241, 242.
Ratten 261, 262.
RAUNKIAER 180.
Regenwurm 254.
Regularia 285.
REINKE 21.
Relative Sexualität 316—319, 352.
RENNER 23, 140, 152, 158, 160, 175.
Reseda odorata 60, 123.
Rhabditis 267.
Rhododendron 151.
Rhopalodia gibba 299 bis 301.
RIMPAU 118.
RITTINGHAUS 35, 231.
Roggen, Pseudofertilität 118—121.
Rosaceen 25.
Roucheria 180.
ROWLEE 25.
Rubiaceae 180, 213.
RÜCKERT 266.
RUEHLE 25.
Rumex acetosa 138, 141, 146, 163, 173, 175.
— alpinus 11.
RUNDMÄULER 254.
RYBIN 241.

SAITO u. NAGANISHI 330.
Salix 12.
Salpen 254.
Samen, Stellung im Fruchtknoten 51, 52, 158—159.
SAMPSON 287.
SANDSTEN 38.
SCHAUDINN 308.
Schizophyllum 321, 324 bis 326.
SCHNARF 19, 22, 50.
Schnecken, Kreuzungen 274, 276.

Schnecken, Selbst-Parasterilität 255.
Schnurwürmer 254.
SCHÜRHOFF 22.
SCHWEIGER 25.
Scilla 25, 37.
— *hispanica* 232.
SCOTT 33, 38, 53, 56, 190—192, 204, 212, 214, 216, 217, 226, 233.
Scrophulariaceae 180.
Secale montanum 118.
Seeigel 269, 270.
SEKERA 255.
Sekundäre Heterostyliemerkmale 205 bis 209.
Serranus 254.
SHARP 351.
SHEARER, DE MORGAN u. FUCHS 276, 282.
SHULL 173, 334.
SIMROTH 255.
SINGLETON 241, 242.
SIRKS 4, 5, 84, 86 bis 91, 99, 122, 139, 140, 155, 161—163, 165, 166, 170, 175, 223.
Sisymbrium Sophia 11.
SKALINSKA 53, 54.
SMITH, S. B. 266.
— W. J. 294.
Solanum luteum 55, 235.
— *nigrum* 55, 235, 236.
— *tuberosum* 25.
SOUÈGES 25.
Spatangidae 285.
Sphaerechinus 287, 289.
— *granularis* 284 bis 286.
Spitzmais 127, 130.
SPRENGEL, 7—11, 18, 21, 178.
Stechapfel 166.
Stenotomus chrysops 294.

Stentor 306, 307.
Stentor coeruleus 303, 307.
— *polymorphus* 307.
Sterilität, echte 1, 4.
Stichostemma 255.
STOUT 45, 59, 90—92, 99—101, 117, 118, 121, 122.
STRASBURGER 21, 25, 27, 29, 30, 35, 45, 49, 53, 207, 230 bis 234.
Strongylocentrotus franciscanus 279, 281.
— *purpuratus* 229, 271, 281.
Suchfadenkopulation 323.

Tachea 274.
— *austriaca* 275.
— *hortensis* 275.
— *nemoralis* 275.
Taenia depressa 255.
TANNREUTHER 254.
TAYLOR u. TENNENT 268, 277.
Tela conductrix 21.
Teleostier, Bastardierungsversuche 291 bis 295.
TENNENT 268, 276 bis 278, 283—285, 287.
Termitomyia 254.
Tetrapolare Parasterilität 312.
THURET 326.
Thymelaeaceen 25.
VAN TIEGHEM 38, 48.
TISCHLER 37, 38, 174, 204, 207, 223, 265.
TOKUGAWA 37, 44, 48, 233.
Tolmiea Menziesii 58, 60, 333.
Toxopneustes 284, 285, 287.

Toxopneustes variegatus 272, 284.
Toxopneustidae 290, 291.
Trematoden 255.
TREUB 26, 27, 29.
Tricladen 254.
Tripsacum dactyloides 237.
Triton alpestris 294.
TSCHERMAK 181.
TSCHIRCH 23, 35.
Tulipa Gesneriana 231, 233.
Turbellarien 255.
Turneraceae 180.
Typha minima 11.

v. UBISCH, G. 174, 179, bis 184, 190, 192 bis 196, 204, 206, 207, 211, 214, 217, 220, 223—225.
Ulmus campestris 10.
ULRICH 118.
Umbelliferen 25.
Uplandbaumwolle 133, 156.
Ustilago longissima 323, 324.
— — *typica* 323.

Valeriana 11.
Valerianaceen 25.
VANDENDRIES 315, 321.
VAUCHER 179.
Verbascum 56, 58, 84, 86, 88—91, 98 bis 100, 229.
Vergiftungserscheinungen bei den Orchideen 34.
VERNON 277.
Veronica gentianoides 180—187, 209, 210.
— *syriaca* 57, 58, 60, 64—78, 90, 99, 100, 122, 210.

Villarsia 206.
VILMORIN 170.
Vinca 14, 16, 17.
— *major* 13, 16, 17.
— *minor* 37, 39.
— *rosea* 16, 17.
Viola odorata 25.
Vitelline membrane 271.
Vorticella monilata, Konjugation 305.

Wahlverwandtschaft 228.
v. WALDERDORF, 31.
WANNING 190.

WELLENSIEK 170.
v. WETTSTEIN, F. 314.
WHITE 170.
WILHELMI 254.
WILLIAMS 326.
WILSON 267, 268, 270 bis 274.
— u. MATHEWS 273.
Wirrfadenkopulation 323.
WIRTGEN 179.
WITSCHI 256.
WOLTERSDORFF 294.

Xenogamie 8.

YARNELL 57, 75, 117, 124.
YASUDA 40, 43—45.
YATSU 273.

ZADDACH 254.
Zea Mays 126—130, 145—151, 164—166, 169—173, 202, 333.
ZEDERBAUER 163.
Zertation 135—160, 261 bis 264.
Zweckmäßigkeitsprinzip 332.
Zygorrhynchus 329.
— *Vuilleminii* 329.

MIX
Papier aus verantwortungsvollen Quellen
Paper from responsible sources
FSC® C105338

If you have any concerns about our products,
you can contact us on
ProductSafety@springernature.com

In case Publisher is established outside the EU,
the EU authorized representative is:
**Springer Nature Customer Service Center GmbH
Europaplatz 3, 69115 Heidelberg, Germany**

Printed by Libri Plureos GmbH
in Hamburg, Germany